도시개발법령집

2025

노 해 출 판 사

목 차

도시개발법 · 시행령 · 시행규칙 7

도시개발법 시행령 [별표] 261

도시개발법 시행규칙 [별표] 267

도시개발법 시행규칙 [별지] 273

도시개발업무지침 301

도시·군기본계획수립지침 359

도시 기후변화 재해취약성분석 및 활용에 관한 지침 397

탄소중립도시 지정 등에 관한 고시 421

도시개발법 · 시행령 · 시행규칙

도시개발법·시행령·시행규칙 목차

법	시 행 령	시행규칙
제1장 총칙	**제1장 총칙**	
제1조(목적) ············· 22 제2조(정의) ············· 22	제1조(목적) ············· 22	제1조(목적) ············· 22
제2장 도시개발구역의 지정 등	**제2장 도시개발구역의 지정 등**	
제3조(도시개발구역의 지정 등) ······· 22	제2조(도시개발구역의 지정대상지역 및 규모) ············· 22 제3조 삭제 〈10·6·29〉 ····· 25 제4조(국토교통부장관의 도시개발구역 지정) ············· 26 제5조(도시개발구역의 지정요청) ········· 26	제2조(도로) ············· 22 제3조(도시개발구역의 지정기준) ····· 25 제4조 삭제 〈10·6·30〉 ····· 25 제5조(도시개발구역의 지정 요청) ······· 26 제6조(도시개발구역 지정대장) ········ 28
제3조의2(도시개발구역의 분할 및 결합) ············· 29 제4조(개발계획의 수립 및 변경) ······· 33	제5조의2(도시개발구역의 분할 및 결합) ············· 29 제6조(개발계획의 단계적 수립) ······· 33 제7조(개발계획의 경미한 변경) ········· 37	제7조(동의서 등) ············· 41 제8조 삭제 〈11·12·30〉 ········· 41
제5조(개발계획의 내용) ············· 41	제8조(개발계획에 포함될 사항) ······· 43 제9조(도시개발구역의 지정 시 포함 내용 등) ············· 45	제9조(개발계획에 포함될 사항) ······· 45
제6조(기초조사 등) ············· 46 제7조(주민 등의 의견청취) ············· 47	제10조(기초조사의 내용) ············· 46 제11조(주민의 의견청취) ············· 47	제10조(기초조사의 내용) ············· 46

법	시 행 령	시행규칙
	제12조(주민 등의 의견청취의 제외사항) ······· 49	
	제13조(공청회) ······· 50	
제8조(도시계획위원회의 심의 등) ······· 51	제14조(도시계획위원회의 심의제외 사항) ······· 51	
	제14조의2(도시개발구역 지정 시 국토 교통부장관과의 협의) ······· 53	제10조의2(도시개발구역 지정을 위한 협의 요청 시 제출 서류) ······· 53
제9조(도시개발구역지정의 고시 등) ······· 54	제15조(도시개발구역지정 및 개발계획 수립의 고시 및 공람 등) ······· 54	제11조(토지 명세) ······· 54
	제16조(행위허가의 대상 등) ······· 57	제12조(간이공작물) ······· 58
제10조(도시개발구역 지정의 해제) ······· 60	제17조(도시개발구역 해제의 고시 및 공람) ······· 60	
제10조의2(보안관리 및 부동산투기 방지 대책) ······· 62	제17조의2(부동산투기 방지대책) ······· 62	
제3장 도시개발사업의 시행	**제3장 도시개발사업의 시행**	
제1절 시행자 및 실시계획 등	**제1절 시행자 및 실시계획 등**	
제11조(시행자 등) ······· 65	제18조(시행자) ······· 66	제13조(경영의 건전성 기준) ······· 69
	제19조(시행자 지정신청) ······· 74	제14조(시행자 지정신청 등) ······· 74
	제20조(환지방식의 시행자 지정) ······· 75	
	제21조(도시개발사업의 규약) ······· 76	
	제22조(도시개발사업의 시행규정 등) ······· 77	
	제23조(도시개발구역지정의 제안) ······· 78	제15조(도시개발구역 지정의 제안) ······· 78
	제24조(시행자의 변경) ······· 80	제16조(실시계획의 인가신청기간 연장 신청) ······· 80
	제25조(동의자 수의 산정방법 등) ······· 80	제17조(동의서 등) ······· 82

법	시 행 령	시행규칙
제11조의2(법인의 설립과 사업시행 등) ···· 84	제25조의2(도시개발사업의 대행) ············ 83 제25조의3(법인의 설립과 사업시행 등) ··· 84	
제12조(도시개발사업시행의 위탁 등) ···· 88	제26조(공공시설 등의 위탁시행) ············ 88 제27조(토지매수업무 등의 위탁시행) ····· 90 제28조(신탁개발) ···································· 91	제18조(위탁 수수료의 요율) ················· 88 제19조(신탁계약의 승인 신청) ·············· 91
제13조(조합 설립의 인가) ······················· 91	제29조(정관의 기재사항) ························ 91 제30조(조합설립인가사항의 경미한 변경) ··· 93 제31조(동의자 수의 산정방법 등) ·········· 94 제32조(조합의 설립 등) ·························· 94	제19조의2(조합설립인가 신청 동의서 등) ··· 91
제14조(조합원 등) ···································· 96	제33조(조합의 임원) ······························· 96 제34조(조합임원의 직무 등) ··················· 96 제35조(총회의 의결사항) ························ 97 제36조(대의원회) ···································· 97	
제15조(조합의 법인격 등) ······················· 98 제16조(조합원의 경비 부담 등) ············· 99 제17조(실시계획의 작성 및 인가 등) ··· 100	제37조(징수의 위탁) ······························· 99 제38조(실시계획의 작성) ······················ 100 제39조(실시계획의 인가신청) ·············· 100	제20조(실시계획 인가신청서) ·············· 100 제21조(실시계획의 경미한 변경사항) ··· 102
제18조(실시계획의 고시) ······················· 104 제19조(관련 인·허가등의 의제) ··········· 105	제40조(실시계획의 고시) ······················ 104 제41조(협의기간) ·································· 110 제41조의2(인허가 협의회의 운영 등) ··· 111	
제20조(도시개발사업에 관한 공사의 감리) ·· 112 제21조(도시개발사업의 시행 방식) ······· 115	제42조(감리원의 배치기준 및 업무 범위 등) ··· 112 제43조(도시개발사업의 시행방식) ········ 115	제22조(공사감리비의 지급) ················· 112

법	시 행 령	시행규칙
제21조의2(순환개발방식의 개발사업) … 118	제43조의2(순환용주택의 분양 또는 임대 등) …………………………… 118	
제21조의3(세입자등을 위한 임대주택 건설용지의 공급 등) ……………… 119	제43조의3(임대주택 건설용지 등의 조성 또는 공급) …………………… 119	
	제43조의4(임대주택 건설용지 등의 인수 절차 및 방법) ……………… 121	
	제43조의5(임대주택의 공급조건 등) … 122	
제21조의4(도시개발사업분쟁조정 위원회의 구성 등) ……………… 124	제43조의6(분쟁조정위원회 구성 등) … 124	
제2절 수용 또는 사용의 방식에 따른 사업 시행	**제2절 수용 또는 사용의 방식에 의한 사업 시행**	
제22조(토지등의 수용 또는 사용) ……… 125	제44조(동의자 수의 산정방법 등) ……… 125	제22조의2(토지의 사용·수용 동의서 등) ……………………………… 125
제23조(토지상환채권의 발행) …………… 126	제45조(토지상환채권의 발행규모) ……… 126	
	제46조(토지상환채권의 보증기관) ……… 126	
	제47조(토지상환채권의 발행계획) ……… 127	
	제48조(토지상환채권의 발행공고) ……… 127	
	제49조(토지상환채권의 발행조건 등) … 127	
	제50조(토지상환채권의 청약 등) ……… 128	
	제51조(토지상환채권의 기재사항) ……… 128	
	제52조(토지상환채권원부의 비치) ……… 129	
	제53조(토지상환채권의 이전 등) ……… 129	
	제54조(토지상환채권의 소유자에 대한 통지) …………………………… 130	
제24조(이주대책 등) …………………… 130		
제25조(선수금) ………………………… 130	제55조(선수금) ………………………… 130	

법	시 행 령	시행규칙
제25조의2(원형지의 공급과 개발) ········ 134	제55조의2(원형지의 공급과 개발 절차 등) ·· 134	
제26조(조성토지등의 공급 계획) ········· 138	제55조의3(조성토지등의 공급 계획 제출) ·· 138	
	제56조(조성토지등의 공급 계획의 내용) ·· 138	
	제57조(조성토지등의 공급방법 등) ······· 140	제23조(수의계약에 따른 토지공급기준) ·· 140
		제24조(특별설계개발시행자의 선정) ····· 141
		제24조의2(특별설계개발시행자에 대한 토지 공급) ································ 143
제27조(학교 용지 등의 공급 가격) ······· 145	제58조(조성토지등의 공급가격) ············· 145	제25조(조성토지 등의 공급가격) ·········· 145
제3절 환지 방식에 의한 사업 시행	제3절 환지방식에 의한 사업시행	
제28조(환지 계획의 작성) ····················· 147	제59조(공인평가기관) ···························· 154	제26조(환지 계획에 포함되어야 하는 내용) ·· 147
		제27조(환지 계획의 기준) ······················ 147
		제27조의2(환지설계 시 토지 등의 평가액) ·· 153
		제28조(보류지의 책정 기준 등) ············· 155
		제29조(면적식 환지 기준 등) ················ 155
제29조(환지 계획의 인가 등) ················ 158	제60조(환지 계획의 변경) ······················ 158	
	제61조(관계서류의 공람) ······················· 159	
제30조(동의 등에 따른 환지의 제외) ··· 160		
제31조(토지면적을 고려한 환지) ·········· 161	제62조(과소 토지의 기준) ······················ 161	제30조(입체 환지 신청 시 첨부서류) ··· 161
제32조(입체 환지) ································· 163	제62조의2(입체 환지 신청을 위한 통지 사항 등) ···································· 163	

법	시 행 령	시행규칙
제32조의2(환지 지정 등의 제한) ········· 165	제62조의3(입체 환지에 따른 주택 등 건축물의 공급방법 및 절차) ······· 166	제30조의2(환지 지정 등의 제한) ········· 165
제32조의3(입체 환지에 따른 주택 공급 등) ······························· 166		제30조의3(입체 환지의 잔여분 분양 등) ······························· 166
제33조(공공시설의 용지 등에 관한 조치) ····························· 168		
제34조(체비지 등) ····························· 169		
제35조(환지 예정지의 지정) ················· 169		
제36조(환지 예정지 지정의 효과) ········· 170		
제36조의2(환지 예정지 지정 전 토지 사용) ····························· 171	제62조의4(환지 예정지 지정 전 토지 사용) ····························· 171	
제37조(사용 · 수익의 정지) ················· 174		
제38조(장애물 등의 이전과 제거) ········· 174	제63조(장애물 등의 이전 및 제거) ······· 174	
제39조(토지의 관리 등) ····················· 177		제31조(표지) ································· 177
제40조(환지처분) ····························· 178	제64조(환지방식에 의한 공사완료의 공고) ····························· 178	
	제65조(환지처분의 기간) ····················· 179	
	제66조(환지처분의 공고) ····················· 179	
제41조(청산금) ································· 179		
제42조(환지처분의 효과) ····················· 180		
제43조(등기) ································· 181		
제44조(체비지의 처분 등) ····················· 182	제66조의2(조성토지등의 공급가격) ······· 182	
제45조(감가보상금) ····························· 183	제67조(감가보상 기준) ····················· 183	
제46조(청산금의 징수 · 교부 등) ··········· 183	제68조(청산금의 징수 및 교부) ············· 183	
제47조(청산금의 소멸시효) ················· 184		
제48조(임대료 등의 증감청구) ············· 184		
제49조(권리의 포기 등) ····················· 185		

법	시 행 령	시행규칙
제4절 준공검사 등	**제4절 준공검사 등**	
제50조(준공검사) ········· 186		제32조(준공검사 신청) ········· 186
제51조(공사 완료의 공고) ········· 187	제69조(공사 완료의 공고) ········· 187	제33조(준공검사 증명서) ········· 187
제52조(공사 완료에 따른 관련 인·허가등의 의제) ········· 187		
제53조(조성토지등의 준공 전 사용) ···· 188	제70조(준공 전 사용허가) ········· 188	제34조(준공 전 사용허가) ········· 188
제53조의2(개발이익의 재투자) ········· 189	제70조의2(개발이익 재투자의 용도) ···· 189	
제4장 비용 부담 등	**제4장 비용 부담 등**	
제54조(비용 부담의 원칙) ········· 190		
제55조(도시개발구역의 시설 설치 및 비용부담 등) ········· 190	제71조(시설의 설치범위) ········· 190	
제56조(지방자치단체의 비용 부담) ······ 192	제72조(지방자치단체의 비용 부담) ······ 192	제35조(비용부담 납부통지서) ········· 192
	제73조 삭제 〈14·11·4〉 ········· 192	
제57조(공공시설 관리자의 비용 부담) ·· 193		
제58조(도시개발구역 밖의 기반시설의 설치 비용) ········· 194	제74조(도시개발구역 밖의 기반시설) ··· 194	
	제75조(추가설치시설의 비용 부담) ······ 194	제36조(추가설치시설의 비용산정) ········ 194
	제76조(도시개발구역 밖의 기반시설에 대한 비용부담) ········· 196	
제59조(보조 또는 융자) ········· 198	제77조(보조 또는 융자의 범위) ········· 198	
제60조(도시개발특별회계의 설치 등) ··· 199	제78조(재산세의 도시개발특별회계 전입) ········· 199	
제61조(특별회계의 운용) ········· 201	제79조(도시개발특별회계의 지원대상) ········· 201	
	제80조(도시개발특별회계의 용도) ········ 201	

법	시 행 령	시행규칙
	제81조(도시개발특별회계의 운용 및 관리) ·········· 201	
제62조(도시개발채권의 발행) ············· 203	제82조(도시개발채권의 발행절차) ········ 203	
	제83조(도시개발채권의 발행방법 등) ··· 204	제37조(도시개발채권 발행원부의 비치 등) ························· 204
제63조(도시개발채권의 매입) ············· 205	제84조(도시개발채권의 매입) ············· 205	제38조(도시개발채권의 중도상환) ········ 205
		제39조(매입필증의 교부) ···················· 206
		제40조(매입필증의 재발행) ················· 207
		제41조(매입필증의 접수) ···················· 208
제5장 보칙		
제64조(타인 토지의 출입) ·················· 210		제42조(증표 및 허가증) ······················ 210
제65조(손실보상) ····························· 212		
제65조의2(건축물의 존치 등) ············· 212	제84조의2(건축물의 존치 등) ·············· 213	
제66조(공공시설의 귀속 등) ··············· 214		
제67조(공공시설의 관리) ·················· 217		
제68조(국공유지의 처분 제한 등) ········ 217		
제69조(국공유지 등의 임대) ··············· 218	제85조(국공유지의 임대료 산정) ·········· 218	
제70조(수익금 등의 사용 제한 등) ······· 219		
제71조(조세와 부담금 등의 감면 등) ··· 220		
제71조의2(결합개발 등에 관한 적용 기준 완화의 특례) ··················· 220	제85조의2(특례 대상) ························· 220	
	제85조의3(특례 범위) ························· 222	
	제85조의4(특례 적용) ························· 224	
제72조(관계 서류의 열람 및 보관 등) ·· 224	제85조의5(관계 서류의 열람 및 보관 등) ··························· 224	제43조(관계 서류의 인계 및 보관) ······· 224
		제44조(특례 대상 및 범위 등) ············· 225
		제45조(규제의 재검토) ······················ 226

법	시 행 령	시행규칙
제73조(권리의무의 승계) ············ 226 제74조(보고 및 검사 등) ············ 227 제75조(법률 등의 위반자에 대한 행정 　　　처분) ························ 228 제76조(청문) ························ 231 제77조(행정심판) ···················· 231 제78조(도시개발구역 밖의 시설에 대한 　　　준용) ························ 231 제79조(위임 등) ···················· 232 제79조의2(벌칙) ···················· 232 **제6장 벌칙** 제80조(벌칙) ························ 234 제81조(벌칙) ························ 234 제82조(벌칙) ························ 235 제83조(양벌규정) ···················· 235 제84조(벌칙 적용 시 공무원 의제) ······ 236 제85조(과태료) ······················ 236 부　칙 ····························· 238	제85조의6(검사 전문기관) ············ 227 제85조의7(규제의 재검토) ············ 228 **제5장 벌칙** 제86조(과태료의 부과권자) ············ 236 제87조(과태료의 부과) ··············· 236 부　칙 ····························· 238	 부　칙 ····························· 238

법	시 행 령	시 행 규 칙

도시개발법

[2000 · 1 · 28
법률 제6242호 제정]

전부개정 2008 · 3 · 21 법률 제8970호
　개정 2008 · 3 · 28 법률 제9044호
　　2009 · 1 · 30 법률 제9401호(국유재산법 전부개
　　　정법률)
　　2009 · 6 · 9 법률 제9758호(농어촌정비법 전부
　　　개정법률)
　　2009 · 6 · 9 법률 제9774호(측량 · 수로조사 및
　　　지적에 관한 법률)
　　2009 · 12 · 29 법률 제9862호
　　2010 · 3 · 31 법률 제10220호(지방세특례제한법)
　　2010 · 3 · 31 법률 제10221호(지방세법 전부개
　　　정법률)
　　2010 · 4 · 15 법률 제10272호(공유수면 관리 및
　　　매립에 관한 법률)
　　2010 · 5 · 31 법률 제10331호(산지관리법 일부개
　　　정법률)
　　2011 · 4 · 12 법률 제10580호(부동산등기법 전부
　　　개정법률)
　　2011 · 9 · 30 법률 제11068호
　　2011 · 4 · 14 법률 제10599호(국토의 계획 및
　　　이용에 관한 법률 일부개정법률)
　　2012 · 1 · 17 법률 제11186호
　　2013 · 3 · 22 법률 제11650호
　　2013 · 3 · 23 법률 제11690호(정부조직법 전부개
　　　정법률)
　　2013 · 5 · 22 법률 제11794호(건설기술관리법
　　　전부개정법률)

도시개발법 시행령

[2000 · 8 · 2
대통령령 제16933호 제정]

전부개정 2008 · 9 · 18 대통령령 제21019호
　　2008 · 12 · 31 대통령령 제21231호(도시교통정
　　　비 촉진법 시행령 일부개정령)
　　2009 · 6 · 26 대통령령 제21565호(한국농촌공사
　　　및 농지관리기금법 시행령 일부개정령)
　　2009 · 6 · 30 대통령령 제21590호(한시적 행정
　　　규제 유예 등을 위한 건축법 시행령 등 일
　　　부 개정령)
　　2009 · 7 · 27 대통령령 제21641호(국유재산법
　　　시행령 전부개정령)
　　2009 · 9 · 21 대통령령 제21744호(한국토지주
　　　택공사법 시행령)
　　2010 · 6 · 29 대통령령 제22241호
　　2010 · 9 · 20 대통령령 제22395호(지방세법
　　　시행령 전부개정령)
　　2010 · 11 · 15 대통령령 제22493호(은행법 시
　　　행령 일부개정령)
　　2010 · 12 · 13 대통령령 제22525호(건설기술관
　　　리법 시행령 일부개정령)
　　2011 · 2 · 9 대통령령 제22665호
　　2011 · 4 · 6 대통령령 제22896호
　　2011 · 12 · 8 대통령령 제23356호(영유아보육
　　　법 시행령 일부개정령)
　　2011 · 12 · 30 대통령령 제23472호
　　2012 · 1 · 25 대통령령 제23535호(농수산물유
　　　통공사법 시행령 일부개정령)
　　2012 · 3 · 26 대통령령 제23685호

도시개발법 시행규칙

[2000 · 8 · 30
건설교통부령 제260호 제정]

전부개정 2008 · 9 · 22 국토해양부령 제53호
　　2008 · 12 · 31 국토해양부령 제83호(도시교통
　　　정비촉진법 시행규칙 일부개정령)
　　2009 · 3 · 26 국토해양부령 제110호(행정정보
　　　의 공동이용 및 문서감축을 위한 건축물
　　　의 분양에 관한 법률 시행규칙 등 일부
　　　개정령)
　　2010 · 6 Ⅰ 30 국토해양부령 제256호
　　2010 · 10 · 15 국토해양부령 제297호
　　2011 · 4 · 7 국토해양부령 제349호(경제활성화
　　　및 친서민 국민불편해소 등을 위한 건설
　　　기술관리법 시행규칙 등 일부개정령)
　　2011 · 12 · 30 국토해양부령 제428호
　　2012 · 3 · 30 국토해양부령 제453호
　　2012 · 4 · 13 국토해양부령 제456호(국토의 계
　　　획 및 이용에 관한 법률 시행규칙 일부
　　　개정령)
　　2012 · 7 · 18 국토해양부령 제498호
　　2013 · 3 · 23 국토교통부령 제1호(국토교통부
　　　와 그 소속기관 직제 시행규칙)
　　2013 · 9 · 10 국토교통부령 제26호
　　2014 · 12 · 31 국토교통부령 제169호(규제 재검
　　　토기한 설정 등을 위한 건축물의 분양에
　　　관한 법률 시행규칙 등 일부개정령)
　　2015 · 11 · 3 국토교통부령 제243호
　　2016 · 1 · 27 국토교통부령 제282호(도시교통
　　　정비 촉진법 시행규칙 일부개정령)

법	시 행 령	시 행 규 칙
2013· 7·16 법률 제11923호 2014· 1·14 법률 제12248호(도로법 전부개정법률) 2014· 1·14 법률 제12251호(보금자리주택건설 등에 관한 특별법 일부개정법률) 2014· 5·21 법률 제12641호 2014· 6· 3 법률 제12738호(측량·수로조사 및 지적에 관한 법률 일부개정법률) 2014·11·19 법률 제12844호(정부조직법 일부개정법률) 2015· 1· 6 법률 제12989호(주택도시기금법) 2015· 8·11 법률 제13479호 2015· 8·28 법률 제13498호(공공주택건설 등에 관한 특별법 일부개정법률) 2015· 8·28 법률 제13499호(임대주택법 전부개정법률) 2016· 1·19 법률 제13782호(감정평가 및 감정평가사에 관한 법률) 2016· 1·19 법률 제13805호(주택법 전부개정법률) 2016·12·27 법률 제14480호(농어촌정비법 일부개정법률) 2017· 2· 8 법률 제14567호(도시 및 주거환경정비법 전부개정법률) 2017· 4·18 법률 제14795호(국토의 계획 및 이용에 관한 법률 일부개정법률) 2017· 7·26 법률 제14839호(정부조직법 일부개정법률) 2018· 4·17 법률 제15600호 2019· 8·27 법률 제16568호(양식산업발전법) 2020· 1·29 법률 제16902호(항만법 전부개정법률) 2020· 4·7 법률 제17219호(감정평가 및 감정평가사에 관한 법률 일부개정법률) 2020· 6·9 법률 제17453호(법률용어 정비를 위한 국토교통위원회 소관 78개 법률 일	2012· 4·10 대통령령 제23718호(국토의 계획 및 이용에 관한 법률 시행령 일부개정령) 2012· 7·17 대통령령 제23957호 2012· 7·20 대통령령 제23966호(환경영향평가법 시행령 전부개정령) 2013· 3·23 대통령령 제24443호(국토교통부와 그 소속기관 직제) 2013· 4·22 대통령령 제24509호(자연재해대책법 시행령 일부개정령) 2013· 9·17 대통령령 제24757호 2013·12·30 대통령령 제25050호(행정규제기본법 개정에 따른 규제 재검토기한 설정을 위한 주택법 시행령 등 일부개정령) 2014· 5·22 대통령령 제25358호(건설기술관리법 시행령 전부개정령) 2014· 7·14 대통령령 제25456호(도로법 시행령 전부 개정령) 2014·11· 4 대통령령 제25703호 2014·11·19 대통령령 제25751호(행정자치부와 그 소속기관 직제) 2014·12· 9 대통령령 제25840호(규제 재검토기한 설정 등 규제정비를 위한 건축법 시행령 등 일부개정령) 2015· 6· 1 대통령령 제26302호(측량·수로조사 및 지적에 관한 법률 시행령 일부개정령) 2015·11· 4 대통령령 제26618호 2015·12·28 대통령령 제26763호(임대주택법 시행령 전부개정령) 2016· 3·29 대통령령 제27066호 2016· 8·11 대통령령 제27444호(주택법 시행령 전부개정령) 2016· 8·16 대통령령 제27454호 2016· 8·31 대통령령 제27472호(감정평가 및 감정평가사에 관한 법률 시행령) 2016· 8·31 대통령령 제27473호(한국감정원법 시행령)	2016·12·30 국토교통부령 제 382호(규제 재검토기한 설정 등을 위한 감정평가 및 감정평가사에 관한 법률 시행규칙 등 일부개정령) 2017·12·29 국토교통부령 제 475호 2021·10·12 국토교통부령 제 896호 2022· 1·21 국토교통부령 제1099호(감정평가 및 감정평가사에 관한 법률 시행규칙 일부개정령) 2025· 1·31 국토교통부령 제1446호

법	시 행 령	시 행 규 칙
부개정을 위한 법률) 2021· 1·12 법률 제17893호(지방자치법 전부 　개정법률) 2021· 3·16 법률 제17939호(건설기술 진흥법 　일부개정법률) 2021· 4· 1 법률 제17987호 2021· 7·20 법률 제18310호(공간정보의 구축 　및 관리 등에 관한 법률 일부개정법률) 2021·12·21 법률 제18630호 2022·12·27 법률 제19117호(산림자원의　조성 　및 관리에 관한 법률 일부개정법률) 2023· 7·18 법률 제19561호	2016·12·30 대통령령 제27751호(규제 재검토 　기한 설정 등을 위한 가맹사업거래의 공 　정화에 관한 법률 시행령 등 일부개정령) 2017· 3·29 대통령령 제27972호(공항시설법 　시행령) 2017· 7·26 대통령령 제28211호(행정안전부 　와 그 소속기관 직제) 2017·12· 5 대통령령 제28459호 2018· 2· 9 대통령령 제28628호(도시 및 주 　거환경정비법 시행령 전부개정령) 2018· 2·27 대통령령 제28686호(공공기관 지 　방이전에 따른 혁신도시 건설 및 지원에 　관한 특별법 시행령 일부개정령) 2018· 4·17 대통령령 제28804호(기상법 시 　행령 일부개정령) 2018·10·23 대통령령 제29249호(자연재해대 　책법 시행령 일부개정령) 2018·10·30 대통령령 제29269호(주식회사의 　외부감사에 관한 법률 시행령 전부개정령) 2018·12·18 대통령령 제29395호(지방분권 강 　화를 위한 20개 법령의 일부개정에 관한 　대통령령) 2019· 6·25 대통령령 제29892호(주식·사채 　등의 전자등록에 관한 법률 시행령) 2020· 3· 3 대통령령 제30509호(규제 재검토기 　한 해제 등을 위한 144개 대통령령의 일부 　개정에 관한 대통령령) 2020· 9· 8 대통령령 제31005호(공공주택 특별 　법 시행령 일부개정령) 2020· 9·10 대통령령 제31012호(한국철도시설 　공단법 시행령 일부개정령) 2020·11·24 대통령령 제31176호(법정공고 방식 　확대를 위한 69개 법령의 일부개정에 관한 　대통령령) 2020·12· 8 대통령령 제31243호(한국감정원법 　시행령 일부개정령)	

법	시 행 령	시 행 규 칙
	2021· 1· 5 대통령령 제31380호(어려운 법령용어 정비를 위한 473개 법령의 일부개정에 관한 대통령령) 2021· 8·24 대통령령 제31952호 2021· 8·31 대통령령 제31961호(한국광해광업공단법 시행) 2021·12·16) 대통령령 제32223호(지방자치법 시행령 전부개정령) 2022· 1·21 대통령령 제32352호(감정평가 및 감정평가사에 관한 법률 시행령 일부개정령) 2022· 2·17 대통령령 제32449호(금융회사부실자산 등의 효율적 처리 및 한국자산관리공사의 설립에 관한 법률 시행령 일부개정령) 2022· 6·21 대통령령 제32715호 2022·11· 1 대통령령 제32977호(자치입법권 보장을 위한 11개 법령의 일부개정에 관한 대통령령) 2023· 7· 7 대통령령 제33621호(지방자치분권 및 지역균형발전에 관한 특별법 시행령) 2023·10·18 대통령령 제33828호 2024· 2· 6 대통령령 제34194호(기상법 시행령) 2024· 5· 7 대통령령 제34487호(국가유산기본법 시행령) 2024· 7·30 대통령령 제34785호(국민 행정부담 완화 및 불편 해소를 위한 17개 법령의 일부개정에 관한 대통령령) 2024· 9·10 대통령령 제34881호(근현대문화유산의 보존 및 활용에 관한 법률 시행령) 2025· 1·31 대통령령 제35241호	

법	시 행 령	시 행 규 칙

제1장 총칙
 	
제1조(목적) 이 법은 도시개발에 필요한 사항을 규정하여 계획적이고 체계적인 도시개발을 도모하고 쾌적한 도시환경의 조성과 공공복리의 증진에 이바지함을 목적으로 한다.
 	
제2조(정의) ① 이 법에서 사용하는 용어의 뜻은 다음과 같다.
 	
  1. "도시개발구역"이란 도시개발사업을 시행하기 위하여 제3조와 제9조에 따라 지정·고시된 구역을 말한다.
 	
  2. "도시개발사업"이란 도시개발구역에서 주거, 상업, 산업, 유통, 정보통신, 생태, 문화, 보건 및 복지 등의 기능이 있는 단지 또는 시가지를 조성하기 위하여 시행하는 사업을 말한다.
 	
② 「국토의 계획 및 이용에 관한 법률」에서 사용하는 용어는 이 법으로 특별히 정하는 경우 외에는 이 법에서 이를 적용한다.
 	
제2장 도시개발구역의 지정 등
 	
제3조(도시개발구역의 지정 등) ① 다음 각
	제1장 총칙
	
	제1조(목적) 이 영은 「도시개발법」에서 위임된 사항과 그 시행에 필요한 사항을 규정함을 목적으로 한다.
	
	제2장 도시개발구역의 지정 등
	
	제2조(도시개발구역의 지정대상지역 및 규모)
		제1조(목적) 이 규칙은 「도시개발법」 및 「도시개발법 시행령」에서 위임된 사항과 그 시행에 필요한 사항을 규정함을 목적으로 한다.
		
		제2조(도로) 「도시개발법 시행령」(이하 "영

법	시 행 령	시 행 규 칙

호의 어느 하나에 해당하는 자는 계획적인 도시개발이 필요하다고 인정되는 때에는 도시개발구역을 지정할 수 있다. 〈개정 08·3·28, 09·12·29, 21·1·12〉
1. 특별시장·광역시장·도지사·특별자치도지사(이하 "시·도지사"라 한다)
2. 「지방자치법」 제198조에 따른 서울특별시와 광역시를 제외한 인구 50만 이상의 대도시의 시장(이하 "대도시 시장"이라 한다)
② 도시개발사업이 필요하다고 인정되는 지역이 둘 이상의 특별시·광역시·도·특별자치도(이하 "시·도"라 한다) 또는 「지방자치법」 제198조에 따른 서울특별시와 광역시를 제외한 인구 50만 이상의 대도시(이하 이 조, 제8조 및 제10조의2에서 "대도시"라 한다)의 행정구역에 걸치는 경우에는 관계 시·도지사 또는 대도시 시장이 협의하여 도시개발구역을 지정할 자를 정한다. 〈개정 08·3·28, 09·12·29, 21·1·12, 21·4·1〉
	① 「도시개발법」(이하 "법"이라 한다) 제3조에 따라 도시개발구역으로 지정할 수 있는 대상 지역 및 규모는 다음과 같다. 〈개정 11·12·30, 13·3·23, 14·7·14, 15·11·4〉
	1. 도시지역
	  가. 주거지역 및 상업지역: 1만 제곱미터 이상
	  나. 공업지역: 3만 제곱미터 이상
	  다. 자연녹지지역: 1만 제곱미터 이상
	  라. 생산녹지지역(생산녹지지역이 도시개발구역 지정면적의 100분의 30 이하인 경우만 해당된다): 1만 제곱미터 이상
	2. 도시지역 외의 지역: 30만 제곱미터 이상. 다만, 「건축법 시행령」 별표 1 제2호의 공동주택 중 아파트 또는 연립주택의 건설계획이 포함되는 경우로서 다음 요건을 모두 갖춘 경우에는 10만제곱미터 이상으로 한다.
	  가. 도시개발구역에 초등학교용지를 확보(도시개발구역 내 또는 도시개발구역으로부터 통학이 가능한 거리에 학생을 수용할 수 있는 초등학교가 있
		"이라 한다) 제2조제1항제2호나목에서 "국토교통부령으로 정하는 도로"란 「도시계획시설의 결정·구조 및 설치기준에 관한 규칙」 제9조제3호가목 및 나목에 해당하는 도로를 말한다. 〈개정 13·3·23〉

법	시 행 령	시 행 규 칙
	는 경우를 포함한다)하여 관할 교육청과 협의한 경우 나. 도시개발구역에서 「도로법」 제12조부터 제15조까지의 규정에 해당하는 도로 또는 국토교통부령으로 정하는 도로와 연결되거나 4차로 이상의 도로를 설치하는 경우 ② 자연녹지지역, 생산녹지지역 및 도시지역 외의 지역에 도시개발구역을 지정하는 경우에는 광역도시계획 또는 도시·군기본계획에 의하여 개발이 가능한 지역에서만 국토교통부장관이 정하는 기준에 따라 지정하여야 한다. 다만, 광역도시계획 및 도시·군기본계획이 수립되지 아니한 지역인 경우에는 자연녹지지역 및 계획관리지역에서만 도시개발구역을 지정할 수 있다. 〈개정 10·6·29, 12·4·10, 13·3·23〉 ③ 다음 각 호의 어느 하나에 해당하는 지역으로서 법 제3조에 따라 도시개발구역을 지정하는 자(이하 "지정권자"라 한다)가 계획적인 도시개발이 필요하다고 인정하는 지역에 대하여는 제1항 및 제2항에 따른 제한을 적용하지 아니한다. 〈개정 13·3·23,	

법	시 행 령	시 행 규 칙
	23·7·7〉 1. 「국토의 계획 및 이용에 관한 법률」 제37조제1항에 따른 취락지구 또는 개발진흥지구로 지정된 지역 2. 「국토의 계획 및 이용에 관한 법률」 제51조에 따른 지구단위계획구역으로 지정된 지역 3. 국토교통부장관이 지역균형발전을 위하여 관계 중앙행정기관의 장과 협의하여 도시개발구역으로 지정하려는 지역(「국토의 계획 및 이용에 관한 법률」 제6조제4호에 따른 자연환경보전지역은 제외한다) ④ 도시개발구역으로 지정하려는 지역이 둘 이상의 용도지역에 걸치는 경우에는 국토교통부령으로 정하는 기준에 따라 도시개발구역을 지정하여야 한다. 〈개정 13·3·23〉 ⑤ 같은 목적으로 여러 차례에 걸쳐 부분적으로 개발하거나 이미 개발한 지역과 붙어 있는 지역을 개발하는 경우에 국토교통부령으로 정하는 기준에 따라 도시개발구역을 지정하여야 한다. 〈개정 13·3·23〉 제3조 삭제 〈10·6·29〉	제3조(도시개발구역의 지정기준) 영 제2조 제4항 및 제5항에 따른 도시개발구역의 지정기준은 별표 1과 같다. 제4조 삭제 〈10·6·30〉
③ 국토교통부장관은 다음 각 호의 어느		

법	시 행 령	시 행 규 칙
하나에 해당하면 제1항과 제2항에도 불구하고 도시개발구역을 지정할 수 있다. 〈개정 09·12·29, 13·3·23〉 1. 국가가 도시개발사업을 실시할 필요가 있는 경우 2. 관계 중앙행정기관의 장이 요청하는 경우 3. 제11조제1항제2호에 따른 공공기관의 장 또는 같은 항 제3호에 따른 정부출연기관의 장이 대통령령으로 정하는 규모 이상으로서 국가계획과 밀접한 관련이 있는 도시개발구역의 지정을 제안하는 경우 4. 제2항에 따른 협의가 성립되지 아니하는 경우 5. 그 밖에 대통령령으로 정하는 경우 ④ 시장(대도시 시장은 제외한다)·군수 또는 구청장(자치구의 구청장을 말한다. 이하 같다)은 대통령령으로 정하는 바에 따라 시·도지사에게 도시개발구역의 지정을 요청할 수 있다. 〈개정 08·3·28, 20·6·9〉 ⑤ 제1항에 따라 도시개발구역을 지정하거나 그 지정을 요청하는 경우 도시개발구역의 지정대상 지역 및 규모, 요청 절차, 제출 서류 등에 필요한 사항은 대통령령으로	제4조(국토교통부장관의 도시개발구역 지정 〈개정 13·3·23〉) ① 법 제3조제3항제3호에서 "대통령령으로 정하는 규모"란 30만 제곱미터를 말한다. ② 법 제3조제3항제5호에서 "대통령령으로 정하는 경우"란 천재지변, 그 밖의 사유로 인하여 도시개발사업을 긴급하게 할 필요가 있는 경우를 말한다. 제5조(도시개발구역의 지정요청) 법 제3조 제4항에 따라 시장[『지방자치법』 제198조 제1항에 따른 서울특별시·광역시 및 특별자치시를 제외한 인구 50만 이상의 대도시의 시장(이하 "대도시 시장"이라 한다)은 제외한다]·군수 또는 구청장(자치구의 구청장을 말한다. 이하 같다)이 특별시장·광역시장·도지사에게 도시개발구역의 지정을 요청하려면 『국토의 계획 및 이용에 관	제5조(도시개발구역의 지정 요청) 시장[『지방자치법』 제175조에 따른 서울특별시와 광역시를 제외한 인구 50만 이상의 대도시의 시장(이하 "대도시 시장"이라 한다)은 제외한다]·군수 또는 구청장(자치구의 구청장을 말한다. 이하 같다)은 『도시개발법』(이하 "법"이라 한다) 제3조제4항에 따라 도시개발구역의 지정을 요청할 때에는 별지 제3호서식의 도시개발구역 지정요청서에

법	시 행 령	시 행 규 칙
정한다.	한 법률」 제113조제2항에 따른 시·군·구도시계획위원회에 자문을 한 후 국토교통부령으로 정하는 서류를 특별시장·광역시장·도지사에게 제출하여야 한다. 다만, 지구단위계획구역에서 이미 결정된 지구단위계획에 따라 도시개발사업을 시행하기 위하여 도시개발구역의 지정을 요청하는 경우에는 시·군·구도시계획위원회에 자문을 하지 아니할 수 있다. 〈개정 10·6·29, 13·3·23, 21·12·16〉	다음 각 호의 서류 및 도면을 첨부하여 특별시장·광역시장·도지사·특별자치도지사(이하 "시·도지사"라 한다)에게 제출하여야 한다. 이 경우 시·도지사는 「전자정부법」 제36조제1항에 따른 행정정보의 공동이용을 통하여 지적도 및 임야도를 확인하여야 한다. 〈개정 12·3·30, 12·4·13, 17·12·29〉 1. 별지 제2호서식의 도시개발구역 조사서 2. 법 제4조제4항에 따른 토지면적 및 토지 소유자의 동의에 관한 서류(환지방식이 적용되는 지역만 해당한다) 3. 법 제5조제1항에 따른 개발계획의 내용에 관한 서류. 다만, 법 제4조제1항 단서에 따라 도시개발구역을 지정한 후에 개발계획을 수립하는 경우에는 영 제9조제1항 각 호의 사항을 적은 서류 및 환경성검토서(녹지지역 안 또는 도시지역 외의 지역에 도시개발구역을 지정하는 경우만 해당하고, 「환경영향평가법」에 따라 전략환경영향평가를 실시한 경우에는 전략환경영향평가서를 말한다) 4. 법 제6조에 따른 기초조사 등에 관한

법	시 행 령	시 행 규 칙
		서류
		5. 법 제7조제1항에 따른 주민 및 관계전문가 등의 의견청취 결과 및 이에 대한 검토의견서
		6. 법 제11조제6항에 따른 토지면적 및 토지 소유자의 동의에 관한 서류
		7. 축척 2만 5천분의 1 또는 5만분의 1의 위치도
		8. 도시개발구역의 경계를 표시한 축척 1천분의 1부터 5천분의 1까지의 지형도와 경계설정의 이유를 적은 서류
		9.「국토의 계획 및 이용에 관한 법률」제113조제2항에 따른 시·군·구도시계획위원회의 자문 결과 및 이에 대한 검토의견서(영 제5조 단서에 따라 시·군·구도시계획위원회의 자문을 거치지 아니한 경우는 제외한다)
		10. 법 제9조제2항에 따른 도시·군관리계획의 결정에 필요한 도서
		11. 편입 농지 및 임야 현황에 관한 조사자료
		[전문개정 10·6·30]
		제6조(도시개발구역 지정대장) ① 법 제3조

법	시 행 령	시 행 규 칙
		에 따라 도시개발구역을 지정하는 자(이하 "지정권자"라 한다)는 같은 조에 따라 도시개발구역을 지정한 경우에는 별지 제4호서식의 도시개발구역 지정대장을 작성·관리하여야 한다. ② 제1항의 도시개발구역 지정대장은 전자적 처리가 불가능한 특별한 사유가 없으면 전자적 처리가 가능한 방법으로 작성·관리하여야 한다.
제3조의2(도시개발구역의 분할 및 결합) ① 제3조에 따라 도시개발구역을 지정하는 자(이하 "지정권자"라 한다)는 도시개발사업의 효율적인 추진과 도시의 경관 보호 등을 위하여 필요하다고 인정하는 경우에는 도시개발구역을 둘 이상의 사업시행지구로 분할하거나 서로 떨어진 둘 이상의 지역을 결합하여 하나의 도시개발구역으로 지정할 수 있다. ② 제1항에 따라 도시개발구역을 분할 또는 결합하여 지정하는 요건과 절차 등에 필요한 사항은 대통령령으로 정한다. [본조신설 11·9·30]	제5조의2(도시개발구역의 분할 및 결합) ① 법 제3조의2제1항에 따라 도시개발구역을 둘 이상의 사업시행지구로 분할할 수 있는 경우는 지정권자가 도시개발사업의 효율적인 추진을 위하여 필요하다고 인정하는 경우로서 분할 후 각 사업시행지구의 면적이 각각 1만제곱미터 이상인 경우로 한다. ② 법 제3조의2제1항에 따라 서로 떨어진 (동일 또는 연접한 특별시·광역시·도·특별자치도로 한정한다) 둘 이상의 지역을 결합하여 하나의 도시개발구역으로 지정(이하 "결합개발"이라 한다)할 수 있는 경우는 면적이 1만제곱미터 이상인 다음 각 호의 어느 하나에 해당하는 지역이 도시개	

법	시 행 령	시 행 규 칙
	발구역에 하나 이상 포함된 경우로 한다. 다만, 제6호의 지역은 1만제곱미터 미만인 경우도 포함한다. 〈개정 13·4·22, 16·3·29, 17·3·29, 21·8·24, 24·5·7, 24·9·10〉 1. 도시경관, 국가유산, 군사시설 및 항공시설 등을 관리하거나 보호하기 위하여 「국토의 계획 및 이용에 관한 법률」, 「문화유산의 보존 및 활용에 관한 법률」, 「근현대문화유산의 보존 및 활용에 관한 법률」, 「자연유산의 보존 및 활용에 관한 법률」, 「군사기지 및 군사시설 보호법」 및 「공항시설법」 등 관계 법령에 따라 토지이용이 제한되는 지역 2. 「국토의 계획 및 이용에 관한 법률 시행령」 제55조제1항 각 호에서 정한 용도지역별 개발행위허가의 규모 이상의 기반시설, 공장, 공공청사 및 관사, 군사시설 등이 철거되거나 이전되는 지역(해당 시설물의 주변지역을 포함한다) 3. 다음 각 목의 어느 하나에 해당하는 지역·지구(도시개발사업으로 재해예방시설 또는 주민안전시설 등을 설치하여 재해 등을 장기적으로 예방하거나 복구할	

법	시 행 령	시 행 규 칙
	수 있는 경우로 한정한다) 가.「국토의 계획 및 이용에 관한 법률」제37조제1항제3호에 따른 방화지구 또는 같은 항 제4호에 따른 방재지구 나.「자연재해대책법」제12조에 따라 지정된 자연재해위험개선지구 다.「재난 및 안전관리 기본법」제60조에 따라 선포된 특별재난지역 4. 법 제21조의2에 따라 순환개발방식으로 도시개발사업을 시행하는 지역 5.「국토의 계획 및 이용에 관한 법률」제2조제10호에 따른 도시·군계획시설사업의 시행이 필요한 지역(결합개발이 필요한 지역으로서 사업비가「국가재정법」제38조제1항에 따른 총사업비 이상인 경우로 한정한다) 6.「개발제한구역의 지정 및 관리에 관한 특별조치법」제4조의2에 따른 정비사업구역에 포함된 같은 법 시행령 제2조의6제1항제2호의 지역 7. 그 밖에 지정권자가 도시개발사업의 효율적인 시행을 위하여 결합개발이 필요하다고 인정한 지역	

법	시 행 령	시 행 규 칙
	③ 법 제11조제5항에 따라 도시개발구역지정을 제안하는 자가 결합개발 방식을 적용하려는 경우에는 도시개발구역에 포함될 서로 떨어진 지역별로 법 제11조제6항에 따른 토지 소유자(지상권자를 포함한다)의 동의를 받아야 한다. ④ 시행자가 법 제22조제1항에 따라 토지를 수용하거나 사용하여 서로 떨어진 지역에 대하여 결합개발 방식으로 도시개발사업을 시행하려는 경우에는 수용 또는 사용 대상인 지역 각각에 대하여 법 제22조제1항 단서에 따른 토지 소유자의 동의를 받아야 한다. ⑤ 시행자가 결합개발 방식을 적용하여 도시개발사업을 시행하는 경우에는 제2항 각 호에 해당하는 지역을 우선적으로 개발하여야 한다. 다만, 도시개발사업의 특성상 필요한 경우에는 지정권자가 다르게 정할 수 있다. ⑥ 지정권자는 필요하다고 인정하는 경우에는 제2항 각 호에 해당하는 지역에 대하여 제2조제2항에 따른 제한을 적용하지 아니할 수 있다.	

법	시 행 령	시 행 규 칙
제4조(개발계획의 수립 및 변경) ① 지정권자는 도시개발구역을 지정하려면 해당 도시개발구역에 대한 도시개발사업의 계획(이하 "개발계획"이라 한다)을 수립하여야 한다. 다만, 제2항에 따라 개발계획을 공모하거나 대통령령으로 정하는 지역에 도시개발구역을 지정할 때에는 도시개발구역을 지정한 후에 개발계획을 수립할 수 있다. 〈개정 11·9·30, 12·1·17〉	[본조신설 12·3·26] 제6조(개발계획의 단계적 수립) ① 법 제4조제1항 단서에서 "대통령령으로 정하는 지역"이란 다음 각 호의 어느 하나에 해당하는 지역을 말한다. 1. 자연녹지지역 2. 제2조제1항제1호라목에 해당하는 생산녹지지역 3. 도시지역 외의 지역 4. 제2조제3항제3호에 해당하는 지역 5. 해당 도시개발구역에 포함되는 주거지역·상업지역·공업지역의 면적의 합계가 전체 도시개발구역 지정 면적의 100분의 30 이하인 지역	
② 지정권자는 창의적이고 효율적인 도시개발사업을 추진하기 위하여 필요한 경우에는 대통령령으로 정하는 바에 따라 개발계획안을 공모하여 선정된 안을 개발계획에 반영할 수 있다. 이 경우 선정된 개발계획안의 응모자가 제11조제1항에 따른 자격 요건을 갖춘 자인 경우에는 해당 응모자를 우선하여 시행자로 지정할 수 있다. 〈신설 12·1·17〉	② 지정권자는 도시개발구역을 지정한 후에 법 제4조제2항 전단에 따라 개발계획안을 공모하는 경우에는 다음 각 호의 사항을 전국 또는 해당 지역을 주된 보급지역으로 하는 일간신문과 관보 또는 공보에 각각 공고해야 하고, 그 밖에 인터넷 홈페이지에 게재하는 방법 등으로 공고해야 한다. 이 경우 응모기간은 90일 이상으로 해야 한다. 〈신설 12·3·26, 20·11·24〉	

법	시 행 령	시 행 규 칙
③ 지정권자는 직접 또는 제3조제3항제2호 및 같은 조 제4항에 따른 관계 중앙행정기관의 장 또는 시장(대도시 시장은 제외한다)·군수·구청장 또는 제11조제1항에 따른 도시개발사업의 시행자의 요청을 받아 개발계획을 변경할 수 있다. 〈개정 08·3·28, 12·1·17, 20·6·9〉 ④ 지정권자는 환지(換地) 방식의 도시개발사업에 대한 개발계획을 수립하려면 환지 방식이 적용되는 지역의 토지면적의 3분의 2 이상에 해당하는 토지 소유자와 그 지역의 토지 소유자 총수의 2분의 1 이상의 동의를 받아야 한다. 환지 방식으로 시행하기 위하여 개발계획을 변경(대통령령으로 정하는 경미한 사항의 변경은 제외한다)하려는 경우에도 또한 같다. 〈개정 12·1·17〉	1. 도시개발사업의 개요 2. 공모참가자격 및 일정 3. 개발계획안의 평가·심사 계획 4. 도시개발사업 시행자 지정 절차 5. 개발계획안 작성지침 6. 그 밖에 제1호부터 제5호까지에서 규정한 사항 외에 개발계획안의 공모에 필요한 사항 ③ 지정권자는 제2항에 따른 응모자가 둘 이상인 경우에는 공모심의위원회를 구성하여 제안된 개발계획안을 심사할 수 있다. 이 경우 공모심사위원회의 구성 및 운영 등에 필요한 사항은 지정권자가 정한다. 〈신설 12·3·26〉 ④ 법 제4조제4항에 따른 동의자의 수를 산정하는 방법은 다음 각 호와 같다. 〈개정 12·3·26, 21·8·24〉 1. 도시개발구역의 토지면적을 산정하는 경우: 국공유지를 포함하여 산정할 것 2. 1필지의 토지 소유권을 여럿이 공유하는 경우: 다른 공유자의 동의를 받은 대표 공유자 1인을 해당 토지 소유자로 볼 것. 다만, 「집합건물의 소유 및 관리에	

법	시 행 령	시 행 규 칙
	관한 법률」제2조제2호에 따른 구분소유자는 각각을 토지 소유자 1인으로 본다. 2의2. 1인이 둘 이상 필지의 토지를 단독으로 소유한 경우: 필지의 수에 관계없이 토지 소유자를 1인으로 볼 것 2의3. 둘 이상 필지의 토지를 소유한 공유자가 동일한 경우: 공유자 여럿을 대표하는 1인을 토지 소유자로 볼 것 3. 제11조제2항에 따른 공람·공고일 후에 「집합건물의 소유 및 관리에 관한 법률」제2조제1호에 따른 구분소유권을 분할하게 되어 토지 소유자의 수가 증가하게 된 경우: 공람·공고일 전의 토지 소유자의 수를 기준으로 산정하고, 증가된 토지 소유자의 수는 토지 소유자 총수에 추가 산입하지 말 것 4. 법 제11조제5항에 따라 도시개발구역의 지정이 제안되기 전에 또는 법 제4조제2항에 따라 도시개발구역에 대한 도시개발사업의 계획(이하 "개발계획"이라 한다)의 변경을 요청받기 전에 동의를 철회하는 사람이 있는 경우: 그 사람은 동의자 수에서 제외할 것	

법	시 행 령	시 행 규 칙
	5. 법 제11조제5항에 따라 도시개발구역의 지정이 제안된 후부터 법 제4조에 따라 개발계획이 수립되기 전까지의 사이에 토지 소유자가 변경된 경우 또는 법 제4조제2항에 따라 개발계획의 변경을 요청받은 후부터 개발계획이 변경되기 전까지의 사이에 토지 소유자가 변경된 경우: 기존 토지 소유자의 동의서를 기준으로 할 것 ⑤ 국공유지를 제외한 전체 사유 토지면적 및 토지 소유자에 대하여 법 제4조제4항에 따른 동의 요건 이상으로 동의를 받은 후에 그 토지면적 및 토지 소유자의 수가 법적 동의 요건에 미달하게 된 경우에는 국공유지 관리청의 동의를 받아야 한다. 〈개정 12 · 3 · 26〉 ⑥ 토지 소유자가 동의하거나 동의를 철회할 경우에는 국토교통부령으로 정하는 동의서 또는 동의철회서를 제출하여야 하며, 공유토지의 대표 소유자는 대표자지정 동의서와 대표 소유자 및 공유자의 신분을 증명할 수 있는 서류를 각각 첨부하여 함께 제출하여야 한다. 〈개정 12 · 3 · 26, 13 · 3 · 23〉	

법	시 행 령	시 행 규 칙

	⑦ 제4항부터 제6항까지에서 규정한 사항 외에 동의자 수의 산정 방법·절차 등에 관한 세부적인 사항은 국토교통부장관이 정한다. 〈개정 12·3·26, 13·3·23〉
	
	제7조(개발계획의 경미한 변경) ① 법 제4조제4항 후단에서 "대통령령으로 정하는 경미한 사항의 변경"이란 개발계획을 변경하는 경우로서 다음 각 호에 해당하는 경우를 제외한 경우를 말한다. 〈개정 12·3·26, 12·4·10, 22·6·21〉
	1. 환지방식을 적용하는 지역의 면적 변경이 다음 각 목의 어느 하나에 해당하는 경우
	  가. 편입되는 토지의 면적이 종전(법 제4조제4항에 따라 토지소유자의 동의를 받아 개발계획을 수립 또는 변경한 때를 말한다. 이하 이 조에서 같다) 환지방식이 적용되는 면적의 100분의 5 이상인 경우(경미한 사항이 여러 차례 변경된 경우에는 누적하여 산정한다. 이하 이 조에서 같다)
	  나. 제외되는 토지의 면적이 종전 환지방식이 적용되는 면적의 100분의 10	

법	시 행 령	시 행 규 칙

	이상인 경우
	다. 편입 또는 제외되는 면적이 각각 3
	   만 제곱미터 이상인 경우
	라. 토지의 편입이나 제외로 인하여 환
	   지방식이 적용되는 면적이 종전보다
	   100분의 10 이상 증감하는 경우
	2. 너비가 12미터 이상인 도로를 신설 또
	   는 폐지하는 경우
	3. 사업시행지구를 분할하거나 분할된 사
	   업시행지구를 통합하는 경우
	4. 도로를 제외한 기반시설(「국토의 계획
	   및 이용에 관한 법률 시행령」 제2조제1
	   항 각 호의 기반시설을 말한다)의 면적
	   이 종전보다 100분의 10(공원 또는 녹지
	   의 경우에는 100분의 5) 이상으로 증감
	   하거나 신설되는 기반시설의 총면적이
	   종전 기반시설 면적의 100분의 5 이상인
	   경우
	5. 수용예정인구가 종전보다 100분의 10
	   이상 증감하는 경우(변경 이후 수용예정
	   인구가 3천명 미만인 경우는 제외한다)
	5의2. 임대주택(「민간임대주택에 관한 특
	   별법」에 따른 민간임대주택 및 「공공주	

법	시 행 령	시 행 규 칙

	택 특별법」에 따른 공공임대주택을 말한다. 이하 같다) 건설용지의 면적 또는 임대주택 호수가 종전보다 100분의 10 이상 감소하는 경우
	6. 기반시설을 제외한 도시개발구역의 용적률이 종전보다 100분의 5 이상 증가하는 경우
	7. 법 제5조제1항제7호에 따른 토지이용계획(종전 개발계획에서 분류한 최하위 토지용도를 말하며, 기반시설은 제외한다)의 변경으로서 다음 각 목의 어느 하나에 해당하는 경우. 다만, 용도별 변경 면적이 1천 제곱미터 이상인 경우로 한정한다.
	  가. 용도별 면적이 종전보다 100분의 10 이상 증감하는 경우
	  나. 신설되는 용도의 토지 총면적이 종전 도시개발구역 면적(기반시설 면적은 제외한다)의 100분의 5 이상인 경우
	8. 법 제5조제1항제13호에 따른 기반시설의 설치에 필요한 비용이 종전보다 100분의 5 이상 증가하는 경우
	9. 법 제21조제2항에 따라 사업시행방식을 변경하는 경우	

법	시 행 령	시 행 규 칙
	10. 용도지역·용도지구·용도구역에 대한 도시·군관리계획이 변경(제1호부터 제4호까지 및 제7호의 규정에 해당하는 경우는 제외한다)되는 경우 11. 그 밖에 지정권자가 토지소유자의 권익보호 등을 위하여 중대하다고 인정하여 조건을 붙여 도시개발구역을 지정하거나 시·도 조례로 정한 경우 ② 제1항에도 불구하고 다음 각 호의 어느 하나에 해당하는 결과를 반영하는 개발계획의 변경으로서 그 변경으로 사업비가 100분의 10 미만으로 증가하는 경우는 경미한 사항의 변경으로 본다.〈개정 17·12·5, 18·10·23, 22·6·21〉 1. 「환경영향평가법」에 따른 환경영향평가 및 소규모 환경영향평가에 대한 협의 결과 2. 「도시교통정비 촉진법」에 따른 교통영향평가서 검토 결과 3. 「자연재해대책법」에 따른 재해영향평가 등의 협의 결과 4. 「교육환경 보호에 관한 법률」에 따른 교육환경평가서 심의 결과 [전문개정 11·12·30]	

법	시 행 령	시 행 규 칙
⑤ 지정권자는 도시개발사업을 환지 방식으로 시행하려고 개발계획을 수립하거나 변경할 때에 도시개발사업의 시행자가 제11조제1항제1호에 해당하는 자이면 제4항에도 불구하고 토지 소유자의 동의를 받을 필요가 없다. 〈개정 12·1·17〉 ⑥ 지정권자가 도시개발사업의 전부를 환지 방식으로 시행하려고 개발계획을 수립하거나 변경할 때에 도시개발사업의 시행자가 제11조제1항제6호의 조합에 해당하는 경우로서 조합이 성립된 후 총회에서 도시개발구역의 토지면적의 3분의 2 이상에 해당하는 조합원과 그 지역의 조합원 총수의 2분의 1 이상의 찬성으로 수립 또는 변경을 의결한 개발계획을 지정권자에게 제출한 경우에는 제4항에도 불구하고 토지 소유자의 동의를 받은 것으로 본다. 〈개정 12·1·17〉 ⑦ 제4항에 따른 동의자 수의 산정방법, 동의절차, 그 밖에 필요한 사항은 대통령령으로 정한다. 〈개정 12·1·17〉 제5조(개발계획의 내용) ① 개발계획에는 다음 각 호의 사항이 포함되어야 한다. 다		제7조(동의서 등) ① 영 제6조제6항에 따른 동의서, 동의철회서 및 대표자 지정동의서는 각각 별지 제5호서식, 제6호서식 및 제7호서식에 따른다. 〈개정 12·3·30〉 ② 제1항에 따른 동의철회서는 시행자 또는 시행자가 되려는 자에게 「우편법 시행규칙」 제25조제1항제4호가목에 따른 내용증명으로 제출하여야 한다. 제8조 삭제 〈11·12·30〉

법	시 행 령	시 행 규 칙
만, 제13호부터 제16호까지의 규정에 해당하는 사항은 도시개발구역을 지정한 후에 개발계획에 포함시킬 수 있다. 〈개정 11·9·30, 15·8·28, 19·8·27, 21·12·21〉 1. 도시개발구역의 명칭·위치 및 면적 2. 도시개발구역의 지정 목적과 도시개발 사업의 시행기간 3. 제3조의2에 따라 도시개발구역을 둘 이상의 사업시행지구로 분할하거나 서로 떨어진 둘 이상의 지역을 하나의 구역으로 결합하여 도시개발사업을 시행하는 경우에는 그 분할이나 결합에 관한 사항 4. 도시개발사업의 시행자에 관한 사항 5. 도시개발사업의 시행방식 6. 인구수용계획[분양주택(분양을 목적으로 공급하는 주택을 말한다) 및 임대주택(「민간임대주택에 관한 특별법」에 따른 민간임대주택 및 「공공주택 특별법」에 따른 공공임대주택을 말한다. 이하 같다)으로 구분한 주택별 수용계획을 포함한다] 7. 토지이용계획 7의2. 제25조의2에 따라 원형지로 공급될		

법	시 행 령	시 행 규 칙
대상 토지 및 개발 방향 8. 교통처리계획 9. 환경보전계획 10. 보건의료시설 및 복지시설의 설치계획 11. 도로, 상하수도 등 주요 기반시설의 설치계획 12. 재원조달계획 13. 도시개발구역 밖의 지역에 기반시설을 설치하여야 하는 경우에는 그 시설의 설치에 필요한 비용의 부담 계획 14. 수용(收用) 또는 사용의 대상이 되는 토지·건축물 또는 토지에 정착한 물건과 이에 관한 소유권 외의 권리, 광업권, 어업권, 양식업권, 물의 사용에 관한 권리(이하 "토지등"이라 한다)가 있는 경우에는 그 세부목록 15. 임대주택건설계획 등 세입자 등의 주거 및 생활 안정 대책 16. 제21조의2에 따른 순환개발 등 단계적 사업추진이 필요한 경우 사업추진 계획 등에 관한 사항 17. 그 밖에 대통령령으로 정하는 사항	제8조(개발계획에 포함될 사항) ① 법 제5조제1항제17호에서 "대통령령으로 정하는 사항"	

법	시 행 령	시 행 규 칙
	이란 다음 각 호와 같다. 〈개정 11·12·8, 11·12·30, 12·3·26, 12·4·10, 13·3·23, 24·5·7〉 1. 학교시설계획 2. 국가유산 보호계획 3. 초고속 정보통신망계획 4. 공동구 등 지하매설물계획 5. 존치하는 기존 건축물 및 공작물 등에 관한 계획 6. 산업의 유치업종 및 배치계획 7. 도시개발구역 밖의 지역에서 도시개발 구역의 이용에 제공되는 「국토의 계획 및 이용에 관한 법률」 제2조제6호에 따른 기 반시설의 설치가 필요한 경우 도시개발구 역 밖의 기반시설계획에 관한 사항 8. 집단에너지 공급계획 9. 전시장·공연장 등의 문화시설계획 10. 어린이집계획 11. 저탄소 녹색도시 조성을 위한 계획 12. 용적률 및 수용인구 등에 관한 개발밀 도계획 13. 「국토의 계획 및 이용에 관한 법률」에 따른 도시·군관리계획(이하 "도시·군 관리계획"이라 한다)의 수립 또는 변경	

법	시 행 령	시 행 규 칙
	에 관한 사항 14. 그 밖에 국토교통부령으로 정하는 사항 ② 도시지역 외의 지역이나 녹지지역에 도시개발구역을 지정하는 경우 법 제5조제1항제9호의 환경보전계획에는 환경성검토 결과(「환경영향평가법」에 따른 전략환경영향평가를 실시하는 경우에는 전략환경영향평가 결과를 말한다)가 포함되어야 한다.〈개정 12·7·20〉	제9조(개발계획에 포함될 사항) 영 제8조제1항제14호에서 "국토교통부령으로 정하는 사항"이란 다음 각 호의 사항을 말한다. 1. 노인복지시설계획 2. 방재계획(防災計劃) 3. 범죄예방계획 [전문개정 13·9·10]
② 「국토의 계획 및 이용에 관한 법률」에 따른 광역도시계획이나 도시·군기본계획이 수립되어 있는 지역에 대하여 개발계획을 수립하려면 개발계획의 내용이 해당 광역도시계획이나 도시·군기본계획에 들어맞도록 하여야 한다. 〈개정 11·4·14〉 ③ 제4조제1항 단서에 따라 도시개발구역을 지정한 후에 개발계획을 수립하는 경우에는 도시개발구역을 지정할 때에 지정 목적, 시행 방식 및 인구수용계획 등 대통령령으로 정하는 사항에 관한 계획을 수립하여야 한다. ④ 대통령령으로 정하는 규모 이상인 도시개발구역에 관한 개발계획을 수립할 때에	제9조(도시개발구역의 지정 시 포함내용 등) ① 법 제5조제3항에서 "대통령령으로 정하는 사항"이란 다음 각 호의 사항을 말한다. 1. 도시개발구역의 명칭·위치 및 면적 2. 도시개발구역의 지정 목적 3. 도시개발사업의 시행 방식 4. 시행자에 관한 사항	

법	시 행 령	시 행 규 칙
는 해당 구역에서 주거, 생산, 교육, 유통, 위락 등의 기능이 서로 조화를 이루도록 노력하여야 한다. ⑤ 개발계획의 작성 기준 및 방법은 국토교통부장관이 정한다. 〈개정 13·3·23〉	5. 개략적인 인구수용계획 6. 개략적인 토지이용계획 ② 제1항제5호 및 제6호에 따른 계획의 작성기준은 국토교통부장관이 정한다. 〈개정 13·3·23〉 ③ 법 제5조제4항에서 "대통령령으로 정하는 규모"란 330만 제곱미터를 말한다.	
제6조(기초조사 등) ① 도시개발사업의 시행자나 시행자가 되려는 자는 도시개발구역을 지정하거나 도시개발구역의 지정을 요청 또는 제안하려고 할 때에는 도시개발구역으로 지정될 구역의 토지, 건축물, 공작물, 주거 및 생활실태, 주택수요, 그 밖에 필요한 사항에 관하여 대통령령으로 정하는 바에 따라 조사하거나 측량할 수 있다. 〈개정 11·9·30〉 ② 제1항에 따라 조사나 측량을 하려는 자는 관계 행정기관, 지방자치단체, 「공공기관의 운영에 관한 법률」에 따른 공공기관(이하 "공공기관"이라 한다), 정부출연기관, 그 밖의 관계 기관의 장에게 필요한 자료의 제출을 요청할 수 있다. 이 경우 자료 제출을 요청받은 기관의 장은 특별한	제10조(기초조사의 내용) ① 법 제6조제1항에 따라 시행자 또는 시행자가 되려는 자가 조사·측량할 수 있는 사항은 다음 각 호와 같다. 〈개정 12·4·10, 13·3·23〉 1. 도시 또는 도시개발구역으로 지정하려는 지역과 생활권이 같은 지역의 인구변동 상황 및 추이 2. 도시개발구역의 인구, 토지이용, 지장물 및 각종 개발사업 현황 3. 주변지역의 교통 현황 4. 풍수해, 산사태, 지반 붕괴, 그 밖의 재해의 발생빈도 및 현황 5. 도시·군기본계획·광역도시계획 등 상위계획에 관한 사항 6. 그 밖에 국토교통부령으로 정하는 사항 ② 제1항에 따라 조사·측량할 사항에 관	제10조(기초조사의 내용) 영 제10조제1항제6호에서 "그 밖에 국토교통부령으로 정하는 사항"이란 다음 각 호의 사항을 말한다. 〈개정 13·3·23〉 1. 문화재 분포 현황 2. 공원 및 녹지 분포 현황 3. 환경성검토서 작성에 필요한 환경 현황 (녹지지역 안 또는 도시지역 외의 지역에 도시개발구역을 지정하는 경우만 해당한다)

법	시 행 령	시 행 규 칙
사유가 없으면 요청에 따라야 한다. 제7조(주민 등의 의견청취) ① 제3조에 따라 국토교통부장관, 시·도지사 또는 대도시 시장이 도시개발구역을 지정(대도시 시장이 아닌 시장·군수 또는 구청장의 요청에 의하여 지정하는 경우는 제외한다)하고자 하거나 대도시 시장이 아닌 시장·군수 또는 구청장이 도시개발구역의 지정을 요청하려고 하는 경우에는 공람이나 공청회를 통하여 주민이나 관계 전문가 등으로부터 의견을 들어야 하며, 공람이나 공청회에서 제시된 의견이 타당하다고 인정되면 이를 반영하여야 한다. 도시개발구역을 변경(대통령령으로 정하는 경미한 사항은 제외한다)하려는 경우에도 또한 같다. 〈개정 08·3·28, 13·3·23, 20·6·9〉 ② 제1항에 따른 공람의 대상 또는 공청회의 개최 대상 및 주민의 의견청취 방법 등에 필요한 사항은 대통령령으로 정한다.	하여 다른 법령에 근거하여 이미 조사·측량한 자료가 있으면 그 자료를 활용할 수 있다. 제11조(주민의 의견청취) ① 국토교통부장관 또는 특별시장·광역시장·도지사·특별자치도지사(이하 "시·도지사"라 한다)는 법 제7조에 따라 도시개발구역의 지정에 관한 주민의 의견을 청취하려면 관계 서류 사본을 시장·군수 또는 구청장에게 송부하여야 한다. 〈개정 13·3·23〉 ② 시장·군수 또는 구청장은 제1항에 따라 관계 서류 사본을 송부받거나 법 제7조에 따라 주민의 의견을 청취하려는 경우에는 다음 각 호의 사항을 전국 또는 해당 지방을 주된 보급지역으로 하는 둘 이상의 일간신문과 해당 시·군 또는 구의 인터넷 홈페이지에 공고하고 14일(토요일과 「관공서의 공휴일에 관한 규정」에 따른 공휴일을 제외하고 계산한다) 이상 일반인에게 공람시켜야 한다. 다만, 도시개발구역의 면적이 10만 제곱미터 미만인 경우에는 일간신문에 공고하지 아니하고 공보와 해당 시·군 또는 구의 인터넷 홈페이지에 공고	

법	시 행 령	시 행 규 칙
	할 수 있다. 〈개정 13·3·23, 24·7·30〉 1. 입안할 도시개발구역의 지정 및 개발계획의 개요 2. 시행자 및 도시개발사업의 시행방식에 관한 사항 3. 공람기간 4. 그 밖에 국토교통부령으로 정하는 사항 ③ 제2항에 따라 공고된 내용에 관하여 의견이 있는 자는 제2항제3호의 공람기간(이하 이 조 및 제13조에서 "공람기간"이라 한다)에 도시개발구역의 지정에 관한 공고를 한 자에게 의견서를 제출할 수 있다. ④ 시장·군수 또는 구청장은 제3항에 따라 제출된 의견을 종합하여 국토교통부장관(제1항에 따라 국토교통부장관이 시장·군수·구청장에게 송부한 경우에만 해당한다. 이하 이 조에서 같다), 시·도지사에게 제출하여야 하며, 제출된 의견이 없으면 그 사실을 국토교통부장관, 시·도지사에게 통보하여야 한다. 다만, 대도시 시장이 지정권자인 경우에는 그러하지 아니하다. 〈개정 13·3·23〉 ⑤ 국토교통부장관, 시·도지사, 시장·군	

법	시 행 령	시 행 규 칙
	수 또는 구청장은 제3항에 따라 제출된 의견을 공고한 내용에 반영할 것인지를 검토하여 그 결과를 공람기간이 끝난 날부터 30일 이내에 그 의견을 제출한 자에게 통보하여야 한다. 〈개정 13·3·23〉 제12조(주민 등의 의견청취의 제외사항) 법 제7조제1항 후단에서 "대통령령으로 정하는 경미한 사항"이란 다음 각 호의 어느 하나에 해당하지 아니하는 사항을 말한다. 1. 편입되는 면적과 제외되는 면적의 합계가 종전(법 제7조제1항에 따라 주민 등의 의견청취를 거쳐 도시개발구역을 지정 또는 변경한 때를 말한다) 도시개발구역 면적의 100분의 5 이상이거나 1만 제곱미터 이상인 경우(경미한 사항이 여러 차례 변경된 경우에는 누적하여 산정한다) 2. 법 제21조제2항에 따라 사업시행방식을 변경하는 경우 3. 그 밖에 지정권자가 토지소유자의 권익보호 등을 위하여 중대하다고 인정하거나 시·도 조례로 정한 경우 [전문개정 11·12·30]	

법	시 행 령	시 행 규 칙
	제13조(공청회) ① 국토교통부장관, 시·도지사, 시장·군수 또는 구청장은 도시개발사업을 시행하려는 구역의 면적이 100만제곱미터 이상인 경우(법 제4조제3항에 따른 도시개발계획의 변경 후의 면적이 100만 제곱미터 이상인 경우를 포함한다)에는 공람기간이 끝난 후에 법 제7조에 따른 공청회를 개최하여야 한다. 〈개정 12·3·26, 13·3·23〉 ② 국토교통부장관, 시·도지사, 시장·군수 또는 구청장은 제1항에 따라 공청회를 개최하려면 다음 각 호의 사항을 전국 또는 해당 지방을 주된 보급지역으로 하는 일간신문과 인터넷 홈페이지에 공청회 개최 예정일 14일 전까지 1회 이상 공고하여야 한다. 다만, 제11조제2항에 따른 공고 시 다음 각 호의 사항을 이미 공고한 경우에는 그러하지 아니하다. 〈개정 13·3·23〉 1. 공청회의 개최목적 2. 공청회의 개최예정일시 및 장소 3. 입안하고자 하는 도시개발구역지정 및 개발계획의 개요 4. 의견발표의 신청에 관한 사항	

법	시 행 령	시 행 규 칙
	5. 그 밖에 국토교통부령으로 정하는 사항 ③ 공청회가 국토교통부장관, 시·도지사, 시장·군수 또는 구청장이 책임질 수 없는 사유로 2회에 걸쳐 개최되지 못하거나 개최는 되었으나 정상적으로 진행되지 못한 경우에는 공청회를 생략할 수 있다. 이 경우 공청회를 생략하게 된 사유와 달리 의견을 제출할 수 있는 의견 제출의 시기 및 방법 등에 관한 사항을 제2항에 따른 방법으로 공고함으로써 주민의 의견을 듣도록 하여야 한다. 〈개정 13·3·23〉 ④ 공청회는 공청회를 개최하는 자가 지명하는 자가 주재한다. ⑤ 제1항부터 제4항까지에서 규정한 사항 외에 공청회의 개최에 필요한 사항은 그 공청회를 개최하는 주체에 따라 국토교통부장관이 정하거나 해당 지방자치단체의 조례로 정할 수 있다. 〈개정 13·3·23〉	
제8조(도시계획위원회의 심의 등) ① 지정권자는 도시개발구역을 지정하거나 제4조제1항 단서에 따라 개발계획을 수립하려면 관계 행정기관의 장과 협의한 후 「국토의 계획 및 이용에 관한 법률」 제106조에 따	제14조(도시계획위원회의 심의제외 사항) ① 법 제8조제1항 단서에서 "대통령령으로 정하는 경미한 사항을 변경하는 경우"란 개발계획을 변경하는 경우로서 다음 각 호에 해당하는 경우를 제외한 경우를 말한	

법	시 행 령	시 행 규 칙
른 중앙도시계획위원회 또는 같은 법 제113조에 따른 시·도도시계획위원회나 대도시에 두는 대도시도시계획위원회의 심의를 거쳐야 한다. 변경하는 경우에도 또한 같다. 다만, 대통령령으로 정하는 경미한 사항을 변경하는 경우에는 그러하지 아니하다. 〈개정 08·3·28〉 ② 「국토의 계획 및 이용에 관한 법률」 제49조에 따른 지구단위계획에 따라 도시개발사업을 시행하기 위하여 도시개발구역을 지정하는 경우에는 제1항에 따른 중앙도시계획위원회 또는 시·도도시계획위원회나 대도시에 두는 대도시도시계획위원회의 심의를 거치지 아니한다. 〈개정 08·3·28〉	다. 〈개정 12·4·10, 22·6·21〉 1. 제7조제1항제2호부터 제5호까지, 제5호의2 및 제6호부터 제10호까지의 규정에 해당하는 경우. 이 경우 해당 규정에서 "종전"이란 법 제8조제1항에 따라 도시계획위원회의 심의를 거쳐 도시개발구역을 지정·변경하거나 개발계획을 수립·변경한 때를 말하며, 이하 이 조에서 같다. 2. 도시개발구역 면적이 종전보다 100분의 10 이상 증감하는 경우 3. 그 밖에 지정권자가 도시·군기본계획에서 제시한 목표를 실현하기 위하여 중대하다고 인정하거나 시·도 조례로 정한 경우 ② 제1항에도 불구하고 다음 각 호의 어느 하나에 해당하는 결과를 반영하는 개발계획의 변경은 경미한 사항의 변경으로 본다. 〈개정 17·12·5, 18·10·23, 21·8·24〉 1. 「환경영향평가법」에 따른 환경영향평가 및 소규모 환경영향평가에 대한 협의 결과 2. 「도시교통정비 촉진법」에 따른 교통영향평가서 검토 결과 3. 「자연재해대책법」에 따른 재해영향평가	

법	시 행 령	시 행 규 칙
③ 지정권자는 제1항에 따라 관계 행정기관의 장과 협의하는 경우 지정하려는 도시개발구역이 일정 규모 이상 또는 국가계획과 관련되는 등 대통령령으로 정하는 경우에 해당하면 국토교통부장관과 협의하여야 한다. 〈신설 09·12·29, 13·3·23〉	등의 협의 결과 4. 「교육환경 보호에 관한 법률」에 따른 교육환경평가서 심의 결과 [전문개정 11·12·30] 제14조의2(도시개발구역 지정 시 국토교통부장관과의 협의)〈개정 17·12·5〉 ① 법 제8조제3항에서 "지정하려는 도시개발구역이 일정 규모 이상 또는 국가계획과 관련되는 등 대통령령으로 정하는 경우"란 다음 각 호의 경우를 말한다.〈개정 22·6·21〉 1. 지정하려는 도시개발구역 면적이 50만 제곱미터 이상인 경우 2. 개발계획이 「국토의 계획 및 이용에 관한 법률」 제2조제14호에 따른 국가계획을 포함하고 있거나 그 국가계획과 관련되는 경우 ② 지정권자가 법 제8조제3항에 따라 국토교통부장관에게 협의를 요청하려면 국토교통부령으로 정하는 서류를 첨부하여 함께 제출하여야 한다. 〈개정 13·3·23〉 [본조신설 10·6·29]	제10조의2(도시개발구역 지정을 위한 협의 요청 시 제출 서류) 영 제14조의2제2항에서 "국토교통부령으로 정하는 서류"란 제5조제1호·제3호·제4호·제5호 및 제7호부터 제11호까지의 서류 및 도면을 말한다. 〈개정 13·3·23〉 [본조신설 10·6·30]

법	시 행 령	시 행 규 칙
제9조(도시개발구역지정의 고시 등) ① 지정권자는 도시개발구역을 지정하거나 제4조제1항 단서에 따라 개발계획을 수립한 경우에는 대통령령으로 정하는 바에 따라 이를 관보나 공보에 고시하고, 대도시 시장인 지정권자는 관계 서류를 일반에게 공람시켜야 하며, 대도시 시장이 아닌 지정권자는 해당 도시개발구역을 관할하는 시장(대도시 시장은 제외한다)·군수 또는 구청장에게 관계 서류의 사본을 보내야 하며, 지정권자인 특별자치도지사와 관계 서류를 송부받은 시장(대도시 시장은 제외한다)·군수 또는 구청장은 해당 관계 서류를 일반인에게 공람시켜야 한다. 변경하는 경우에도 또한 같다. 〈개정 08·3·28, 20·6·9〉	제15조(도시개발구역지정 및 개발계획수립의 고시 및 공람 등) ① 지정권자는 도시개발구역을 지정한 때에는 법 제9조제1항 전단에 따라 다음 각 호의 사항을 관보 또는 공보에 고시하여야 한다. 다만, 제7호의2에 해당하는 사항은 시행자를 지정한 이후에 고시할 수 있다. 〈개정 12·3·26, 12·4·10, 13·3·23〉 1. 도시개발구역의 명칭 2. 도시개발구역의 위치 및 면적 3. 도시개발구역의 지정목적 4. 시행자(시행자가 지정이 되지 아니한 경우에는 제안자를 말한다)와 그 주된 사무소의 소재지 5. 도시개발사업의 시행기간 및 시행방법 6. 토지이용계획 및 기반시설계획 7. 국토교통부령으로 정하는 토지 명세(도시개발구역을 지정할 때 제7호의2에 따라 토지 세목을 고시한 경우는 제외한다) 7의2.「공익사업을 위한 토지 등의 취득 및 보상에 관한 법률」제22조제1항에 따라 고시하는 토지의 세목(수용 또는 사용 방식으로 도시개발사업을 실시하는	제11조(토지 명세) ① 영 제15조제1항제7호에서 "국토교통부령으로 정하는 토지 명세"란 토지의 소재지, 지번, 지목, 면적(하나의 필지 중 일부가 도시개발구역에 포함되는 경우에는 해당 필지 전체의 면적 및 도시개발구역에 편입되는 토지의 면적) 및 토지 소유자에 관한 사항을 말한다. 〈개정

법	시 행 령	시 행 규 칙
	지역으로 한정한다) 8. 도시개발구역의 이용에 제공되는 「국토의 계획 및 이용에 관한 법률」 제2조제6호에 따른 기반시설을 도시개발구역 밖에 설치할 필요가 있는 경우 도시개발구역 밖의 기반시설계획에 관한 사항 9. 법 제11조제8항제4호에 따른 실시계획의 인가신청기간 10. 관계 도서의 열람방법 11. 도시·군관리계획에 관한 사항(법 제9조제2항에 따라 도시지역 및 지구단위계획구역으로 결정된 것으로 보는 사항을 포함한다) 12. 그 밖에 국토교통부령으로 정하는 사항 ② 지정권자는 법 제4조제1항 단서에 따라 도시개발구역을 지정한 후에 개발계획을 수립하는 경우에는 제1항에도 불구하고 도시개발구역을 지정한 때에는 제1항 각 호의 사항의 일부(제1항제1호부터 제4호까지, 제7호 및 제10호의 사항은 반드시 포함하여야 한다)와 제9조제1항제5호 및 제6호의 사항을 고시할 수 있다. 이 경우 개발계획을 수립하면 제1항 각 호의 사항을	13·3·23〉 ② 제1항에 따른 토지 명세는 별지 제7호의2서식에 따른다. [본조신설 12·3·30]

법	시 행 령	시 행 규 칙
② 도시개발구역이 지정·고시된 경우 해당 도시개발구역은 「국토의 계획 및 이용에 관한 법률」에 따른 도시지역과 대통령령으로 정하는 지구단위계획구역으로 결정되어 고시된 것으로 본다. 다만, 「국토의 계획 및 이용에 관한 법률」 제51조제3항에 따른 지구단위계획구역 및 같은 법 제37조제1항제6호에 따른 취락지구로 지정된 지역인 경우에는 그러하지 아니하다. 〈개정 11·4·14, 17·4·18〉 ③ 시·도지사 또는 대도시 시장이 도시개발구역을 지정·고시한 경우에는 국토교통부장관에게 그 내용을 통보하여야 한다. 〈개정 08·3·28, 13·3·23〉 ④ 제2항에 따라 결정·고시된 것으로 보는 사항에 대하여 「국토의 계획 및 이용에 관한 법률」 제32조에 따른 도시·군관리계	고시하여야 한다. 〈개정 12·3·26〉 ③ 지정권자는 개발계획을 변경한 때에는 제1항제1호부터 제5호까지의 사항과 변경된 사항을 고시하여야 한다. ④ 법 제9조제1항에 따른 관계 서류의 공람기간은 14일 이상으로 한다. ⑤ 법 제9조제2항 본문에서 "대통령령으로 정하는 지구단위계획구역"이란 「국토의 계획 및 이용에 관한 법률」 제51조제1항에 따른 지구단위계획구역을 말한다. 〈개정 12·4·10, 21·8·24〉	

법	시 행 령	시 행 규 칙
획에 관한 지형도면의 고시는 같은 법 제33조에도 불구하고 제5조제1항제2호의 도시개발사업의 시행 기간에 할 수 있다.〈개정 11·4·14〉 ⑤ 제7조제1항에 따라 도시개발구역지정에 관한 주민 등의 의견청취를 위한 공고가 있는 지역 및 도시개발구역에서 건축물의 건축, 공작물의 설치, 토지의 형질 변경, 토석의 채취, 토지 분할, 물건을 쌓아놓는 행위, 죽목의 벌채 및 식재 등 대통령령으로 정하는 행위를 하려는 자는 특별시장·광역시장·특별자치도지사·시장 또는 군수의 허가를 받아야 한다. 허가받은 사항을 변경하려는 경우에도 또한 같다.	제16조(행위허가의 대상 등) ① 법 제9조제5항에 따라 특별시장·광역시장·특별자치도지사·시장 또는 군수의 허가를 받아야 하는 행위는 다음 각 호와 같다.〈개정 21·1·5〉 1. 건축물의 건축 등:「건축법」제2조제1항제2호에 따른 건축물(가설건축물을 포함한다)의 건축, 대수선(大修繕) 또는 용도 변경 2. 공작물의 설치: 인공을 가하여 제작한 시설물(「건축법」제2조제1항제2호에 따른 건축물은 제외한다)의 설치 3. 토지의 형질변경: 절토(땅깎기)·성토(흙쌓기)·정지·포장 등의 방법으로 토지의 형상을 변경하는 행위, 토지의 굴착 또는 공유수면의 매립 4. 토석의 채취: 흙·모래·자갈·바위 등의 토석을 채취하는 행위. 다만, 토지의 형질 변경을 목적으로 하는 것은 제3호	

법	시 행 령	시 행 규 칙
	에 따른다. 5. 토지분할 6. 물건을 쌓아놓는 행위: 옮기기 쉽지 아니한 물건을 1개월 이상 쌓아놓는 행위 7. 죽목(竹木)의 벌채 및 식재(植栽) ② 특별시장·광역시장·특별자치도지사·시장 또는 군수는 법 제9조제5항에 따라 제1항 각 호의 행위에 대한 허가를 하려는 경우에 법 제11조에 따라 시행자가 이미 지정되어 있으면 미리 그 시행자의 의견을 들어야 한다.	
⑥ 다음 각 호의 어느 하나에 해당하는 행위는 제5항에도 불구하고 허가를 받지 아니하고 할 수 있다. 1. 재해 복구 또는 재난 수습에 필요한 응급조치를 위하여 하는 행위 2. 그 밖에 대통령령으로 정하는 행위	③ 법 제9조제6항제2호에서 "그 밖에 대통령령으로 정하는 행위"란 다음 각 호의 어느 하나에 해당하는 행위로서 「국토의 계획 및 이용에 관한 법률」 제56조에 따른 개발행위허가의 대상이 아닌 것을 말한다. 〈개정 13·3·23〉 1. 농림수산물의 생산에 직접 이용되는 것으로서 국토교통부령으로 정하는 간이공작물의 설치 2. 경작을 위한 토지의 형질변경 3. 도시개발구역의 개발에 지장을 주지 아니하고 자연경관을 훼손하지 아니하는	제12조(간이공작물) 영 제16조제3항제1호에서 "국토교통부령으로 정하는 간이공작물"이란 다음 각 호의 공작물을 말한다. 〈개정 13·3·23〉 1. 비닐하우스 2. 양잠장 3. 고추, 잎담배, 김 등 농림수산물의 건조장 4. 버섯 재배사(栽培舍) 5. 종묘배양장 6. 퇴비장 7. 탈곡장 8. 그 밖에 제1호부터 제7호까지의 공작물

법	시 행 령	시 행 규 칙
⑦ 제5항에 따라 허가를 받아야 하는 행위로서 도시개발구역의 지정 및 고시 당시 이미 관계 법령에 따라 행위 허가를 받았거나 허가를 받을 필요가 없는 행위에 관하여 그 공사나 사업에 착수한 자는 대통령령으로 정하는 바에 따라 특별시장·광역시장·특별자치도지사·시장 또는 군수에게 신고한 후 이를 계속 시행할 수 있다. ⑧ 특별시장·광역시장·특별자치도지사·시장 또는 군수는 제5항을 위반한 자에게 원상회복을 명할 수 있다. 이 경우 명령을 받은 자가 그 의무를 이행하지 아니하는 경우에는 특별시장·광역시장·특별자치도지사·시장 또는 군수는 「행정대집행법」에 따라 이를 대집행할 수 있다. ⑨ 제5항에 따른 허가에 관하여 이 법으로 규정한 것 외에는 「국토의 계획 및 이용에 관한 법률」 제57조부터 제60조까지 및 제	범위에서의 토석채취 4. 도시개발구역에 남겨두기로 결정된 대지에서 물건을 쌓아놓는 행위 5. 관상용 죽목의 임시 식재(경작지에서의 임시 식재는 제외한다) ④ 법 제9조제7항에 따라 공사나 사업을 신고하려는 자는 도시개발구역이 지정·고시된 날부터 30일 이내에 국토교통부령으로 정하는 신고서에 그 공사 또는 사업의 진행 사항과 시행계획을 첨부하여 관할 특별시장·광역시장·특별자치도지사·시장 또는 군수에게 제출하여야 한다.〈개정 13·3·23〉	과 유사한 것으로서 국토교통부장관이 정하여 관보에 고시하는 공작물

법	시 행 령	시 행 규 칙
62조를 준용한다. ⑩ 제5항에 따라 허가를 받으면 「국토의 계획 및 이용에 관한 법률」제56조에 따라 허가를 받은 것으로 본다. 제10조(도시개발구역 지정의 해제) ① 도시개발구역의 지정은 다음 각 호의 어느 하나에 규정된 날의 다음 날에 해제된 것으로 본다. 1. 도시개발구역이 지정·고시된 날부터 3년이 되는 날까지 제17조에 따른 실시계획의 인가를 신청하지 아니하는 경우에는 그 3년이 되는 날 2. 도시개발사업의 공사 완료(환지 방식에 따른 사업인 경우에는 그 환지처분)의 공고일 ② 제1항에도 불구하고 제4조제1항 단서에 따라 도시개발구역을 지정한 후 개발계획을 수립하는 경우에는 다음 각 호의 어느 하나에 규정된 날의 다음 날에 도시개발구역의 지정이 해제된 것으로 본다. 1. 도시개발구역이 지정·고시된 날부터 2년이 되는 날까지 개발계획을 수립·고시하지 아니하는 경우에는 그 2년이 되	제17조(도시개발구역 해제의 고시 및 공람) ① 지정권자는 법 제10조제1항 및 같은 조 제2항에 따라 도시개발구역의 지정이 해제된 경우에는 같은 조 제4항 전단에 따라 다음 각 호의 사항을 관보 또는 공보에 고시하여야 한다. 〈개정 12·4·10, 13·3·23〉 1. 도시개발구역의 명칭 2. 도시개발구역의 위치 및 면적 3. 도시개발구역의 해제 사유 4. 「국토의 계획 및 이용에 관한 법률」에 따른 용도지역·용도지구·용도구역 및 도시·군계획시설의 환원 또는 폐지에 관한 사항 5. 그 밖에 국토교통부령으로 정하는 사항 ② 법 제10조제2항제1호 단서 및 같은 항 제2호 단서에서 "대통령령으로 정하는 규모"란 각각 330만 제곱미터를 말한다. ③ 법 제10조제4항 후단에 따른 관계 서류의 공람기간은 14일 이상으로 한다.	

법	시 행 령	시 행 규 칙
는 날. 다만, 도시개발구역의 면적이 대통령령으로 정하는 규모 이상인 경우에는 5년으로 한다. 2. 개발계획을 수립·고시한 날부터 3년이 되는 날까지 제17조에 따른 실시계획 인가를 신청하지 아니하는 경우에는 그 3년이 되는 날. 다만, 도시개발구역의 면적이 대통령령으로 정하는 규모 이상인 경우에는 5년으로 한다. ③ 제1항이나 제2항에 따라 도시개발구역의 지정이 해제의제(解除擬制)된 경우에는 그 도시개발구역에 대한 「국토의 계획 및 이용에 관한 법률」에 따른 용도지역 및 지구단위계획구역은 해당 도시개발구역 지정 전의 용도지역 및 지구단위계획구역으로 각각 환원되거나 폐지된 것으로 본다. 다만, 제1항제2호에 따라 도시개발구역의 지정이 해제의제된 경우에는 환원되거나 폐지된 것으로 보지 아니한다. ④ 제1항에 따라 도시개발구역의 지정이 해제의제되는 경우 지정권자는 대통령령으로 정하는 바에 따라 이를 관보나 공보에 고시하고, 대도시 시장인 지정권자는 관계		

법	시 행 령	시 행 규 칙
행정기관의 장에게 통보하여야 하며 관계 서류를 일반에게 공람시켜야 하고, 대도시 시장이 아닌 지정권자는 관계 행정기관의 장과 도시개발구역을 관할하는 시장(대도시 시장은 제외한다)·군수 또는 구청장에게 통보하여야 한다. 이 경우 지정권자인 특별자치도지사와 본문에 따라 통보를 받은 시장(대도시 시장은 제외한다)·군수 또는 구청장은 관계 서류를 일반인에게 공람시켜야 한다. 〈개정 08·3·28, 20·6·9〉 제10조의2(보안관리 및 부동산투기 방지대책) ① 다음 각 호에 해당하는 자는 제7조에 따른 주민 등의 의견청취를 위한 공람 전까지는 도시개발구역의 지정을 위한 조사, 관계 서류 작성, 관계기관 협의, 중앙도시계획위원회 또는 시·도도시계획위원회나 대도시도시계획위원회의 심의 등의 과정에서 관련 정보가 누설되지 아니하도록 필요한 조치를 하여야 한다. 다만, 지정권자가 도시개발사업의 원활한 시행을 위하여 필요하다고 인정하는 경우로서 대통령령으로 정하는 경우에는 관련 정보를 미리 공개할 수 있다.	제17조의2(부동산투기 방지대책) 지정권자는 법 제10조의2제4항에 따라 도시개발구역으로 지정하려는 지역 및 주변지역이 부동산투기가 성행하거나 성행할 우려가 있는 경우 다음 각 호의 부동산투기 방지대책을 수립·시행해야 한다. 1. 도시개발구역의 지정 제안 등으로 부동산투기 또는 부동산가격의 급등이 우려되는 지역에 대한 「주택법」 제63조에 따른 투기과열지구 지정 2. 도시개발구역 및 주변지역의 무분별한 개발을 방지하기 위한 개발행위허가 제한 3. 도시개발구역 지정을 위한 조사·용	

법	시 행 령	시 행 규 칙
1. 지정권자 2. 제3조제3항제2호 또는 같은 조 제4항에 따라 도시개발구역의 지정을 요청하거나 요청하려는 관계 중앙행정기관의 장 또는 시장(대도시 시장은 제외한다)·군수·구청장 3. 제11조제1항에 따른 시행자 또는 시행자가 되려는 자 및 같은 조 제5항에 따라 도시개발구역의 지정을 제안하거나 제안하려는 자 4. 제6조제2항에 따라 도시개발구역을 지정하거나 도시개발구역의 지정을 요청 또는 제안하기 위한 자료의 제출을 요구받은 자 5. 제3조제4항, 제8조제1항 또는 제3항 및 제11조제5항에 따라 도시개발구역 지정 시 협의하는 관계 행정기관의 장 또는 자문·심의기관의 장 ② 다음 각 호의 기관 또는 업체에 종사하였거나 종사하는 자(제3호의 경우 토지 소유자를 포함한다)는 업무 처리 중 알게 된 도시개발구역 지정 또는 지정의 요청·제안과 관련한 정보로서 불특정 다수인이 알	역·협의 등의 과정에서 직접적·간접적으로 관계되는 자에 대한 자체 보안대책 4. 그 밖에 다른 법령에 따른 부동산가격 안정 대책 등 도시개발구역 및 주변지역의 부동산투기 방지를 위하여 필요하다고 인정되는 대책 [본조신설 21·8·24]	

법	시 행 령	시 행 규 칙
수 있도록 공개되기 전의 정보(이하 "미공개정보"라 한다)를 도시개발구역의 지정 또는 지정 요청·제안 목적 외로 사용하거나 타인에게 제공 또는 누설해서는 아니 된다. 1. 지정권자가 속한 기관 2. 제3조제3항제2호 또는 같은 조 제4항에 따라 도시개발구역의 지정을 요청하거나 또는 요청하려는 관계 중앙행정기관 또는 시(대도시는 제외한다)·군·구 3. 제11조제1항에 따른 시행자 또는 시행자가 되려는 자 및 같은 조제5항에 따라 도시개발구역의 지정을 제안하거나 제안하려는 자 4. 제6조제2항에 따라 도시개발구역을 지정하거나 도시개발구역의 지정을 요청 또는 제안하기 위한 자료의 제출을 요구받은 기관 5. 제3조제4항, 제8조제1항 또는 제3항 및 제11조제5항에 따라 도시개발구역 지정 시 협의하는 관계 기관 또는 자문·심의 기관 6. 도시개발사업의 시행자 또는 시행자가		

법	시 행 령	시 행 규 칙
되려는 자가 제6조에 따라 도시개발구역의 지정 또는 지정 요청·제안에 필요한 조사·측량을 하거나 관계 서류 작성 등을 위하여 용역 계약을 체결한 업체 ③ 제2항 각 호의 어느 하나에 해당하는 기관 또는 업체에 종사하였거나 종사하는 자(제2항제3호의 경우 토지 소유자를 포함한다)로부터 미공개정보를 제공받은 자 또는 미공개정보를 부정한 방법으로 취득한 자는 그 미공개정보를 도시개발구역의 지정 또는 지정 요청·제안 목적 외로 사용하거나 타인에게 제공 또는 누설해서는 아니 된다. ④ 지정권자는 도시개발구역으로 지정하려는 지역 및 주변지역이 부동산투기가 성행하거나 성행할 우려가 있다고 판단되는 경우에는 대통령령으로 정하는 바에 따라 투기방지대책을 수립하여야 한다. [본조신설 21·4·1] **제3장 도시개발사업의 시행** 제1절 시행자 및 실시계획 등 제11조(시행자 등) ① 도시개발사업의 시행	**제3장 도시개발사업의 시행** 제1절 시행자 및 실시계획 등	

법	시 행 령	시 행 규 칙
자(이하 "시행자"라 한다)는 다음 각 호의 자 중에서 지정권자가 지정한다. 다만, 도시개발구역의 전부를 환지 방식으로 시행하는 경우에는 제5호의 토지 소유자나 제6호의 조합을 시행자로 지정한다. 〈개정 10・4・15, 11・9・30, 12・1・17, 16・1・19〉 1. 국가나 지방자치단체 2. 대통령령으로 정하는 공공기관	제18조(시행자) ① 법 제11조제1항제2호에서 "대통령령으로 정하는 공공기관"이란 다음 각 호의 공공기관을 말한다. 〈개정 09・6・26, 09・9・21, 11・12・30, 18・2・27, 25・1・31〉 1. 「한국토지주택공사법」에 따른 한국토지주택공사(이하 "한국토지주택공사"라 한다) 2. 삭제 〈09・9・21〉 3. 「한국수자원공사법」에 따른 한국수자원공사 4. 「한국농어촌공사 및 농지관리기금법」에 따른 한국농어촌공사 5. 「한국관광공사법」에 따른 한국관광공사 6. 「한국철도공사법」에 따른 한국철도공사 7. 「혁신도시 조성 및 발전에 관한 특별법」 제43조제3항에 따른 매입공공기관(같은 법 제2조제6호에 따른 종전부동산 및	

법	시 행 령	시 행 규 칙
3. 대통령령으로 정하는 정부출연기관 4. 「지방공기업법」에 따라 설립된 지방공사 5. 도시개발구역의 토지 소유자(「공유수면 관리 및 매립에 관한 법률」 제28조에 따라 면허를 받은 자를 해당 공유수면을 소유한 자로 보고 그 공유수면을 토지로 보며, 제21조에 따른 수용 또는 사용 방식의 경우에는 도시개발구역의 국공유지를 제외한 토지면적의 3분의 2 이상을 소유한 자를 말한다) 6. 도시개발구역의 토지 소유자(「공유수면	그 주변을 개발하는 경우로 한정한다) 8. 「한국공항공사법」에 따른 한국공항공사 ② 법 제11조제1항제3호에서 "대통령령으로 정하는 정부출연기관"이란 다음 각 호의 기관을 말한다. 〈개정 13·9·17, 20·9·10〉 1. 「국가철도공단법」에 따른 국가철도공단(「역세권의 개발 및 이용에 관한 법률」 제2조제2호에 따른 역세권개발사업을 시행하는 경우에만 해당한다) 2. 「제주특별자치도 설치 및 국제자유도시 조성을 위한 특별법」에 따른 제주국제자유도시개발센터(제주특별자치도에서 개발사업을 하는 경우에만 해당한다)	

법	시 행 령	시 행 규 칙
관리 및 매립에 관한 법률」제28조에 따라 면허를 받은 자를 해당 공유수면을 소유한 자로 보고 그 공유수면을 토지로 본다)가 도시개발을 위하여 설립한 조합(도시개발사업의 전부를 환지 방식으로 시행하는 경우에만 해당하며, 이하 "조합"이라 한다) 7.「수도권정비계획법」에 따른 과밀억제권역에서 수도권 외의 지역으로 이전하는 법인 중 과밀억제권역의 사업 기간 등 대통령령으로 정하는 요건에 해당하는 법인	③ 법 제11조제1항제7호에서 "대통령령으로 정하는 요건에 해당하는 법인"이란 다음 각 호의 어느 하나에 해당하는 법인을 말한다. 〈개정 12·3·26〉 1.「수도권정비계획법」제6조제1항제1호에 따른 과밀억제권역(이하 이 조에서 "과밀억제권역"이라 한다)에 3년 이상 계속하여 공장시설을 갖추고 사업을 하고 있거나 3년 이상 계속하여 본점 또는 주사무소(이하 이 조에서 "본사"라 한다)를 두고 있는 법인으로서 그 공장시설의 전부 또는 본사를「수도권정비계획법」제2조제1호에 따른 수도권(이하 "수도권"이라 한다) 외의 지역으로 이전하는 법인. 이 경우 공장시설 또는 본사의 이전에 따라 이전하는 종업원의 수(여러 개의	

법	시 행 령	시 행 규 칙
	법인이 모여 지방으로 이전하는 경우에는 그 종업원 총수)가 500명 이상이어야 한다. 2. 과밀억제권역에서 「고등교육법」 제2조제1호에 따른 대학(같은 법 제30조에 따른 대학원대학은 제외한다)을 운영 중인 학교법인으로서 대학시설의 전부를 수도권 외의 지역으로 이전하는 학교법인	
8. 「주택법」 제4조에 따라 등록한 자 중 도시개발사업을 시행할 능력이 있다고 인정되는 자로서 대통령령으로 정하는 요건에 해당하는 자(「주택법」 제2조제12호에 따른 주택단지와 그에 수반되는 기반시설을 조성하는 경우에만 해당한다)	④ 법 제11조제1항제8호에서 "대통령령으로 정하는 요건에 해당하는 자"란 다음 각 호의 요건을 모두 충족하는 자를 말한다. 다만, 「채무자 회생 및 파산에 관한 법률」에 따른 회생절차가 진행 중인 법인은 제외한다. 〈개정 13·3·23, 16·8·11〉 1. 「주택법」 제10조에 따라 제출된 최근 3년간의 평균 영업실적(대지 조성에 투입된 비용을 말하며, 보상비는 제외한다)이 해당 도시개발사업에 드는 연평균 사업비(보상비는 제외한다) 이상일 것 2. 경영의 건전성이 국토교통부령으로 정하는 기준 이상일 것	제13조(경영의 건전성 기준) 영 제18조제4항제2호, 같은 조 제5항 본문 및 같은 조 제6항제3호에서 "국토교통부령으로 정하는 기준"이란 다음 각 호의 요건을 갖춘 것을 말한다. 〈개정 12·7·18, 13·3·23, 21·10·12〉 1. 도시개발사업시행자 지정신청일을 기준으로 「주식회사 등의 외부감사에 관한 법률」 제23조제5항에 따라 공시된 해당 연도의 손익계산서상 당기순손실이 발생하지 아니한 법인일 것. 이 경우 해당 연도의 손익계산서가 공시되지 아니한 경우에는 직전 연도의 손익계산서에 따른다. 2. 신탁업자의 경우에는 「자본시장과 금융투자업에 관한 법률」 제31조제4항에 따

법	시 행 령	시 행 규 칙
		라 금융위원회로부터 경영건전성 확보를 위한 필요한 조치를 받지 아니한 법인일 것. 다만, 경영건전성 확보를 위한 조치가 완료된 경우에는 그러하지 아니하다.
9. 「건설산업기본법」에 따른 토목공사업 또는 토목건축공사업의 면허를 받는 등 개발계획에 맞게 도시개발사업을 시행할 능력이 있다고 인정되는 자로서 대통령령으로 정하는 요건에 해당하는 자	⑤ 법 제11조제1항제9호에서 "대통령령으로 정하는 요건에 해당하는 자"란 다음 각호의 어느 하나에 해당하는 자로서 경영의 건전성이 국토교통부령으로 정하여 고시하는 기준 이상인 자를 말한다. 다만, 「채무자 회생 및 파산에 관한 법률」에 따른 회생절차가 진행 중인 법인은 제외한다. 〈개정 13·3·23, 18·10·30〉 1. 「건설산업기본법」에 따라 종합공사를 시공하는 업종(토목공사업 및 토목건축공사업에 한한다)에 등록한 자로서 같은 법 제23조에 따라 공시된 시공능력 평가액이 당해 도시개발사업에 드는 연평균 사업비(보상비는 제외한다) 이상인 자 2. 「자본시장과 금융투자업에 관한 법률」에 따른 신탁업자 중 「주식회사 등의 외부감사에 관한 법률」 제4조에 따른 외부감사의 대상이 되는 자	
9의2. 「부동산개발업의 관리 및 육성에 관	⑥ 법 제11조제1항제9호의2에서 "대통령령	

법	시 행 령	시 행 규 칙
한 법률」제4조제1항에 따라 등록한 부동산개발업자로서 대통령령으로 정하는 요건에 해당하는 자	으로 정하는 요건에 해당하는 자"란 다음 각 호의 요건을 모두 충족하는 자를 말한다. 다만, 「채무자 회생 및 파산에 관한 법률」에 따른 회생절차가 진행 중인 법인은 제외한다. 〈개정 12·7·17, 13·3·23〉 1. 「부동산개발업의 관리 및 육성에 관한 법률」제17조제1호에 따라 국토교통부장관에게 보고한 최근 3년간 연평균 사업실적이 해당 도시개발사업에 드는 연평균 사업비 이상일 것 2. 시행자 지정 신청일 기준으로 최근 3년간 「부동산개발업의 관리 및 육성에 관한 법률」제22조에 따른 시정조치 및 같은 법 제24조제1항에 따른 영업정지를 받은 사실이 없을 것 3. 경영의 건전성이 국토교통부령으로 정하는 기준 이상일 것	
10. 「부동산투자회사법」에 따라 설립된 자기관리부동산투자회사 또는 위탁관리부동산투자회사로서 대통령령으로 정하는 요건에 해당하는 자	⑦ 법 제11조제1항제10호에서 "대통령령으로 정하는 요건에 해당하는 자"란 시행자 지정 신청일 당시 「부동산투자회사법」제37조에 따라 공시된 투자보고서(「부동산투자회사법」제9조에 따른 인가를 받은 후 3개월이 경과하지 않은 경우로서 같은 법 제37	

법	시 행 령	시 행 규 칙
	조제1항에 따라 투자보고서를 공시하기 전인 부동산투자회사의 경우에는 같은 법 시행령 제8조제2항제9호에 따른 추정 재무제표를 말한다)를 기준으로 재무제표상 부채가 자기자본의 4배 미만이고, 최근 3년간 같은 법 제39조제2항제1호, 제2호 및 같은 법 시행령 제41조제4항제1호에 해당하는 조치를 받은 사실이 없는 자로서 다음 각 호의 어느 하나에 해당하는 자를 말한다. 다만, 「채무자 회생 및 파산에 관한 법률」에 따른 회생절차가 진행 중인 법인은 제외한다. 〈신설 12 · 7 · 17, 21 · 8 · 24, 25 · 1 · 31〉 1. 최근 3년간 「부동산투자회사법」 제21조제1항제1호부터 제3호까지에서 규정한 사항에 대하여 같은 조 제2항제1호 및 제2호에 해당하는 방법으로 투자 · 운용한 자산의 연평균 투자 · 운용실적(위탁관리 부동산투자회사의 경우에는 해당 부동산투자회사로부터 자산의 투자 · 운용업무를 위탁받은 자산관리회사가 투자 · 운용을 위탁받은 실적 총합계액의 연평균 금액을 말한다)이 해당 도시개발사업에 드는 연평균 사업비 이상인 자	

법	시 행 령	시 행 규 칙

11. 제1호부터 제9호까지, 제9호의2 및 제10호에 해당하는 자(제6호에 따른 조합은 제외한다)가 도시개발사업을 시행할 목적으로 출자에 참여하여 설립한 법인으로서 대통령령으로 정하는 요건에 해당하는 법인	2. 「부동산투자회사법」 제9조제2항제2호에 따른 사업계획상 자기자본이 해당 도시개발사업에 드는 총사업비의 100분의 15 이상인 자
	⑧ 법 제11조제1항제11호에서 "대통령령으로 정하는 요건에 해당하는 법인"이란 다음 각 호의 어느 하나에 해당하는 법인을 말한다. 〈신설 12·7·17〉
	1. 법 제11조제1항제1호부터 제5호까지, 제7호부터 제9호까지, 제9호의2 및 제10호에 해당하는 자가 100분의 50 이상 출자한 법인
	2. 법 제11조제1항제1호부터 제5호까지, 제7호부터 제9호까지, 제9호의2 및 제10호에 해당하는 자가 100분의 30 이상 출자한 법인으로서 다음 각 목의 어느 하나에 해당하는 자의 출자비율 합계가 100분의 20 이상인 법인
	  가. 법 제11조제1항제1호부터 제4호까지에 해당하는 자
	  나. 「국가재정법」 제5조제1항에 따라 설치된 기금을 관리하기 위하여 법률에 따라 설립된 법인	

법	시 행 령	시 행 규 칙
	다. 법률에 따라 설립된 공제회 라. 「법인세법 시행령」 제61조제2항제1 　호부터 제13호까지 및 제24호에 해당 　하는 금융회사 제19조(시행자 지정신청) ① 법 제11조제1 항에 따라 시행자로 지정받으려는 자는 다 음 각 호의 사항을 기재한 사업시행자 지 정신청서를 시장(대도시 시장은 제외한 다)·군수 또는 구청장을 거쳐 지정권자에 게 제출하여야 하며, 지정받은 내용을 변 경하는 경우에도 또한 같다. 다만, 지정권 자가 도시개발사업을 직접 시행하는 경우 에는 그러하지 아니하며, 국토교통부장 관·특별자치도지사 또는 대도시 시장이 지정권자인 경우에는 국토교통부장관·특 별자치도지사 또는 대도시 시장에게 직접 제출할 수 있다. 〈개정 12·3·26, 13·3·23〉 1. 신청인의 성명(법인인 경우에는 법인의 　명칭 및 대표자의 성명)·주소 2. 사업시행계획의 개요 　가. 사업의 명칭 　나. 사업의 시행목적 　다. 사업의 내용	제14조(시행자 지정신청 등) ① 영 제19조 제1항 본문에 따른 사업시행자 지정신청서 는 별지 제8호서식에 따른다. ② 제1항에 따른 신청서에는 다음 각 호의 서류 및 도면을 첨부하여야 한다. 1. 사업계획서 2. 자금조달계획서 3. 법 제11조제1항 각 호의 어느 하나에 　해당하는지 여부를 확인할 수 있는 서류 4. 법 제11조제2항 각 호의 어느 하나에 　해당하는지 여부를 확인할 수 있는 서류 5. 규약·정관 또는 시행규정 6. 축척 2만 5천분의 1 또는 5만분의 1의 　위치도 ③ 지정권자는 법 제11조제1항에 따라 도 시개발사업의 시행자(이하 "시행자"라 한 다)를 지정한 경우에는 별지 제9호서식의 시행자지정서를 신청인에게 발급하고, 별 지 제10호서식의 시행자 지정대장을 작

법	시 행 령	시 행 규 칙
	라. 사업의 시행기간 마. 사업의 시행방식 ② 제1항에 따른 사업시행자 지정신청서에는 다음 각 호의 서류 및 도면을 첨부하여야 한다. 1. 사업계획서 2. 자금조달계획서 3. 위치도 ③ 제1항 및 제2항에서 규정한 사항 외에 시행자의 지정 등에 관하여 필요한 사항은 국토교통부령으로 정한다. 〈개정 13·3·23〉	성·관리하여야 한다. ④ 지정권자는 법 제11조제5항에 따라 같은 조 제1항제2호부터 제11호까지의 규정에 해당하는 자가 도시개발구역의 지정을 제안한 경우에는 그 제안자를 우선하여 시행자로 지정할 수 있다. 이 경우 법 제11조제1항제7호에 해당하는 자 중 법인인 토지 소유자는 제13조제1호에 따른 기준에 적합하여야 한다. ⑤ 제3항의 시행자지정대장은 전자적 처리가 불가능한 특별한 사유가 없으면 전자적 처리가 가능한 방법으로 작성·관리하여야 한다.
② 지정권자는 제1항 단서에도 불구하고 다음 각 호의 어느 하나에 해당하는 사유가 있으면 지방자치단체나 대통령령으로 정하는 자(이하 "지방자치단체등"이라 한다)를 시행자로 지정할 수 있다. 이 경우 도시개발사업을 시행하는 자가 시·도지사 또는 대도시 시장인 경우 국토교통부장관이 지정한다. 〈개정 08·3·28, 13·3·23〉 1. 토지 소유자나 조합이 대통령령으로 정하는 기간에 시행자 지정을 신청하지 아	제20조(환지방식의 시행자 지정) ① 법 제11조제2항 각 호 외의 부분 전단에서 "대통령령으로 정하는 자"란 한국토지주택공사, 「지방공기업법」에 따른 지방공사(이하 "지방공사"라 한다)와 제18조제5항제2호에 해당하는 자를 말한다. 〈개정 09·9·21, 17·12·5〉 ② 법 제11조제2항제1호에서 "대통령령으로 정하는 기간"이란 법 제9조제1항에 따른 개발계획의 수립·고시일부터 1년 이내	

법	시 행 령	시 행 규 칙
니한 경우 또는 지정권자가 신청된 내용이 위법하거나 부당하다고 인정한 경우 2. 지방자치단체의 장이 집행하는 공공시설에 관한 사업과 병행하여 시행할 필요가 있다고 인정한 경우 3. 도시개발구역의 국공유지를 제외한 토지면적의 2분의 1 이상에 해당하는 토지소유자 및 토지 소유자 총수의 2분의 1 이상이 지방자치단체등의 시행에 동의한 경우 ③ 지정권자는 제1항제5호에 따른 토지 소유자 2인 이상이 도시개발사업을 시행하려고 할 때 또는 같은 호에 따른 토지 소유자가 같은 항 제7호부터 제10호까지의 규정에 해당하는 자와 공동으로 도시개발사업을 시행하려고 할 때에는 대통령령으로 정하는 바에 따라 도시개발사업에 관한 규약을 정하게 할 수 있다.	를 말한다. 다만, 지정권자가 시행자 지정 신청기간의 연장이 불가피하다고 인정하여 6개월의 범위에서 연장한 경우에는 그 연장된 기간을 말한다. 〈개정 10·6·29〉 제21조(도시개발사업의 규약) 법 제11조제3항에 따라 공동으로 도시개발사업을 시행하려는 자가 정하는 규약에는 다음 각 호의 사항이 포함되어야 한다. 다만, 제12호·제14호·제16호 및 제18호는 환지방식으로 도시개발사업을 시행하는 경우에만 해당한다. 〈개정 13·3·23〉 1. 사업의 명칭 2. 사업의 목적 3. 도시개발구역의 위치 및 면적 4. 사업의 시행기간 5. 사업의 범위 6. 주된 사무소의 소재지	

법	시 행 령	시 행 규 칙
	7. 임원을 정할 경우에는 그 자격·수·임기·직무 및 선임방법 8. 회의에 관한 사항 9. 비용부담 10. 회계 및 계약 11. 공고의 방법 12. 토지평가협의회의 구성 및 운영 13. 토지등의 가액의 평가방법 14. 환지계획 및 환지예정지의 지정 15. 토지등의 관리 및 처분 16. 보류지 및 체비지의 관리·처분 17. 공공시설용지의 부담 18. 청산(淸算) 19. 토지에 대한 소유권의 변동 등 시행자에게 통보하여야 할 사항 20. 그 밖에 국토교통부령으로 정하는 사항	
④ 제2항에 따라 지방자치단체등이 도시개발사업의 전부를 환지 방식으로 시행하려고 할 때와 제1항제1호부터 제4호까지 또는 제11호(제1항제1호부터 제4호까지의 규정에 해당하는 자가 대통령령으로 정하는 비율을 초과하여 출자한 경우로 한정한다)에 해당하는 자가 도시개발사업의 일부를	제22조(도시개발사업의 시행규정 등〈개정 12·3·26〉) ① 법 제11조제4항에서 "대통령령으로 정하는 비율"이란 100분의 50을 말한다. ② 법 제11조제4항에 따라 작성하는 시행규정(이하 "시행규정"이라 한다)에는 다음 각 호의 사항이 포함되어야 한다. 〈개정 12·3·26〉	

법	시 행 령	시 행 규 칙
환지 방식으로 시행하려고 할 때에는 대통령령으로 정하는 바에 따라 시행규정을 작성하여야 한다. 이 경우 제1항제2호부터 제4호까지의 시행자는 대통령령으로 정하는 기준에 따라 사업관리에 필요한 비용의 책정에 관한 사항을 시행규정에 포함할 수 있다. 〈개정 11·9·30〉	1. 제21조제1호부터 제6호까지 및 제9호부터 제20호까지의 규정에 해당하는 사항 2. 법 제11조제4항 후단에 따라 사업관리에 필요한 비용(이하 "사업관리비"라 한다)을 책정하는 경우에는 사업관리비의 금액, 지급시기 및 방법 ③ 법 제11조제4항 후단에서 "대통령령으로 정하는 기준"이란 사업비(제43조제1항제3호에 따른 혼용방식으로 사업을 시행하는 경우에는 총사업비에 도시개발구역 전체 면적에서 환지 방식이 적용되는 지역의 면적비율을 곱한 금액을 말한다)의 100분의 7 이하를 사업관리비로 책정하는 경우를 말한다. 〈신설 12·3·26〉 ④ 시행자가 시·도지사, 시장·군수 또는 구청장인 경우에는 제2항에 따른 시행규정을 조례로 정하여야 한다. 〈개정 12·3·26〉	
⑤ 제1항제2호부터 제4호까지의 규정에 해당하는 자, 도시개발구역의 토지 소유자(수용 또는 사용의 방식으로 제안하는 경우에는 도시개발구역의 국공유지를 제외한 토지면적의 3분의 2 이상을 사용할 수 있는 대통령령으로 정하는 권원을 가지고 2	제23조(도시개발구역지정의 제안) ① 법 제11조제5항에 따라 도시개발구역의 지정을 제안하려는 자는 국토교통부령으로 정하는 도시개발구역지정제안서를 국토교통부장관, 특별자치도지사, 시장·군수 또는 구청장에게 제출하여야 한다. 〈개정 13·3·23〉	제15조(도시개발구역 지정의 제안) 영 제23조제1항에 따라 도시개발구역의 지정을 제안하려는 자는 별지 제11호서식의 도시개발구역 지정제안서에 다음 각 호의 서류 및 도면을 첨부하여 국토교통부장관, 특별자치도지사, 시장·군수 또는 구청장에게 제출

법	시 행 령	시 행 규 칙
분의 1 이상을 소유한 자를 말한다) 또는 제1항제7호부터 제11호까지의 규정에 해당하는 자는 대통령령으로 정하는 바에 따라 특별자치도지사·시장·군수 또는 구청장에게 도시개발구역의 지정을 제안할 수 있다. 다만, 제3조제3항에 해당하는 자는 국토교통부장관에게 직접 제안할 수 있다. 〈개정 13·3·23〉

⑥ 토지 소유자 또는 제1항제7호부터 제11호까지(제1항제1호부터 제4호까지의 규정에 해당하는 자가 대통령령으로 정하는 비율을 초과하여 출자한 경우는 제외한다)의 규정에 해당하는 자가 제5항에 따라 도시 | ② 도시개발구역의 지정을 제안하려는 지역이 둘 이상의 시·군 또는 구의 행정구역에 걸쳐 있는 경우에는 그 지역에 포함된 면적이 가장 큰 행정구역의 시장·군수 또는 구청장에게 제1항에 따른 서류를 제출하여야 한다.

③ 제1항에 따라 도시개발구역지정의 제안을 받은 국토교통부장관·특별자치도지사·시장·군수 또는 구청장은 제안 내용의 수용 여부를 1개월 이내에 제안자에게 통보하여야 한다. 다만, 관계 기관과의 협의가 지연되는 등 불가피한 사유가 있는 경우에는 1개월 이내의 범위에서 통보기간을 연장할 수 있다. 〈개정 11·4·6, 13·3·23, 15·11·4〉

④ 법 제11조제5항 본문에서 "대통령령으로 정하는 권원"이란 토지사용승낙서 및 토지매매계약서를 말한다.

⑤ 법 제11조제6항에서 "대통령령으로 정하는 비율"이란 100분의 50을 말한다. | 하여야 한다. 이 경우 특별자치도지사, 시장·군수 또는 구청장은 「전자정부법」 제36조제1항에 따른 행정정보의 공동이용을 통하여 지적도 및 임야도를 확인하여야 한다. 〈개정 09·3·26, 10·6·30, 13·3·23〉

1. 제5조제1호부터 제4호까지 및 제6호부터 제8호까지의 서류 및 도면
2. 삭제 〈09·3·26〉
3. 편입 농지 및 임야 현황에 관한 조사자료 |

법	시 행 령	시 행 규 칙
개발구역의 지정을 제안하려는 경우에는 대상 구역 토지면적의 3분의 2 이상에 해당하는 토지 소유자(지상권자를 포함한다)의 동의를 받아야 한다. ⑦ 특별자치도지사·시장·군수 또는 구청장은 제안자와 협의하여 도시개발구역의 지정을 위하여 필요한 비용의 전부 또는 일부를 제안자에게 부담시킬 수 있다. ⑧ 지정권자는 다음 각 호의 어느 하나에 해당하는 경우에는 시행자를 변경할 수 있다. 1. 도시개발사업에 관한 실시계획의 인가를 받은 후 2년 이내에 사업을 착수하지 아니하는 경우 2. 행정처분으로 시행자의 지정이나 실시계획의 인가가 취소된 경우 3. 시행자의 부도·파산, 그 밖에 이와 유사한 사유로 도시개발사업의 목적을 달성하기 어렵다고 인정되는 경우 4. 제1항 단서에 따라 시행자로 지정된 자가 대통령령으로 정하는 기간에 도시개발사업에 관한 실시계획의 인가를 신청하지 아니하는 경우	제24조(시행자의 변경) 법 제11조제8항제4호에서 "대통령령으로 정하는 기간"이란 법 제9조제1항에 따른 도시개발구역 지정의 고시일부터 1년 이내를 말한다. 다만, 지정권자가 실시계획의 인가신청기간의 연장이 불가피하다고 인정하여 6개월의 범위에서 연장한 경우에는 그 연장된 기간을 말한다. 제25조(동의자 수의 산정방법 등) ① 법 제11조제2항제3호 및 같은 조 제6항에 따른 동의자 수의 산정 방법은 다음 각 호와 같다. 〈개정 21·8·24〉 1. 1필지의 토지 소유권을 여럿이 공유하거나 1필지의 토지 지상권을 여럿이 공유하는 경우: 다른 공유자의 동의를 받	제16조(실시계획의 인가신청기간 연장신청) 시행자는 영 제24조 단서에 따른 실시계획의 인가신청기간의 연장이 필요하면 별지 제12호서식의 도시개발사업 실시계획 인가신청기간 연장신청서에 다음 각 호의 서류 및 도면을 첨부하여 시장(대도시 시장은 제외한다)·군수 또는 구청장을 거쳐 지정권자에게 제출하여야 한다. 다만, 국토교통부장관·특별자치도지사 또는 대도시 시장이 지정권자인 경우에는 국토교통부장관·특별자치도지사 또는 대도시 시장에게 직접 제출할 수 있다. 〈개정 13·3·23〉 1. 인가신청기간 연장사유서 2. 축척 2만 5천분의 1 또는 5만분의 1의 위치도

법	시 행 령	시 행 규 칙
⑨ 제5항에 따라 도시개발구역의 지정을 제안하는 경우 도시개발구역의 규모, 제안 절차, 제출 서류, 기초조사 등에 관하여 필요한 사항은 제3조제5항과 제6조를 준용한다. ⑩ 제2항제3호 및 제6항에 따른 동의자 수의 산정방법, 동의절차, 그 밖에 필요한 사항은 대통령령으로 정한다. ⑪ 제1항제1호부터 제4호까지의 규정에 해당하는 자는 도시개발사업을 효율적으로 시행하기 위하여 필요한 경우에는 대통령령으로 정하는 바에 따라 설계·분양 등 도시개발사업의 일부를 「주택법」 제4조에 따른 주택건설사업자 등으로 하여금 대행하게 할 수 있다. 〈신설 15·8·11, 16·1·19〉	은 대표 공유자 또는 대표 지상권자 1인을 해당 토지 소유자 또는 지상권자로 볼 것. 다만, 「집합건물의 소유 및 관리에 관한 법률」 제2조제2호에 따른 구분소유자는 각각을 토지 소유자 1인으로 본다. 1의2. 1인이 둘 이상 필지의 토지를 단독으로 소유하거나 1인이 둘 이상 필지 토지의 단독 지상권자인 경우: 필지의 수에 관계없이 토지 소유자 또는 지상권자를 1인으로 볼 것 1의3. 둘 이상 필지의 토지를 소유한 공유자가 동일하거나 둘 이상 필지의 토지 지상권을 공유한 지상권자가 동일한 경우: 공유자 여럿을 대표하는 1인을 토지 소유자 또는 지상권자로 볼 것 2. 제11조제2항에 따른 공람·공고일 후에 「집합건물의 소유 및 관리에 관한 법률」 제2조제1호에 따른 구분소유권을 분할하게 되어 토지 소유자의 수가 증가하게 된 경우: 공람·공고일 전의 토지 소유자의 수를 기준으로 산정하고, 증가된 토지 소유자의 수는 토지 소유자 총수에	

법	시 행 령	시 행 규 칙
	추가 산입하지 말 것 3. 법 제11조제5항 따라 도시개발구역의 지정이 제안되기 전에 동의를 철회한 사람이 있는 경우: 그 사람은 동의자 수에서 제외할 것 4. 법 제11조제5항에 따라 도시개발구역의 지정이 제안된 후부터 법 제3조에 따라 도시개발구역이 지정되기 전까지 토지 소유자가 변경된 경우: 기존 토지 소유자의 동의서를 기준으로 할 것 ② 토지 소유자가 동의하거나 동의를 철회할 경우에는 국토교통부령으로 정하는 동의서 또는 동의철회서를 제출하여야 하며, 토지 또는 지상권을 공동으로 소유하는 토지 또는 지상권의 대표 소유자는 대표자지정 동의서와 대표 소유자 및 공유자의 신분을 증명할 수 있는 서류를 각각 첨부하여 함께 제출하여야 한다. 〈개정 12·3·26, 13·3·23〉 ③ 제1항 및 제2항에서 규정한 사항 외에 동의자 수의 산정 방법·절차 등에 관하여 필요한 세부적인 사항은 국토교통부장관이 정한다. 〈개정 13·3·23〉	제17조(동의서 등) 영 제25조제2항에 따른 동의서는 다음 각 호의 구분에 따르고, 동의철회서 및 대표자 지정동의서는 각각 별지 제6호서식 및 별지 제7호서식에 따른다. 1. 법 제11조제2항제3호에 따른 도시개발사업 시행자 지정동의서: 별지 제12호의2서식 2. 법 제11조제6항에 따른 도시개발구역 지정 제안 동의서: 별지 제12호의3서식 [전문개정 12·3·30]

법	시 행 령	시 행 규 칙
	제25조의2(도시개발사업의 대행) ① 법 제11조제11항에 따라 주택건설사업자 등에게 대행하게 할 수 있는 도시개발사업의 범위는 다음 각 호와 같다. 1. 실시설계 2. 부지조성공사 3. 기반시설공사 4. 조성된 토지의 분양 ② 시행자는 법 제11조제11항에 따라 도시개발사업을 대행하게 하려는 경우에는 다음 각 호의 사항을 공고하고 대행할 사업자(이하 "대행개발사업자"라 한다)를 경쟁입찰 방식으로 선정하여야 한다. 1. 개발사업의 목적 2. 개발사업의 종류 및 개요 3. 개발사업의 시행기간 4. 대행개발사업자의 자격요건 및 제출서류 5. 대행개발사업자의 선정기준 및 방식 ③ 시행자는 법 제11조제11항에 따라 도시개발사업을 대행하게 하려는 경우에는 대행개발사업자와 대행에 관한 계약을 체결하여야 한다. ④ 제1항부터 제3항까지에서 규정한 사항	

법	시 행 령	시 행 규 칙
	외에 도시개발사업의 대행에 필요한 사항은 국토교통부장관이 정한다. [본조신설 15·11·4]	
제11조의2(법인의 설립과 사업시행 등) ① 제11조제1항제1호부터 제4호까지의 규정에 해당하는 자(이하 이 조에서 "공공시행자"라 한다)가 공공시행자 외의 출자자(이하 "민간참여자"라 한다)와 같은 항 제11호에 따른 법인을 설립하여 도시개발사업을 시행하고자 하는 경우에는 총사업비, 예상 수익률, 민간참여자와의 역할 분담 등이 포함된 사업계획을 마련하여야 한다. 이 경우 민간참여자의 이윤율을 적정 수준으로 제한하기 위하여 그 상한은 사업의 특성, 민간참여자의 기여 정도 등을 고려하여 대통령령으로 정한다.	제25조의3(법인의 설립과 사업시행 등) ① 법 제11조의2제1항에 따라 법 제11조제1항제1호부터 제4호까지의 규정에 해당하는 자(이하 이 조에서 "공공시행자"라 한다)가 공공시행자 외의 출자자(이하 "민간참여자"라 한다)와 같은 항 제11호에 따른 법인을 설립하여 도시개발사업을 시행하려는 경우 민간참여자의 이윤율은 총사업비 중 공공시행자의 부담분을 제외한 비용의 100분의 10 이내로 한다. ② 제1항에 따른 총사업비는 용지비, 용지부담금, 이주대책비, 조성비, 기반시설 설치비·부담금, 직접인건비, 일반관리비, 자본비용과 그 밖에 국토교통부장관이 정하여 고시하는 비용을 합산한 금액으로 한다. ③ 법 제11조의2제1항에 따른 사업계획에는 다음 각 호의 사항이 포함되어야 한다. 1. 총사업비 및 예상 수익률에 관한 사항 2. 공공시행자와 민간참여자 간 출자 및 역할 분담에 관한 사항	

법	시 행 령	시 행 규 칙
② 공공시행자는 제1항에 따른 법인을 설립하려는 경우 공모의 방식으로 민간참여자를 선정하여야 한다. 다만, 민간참여자가 공공시행자에게 사업을 제안하는 등 대통령령으로 정하는 경우에는 공모가 아닌 다른 방식으로 민간참여자를 선정할 수 있다.	3. 민간참여자의 이윤율 상한에 관한 사항 4. 민간참여자 선정을 위한 평가 항목 및 기준 5. 그 밖에 도시개발사업의 원활한 시행을 위하여 필요한 사항으로서 국토교통부장관이 정하여 고시하는 사항 ④ 공공시행자가 법 제11조의2제2항 본문에 따라 공모의 방식으로 민간참여자를 선정하려는 경우에는 같은 조 제1항에 따른 사업계획을 전국에 보급되는 일간신문과 공공시행자의 인터넷 홈페이지에 공고해야 한다. ⑤ 공공시행자가 법 제11조의2제2항 본문에 따라 민간참여자를 공모의 방식으로 선정할 때에는 다음 각 호의 사항을 종합적으로 고려해야 한다. 1. 민간참여자 구성의 적정성 2. 총사업비, 사업기간, 사업내용 등의 타당성 3. 자금조달계획의 현실성 4. 민간참여자 이윤율 및 수익배분의 적정성 5. 그 밖에 도시개발사업 수행능력의 평가를 위하여 필요한 사항으로서 국토교통	

법	시 행 령	시 행 규 칙
	부장관이 정하여 고시하는 사항	
	⑥ 법 제11조의2제2항 단서에서 "민간참여자가 공공시행자에게 사업을 제안하는 등 대통령령으로 정하는 경우"란 민간참여자로 선정되려는 자가 공공시행자에게 사업을 제안하는 경우로서 다음 각 호의 요건을 모두 갖춘 경우를 말한다.	
	1. 제안자(2인 이상이 공동으로 제안하는 경우에는 그중 1인)가 대상 지역 토지면적의 3분의 2 이상을 소유할 것	
	2. 대상 지역이 「국토의 계획 및 이용에 관한 법률」 제6조제1호에 따른 도시지역(같은 법 제38조에 따른 개발제한구역은 제외한다)에 해당할 것	
	3. 대상 지역의 면적이 10만제곱미터 미만일 것	
	4. 대상 지역이 제2조에 따른 도시개발구역의 지정 기준을 충족할 것	
	5. 대상 지역이 「군사기지 및 군사시설 보호법」 등 관계 법률에 따라 개발이 제한되는 지역이 아닐 것	
③ 공공시행자는 민간참여자와 제1항에 따른 법인을 설립하기 전에 민간참여자와 사	⑦ 법 제11조의2제3항제5호에서 "대통령령으로 정하는 사항"이란 다음 각 호의 사항	

법	시 행 령	시 행 규 칙
업시행을 위한 협약을 체결하여야 하며, 그 협약의 내용에는 다음 각 호의 사항이 모두 포함되어야 한다. 1. 출자자 간 역할 분담 및 책임과 의무에 관한 사항 2. 총사업비 및 자금조달계획에 관한 사항 3. 출자자 간 비용 분담 및 수익 배분에 관한 사항 4. 민간참여자의 이윤율에 관한 사항 5. 그 밖에 대통령령으로 정하는 사항 ④ 공공시행자가 제3항에 따른 협약을 체결하려는 경우에는 그 협약의 내용에 대하여 지정권자의 승인을 받아야 하며, 협약 체결을 승인한 지정권자는 국토교통부장관에게 그 내용을 보고하여야 한다. 다만, 지정권자가 제1항에 따른 법인의 출자자인 경우에는	을 말한다. 1. 법 제11조의2제1항에 따른 법인(이하 이 항에서 "공동출자법인"이라 한다)의 설립 및 해산에 관한 사항 2. 도시개발사업으로 조성된 토지·건축물 또는 공작물 등(이하 "조성토지등"이라 한다)의 공급에 관한 사항 3. 공동출자법인(공동출자법인의 출자자를 포함한다)이 직접 건축물을 건축하여 사용하거나 공급하려고 계획한 토지에 관한 사항 4. 법 제53조의2제1항에 따른 개발이익 재투자에 관한 사항 5. 그 밖에 공동출자법인의 출자자 간 합리적 수익배분 및 원활한 사업시행을 위하여 필요한 사항으로서 국토교통부장관이 정하여 고시하는 사항 ⑧ 공공시행자가 법 제11조의2제4항에 따라 협약 체결을 승인받으려는 경우에는 작성한 협약내용을 시장(대도시 시장은 제외한다)·군수 또는 구청장을 거쳐 지정권자(지정권자가 법 제11조의2제1항에 따른 법인의 출자자인 경우에는 국토교통부장관을	

법	시 행 령	시 행 규 칙
국토교통부장관의 승인을 받아야 한다. ⑤ 국토교통부장관은 제4항에 따른 보고 내용이 위법하거나 보완이 필요하다고 인정하는 경우에는 제74조제3항에 따른 전문기관의 적정성 검토를 거쳐 지정권자에게 협약 내용의 시정을 명할 수 있다. ⑥ 제5항에 따라 시정명령을 받은 지정권자는 지체 없이 협약 체결의 승인을 취소하거나 협약 내용의 시정에 필요한 조치를 하여야 한다. ⑦ 제1항부터 제6항까지에서 규정한 사항 외에 이윤율·총사업비 산정방식, 민간참여자의 선정, 협약의 내용, 협약 체결 절차 등에 관하여 필요한 사항은 대통령령으로 정한다. [본조신설 21·12·21] **제12조(도시개발사업시행의 위탁 등)** ① 시행자는 항만·철도, 그 밖에 대통령령으로 정하는 공공시설의 건설과 공유수면의 매립에 관한 업무를 대통령령으로 정하는 바에 따라 국가, 지방자치단체, 대통령령으로 정하는 공공기관·정부출연기관 또는 지방공사에 위탁하여 시행할 수 있다.	말한다. 이하 이 항 및 제9항에서 같다)에게 제출해야 한다. 다만, 국토교통부장관·특별자치도지사 또는 대도시시장이 지정권자인 경우에는 지정권자에게 직접 제출할 수 있다. ⑨ 법 제11조의2제4항에 따라 협약 체결을 승인하려는 지정권자는 총사업비 및 자금조달계획에 관한 사항, 민간참여자의 이윤율에 관한 사항 등 협약 내용의 적정성을 확인해야 한다. ⑩ 제1항부터 제9항까지에서 규정한 사항 외에 민간참여자 선정을 위한 절차·평가방법, 총사업비의 항목별 구체적 산정기준 및 적용방법 등에 관하여 필요한 사항은 국토교통부장관이 정하여 고시한다. [본조신설 22·6·21] **제26조(공공시설 등의 위탁시행)** ① 법 제12조제1항에서 "그 밖에 대통령령으로 정하는 공공시설"이란 「국토의 계획 및 이용에 관한 법률」 제2조제6호에 따른 기반시설을 말한다. ② 법 제12조제1항에서 "대통령령으로 정하는 공공기관·정부출연기관"이란 다음	**제18조(위탁 수수료의 요율)** 법 제12조제3항에 따른 위탁 수수료의 요율은 별표 2와 같다.

법	시 행 령	시 행 규 칙
	각 호의 기관을 말한다. 〈개정 09·6·26, 09·9·21, 20·9·10〉 1. 한국토지주택공사 2. 삭제 〈09·9·21〉 3. 「한국수자원공사법」에 따른 한국수자원공사 4. 「한국농어촌공사 및 농지관리기금법」에 따른 한국농어촌공사 5. 「한국관광공사법」에 따른 한국관광공사 6. 「한국철도공사법」에 따른 한국철도공사 7. 「국가철도공단법」에 따른 국가철도공단 8. 「제주특별자치도 설치 및 국제자유도시 조성을 위한 특별법」에 따른 제주국제자유도시개발센터 ③ 시행자는 법 제12조제1항에 따라 도시개발사업의 일부를 위탁하여 시행하려면 국가·지방자치단체 등 위탁기관과 다음 각 호의 사항에 관한 협약을 체결하여야 한다. 1. 위탁사업의 사업지 2. 위탁사업의 종류·규모·금액, 그 밖에 공사설계의 기준이 되는 사항 3. 위탁사업의 시행기간(착공 및 준공예정	

법	시 행 령	시 행 규 칙
② 시행자는 도시개발사업을 위한 기초조사, 토지 매수 업무, 손실보상 업무, 주민 이주대책 사업 등을 대통령령으로 정하는 바에 따라 관할 지방자치단체, 대통령령으로 정하는 공공기관·정부출연기관·정부출자기관 또는 지방공사에 위탁할 수 있다. 다만, 정부출자기관에 주민 이주대책 사업을 위탁하는 경우에는 이주대책의 수립·실시 또는 이주정착금의 지급, 그 밖에 보상과 관련된 부대업무만을 위탁할 수 있다. ③ 시행자가 제1항과 제2항에 따라 업무를 위탁하여 시행하는 경우에는 국토교통부령으로 정하는 요율의 위탁 수수료를 그 업	일과 공정계획을 포함한다) 4. 위탁사업에 필요한 비용의 지급방법과 그 자금의 관리에 관한 사항 5. 위탁자가 부동산·기자재 또는 노무자를 제공하는 경우에는 그 관리에 관한 사항 6. 위험부담에 관한 사항 7. 그 밖에 위탁사업의 내용을 명백히 하기 위하여 필요한 사항 제27조(토지매수업무 등의 위탁시행) ① 시행자는 법 제12조제2항에 따라 기초조사, 토지 매수 업무, 손실 보상 업무 또는 주민 이주대책 사업 등에 관한 업무를 위탁하려면 제26조제3항 각 호에서 정하는 사항에 관한 협약을 체결하여야 한다. ② 법 제12조제2항 본문에서 "대통령령으로 정하는 공공기관·정부출연기관·정부출자기관"이란 다음 각 호의 기관을 말한다. 〈개정 09·6·26, 09·7·27, 09·9·21, 16·8·31, 20·9·10, 20·12·8〉 1. 한국토지주택공사 2. 삭제 〈09·9·21〉 3. 「한국수자원공사법」에 따른 한국수자원	

법	시 행 령	시 행 규 칙
무를 위탁받아 시행하는 자에게 지급하여야 한다. 〈개정 13·3·23〉	공사 4.「한국농어촌공사 및 농지관리기금법」에 따른 한국농어촌공사 5.「국가철도공단법」에 따른 국가철도공단 6.「제주특별자치도 설치 및 국제자유도시 조성을 위한 특별법」에 따른 제주국제자유도시개발센터 7.「한국부동산원법」에 따른 한국부동산원	
④ 제11조제1항제5호부터 제9호까지의 규정에 따른 시행자는 지정권자의 승인을 받아 「자본시장과 금융투자업에 관한 법률」에 따른 신탁업자와 대통령령으로 정하는 바에 따라 신탁계약을 체결하여 도시개발사업을 시행할 수 있다.	제28조(신탁개발) ① 시행자가 법 제12조제4항에 따라 도시개발사업에 관한 신탁계약(이하 "신탁계약"이라 한다)의 승인을 받으려는 경우에는 국토교통부령으로 정하는 서류를 지정권자에게 제출하여야 한다. 〈개정 13·3·23〉 ② 시행자는 제1항에 따른 승인을 받아 신탁계약을 체결한 경우에는 그 계약을 체결한 날부터 1개월 이내에 그 계약서 사본을 첨부하여 지정권자에게 그 사실을 통보하여야 한다. 〈개정 15·11·4〉 ③ 시행자가 신탁계약을 체결하는 경우에는 제18조제5항제2호에 해당하는 자와 신탁계약을 체결하여야 한다.	제19조(신탁계약의 승인 신청) 시행자는 영 제28조제1항에 따라 도시개발사업에 관한 신탁계약의 승인을 받으려는 경우에는 별지 제13호서식의 신탁계약 승인신청서에 다음 각 호의 서류 및 도면을 첨부하여 지정권자에게 제출하여야 한다. 〈개정 16·12·30〉 1. 사업계획서 2. 자금조달계획서 3. 영 제18조제5항에 따른 요건을 갖추었는지 여부를 확인할 수 있는 서류 4. 위치도
제13조(조합 설립의 인가) ① 조합을 설립	제29조(정관의 기재사항) ① 법 제13조제1	제19조의2(조합설립인가 신청 동의서 등) 법

법	시 행 령	시 행 규 칙
하려면 도시개발구역의 토지 소유자 7명 이상이 대통령령으로 정하는 사항을 포함한 정관을 작성하여 지정권자에게 조합 설립의 인가를 받아야 한다.	항에 따라 도시개발구역의 토지 소유자들이 도시개발사업을 위하여 설립한 조합(이하 "조합"이라 한다)이 작성하는 정관에는 다음 각 호의 사항이 포함되어야 한다. 〈개정 13·3·23〉 1. 도시개발사업의 명칭 2. 조합의 명칭 3. 사업목적 4. 도시개발구역의 면적 5. 사업의 범위 및 사업기간 6. 주된 사무소의 소재지 7. 임원의 자격·수·임기·직무 및 선임 방법 8. 회의에 관한 사항 9. 총회의 구성, 기능, 의결권의 행사방법, 그 밖에 회의운영에 관한 사항 10. 대의원회 또는 이사회를 두는 경우에는 그 구성, 기능, 의결권의 행사방법, 그 밖에 회의운영에 관한 사항 11. 비용부담에 관한 사항 12. 회계 및 계약에 관한 사항 13. 공공시설용지의 부담에 관한 사항 14. 공고의 방법	제13조제3항에 따른 조합 설립 인가 신청 동의서는 별지 제13호의2서식에 따르고, 해당 동의의 동의철회서 및 영 제32조제3항에 따른 대표자 지정동의서는 각각 별지 제6호서식 및 별지 제7호서식에 따른다. [본조신설 12·3·30]

법	시 행 령	시 행 규 칙
	15. 토지평가협의회의 구성 및 운영에 관한 사항 16. 토지등 가액 평가방법에 관한 사항 17. 환지계획 및 환지예정지의 지정에 관한 사항 18. 보류지 및 체비지의 관리·처분에 관한 사항 19. 청산에 관한 사항 20. 건축물을 설치하는 경우에는 당해 건축물의 관리 및 처분에 관한 사항 21. 토지에 대한 소유권의 변동 등 시행자에게 통보하여야 할 사항 22. 그 밖에 국토교통부령으로 정하는 사항 ② 조합의 정관작성에 관한 세부적인 기준은 특별시·광역시·도 또는 특별자치도(이하 "시·도"라 한다)의 조례로 정할 수 있다.	
② 조합이 제1항에 따라 인가를 받은 사항을 변경하려면 지정권자로부터 변경인가를 받아야 한다. 다만, 대통령령으로 정하는 경미한 사항을 변경하려는 경우에는 신고하여야 한다.	**제30조(조합설립인가사항의 경미한 변경)** 법 제13조제2항 단서에서 "대통령령으로 정하는 경미한 사항을 변경하려는 경우"란 다음 각 호의 경우를 말한다. 1. 주된 사무소의 소재지를 변경하려는 경우 2. 공고방법을 변경하려는 경우	

법	시 행 령	시 행 규 칙
③ 제1항에 따라 조합 설립의 인가를 신청하려면 해당 도시개발구역의 토지면적의 3분의 2 이상에 해당하는 토지 소유자와 그 구역의 토지 소유자 총수의 2분의 1 이상의 동의를 받아야 한다. ④ 제3항에 따른 동의자 수의 산정방법 및 동의절차, 그 밖에 필요한 사항은 대통령령으로 정한다.	제31조(동의자 수의 산정방법 등) ① 법 제13조제3항에 따른 동의자 수의 산정방법 등에 관하여는 제6조제4항부터 제7항까지(제4항제4호 및 제5호는 제외한다)의 규정을 준용한다. 〈개정 12·3·26〉 ② 토지 소유자는 조합 설립인가의 신청 전에 법 제13조제3항에 따른 동의를 철회할 수 있다. 이 경우 그 토지 소유자는 동의자 수에서 제외한다. ③ 조합 설립인가에 동의한 자로부터 토지를 취득한 자는 조합의 설립에 동의한 것으로 본다. 다만, 토지를 취득한 자가 조합 설립인가 신청 전에 동의를 철회한 경우에는 그러하지 아니하다. [전문개정 11·4·6] 제32조(조합의 설립 등) ① 법 제13조에 따라 조합의 설립인가를 받은 조합의 대표자는 설립인가를 받은 날부터 30일 이내에 주된 사무소의 소재지에서 설립등기를 하여야 한다. ② 조합원의 권리 및 의무는 다음 각 호와 같다. 〈개정 10·6·29〉 1. 보유토지의 면적과 관계없는 평등한 의	

법	시 행 령	시 행 규 칙
	결권. 다만, 다른 조합원으로부터 해당 도시개발구역에 그가 가지고 있는 토지 소유권 전부를 이전 받은 조합원은 정관으로 정하는 바에 따라 본래의 의결권과는 별도로 그 토지 소유권을 이전한 조합원의 의결권을 승계할 수 있다. 2. 정관에서 정한 조합의 운영 및 도시개발사업의 시행에 필요한 경비의 부담 3. 그 밖에 정관에서 정하는 권리 및 의무 ③ 제2항제1호를 적용할 때 공유 토지는 공유자의 동의를 받은 대표공유자 1명만 의결권이 있으며, 「집합건물의 소유 및 관리에 관한 법률」 제2조제2호에 따른 구분소유자는 구분소유자별로 의결권이 있다. 다만, 제11조제2항에 따른 공람·공고일 후에 「집합건물의 소유 및 관리에 관한 법률」 제2조에 따른 구분소유권을 분할하여 구분소유권을 취득한 자는 의결권이 없다. 〈신설 10·6·29〉 ④ 조합은 법 제28조에 따른 환지 계획을 작성하거나 그 밖에 사업을 시행하는 과정에서 조합원이 총회에서 의결하는 사항 등에 동의하지 아니하거나 소규모 토지 소유	

법	시 행 령	시 행 규 칙
제14조(조합원 등) ① 조합의 조합원은 도시개발구역의 토지 소유자로 한다. ② 조합의 임원은 그 조합의 다른 임원이나 직원을 겸할 수 없다. ③ 다음 각 호의 어느 하나에 해당하는 자는 조합의 임원이 될 수 없다. 〈개정 18·4·17〉 1. 피성년후견인, 피한정후견인 또는 미성년자 2. 파산선고를 받은 자로서 복권되지 아니한 자 3. 금고 이상의 형을 선고받고 그 집행이 끝나거나 집행을 받지 아니하기로 확정된 후 2년이 지나지 아니한 자 또는 그 형의 집행유예 기간 중에 있는 자 ④ 조합의 임원으로 선임된 자가 제3항 각 호의 어느 하나에 해당하게 된 경우에는 그 다음 날부터 임원의 자격을 상실한다.	자라는 이유로 차별해서는 아니 된다. 〈신설 10·6·29〉 제33조(조합의 임원) ① 조합에는 다음 각 호의 임원을 둔다. 1. 조합장 1명 2. 이사 3. 감사 ② 제1항에 따른 조합의 임원은 제32조제2항제1호에 따른 의결권(이하 "의결권"이라 한다)을 가진 조합원이어야 하고, 정관으로 정한 바에 따라 총회에서 선임한다. 〈개정 12·3·26〉 제34조(조합임원의 직무 등) ① 조합장은 조합을 대표하고 그 사무를 총괄하며, 총회·대의원회 또는 이사회의 의장이 된다. ② 이사는 정관에서 정하는 바에 따라 조합장을 보좌하며, 조합의 사무를 분장(分掌)한다. ③ 감사는 조합의 사무 및 재산상태와 회계에 관한 사항을 감사한다. ④ 조합장 또는 이사의 자기를 위한 조합과의 계약이나 소송에 관하여는 감사가 조합을 대표한다.	

법	시 행 령	시 행 규 칙
	⑤ 조합의 임원은 같은 목적의 사업을 하는 다른 조합의 임원 또는 직원을 겸할 수 없다. 제35조(총회의 의결사항) 다음 각 호의 사항은 총회의 의결을 거쳐야 한다. 1. 정관의 변경 2. 개발계획 및 실시계획의 수립 및 변경 3. 자금의 차입과 그 방법·이율 및 상환방법 4. 조합의 수지예산 5. 부과금의 금액 또는 징수방법 6. 환지계획의 작성 7. 환지예정지의 지정 8. 법 제44조에 따른 체비지 등의 처분방법 9. 조합임원의 선임 10. 조합의 합병 또는 해산에 관한 사항. 다만, 법 제46조에 따른 청산금의 징수·교부를 완료한 후에 조합을 해산하는 경우는 제외한다. 11. 그 밖에 정관에서 정하는 사항 제36조(대의원회) ① 의결권을 가진 조합원의 수가 50인 이상인 조합은 총회의 권한을 대행하게 하기 위하여 대의원회를 둘	

법	시 행 령	시 행 규 칙
	수 있다. 〈개정 12·3·26, 15·11·4〉 ② 대의원회에 두는 대의원의 수는 의결권을 가진 조합원 총수의 100분의 10 이상으로 하고, 대의원은 의결권을 가진 조합원 중에서 정관에서 정하는 바에 따라 선출한다. 〈개정 12·3·26〉 ③ 대의원회는 제35조에 따른 총회의 의결 사항 중 같은 조 제1호·제2호(제7조에 따른 사항과 관련된 개발계획의 경미한 변경 및 법 제17조제1항에 따른 실시계획(이하 "실시계획"이라 한다)의 수립·변경은 제외한다)·제6호(제60조제1항 각 호에서 정하는 환지계획의 경미한 변경은 제외한다)·제9호 및 제10호의 사항을 제외한 총회의 권한을 대행할 수 있다. 〈개정 12·3·26, 14·11·4〉	
제15조(조합의 법인격 등) ① 조합은 법인으로 한다. ② 조합은 그 주된 사무소의 소재지에서 등기를 하면 성립한다. ③ 조합의 설립, 조합원의 권리·의무, 조합의 임원의 직무, 총회의 의결 사항, 대의원회의 구성, 조합의 해산 또는 합병 등에		

법	시 행 령	시 행 규 칙
필요한 사항은 대통령령으로 정한다. ④ 조합에 관하여 이 법으로 규정한 것 외에는 「민법」 중 사단법인에 관한 규정을 준용한다. 제16조(조합원의 경비 부담 등) ① 조합은 그 사업에 필요한 비용을 조성하기 위하여 정관으로 정하는 바에 따라 조합원에게 경비를 부과·징수할 수 있다. ② 제1항에 따른 부과금의 금액은 도시개발구역의 토지의 위치, 지목(地目), 면적, 이용 상황, 환경, 그 밖의 사항을 종합적으로 고려하여 정하여야 한다. ③ 조합은 그 조합원이 제1항에 따른 부과금의 납부를 게을리한 경우에는 정관으로 정하는 바에 따라 연체료를 부담시킬 수 있다. ④ 조합은 제1항에 따른 부과금이나 제3항에 따른 연체료를 체납하는 자가 있으면 대통령령으로 정하는 바에 따라 특별자치도지사·시장·군수 또는 구청장에게 그 징수를 위탁할 수 있다. ⑤ 특별자치도지사·시장·군수 또는 구청장이 제4항에 따라 부과금이나 연체료의	제37조(징수의 위탁) 조합은 법 제16조제4항에 따라 특별자치도지사·시장·군수 또는 구청장에게 부과금 또는 연체료의 징수를 위탁하는 경우에는 납입의무자의 주소·성명, 납입금액 및 납입기간을 적은 징수위탁서를 해당 특별자치도지사·시장·군수 또는 구청장에게 제출하여야 한다.	

법	시 행 령	시 행 규 칙
징수를 위탁받으면 지방세 체납처분의 예에 따라 징수할 수 있다. 이 경우 조합은 특별자치도지사·시장·군수 또는 구청장이 징수한 금액의 100분의 4에 해당하는 금액을 해당 특별자치도·시·군 또는 구(자치구의 구를 말한다. 이하 같다)에 지급하여야 한다.		
제17조(실시계획의 작성 및 인가 등) ① 시행자는 대통령령으로 정하는 바에 따라 도시개발사업에 관한 실시계획(이하 "실시계획"이라 한다)을 작성하여야 한다. 이 경우 실시계획에는 지구단위계획이 포함되어야 한다.	제38조(실시계획의 작성) ① 법 제17조제1항에 따른 실시계획(이하 "실시계획"이라 한다)은 개발계획에 맞게 작성하여야 한다. ② 법 제17조제1항 후단에 따른 지구단위계획은 「국토의 계획 및 이용에 관한 법률」 제49조제2항에 따른 지구단위계획의 수립 기준에 따라 작성하여야 한다. 〈개정 13·9·17〉 ③ 제1항 및 제2항에서 규정한 사항 외에 실시계획의 작성에 필요한 세부적인 사항은 국토교통부장관이 정한다. 〈개정 13·3·23〉	
② 시행자(지정권자가 시행자인 경우는 제외한다)는 제1항에 따라 작성된 실시계획에 관하여 지정권자의 인가를 받아야 한다. ③ 지정권자가 실시계획을 작성하거나 인가하는 경우 국토교통부장관이 지정권자이	제39조(실시계획의 인가신청) 시행자가 법 제17조제2항에 따라 실시계획의 인가를 받으려는 경우에는 실시계획 인가신청서에 국토교통부령으로 정하는 서류를 첨부하여 시장(대도시 시장은 제외한다)·군수 또는	제20조(실시계획 인가신청서) ① 시행자(지정권자가 시행자인 경우는 제외한다)는 법 제17조제2항에 따라 실시계획에 관한 인가를 받으려는 때에는 별지 제14호서식의 도시개발사업 실시계획 인가신청서에 다음

법	시 행 령	시 행 규 칙
면 시·도지사 또는 대도시 시장의 의견을, 시·도지사가 지정권자이면 시장(대도시 시장은 제외한다)·군수 또는 구청장의 의견을 미리 들어야 한다. 〈개정 08·3·28, 13·3·23, 20·6·9〉	구청장을 거쳐 지정권자에게 제출하여야 한다. 다만, 국토교통부장관·특별자치도지사 또는 대도시 시장이 지정권자인 경우에는 국토교통부장관·특별자치도지사 또는 대도시 시장에게 직접 제출할 수 있다. 〈개정 13·3·23〉	각 호의 서류 및 도면을 첨부하여 지정권자에게 제출하여야 한다. 〈개정 08·12·31, 12·3·30, 16·1·27, 16·12·30, 22·1·21〉 1. 사업비 및 자금조달계획서(연차별 투자계획을 포함한다) 2. 존치하려는 기존 공장이나 건축물 등의 명세서 3. 보상계획서(이주대책을 포함한다) 4. 사업의 위탁 또는 신탁계획서 5. 도시개발사업의 시행으로 새로 설치하는 공공시설 또는 기존의 공공시설의 조서(調書) 및 도면(법 제11조제1항제1호부터 제4호까지의 규정에 해당하는 자가 시행자인 경우만 해당한다) 6. 도시개발사업의 시행으로 용도폐지되는 국가 또는 지방자치단체의 재산에 대한 둘 이상의 감정평가법인등의 감정평가서(법 제11조제1항제5호부터 제11호까지의 규정에 해당하는 자가 시행자인 경우만 해당한다) 7. 도시개발사업으로 새로 설치하는 공공시설의 조서 및 도면과 그 설치비용계산서(법 제11조제1항제5호부터 제11호까지

법	시 행 령	시 행 규 칙
		의 규정에 해당하는 자가 시행자인 경우만 해당한다). 이 경우 새로운 공공시설의 설치에 필요한 토지와 종래의 공공시설이 설치되어 있는 토지가 같은 토지인 경우에는 그 토지가격을 뺀 설치비용만을 계산한다. 8. 도시·군관리계획(지구단위계획을 포함한다)의 결정에 필요한 관계 서류 및 도면 9. 환경영향평가, 교통영향평가, 재해영향평가 등 각종 영향평가서 10. 법 제19조제2항에 따른 관계 행정기관의 장과의 협의에 필요한 서류 11. 위치도 12. 계획평면도 및 개략설계도 ② 지정권자는 법 제17조제2항에 따라 도시개발사업에 관한 실시계획의 인가를 한 경우에는 별지 제15호서식의 도시개발사업 실시계획 인가대장을 작성·관리하여야 한다. ③ 제2항의 도시개발사업 실시계획 인가대장은 전자적 처리가 불가능한 특별한 사유가 없으면 전자적 처리가 가능한 방법으로 작성·관리하여야 한다. **제21조(실시계획의 경미한 변경사항)** 법 제
④ 제2항과 제3항은 인가를 받은 실시계획		

법	시 행 령	시 행 규 칙
을 변경하거나 폐지하는 경우에 준용한다. 다만, 국토교통부령으로 정하는 경미한 사항을 변경하는 경우에는 그러하지 아니하다. 〈개정 13·3·23〉		17조제4항 단서에서 "국토교통부령으로 정하는 경미한 사항"이란 다음 각 호의 사항을 말한다. 〈개정 10·10·15, 11·12·30, 12·3·30, 12·4·13, 13·3·23, 21·10·12〉 1. 및 2. 삭제 〈11·12·30〉 3. 사업시행지역의 변동이 없는 범위에서의 착오·누락 등에 따른 사업시행면적의 정정 4. 사업시행면적의 100분의 10의 범위에서의 면적의 감소 5. 사업비의 100분의 10의 범위에서의 사업비의 증감 6. 「공간정보의 구축 및 관리 등에 관한 법률」 제2조제4호에 따른 지적측량 결과를 반영하기 위한 다음 각 목의 부지 면적 등의 변경 　가. 도시개발구역 　나. 법 제5조제1항제7호에 따른 토지이용계획에 따라 구획된 토지 　다. 도시·군계획시설 7. 「국토의 계획 및 이용에 관한 법률 시행령」 제25조제3항 각 호의 어느 하나에 해당하는 도시·군관리계획(지구단위계

법	시 행 령	시 행 규 칙
⑤ 실시계획에는 사업 시행에 필요한 설계도서, 자금 계획, 시행 기간, 그 밖에 대통령령으로 정하는 사항과 서류를 명시하거나 첨부하여야 한다. 제18조(실시계획의 고시) ① 지정권자가 실시계획을 작성하거나 인가한 경우에는 대통령령으로 정하는 바에 따라 이를 관보나 공보에 고시하고 시행자에게 관계 서류의 사본을 송부하며, 대도시 시장인 지정권자는 일반에게 관계 서류를 공람시켜야 하고, 대도시 시장이 아닌 지정권자는 해당 도시개발구역을 관할하는 시장(대도시 시장은 제외한다)·군수 또는 구청장에게 관계 서류의 사본을 보내야 한다. 이 경우 지정권자인 특별자치도지사와 본문에 따라 관계 서류를 받은 시장(대도시 시장은 제	제40조(실시계획의 고시) ① 지정권자가 실시계획을 작성하거나 인가한 경우에는 법 제18조제1항 전단에 따라 다음 각 호의 사항을 고시하여야 한다. 〈개정 12·4·10〉 1. 사업의 명칭 2. 사업의 목적 3. 도시개발구역의 위치 및 면적 4. 시행자 5. 시행기간 6. 시행방식 7. 도시·군관리계획(지구단위계획을 포함한다)의 결정내용	획은 제외한다)의 변경 8. 「국토의 계획 및 이용에 관한 법률 시행령」 제25조제4항 각 호의 어느 하나에 해당하는 지구단위계획의 변경 9. 법 제19조제1항에 따라 의제된 관련 인·허가등의 변경(관계 법령에서 경미한 변경으로 정한 경우로 한정한다)

법	시 행 령	시 행 규 칙
외한다)·군수 또는 구청장은 이를 일반인에게 공람시켜야 한다.〈개정 08·3·28, 20·6·9〉 ② 제1항에 따라 실시계획을 고시한 경우 그 고시된 내용 중 「국토의 계획 및 이용에 관한 법률」에 따라 도시·군관리계획(지구단위계획을 포함한다. 이하 같다)으로 결정하여야 하는 사항은 같은 법에 따른 도시·군관리계획이 결정되어 고시된 것으로 본다. 이 경우 종전에 도시·군관리계획으로 결정된 사항 중 고시 내용에 저촉되는 사항은 고시된 내용으로 변경된 것으로 본다.〈개정 11·4·14〉 ③ 제2항에 따라 도시·군관리계획으로 결정·고시된 사항에 대한 「국토의 계획 및 이용에 관한 법률」 제32조의 도시·군관리계획에 관한 지형도면의 고시에 관하여는 제9조제4항을 준용한다.〈개정 11·4·14〉 제19조(관련 인·허가등의 의제) ① 제17조에 따라 실시계획을 작성하거나 인가할 때 지정권자가 해당 실시계획에 대한 다음 각 호의 허가·승인·심사·인가·신고·면허·등록·협의·지정·해제 또는 처분 등	8. 인가된 실시계획에 관한 도서의 공람기간 및 공람장소 9. 법 제19조에 따라 실시계획의 고시로 의제되는 인·허가등의 고시 또는 공고 사항 ② 지정권자는 도시개발사업을 환지방식으로 시행하는 구역에 대하여는 제1항의 고시내용 중 제1호부터 제6호까지의 사항과 토지조서를 관할 등기소에 통보·제출하여야 한다. ③ 법 제18조제1항 후단에 따른 관계 서류의 공람기간은 14일 이상으로 한다.〈신설 21·8·24〉	

법	시 행 령	시 행 규 칙
(이하 "인·허가등"이라 한다)에 관하여 제3항에 따라 관계 행정기관의 장과 협의한 사항에 대하여는 해당 인·허가등을 받은 것으로 보며, 제18조제1항에 따라 실시계획을 고시한 경우에는 관계 법률에 따른 인·허가등의 고시나 공고를 한 것으로 본다. 〈개정 09·1·30, 09·6·9, 10·4·15, 10·5·31, 11·9·30, 14·1·14, 14·6·3, 16·1·19, 16·12·27, 20·1·29, 21·7·20, 22·12·27〉 1. 「수도법」 제17조와 제49조에 따른 수도사업의 인가, 같은 법 제52조와 제54조에 따른 전용상수도설치의 인가 2. 「하수도법」 제16조에 따른 공공하수도 공사시행의 허가 3. 「공유수면 관리 및 매립에 관한 법률」 제8조에 따른 공유수면의 점용·사용허가, 같은 법 제28조에 따른 공유수면의 매립면허, 같은 법 제35조에 따른 국가 등이 시행하는 매립의 협의 또는 승인 및 같은 법 제38조에 따른 공유수면매립실시계획의 승인 4. 삭제 〈10·4·15〉 5. 「하천법」 제30조에 따른 하천공사 시행		

법	시 행 령	시 행 규 칙
의 허가, 같은 법 제33조에 따른 하천의 점용허가 및 같은 법 제50조에 따른 하천수의 사용허가 6. 「도로법」 제36조에 따른 도로공사 시행의 허가, 같은 법 제61조에 따른 도로점용의 허가 7. 「농어촌정비법」 제23조에 따른 농업생산기반시설의 사용허가 8. 「농지법」 제34조에 따른 농지전용의 허가 또는 협의, 같은 법 제35조에 따른 농지의 전용신고, 같은 법 제36조에 따른 농지의 타용도 일시사용허가·협의 및 같은 법 제40조에 따른 용도변경의 승인 9. 「산지관리법」 제14조·제15조에 따른 산지전용허가 및 산지전용신고, 같은 법 제15조의2에 따른 산지일시사용허가·신고, 같은 법 제25조에 따른 토석채취허가 및 「산림자원의 조성 및 관리에 관한 법률」 제36조제1항·제5항과 제45조제1항·제2항에 따른 입목벌채 등의 허가·신고 10. 「초지법」 제23조에 따른 초지(草地) 전용의 허가		

법	시 행 령	시 행 규 칙
11. 「사방사업법」 제14조에 따른 벌채 등의 허가, 같은 법 제20조에 따른 사방지(砂防地) 지정의 해제 12. 「공간정보의 구축 및 관리 등에 관한 법률」 제15조제4항에 따른 지도등의 간행 심사 13. 「광업법」 제24조에 따른 불허가처분, 같은 법 제34조에 따른 광구감소처분 또는 광업권취소처분 14. 「장사 등에 관한 법률」 제27조제1항에 따른 연고자가 없는 분묘의 개장(改葬) 허가 15. 「건축법」 제11조에 따른 허가, 같은 법 제14조에 따른 신고, 같은 법 제16조에 따른 허가·신고 사항의 변경, 같은 법 제20조에 따른 가설건축물의 허가 또는 신고 16. 「주택법」 제15조에 따른 사업계획의 승인 17. 「항만법」 제9조제2항에 따른 항만개발사업 시행의 허가 및 같은 법 제10조제2항에 따른 항만개발사업실시계획의 승인 18. 「사도법」 제4조에 따른 사도(私道)개		

법	시 행 령	시 행 규 칙
설의 허가 19. 「국유재산법」 제30조에 따른 사용허가 20. 「공유재산 및 물품 관리법」 제20조제1항에 따른 사용·수익의 허가 21. 「관광진흥법」 제52조에 따른 관광지의 지정(도시개발사업의 일부로 관광지를 개발하는 경우만 해당한다), 같은 법 제54조에 따른 조성계획의 승인, 같은 법 제55조에 따른 조성사업시행의 허가 22. 「체육시설의 설치·이용에 관한 법률」 제12조에 따른 사업계획의 승인 23. 「유통산업발전법」 제8조에 따른 대규모 점포의 개설등록 24. 「산업집적활성화 및 공장설립에 관한 법률」 제13조에 따른 공장설립 등의 승인 25. 「물류시설의 개발 및 운영에 관한 법률」 제22조에 따른 물류단지의 지정(도시개발사업의 일부로 물류단지를 개발하는 경우만 해당한다) 및 같은 법 제28조에 따른 물류단지개발실시계획의 승인 26. 「산업입지 및 개발에 관한 법률」 제6조, 제7조 및 제7조의2에 따른 산업단지의 지정(도시개발사업의 일부로 산업단		

법	시 행 령	시 행 규 칙
지를 개발하는 경우만 해당한다), 같은 법 제17조, 제18조 및 제18조의2에 따른 실시계획의 승인 27.「공간정보의 구축 및 관리 등에 관한 법률」 제86조제1항에 따른 사업의 착수·변경 또는 완료의 신고 28.「에너지이용 합리화법」 제10조에 따른 에너지사용계획의 협의 29.「집단에너지사업법」 제4조에 따른 집단에너지의 공급 타당성에 관한 협의 30.「소하천정비법」 제10조에 따른 소하천(小河川)공사시행의 허가, 같은 법 제14조에 따른 소하천 점용의 허가 31.「하수도법」 제34조제2항에 따른 개인하수처리시설의 설치신고 ② 제1항에 따른 인·허가등의 의제를 받으려는 자는 실시계획의 인가를 신청하는 때에 해당 법률로 정하는 관계 서류를 함께 제출하여야 한다. ③ 지정권자는 실시계획을 작성하거나 인가할 때 그 내용에 제1항 각 호의 어느 하나에 해당하는 사항이 있으면 미리 관계 행정기관의 장과 협의하여야 한다. 이 경	제41조(협의기간) 법 제19조제3항 후단에서 "대통령령으로 정하는 기간"이란 20일 이내를 말한다. 〈개정 11·2·9〉	

법	시 행 령	시 행 규 칙
우 관계 행정기관의 장은 협의 요청을 받은 날부터 대통령령으로 정하는 기간에 의견을 제출하여야 하며, 그 기간 내에 의견을 제출하지 아니하면 협의한 것으로 본다. 〈개정 12·1·17〉 ④ 지정권자는 제3항에 따른 협의 과정에서 관계 행정기관 간에 이견이 있는 경우에 이를 조정하거나 협의를 신속하게 진행하기 위하여 필요하다고 인정하는 때에는 대통령령으로 정하는 바에 따라 관계 행정기관과 협의회를 구성하여 운영할 수 있다. 이 경우 관계 행정기관의 장은 소속 공무원을 이 협의회에 참석하게 하여야 한다. 〈신설 12·1·17〉 ⑤ 도시개발구역의 지정을 제안하는 자가 제1항에도 불구하고 도시개발구역의 지정과 동시에 제1항제8호에 따른 농지전용 허가의 의제를 받고자 하는 경우에는 제11조제5항에 따라 시장·군수·구청장 또는 국토교통부장관에게 도시개발구역의 지정을 제안할 때에 「농지법」으로 정하는 관계 서류를 함께 제출하여야 한다. 〈개정 12·1·17, 13·3·23〉	제41조의2(인허가 협의회의 운영 등) ① 지정권자는 법 제19조제4항에 따라 협의회를 구성할 때에는 협의회 개최일의 7일 전까지 관계 행정기관의 장에게 그 사실을 통보하여야 한다. ② 지정권자가 제1항에 따라 협의회를 개최할 때에는 관계 행정기관 소속의 5급 이상 공무원과 시행자를 포함하여야 한다. [본조신설 12·3·26]	

법	시 행 령	시 행 규 칙
⑥ 지정권자가 도시개발구역을 지정할 때 제1항제8호에 따른 농지전용 허가에 관하여 관계 행정기관의 장과 협의한 경우에는 제4항에 따른 제안자가 제11조제1항에 따라 시행자로 지정된 때에 해당 허가를 받은 것으로 본다. 〈개정 12·1·17〉 ⑦ 제21조의2에 따른 순환용주택, 제21조의3에 따른 임대주택의 건설·공급 및 제32조에 따른 입체 환지를 시행하는 경우로서 시행자가 실시계획의 인가를 받은 경우에는 「주택법」 제4조에 따라 주택건설사업 등의 등록을 한 것으로 본다. 〈신설 11·9·30, 12·1·17, 16·1·19〉		
제20조(도시개발사업에 관한 공사의 감리) ① 지정권자는 제17조에 따라 실시계획을 인가하였을 때에는 「건설기술 진흥법」에 따른 건설엔지니어링사업자를 도시개발사업의 공사에 대한 감리를 할 자로 지정하고 지도·감독하여야 한다. 다만, 시행자가 「건설기술 진흥법」 제2조제6호에 해당하는 자인 경우에는 그러하지 아니하다. 〈개정 13·5·22, 21·3·16〉 ② 제1항에 따라 감리할 자로 지정받은 자	**제42조(감리원의 배치기준 및 업무범위 등)** ① 법 제20조제2항에 따른 감리원 배치기준은 다음 각 호와 같다. 1. 감리자격이 있는 자를 공사현장에 상주시켜 감리할 것 2. 공사에 대한 감리업무를 총괄하는 총괄 감리원 1명과 공사분야별 감리원을 각각 배치할 것 3. 총괄 감리원은 도시개발사업의 공사 전체 기간에 걸쳐 배치하고, 공사분야별 감	**제22조(공사감리비의 지급)** 시행자는 법 제20조제2항에 따른 감리자가 공사감리비의 지급을 신청하는 경우에는 당사자 간에 체결된 계약서에 따라 그 적정성을 확인하고 공사감리비를 지급하여야 한다. 이 경우 시행자는 공사감리비의 신청일부터 14일 이내에 공사감리비를 지급하여야 한다.

법	시 행 령	시 행 규 칙
(이하 "감리자"라 한다)는 그에게 소속된 자를 대통령령으로 정하는 바에 따라 감리원으로 배치하고 다음 각 호의 업무를 수행하여야 한다. 〈개정 13·5·22, 13·7·16〉 1. 시공자가 설계도면과 시방서의 내용에 맞게 시공하는지의 확인 2. 시공자가 사용하는 자재가 관계 법령의 기준에 맞는 자재인지의 확인 3. 「건설기술 진흥법」 제55조에 따른 품질시험 실시 여부의 확인 4. 설계도서가 해당 지형 등에 적합한지의 확인 5. 설계변경에 관한 적정성의 확인 6. 시공계획·예정공정표 및 시공도면 등의 검토·확인 7. 품질관리의 적정성 확보, 재해의 예방, 시공상의 안전관리, 그 밖에 공사의 질적 향상을 위하여 필요한 사항의 확인 ③ 감리자는 업무를 수행할 때 위반사항을 발견하면 지체 없이 시공자와 시행자에게 위반사항을 시정할 것을 알리고 7일 이내에 지정권자에게 그 내용을 보고하여야 한다. ④ 시공자와 시행자는 제3항에 따른 시정	리원은 해당 공사의 기간 동안 배치할 것 4. 감리원을 다른 사업공사에 중복하여 배치하지 아니할 것 ② 삭제 〈15·11·4〉 ③ 지정권자는 법 제20조제4항 후단에 따	

법	시 행 령	시 행 규 칙
통지를 받은 경우 특별한 사유가 없으면 해당 공사를 중지하고 위반사항을 시정한 후 감리자의 확인을 받아야 한다. 이 경우 감리자의 시정통지에 이의가 있으면 즉시 공사를 중지하고 지정권자에게 서면으로 이의신청을 할 수 있다. ⑤ 시행자는 감리자에게 국토교통부령으로 정하는 절차 등에 따라 공사감리비를 지급하여야 한다. 〈개정 13·3·23〉 ⑥ 지정권자는 제1항과 제2항에 따라 지정·배치된 감리자나 감리원(다른 법률에 따른 감리자나 그에게 소속된 감리원을 포함한다)이 그 업무를 수행하면서 고의나 중대한 과실로 감리를 부실하게 하거나 관계 법령을 위반하여 감리를 함으로써 해당 시행자 또는 도시개발사업으로 조성된 토지·건축물 또는 공작물 등(이하 "조성토지등"이라 한다)의 공급을 받은 자 등에게 피해를 입히는 등 도시개발사업의 공사가 부실하게 된 경우에는 해당 감리자의 등록 또는 감리원의 면허, 그 밖에 자격인정 등을 한 행정기관의 장에게 등록말소·면허 취소·자격정지·영업정지, 그 밖에 필요	라 이의신청을 받은 때에는 이의신청을 받은 날부터 10일 이내에 그 처리결과를 이의신청자 및 감리자에게 통보하여야 한다.	

법	시 행 령	시 행 규 칙
한 조치를 하도록 요청할 수 있다. ⑦ 시행자와 감리자 간의 책임내용과 책임범위는 이 법으로 규정한 것 외에는 당사자 간의 계약으로 정한다. ⑧ 감리를 하여야 하는 도시개발사업에 관한 공사의 대상, 감리방법, 감리절차, 감리계약, 제4항에 따른 이의신청의 처리 등 감리에 관하여 필요한 사항은 대통령령으로 정한다. 〈개정 13·5·22〉 ⑨ 제1항과 제2항에 따른 감리에 관하여는 「건설기술 진흥법」 제24조, 제28조, 제31조, 제32조, 제33조, 제37조, 제38조 및 제41조를 준용한다. 〈개정 13·5·22〉 ⑩ 「건축법」 제25조에 따른 건축물의 공사감리대상 및 「주택법」 제43조에 따른 감리대상에 해당하는 도시개발사업에 관한 공사의 감리에 대하여는 제1항부터 제9항까지의 규정에도 불구하고 각각 해당 법령으로 정하는 바에 따른다. 〈개정 16·1·19〉 제21조(도시개발사업의 시행 방식) ① 도시개발사업은 시행자가 도시개발구역의 토지	④ 법 제20조제8항에 따른 감리를 하여야 하는 도시개발사업에 관한 공사의 대상은 다음 각 호의 구분에 따른다. 〈개정 15·11·4, 21·8·24〉 1. 도시개발사업의 공사비가 100억 원 이상인 경우: 「건설기술진흥법 시행령」 제55조제2항제3호에 따른 감독 권한대행 등 건설사업관리 2. 도시개발사업의 공사비가 100억 원 미만인 경우: 「건설기술진흥법 시행령」 제45조제1항제3호에 따른 시공 단계의 건설사업관리 ⑤ 이 영에서 규정한 사항 외에 감리원의 배치기준, 감리방법 및 절차, 감리계약 등에 대하여는 「건설기술 진흥법 시행령」 제59조 및 제60조를 준용한다. 〈개정 10·12·13, 14·5·22〉 제43조(도시개발사업의 시행방식) ① 시행자는 도시개발구역으로 지정하려는 지역에	

법	시 행 령	시 행 규 칙
등을 수용 또는 사용하는 방식이나 환지 방식 또는 이를 혼용하는 방식으로 시행할 수 있다. ② 지정권자는 도시개발구역지정 이후 다음 각 호의 어느 하나에 해당하는 경우에는 도시개발사업의 시행방식을 변경할 수 있다. 1. 제11조제1항제1호부터 제4호까지의 시행자가 대통령령으로 정하는 기준에 따라 제1항에 따른 도시개발사업의 시행방식을 수용 또는 사용방식에서 전부 환지 방식으로 변경하는 경우 2. 제11조제1항제1호부터 제4호까지의 시행자가 대통령령으로 정하는 기준에 따라 제1항에 따른 도시개발사업의 시행방식을 혼용방식에서 전부 환지 방식으로 변경하는 경우 3. 제11조제1항제1호부터 제5호까지 및 제7호부터 제11호까지의 시행자가 대통령령으로 정하는 기준에 따라 제1항에 따른 도시개발사업의 시행방식을 수용 또는 사용 방식에서 혼용방식으로 변경하는 경우	대하여 다음 각 호에서 정하는 바에 따라 도시개발사업의 시행방식을 정함을 원칙으로 하되, 사업의 용이성·규모 등을 고려하여 필요하면 국토교통부장관이 정하는 기준에 따라 도시개발사업의 시행방식을 정할 수 있다. 〈개정 13·3·23, 21·1·5〉 1. 환지방식: 다음 각 목의 어느 하나에 해당하는 경우 　가. 대지로서의 효용증진과 공공시설의 정비를 위하여 토지의 교환·분할·합병, 그 밖의 구획변경, 지목 또는 형질의 변경이나 공공시설의 설치·변경이 필요한 경우 　나. 도시개발사업을 시행하는 지역의 지가가 인근의 다른 지역에 비하여 현저히 높아 수용 또는 사용방식으로 시행하는 것이 어려운 경우 2. 수용 또는 사용방식: 계획적이고 체계적인 도시개발 등 집단적인 조성과 공급이 필요한 경우 3. 혼용방식: 도시개발구역으로 지정하려는 지역이 부분적으로 제1호 또는 제2호에 해당하는 경우	

법	시 행 령	시 행 규 칙
③ 제1항에 따른 수용 또는 사용의 방식이나 환지 방식 또는 이를 혼용할 수 있는 도시개발구역의 요건, 그 밖에 필요한 사항은 대통령령으로 정한다.	② 시행자가 도시개발사업을 제1항제3호에 따른 혼용방식으로 시행하려는 경우에는 다음 각 호의 방식으로 도시개발사업을 시행할 수 있다. 〈개정 12·3·26〉 1. 분할 혼용방식: 수용 또는 사용 방식이 적용되는 지역과 환지 방식이 적용되는 지역을 사업시행지구별로 분할하여 시행하는 방식 2. 미분할 혼용방식: 사업시행지구를 분할하지 아니하고 수용 또는 사용 방식과 환지 방식을 혼용하여 시행하는 방식. 이 경우 환지에 대해서는 법 제3장제3절에 따른 사업 시행에 관한 규정을 적용하고, 그 밖의 사항에 대해서는 수용 또는 사용 방식에 관한 규정을 적용한다. ③ 제2항제1호에 따라 사업시행지구를 분할하여 시행하는 경우에는 각 사업지구에서 부담하여야 하는 「국토의 계획 및 이용에 관한 법률」 제2조제6호에 따른 기반시설의 설치비용 등을 명확히 구분하여 실시계획에 반영하여야 한다. 〈개정 12·3·26〉 ④ 제2항에 따른 사업시행의 방법 등에 관하여 필요한 세부적인 사항은 국토교통부	

법	시 행 령	시 행 규 칙
	장관이 정한다. 〈개정 13·3·23〉 ⑤ 지정권자는 지가상승 등 지역개발 여건의 변화로 도시개발사업 시행방식 지정 당시의 요건을 충족하지 못하나 제1항 각 호 어느 하나의 요건을 충족하는 경우에는 법 제21조제2항 각 호에 따라 해당 요건을 충족하는 도시개발사업 시행방식으로 변경할 수 있다.	
제21조의2(순환개발방식의 개발사업) ① 시행자는 도시개발사업을 원활하게 시행하기 위하여 도시개발구역의 내외에 새로 건설하는 주택 또는 이미 건설되어 있는 주택에 그 도시개발사업의 시행으로 철거되는 주택의 세입자 또는 소유자(제7조에 따라 주민 등의 의견을 듣기 위하여 공람한 날 또는 공청회의 개최에 관한 사항을 공고한 날 이전부터 도시개발구역의 주택에 실제로 거주하는 자에 한정한다. 이하 "세입자 등"이라 한다)를 임시로 거주하게 하는 등의 방식으로 그 도시개발구역을 순차적으로 개발할 수 있다. ② 시행자는 제1항에 따른 방식으로 도시개발사업을 시행하는 경우에는 「주택법」 제54조에도 불구하고 임시로 거주하는 주	제43조의2(순환용주택의 분양 또는 임대 등) ① 시행자는 법 제21조의2제3항 전단에 따라 순환용주택을 분양하거나 임대하는 경우에는 「주택법」 제15조에 따라 승인받은 해당 순환용주택의 공급 목적에 맞게 국토교통부장관이 정하는 바에 따라 분양하거나 임대하여야 한다. 〈개정 13·3·23, 16·8·11〉 ② 제1항에 따라 임대용 순환용주택을 임차하려는 사람은 임대주택의 입주자 자격 요건을 갖추어야 한다. 〈개정 15·12·28, 22·6·21〉 ③ 환지 대상자가 법 제21조의2제3항에 따라 순환용주택에 계속 거주하기를 희망하는 경우에는 해당 토지 소유자가 도시개발구역에 소유하고 있는 종전의 토지 중 주택에 부속되는 토지에 대하여 법 제41조에	

법	시 행 령	시 행 규 칙
택(이하 "순환용주택"이라 한다)을 임시거주시설로 사용하거나 임대할 수 있다. 〈개정 16·1·19〉 ③ 순환용주택에 거주하는 자가 도시개발사업이 완료된 후에도 순환용주택에 계속 거주하기를 희망하는 때에는 대통령령으로 정하는 바에 따라 이를 분양하거나 계속 임대할 수 있다. 이 경우 계속 거주하는 자가 환지 대상자이거나 이주대책 대상자인 경우에는 대통령령으로 정하는 바에 따라 환지 대상에서 제외하거나 이주대책을 수립한 것으로 본다. [본조신설 11·9·30] 제21조의3(세입자등을 위한 임대주택 건설용지의 공급 등) ① 시행자는 도시개발사업에 따른 세입자등의 주거안정 등을 위하여 제6조에 따른 주거 및 생활실태 조사와 주택수요 조사 결과를 고려하여 대통령령으로 정하는 바에 따라 임대주택 건설용지를 조성·공급하거나 임대주택을 건설·공급하여야 한다. ② 제11조제1항제1호부터 제4호까지의 규정에 해당하는 자 중 주택의 건설, 공급,	따라 금전으로 청산하고, 환지 대상에서 제외할 수 있다. [본조신설 12·3·26] 제43조의3(임대주택 건설용지 등의 조성 또는 공급) ① 시행자는 법 제21조의3제1항에 따라 임대주택 건설용지를 조성·공급하거나 임대주택을 건설·공급할 때에는 도시개발사업의 방식과 해당 지역의 임대주택 재고상황 등을 고려하여 임대주택 건설용지 조성계획 또는 임대주택 건설계획을 수립하여야 한다. ② 시행자는 제1항에도 불구하고 다음 각 호의 어느 하나에 해당하는 경우에는 임대	

법	시 행 령	시 행 규 칙
임대를 할 수 있는 자는 시행자가 요청하는 경우 도시개발사업의 시행으로 공급되는 임대주택 건설용지나 임대주택을 인수하여야 한다.	주택 건설용지 조성계획 또는 임대주택 건설계획을 수립하지 아니할 수 있다. 〈개정 12·7·17〉 1. 도시개발구역 면적이 10만제곱미터 미만이거나 수용예정인구가 3천명 이하(도시개발구역 전부를 환지 방식으로 시행하는 경우에는 도시개발구역 면적이 30만제곱미터 미만이거나 수용예정인구가 5천명 이하)인 경우 2. 도시개발사업으로 건설·공급되는 주거전용면적 60제곱미터 이하 공동주택의 수용예정인구가 도시개발구역 전체 수용예정인구의 100분의 40(수도권과 광역시 지역은 100분의 50) 이상인 경우 3. 제1항에 따라 계획된 임대주택이 50세대 미만인 경우 ③ 시행자는 제1항에 따라 임대주택 건설계획을 수립하기 위하여 필요한 경우에는 특별시장·광역시장·특별자치도지사·시장·군수에게 해당 지역의 임대주택 재고상황에 대한 자료를 요청할 수 있다. ④ 제1항에 따른 임대주택 건설계획의 수립에 관한 구체적인 기준은 국토교통부장	

법	시 행 령	시 행 규 칙
③ 제2항에 따른 임대주택 건설용지 또는 임대주택 인수의 절차와 방법 및 인수가격 결정의 기준 등은 대통령령으로 정한다.	관이 정하여 고시한다. 〈개정 13·3·23〉 [본조신설 12·3·26] **제43조의4(임대주택 건설용지 등의 인수 절차 및 방법)** ① 법 제21조의3제3항에 따른 임대주택 건설용지 또는 임대주택의 인수 방법, 시기 및 하자 보수 등에 필요한 사항은 시행자와 임대주택 건설용지 또는 임대주택을 인수할 자가 협의하여 결정한다. ② 제1항에 따른 임대주택 건설용지의 인수가격은 다음 각 호에 따라 산정한 금액으로 하고, 건설된 임대주택을 인수하는 경우의 건축비는 「공공주택 특별법 시행령」 제54조제4항에 따라 정해진 분양전환가격의 산정기준 중 건축비로 한다. 이 경우 임대주택 건설용지의 가격과 건축비에 가산할 항목은 시행자와 인수자가 협의하여 정할 수 있다. 〈개정 15·12·28, 16·8·31, 20·9·8, 21·8·24, 22·1·21〉 1. 「공공주택 특별법 시행령」 제54조제1항제1호부터 제4호까지의 임대주택 건설용지: 「감정평가 및 감정평가사에 관한 법률」에 따른 감정평가법인등(이하 "감정평가법인등"이라 한다)이 평가한 금액을	

법	시 행 령	시 행 규 칙
	산술평균한 금액(이하 "감정가격"이라 한다)의 100분의 80 2. 「공공주택 특별법 시행령」 제54조제1항 제5호 및 제6호의 임대주택 건설용지: 감정가격의 100분의 90 3. 제1호 및 제2호 외의 임대주택 건설용 지: 감정가격 ③ 지정권자는 제1항 및 제2항에 따른 임 대주택 건설용지 등의 인수 등에 대한 협 의가 이루어지지 아니한 경우에는 필요한 권고 등을 할 수 있다. [본조신설 12 · 3 · 26]	
④ 시행자(제1항에 따라 임대주택 건설용 지를 공급하는 경우에는 공급받은 자를 말 하고, 제2항에 따라 인수한 경우에는 그 인수자를 말한다. 이하 이 항에서 같다)가 도시개발구역에서 임대주택을 건설·공급 하는 경우에 임차인의 자격, 선정방법, 임 대보증금, 임대료 등에 관하여는 「민간임 대주택에 관한 특별법」 제42조 및 제44조, 「공공주택 특별법」 제48조, 제49조 및 제 50조의3에도 불구하고 대통령령으로 정하 는 범위에서 그 기준을 따로 정할 수 있	제43조의5(임대주택의 공급조건 등) ① 법 제21조의3제4항에 따른 임차인의 선정은 임대주택 공급 신청 당시 무주택자(해당 도시개발사업으로 철거되는 주택은 소유하 지 아니한 것으로 본다) 중에서 다음의 각 호에 따른 순위로 선정한다. 다만, 같은 순 위에서 경쟁이 발생하는 경우에는 추첨으 로 임차인을 선정한다. 1. 1순위: 제11조제2항에 따른 공람 공고 일 이전부터 법 제22조제2항에 따라 준 용되는 「공익사업을 위한 토지 등의 취	

법	시 행 령	시 행 규 칙
다. 이 경우 행정청이 아닌 시행자는 미리 시장·군수·구청장의 승인을 받아야 한다. 〈개정 15·8·28〉 [본조신설 11·9·30]	득 및 보상에 관한 법률」제15조제1항에 따른 보상계획 공고일(이하 이 조에서 "보상계획 공고일"이라 한다) 또는 법 제29조제3항에 따른 환지 계획 공고일(이하 이 조에서 "환지 계획 공고일"이라 한다)까지 해당 도시개발구역에 거주하는 세입자 2. 2순위: 제11조제2항에 따른 공고일 이전부터 보상계획 공고일 또는 환지 계획 공고일까지 해당 도시개발구역에 거주하는 주택의 소유자. 다만, 환지 방식이 적용되는 지역의 경우에는 주거용도의 토지 또는 주택으로 환지를 받지 아니한 사람 중에서 해당 도시개발사업으로 주거지를 상실하는 사람으로 한정한다. 3. 3순위: 해당 도시개발구역 밖의 기반시설 설치로 인하여 주거지를 상실한 자 ② 제1항에 따른 임대주택 공급의 임대보증금 및 임대료는 임대주택 공급자가 시장·군수·구청장과 협의하여 결정한다. ③ 제1항에 따라 임대주택을 공급한 이후 잔여세대 또는 임대주택 입주자의 퇴거로 발생한 공가(空家)세대의 입주자 선정에 대	

법	시 행 령	시 행 규 칙
제21조의4(도시개발사업분쟁조정위원회의 구성 등) ① 도시개발사업으로 인한 분쟁을 조정하기 위하여 도시개발구역이 지정된 특별자치도 또는 시·군·구에 도시개발사업분쟁조정위원회(이하 "분쟁조정위원회"라 한다)를 둘 수 있다. 다만, 해당 지방자치단체에 「도시 및 주거환경정비법」 제116조에 따른 도시분쟁조정위원회가 이미 설치되어 있는 경우에는 대통령령으로 정하는 바에 따라 분쟁조정위원회의 기능을 대신하도록 할 수 있다. 〈개정 17·2·8〉 ② 제1항에 따른 분쟁조정위원회의 구성, 운영, 분쟁조정의 절차 등에 관한 사항은 「도시 및 주거환경정비법」 제116조 및 제117조을 준용한다. 이 경우 "정비사업"은 "도시개발사업"으로 본다. 〈개정 17·2·8〉 [본조신설 11·9·30]	해서는 「민간임대주택에 관한 특별법」 또는 「공공주택 특별법」에 따른다. 〈개정 15·12·28〉 [본조신설 12·3·26] 제43조의6(분쟁조정위원회 구성 등) 법 제21조의4제1항 단서에 따라 「도시 및 주거환경정비법」 제116조에 따른 도시분쟁조정위원회가 법 제21조의4제1항 본문에 따른 도시개발사업분쟁조정위원회의 기능을 대신하는 경우는 「도시 및 주거환경정비법」 제116조에 따른 도시분쟁조정위원회의 위원 중 다음 각 호의 어느 하나에 해당하는 사람이 2명 이상 위원으로 참여하는 경우로 한다. 〈개정 18·2·9〉 1. 해당 시·군·구의 도시개발사업 관련 업무에 종사하는 5급 이상 공무원 2. 대학이나 연구기관에서 부교수 이상 또는 이에 상당하는 직에 재직하고 있는 자 3. 변호사, 감정평가사 및 공인회계사 4. 도시계획기술사, 건축사(입체 환지를 시행하는 경우로 한정한다) 및 3년 이상 환지설계 업무에 종사한 자(환지 방식을 시행하는 경우로 한정한다) [본조신설 12·3·26]	

법	시 행 령	시 행 규 칙
제2절 수용 또는 사용의 방식에 따른 사업 시행 제22조(토지등의 수용 또는 사용) ① 시행자는 도시개발사업에 필요한 토지등을 수용하거나 사용할 수 있다. 다만, 제11조제1항제5호 및 제7호부터 제11호까지의 규정(같은 항 제1호부터 제4호까지의 규정에 해당하는 자가 100분의 50 비율을 초과하여 출자한 경우는 제외한다)에 해당하는 시행자는 사업대상 토지면적의 3분의 2 이상에 해당하는 토지를 소유하고 토지 소유자 총수의 2분의 1 이상에 해당하는 자의 동의를 받아야 한다. 이 경우 토지 소유자의 동의요건 산정기준일은 도시개발구역지정 고시일을 기준으로 하며, 그 기준일 이후 시행자가 취득한 토지에 대하여는 동의요건에 필요한 토지 소유자의 총수에 포함하고 이를 동의한 자의 수로 산정한다. ② 제1항에 따른 토지등의 수용 또는 사용에 관하여 이 법에 특별한 규정이 있는 경우 외에는 「공익사업을 위한 토지 등의 취득 및 보상에 관한 법률」을 준용한다.	제2절 수용 또는 사용의 방식에 의한 사업 시행 제44조(동의자 수의 산정방법 등) 법 제22조제1항 단서에 따른 동의자 수의 산정방법 등에 관하여는 제6조제4항부터 제7항까지의 규정을 준용한다. 〈개정 12·3·26〉	제22조의2(토지의 사용·수용 동의서 등) 법 제22조제1항 및 영 제44조에 따른 토지의 사용·수용 동의서는 별지 제14호의2서식에 따르고, 해당 동의의 동의철회서 및 대표자 지정 동의서는 각각 별지 제6호서식 및 별지 제7호서식에 따른다. [본조신설 12·3·30]

법	시 행 령	시 행 규 칙
③ 제2항에 따라 「공익사업을 위한 토지 등의 취득 및 보상에 관한 법률」을 준용할 때 제5조제1항제14호에 따른 수용 또는 사용의 대상이 되는 토지의 세부목록을 고시한 경우에는 「공익사업을 위한 토지 등의 취득 및 보상에 관한 법률」 제20조제1항과 제22조에 따른 사업인정 및 그 고시가 있었던 것으로 본다. 다만, 재결신청은 같은 법 제23조제1항과 제28조제1항에도 불구하고 개발계획에서 정한 도시개발사업의 시행 기간 종료일까지 하여야 한다. ④ 제1항에 따른 동의자 수의 산정방법 및 동의절차, 그 밖에 필요한 사항은 대통령령으로 정한다. 제23조(토지상환채권의 발행) ① 시행자는 토지 소유자가 원하면 토지등의 매수 대금의 일부를 지급하기 위하여 대통령령으로 정하는 바에 따라 사업 시행으로 조성된 토지·건축물로 상환하는 채권(이하 "토지상환채권"이라 한다)을 발행할 수 있다. 다만, 제11조제1항제5호부터 제11호까지의 규정에 해당하는 자는 대통령령으로 정하는 금융기관 등으로부터 지급보증을 받은	제45조(토지상환채권의 발행규모) 법 제23조제1항에 따른 토지상환채권(이하 "토지상환채권"이라 한다)의 발행규모는 그 토지상환채권으로 상환할 토지·건축물이 해당 도시개발사업으로 조성되는 분양토지 또는 분양건축물 면적의 2분의 1을 초과하지 아니하도록 하여야 한다. 제46조(토지상환채권의 보증기관) 법 제23조제1항 단서에서 "대통령령으로 정하는 금융	

법	시 행 령	시 행 규 칙
경우에만 이를 발행할 수 있다. ② 시행자(지정권자가 시행자인 경우는 제외한다)는 제1항에 따라 토지상환채권을 발행하려면 대통령령으로 정하는 바에 따라 토지상환채권의 발행계획을 작성하여 미리 지정권자의 승인을 받아야 한다. ③ 토지상환채권 발행의 방법·절차·조건, 그 밖에 필요한 사항은 대통령령으로 정한다.	기관 등"이란 「은행법」 제2조제1항제2호에 따른 은행(이하 "은행"이라 한다), 「보험업법」에 따른 보험회사 및 「건설산업기본법」 제54조에 따른 공제조합을 말한다. 〈개정 10·11·15, 15·11·4〉 제47조(토지상환채권의 발행계획) 법 제23조제2항에 따른 토지상환채권의 발행계획에는 다음 각 호의 사항이 포함되어야 한다. 1. 시행자의 명칭 2. 토지상환채권의 발행총액 3. 토지상환채권의 이율 4. 토지상환채권의 발행가액 및 발행시기 5. 상환대상지역 또는 상환대상토지의 용도 6. 토지가격의 추산방법 7. 보증기관 및 보증의 내용(법 제11조제1항제5호부터 제11호까지의 규정에 해당하는 자가 발행하는 경우에만 해당한다) 제48조(토지상환채권의 발행공고) 시행자가 토지상환채권을 발행하는 경우에는 토지상환채권의 명칭과 제47조 각 호의 사항을 공고하여야 한다. 제49조(토지상환채권의 발행조건 등) ① 토지상환채권의 이율은 발행당시의 은행의	

법	시 행 령	시 행 규 칙
	예금금리 및 부동산 수급상황을 고려하여 발행자가 정한다. 〈개정 10·11·15〉 ② 토지상환채권은 기명식(記名式) 증권으로 한다. 제50조(토지상환채권의 청약 등) 토지상환채권으로 토지등의 매각대금을 받으려는 자(이하 "청약자"라 한다)는 다음 각 호의 사항을 기재한 토지상환채권 청약서 2통을 작성하여 시행자에게 제출하여야 한다. 1. 사업의 명칭 2. 청약자의 성명(법인인 경우에는 법인의 명칭 및 대표자의 성명)·주소 3. 청약자 소유의 토지등의 명세 4. 청약자가 토지등의 매각대금으로 받는 금액 5. 토지상환채권으로 받으려는 금액 제51조(토지상환채권의 기재사항) 토지상환채권에는 다음 각 호의 사항을 기재하고 발행자가 기명날인하여야 한다. 1. 제47조제1호 및 제3호부터 제6호까지의 사항 2. 토지상환채권의 번호 3. 토지상환채권의 발행연월일	

법	시 행 령	시 행 규 칙
	제52조(토지상환채권원부의 비치) 토지상환채권의 발행자는 주된 사무소에 다음 각 호의 사항을 기재한 토지상환채권원부(이하 "토지상환채권원부"라 한다)를 비치하여야 한다. 1. 토지상환채권의 번호 2. 토지상환채권의 발행연월일 3. 제47조제2호부터 제6호까지의 사항 4. 토지상환채권 소유자의 성명 및 주소 5. 토지상환채권의 취득연월일 제53조(토지상환채권의 이전 등) ① 토지상환채권을 이전하는 경우 취득자는 그 성명과 주소를 토지상환채권원부에 기재하여 줄 것을 요청하여야 하며, 취득자의 성명과 주소가 토지상환채권에 기재되지 아니하면 취득자는 발행자 및 그 밖의 제3자에게 대항하지 못한다. ② 토지상환채권을 질권의 목적으로 하는 경우에는 질권자의 성명과 주소가 토지상환채권원부에 기재되지 아니하면 질권자는 발행자 및 그 밖의 제3자에게 대항하지 못한다. ③ 발행자는 제2항에 따라 질권이 설정된 때에는 토지상환채권에 그 사실을 표시하	

법	시 행 령	시 행 규 칙
	여야 한다. 제54조(토지상환채권의 소유자에 대한 통지) 토지상환채권의 소유자에 대한 통지 또는 최고는 토지상환채권원부에 기재된 주소로 하여야 한다. 다만, 토지상환채권의 소유자가 토지상환채권의 발행자에게 따로 주소를 알린 경우에는 그 주소로 하여야 한다.	
제24조(이주대책 등) 시행자는 「공익사업을 위한 토지 등의 취득 및 보상에 관한 법률」로 정하는 바에 따라 도시개발사업의 시행에 필요한 토지등의 제공으로 생활의 근거를 상실하게 되는 자에 관한 이주대책 등을 수립·시행하여야 한다. 제25조(선수금) ① 시행자는 조성토지등과 도시개발사업으로 조성되지 아니한 상태의 토지(이하 "원형지"라 한다)를 공급받거나 이용하려는 자로부터 대통령령으로 정하는 바에 따라 해당 대금의 전부 또는 일부를 미리 받을 수 있다. 〈개정 11·9·30〉 ② 시행자(지정권자가 시행자인 경우는 제외한다)는 제1항에 따라 해당 대금의 전부 또는 일부를 미리 받으려면 지정권자의 승인을 받아야 한다.	제55조(선수금) ① 법 제25조에 따라 선수금을 받으려는 시행자는 다음 각 호의 구분에 따른 요건을 갖추어 지정권자의 승인을 받아야 한다. 〈개정 08·12·31, 15·11·4, 17·12·5〉 1. 법 제11조제1항제1호부터 제4호까지 및 제11호(법 제11조제1항제1호부터 제4호까지의 규정에 해당하는 자가 출자한 경우에만 해당한다)에 해당하는 시행자: 개발계획을 수립·고시한 후에 사업시행	

법	시 행 령	시 행 규 칙
	토지면적의 100분의 10 이상의 토지에 대한 소유권을 확보할 것(사용동의를 포함한다). 다만, 실시계획인가를 받기 전에 선수금을 받으려는 경우에는 「환경영향평가법」에 따른 환경영향평가 및 「도시교통정비 촉진법」에 따른 교통영향평가를 실시하여 「국토의 계획 및 이용에 관한 법률」 제2조제6호에 따른 기반시설 투자계획이 구체화된 경우로 한정한다. 2. 법 제11조제1항제5호부터 제9호까지 및 제11호(법 제11조제1항제1호부터 제4호까지의 규정에 해당하는 자가 출자한 경우는 제외한다)에 해당하는 시행자: 해당 도시개발구역에 대하여 실시계획인가를 받은 후 다음 각 목의 요건을 모두 갖출 것 　가. 공급하려는 토지에 대한 소유권을 확보하고, 해당 토지에 설정된 저당권을 말소하였을 것. 다만, 부득이한 사유로 토지소유권을 확보하지 못하였거나 저당권을 말소하지 못한 경우에는 시행자·토지소유자 및 저당권자가 다음 내용의 공동약정서를 공증하	

법	시 행 령	시 행 규 칙
	여 제출하여야 한다. 　1) 토지소유자는 제3자에게 해당 토지를 양도하거나 담보로 제공하지 아니할 것 　2) 선수금을 납부한 자가 법 제50조에 따른 준공검사 또는 법 제53조에 따른 준공 전 사용허가를 받아 해당 토지를 사용하게 되는 경우에는 토지소유자 및 저당권자는 지체 없이 소유권을 이전하고, 저당권을 말소할 것 나. 공급하려는 토지에 대한 도시개발사업의 공사 진척률이 100분의 10 이상일 것 다. 공급계약의 불이행 시 선수금의 환불을 담보하기 위하여 다음의 내용이 포함된 보증서 등(「국가를 당사자로 하는 계약에 관한 법률 시행령」 제37조제2항에 따른 지급보증서, 증권, 보증보험증권, 정기예금증서 및 수익증권 등을 말한다. 이하 같다)을 지정권자에게 제출할 것. 다만, 2)의 경우 그 사업기간을 연장하는 때에는 당초	

법	시 행 령	시 행 규 칙
	의 보증 또는 보험의 기간에 그 연장하려는 기간을 가산한 기간을 보증 또는 보험의 기간으로 하는 보증서 등을 제출하여야 한다. 　1) 보증 또는 보험의 금액은 선수금에 그 금액에 대한 보증 또는 보험 기간에 해당하는 약정 이자 상당액을 가산한 금액 이상으로 할 것 　2) 보증 또는 보험 기간의 개시일은 선수금을 받는 날 이전이어야 하며, 그 종료일은 준공예정일부터 1개월 이상으로 할 것 ② 시행자는 공사완료 공고 전에 미리 토지를 공급하거나 시설물을 이용하게 한 후에는 그 토지를 담보로 제공하여서는 아니 된다. ③ 지정권자는 시행자가 공급계약의 내용대로 사업을 이행하지 아니하거나 시행자의 파산 등(「채무자 회생 및 파산에 관한 법률」에 따른 법원의 결정·인가를 포함한다)으로 사업을 이행할 능력이 없다고 인정하는 경우에는 해당 도시개발사업의 준공 전에 보증서 등을 선수금의 환불을 위	

법	시 행 령	시 행 규 칙
제25조의2(원형지의 공급과 개발) ① 시행자는 도시를 자연친화적으로 개발하거나 복합적·입체적으로 개발하기 위하여 필요한 경우에는 대통령령으로 정하는 절차에 따라 미리 지정권자의 승인을 받아 다음 각 호의 어느 하나에 해당하는 자에게 원형지를 공급하여 개발하게 할 수 있다. 이 경우 공급될 수 있는 원형지의 면적은 도시개발구역 전체 토지 면적의 3분의 1 이내로 한정한다. 〈개정 15·8·11〉 1. 국가 또는 지방자치단체 2. 「공공기관의 운영에 관한 법률」 제4조에 따른 공공기관 3. 「지방공기업법」에 따라 설립된 지방공사 4. 제11조제1항제1호 또는 제2호에 따른 시행자가 복합개발 등을 위하여 실시한 공모에서 선정된 자 5. 원형지를 학교나 공장 등의 부지로 직접 사용하는 자 ② 시행자는 제1항에 따라 원형지를 공급하기 위하여 지정권자에게 승인 신청을 할	하여 사용할 수 있다. 제55조의2(원형지의 공급과 개발 절차 등) ① 시행자는 법 제25조의2제1항 전단에 따라 원형지 공급과 개발을 위하여 지정권자의 승인을 받으려는 경우에는 원형지 공급 승인신청서에 다음 각 호의 서류를 첨부하여 지정권자에게 제출하여야 한다. 1. 공급대상 토지의 위치·면적 및 공급목적 2. 원형지개발자에 관한 사항 3. 원형지 인구수용 계획, 토지이용 계획, 교통처리 계획, 환경보전 계획, 주요 기반시설의 설치 계획 및 그 밖의 원형지 사용계획 등을 포함하는 원형지 개발계획 4. 원형지 사용조건 5. 예상 공급가격 및 주요 계약조건 6. 그 밖에 지정권자가 사업의 특성상 필요하다고 인정하는 사항으로서 시행자와 협의하여 정하는 사항 ② 제1항에 따른 승인신청서를 제출받은 지정권자는 법 제4조에 따라 개발계획을 수립한 후 원형지 공급을 승인할 수 있다.	

법	시 행 령	시 행 규 칙
때에는 원형지의 공급 계획을 작성하여 함께 제출하여야 한다. 작성된 공급 계획을 변경하는 경우에도 같다. ③ 제2항에 따른 원형지 공급 계획에는 원형지를 공급받아 개발하는 자(이하 "원형지개발자"라 한다)에 관한 사항과 원형지의 공급내용 등이 포함되어야 한다. ④ 시행자는 제5조제1항제7호의2에 따른 개발 방향과 제1항 및 제2항에 따른 승인 내용 및 공급 계획에 따라 원형지개발자와 공급계약을 체결한 후 원형지개발자로부터 세부계획을 제출받아 이를 제17조에 따른 실시계획의 내용에 반영하여야 한다. ⑤ 지정권자는 제1항에 따라 승인을 할 때에는 용적률 등 개발밀도, 토지용도별 면적 및 배치, 교통처리계획 및 기반시설의 설치 등에 관한 이행조건을 붙일 수 있다. ⑥ 원형지개발자(국가 및 지방자치단체는 제외한다)는 10년의 범위에서 대통령령으로 정하는 기간 안에는 원형지를 매각할 수 없다. 다만, 이주용 주택이나 공공·문화 시설 등 대통령령으로 정하는 경우로서 미리 지정권자의 승인을 받은 경우에는 예	③ 법 제25조의2제6항 본문에서 "대통령령으로 정하는 기간"이란 다음 각 호의 기간 중 먼저 끝나는 기간을 말한다. 1. 원형지에 대한 공사완료 공고일부터 5년 2. 원형지 공급 계약일부터 10년 ④ 법 제25조의2제6항 단서에서 "대통령령	

법	시 행 령	시 행 규 칙
외로 한다. ⑦ 지정권자는 다음 각 호의 어느 하나에 해당하는 경우에는 원형지 공급 승인을 취소하거나 시행자로 하여금 그 이행의 촉구, 원상회복 또는 손해배상의 청구, 원형지 공급계약의 해제 등 필요한 조치를 취할 것을 요구할 수 있다. 1. 시행자가 제2항에 따른 원형지의 공급 계획대로 토지를 이용하지 아니하는 경우 2. 원형지개발자가 제4항에 따른 세부계획의 내용대로 사업을 시행하지 아니하는 경우 3. 시행자 또는 원형지개발자가 제5항에 따른 이행조건을 이행하지 아니하는 경우 ⑧ 시행자는 다음 각 호의 어느 하나에 해당하는 경우 대통령령으로 정하는 바에 따라 원형지 공급계약을 해제할 수 있다.	으로 정하는 경우"란 다음 각 호의 용지로 원형지를 사용하는 경우를 말한다. 1. 기반시설 용지 2. 임대주택 용지 3. 그 밖에 원형지개발자가 직접 조성하거나 운영하기 어려운 시설의 설치를 위한 용지 ⑤ 시행자는 법 제25조의2제8항 각 호의 어느 하나에 해당하는 사유가 발생한 경우에 원형지개발자에게 2회 이상 시정을 요구하	

법	시 행 령	시 행 규 칙
1. 원형지개발자가 세부계획에서 정한 착수 기한 안에 공사에 착수하지 아니하는 경우 2. 원형지개발자가 공사 착수 후 세부계획에서 정한 사업 기간을 넘겨 사업 시행을 지연하는 경우 3. 공급받은 토지의 전부나 일부를 시행자의 동의 없이 제3자에게 매각하는 경우 4. 그 밖에 공급받은 토지를 세부계획에서 정한 목적대로 사용하지 아니하는 등 제4항에 따른 공급계약의 내용을 위반한 경우 ⑨ 원형지개발자의 선정기준, 원형지 공급의 절차와 기준 및 공급가격, 시행자와 원형지개발자의 업무범위 및 계약방법 등에 필요한 사항은 대통령령으로 정한다. [본조신설 11·9·30]	여야 하고, 원형지개발자가 시정하지 아니한 경우에는 원형지 공급계약을 해제할 수 있다. 이 경우 원형지개발자는 시행자의 시정 요구에 대하여 의견을 제시할 수 있다. ⑥ 법 제25조의2제9항에 따른 원형지개발자의 선정은 수의계약의 방법으로 한다. 다만, 법 제25조의2제1항제5호에 해당하는 원형지개발자의 선정은 경쟁입찰의 방식으로 하며, 경쟁입찰이 2회 이상 유찰된 경우에는 수의계약의 방법으로 할 수 있다. ⑦ 법 제25조의2제9항에 따른 원형지 공급가격은 개발계획이 반영된 원형지의 감정가격에 시행자가 원형지에 설치한 기반시설 등의 공사비를 더한 금액을 기준으로 시행자와 원형지개발자가 협의하여 결정한다.	

법	시 행 령	시 행 규 칙
	⑧ 법 제25조의2제9항에 따른 시행자와 원형지개발자의 업무범위는 공급계약에서 정하되, 시행자는 원형지 조성을 위한 인·허가 등의 신청 등 관계 법령에 따른 업무를 담당한다. [본조신설 12·3·26]	
제26조(조성토지등의 공급 계획) ① 시행자는 조성토지등을 공급하려고 할 때에는 조성토지등의 공급 계획을 작성하여야 하며, 지정권자가 아닌 시행자는 작성한 조성토지등의 공급 계획에 대하여 지정권자의 승인을 받아야 한다. 이 경우 행정청이 아닌 시행자는 시장(대도시 시장은 제외한다)·군수 또는 구청장을 거쳐 제출하여야 한다. 조성토지등의 공급 계획을 변경하려는 경우에도 또한 같다. 〈개정 08·3·28, 20·6·9, 21·12·21〉	제55조의3(조성토지등의 공급 계획 제출) 시행자가 법 제26조제1항에 따라 조성토지등의 공급 계획을 승인(변경승인을 포함한다)받으려는 경우에는 작성한 조성토지등의 공급 계획을 시장(대도시 시장은 제외한다)·군수 또는 구청장을 거쳐 지정권자에게 제출해야 한다. 다만, 국토교통부장관·특별자치도지사 또는 대도시 시장이 지정권자인 경우에는 지정권자에게 직접 제출할 수 있다. [본조신설 22·6·21]	
② 지정권자가 제1항에 따라 조성토지등의 공급 계획을 작성하거나 승인하는 경우 국토교통부장관이 지정권자이면 시·도지사 또는 대도시 시장의 의견을, 시·도지사가 지정권자이면 시장(대도시 시장은 제외한다)·군수 또는 구청장의 의견을 미리 들	제56조(조성토지등의 공급 계획의 내용) ① 법 제26조제1항에 따른 조성토지등의 공급 계획에는 다음 각 호의 사항이 포함되어야 한다. 〈개정 12·3·26, 13·3·23, 22·6·21〉 1. 공급대상 조성토지등의 위치·면적 및 가격결정방법	

법	시 행 령	시 행 규 칙
어야 한다. 〈신설 21·12·21〉 ③ 시행자(제11조제1항제11호에 해당하는 법인이 시행자인 경우에는 그 출자자를 포함한다)가 직접 건축물을 건축하여 사용하거나 공급하려고 계획한 토지가 있는 경우에는 그 현황을 제1항에 따른 조성토지등의 공급 계획의 내용에 포함하여야 한다. 다만, 민간참여자가 직접 건축물을 건축하여 사용하거나 공급하려고 계획한 토지는 전체 조성토지 중 해당 민간참여자의 출자 지분 범위 내에서만 조성토지등의 공급 계획에 포함할 수 있다. 〈신설 21·12·21〉 ④ 조성토지등의 공급 계획의 내용, 공급의 절차·기준, 조성토지등의 가격의 평가, 그 밖에 필요한 사항은 대통령령으로 정한다. 〈개정 21·12·21〉	2. 공급대상자의 자격요건 및 선정방법 3. 공급의 시기·방법 및 조건 4. 법 제11조제1항제5호, 제7호부터 제9호까지, 제9호의2, 제10호 및 제11호(같은 항 제1호부터 제4호까지의 규정에 해당하는 자가 100분의 50을 초과하여 출자한 경우는 제외한다)에 해당하는 시행자의 경우 토지소유 현황. 이 경우 시행자가 「공익사업을 위한 토지 등의 취득 및 보상에 관한 법률」 제28조에 따라 재결을 신청한 토지 및 법 제66조에 따라 시행자에게 무상귀속되는 토지는 시행자가 소유한 것으로 본다. 5. 시행자(해당 도시개발사업의 시행을 목적으로 설립된 법인의 경우에는 출자자를 포함한다)가 직접 건축물을 건축하여 사용하거나 공급하려고 계획한 토지의 현황 6. 그 밖에 국토교통부령으로 정하는 사항 ② 법 제26조제1항에 따른 조성토지등의 공급 계획은 법 제18조에 따라 고시된 실시계획(지구단위계획을 포함한다)에 맞게 작성되어야 한다. 〈신설 22·6·21〉	

법	시 행 령	시 행 규 칙
	제57조(조성토지등의 공급방법 등) ① 시행자는 법 제26조제1항에 따른 조성토지등의 공급 계획에 따라 조성토지등을 공급해야 한다. 이 경우 시행자는 「국토의 계획 및 이용에 관한 법률」에 따른 기반시설의 원활한 설치를 위하여 필요하면 공급대상자의 자격을 제한하거나 공급조건을 부여할 수 있다. 〈개정 12·3·26, 22·6·21〉 ② 조성토지등의 공급은 경쟁입찰의 방법에 따른다. 〈개정 17·12·5〉 ③ 제2항에도 불구하고 제1호부터 제3호까지의 어느 하나에 해당하는 토지는 추첨의 방법으로 분양할 수 있다. 다만, 법 제11조제1항제1호부터 제4호까지의 규정에 따른 시행자가 제1호의 토지 중 임대주택 건설용지를 공급하는 경우에는 추첨의 방법으로 분양하여야 한다. 〈신설 17·12·5〉 　1. 「주택법」 제2조제6호에 따른 국민주택 규모 이하의 주택건설용지 　2. 「주택법」 제2조제24호에 따른 공공택지 　3. 국토교통부령으로 정하는 면적 이하의 단독주택용지 및 공장용지 ④ 시행자가 제2항 및 제3항에 따라 조성	제23조(수의계약에 따른 토지공급기준) ① 영 제57조제3항제3호에서 "국토교통부령으로 정하는 면적"이란 330제곱미터를 말한다. 〈개정 13·3·23, 17·12·29〉 ② 영 제57조제5항제3호에 따라 수의계약의 방법으로 조성토지를 공급하는 경우의 기준 및 면적은 별표 3과 같다. 다만, 조성토지의 공급 신청량이 법 제26조에 따라 지정권자에게 제출한 조성 토지 등의 공급계획에서 계획된 면적을 초과하는 경우에는 추첨의 방법에 따른다. 〈개정 17·12·29〉

법	시 행 령	시 행 규 칙
	토지등을 공급하려면 다음 각 호의 사항을 공고하여야 한다. 다만, 공급대상자가 특정되어 있거나 자격이 제한되어 있는 경우로서 개별통지를 한 경우에는 그러하지 아니하다. 〈개정 17·12·5〉 1. 시행자의 명칭 및 주소와 대표자의 성명 2. 토지의 위치·면적 및 용도(토지사용에 제한이 있는 경우에는 그 제한내용을 포함한다) 3. 공급의 방법 및 조건 4. 공급가격 또는 공급가격결정방법 5. 공급대상자의 자격요건 및 선정방법 6. 공급신청의 기간 및 장소 7. 그 밖에 시행자가 필요하다고 인정하는 사항 ⑤ 시행자는 다음 각 호의 어느 하나에 해당하는 경우에는 제2항 및 제3항에도 불구하고 수의계약의 방법으로 조성토지등을 공급할 수 있다. 〈개정 09·6·30, 12·3·26, 13·3·23, 15·11·4, 17·12·5, 25·1·31〉 1. 학교용지, 공공청사용지 등 일반에게 분양할 수 없는 공공용지를 국가, 지방자치단체, 그 밖의 법령에 따라 해당 시설을	제24조(특별설계개발시행자의 선정) ① 시행자는 영 제57조제5항제6호에 따라 수의계약의 방법으로 토지를 공급받을 자(이하 "특별설계개발시행자"라 하며, 설립 예정 법인을 포함한다)를 공모하는 경우에는 다음 각 호의 사항을 전국 또는 해당 지역을 주된 보급지역으로 하는 일간신문 및 인터넷 홈페이지에 각각 1회 이상 공고해야 한

법	시 행 령	시 행 규 칙
	설치할 수 있는 자에게 공급하는 경우 1의2. 임대주택 건설용지를 다음 각 목에 해당하는 자가 단독 또는 공동으로 총지 분의 100분의 50을 초과하여 출자한 「부 동산투자회사법」 제2조제1호에 따른 부 동산투자회사에 공급하는 경우 　가. 국가나 지방자치단체 　나. 한국토지주택공사 　다. 주택사업을 목적으로 설립된 지방공사 2. 법 제18조제1항 전단에 따라 고시한 실 시계획에 따라 존치하는 시설물의 유지 관리에 필요한 최소한의 토지를 공급하 는 경우 3. 「공익사업을 위한 토지 등의 취득 및 보상에 관한 법률」에 따른 협의를 하여 그가 소유하는 도시개발구역 안의 조성 토지등의 전부를 시행자에게 양도한 자 에게 국토교통부령으로 정하는 기준에 따라 토지를 공급하는 경우 4. 토지상환채권에 의하여 토지를 상환하 는 경우 5. 토지의 규모 및 형상, 입지조건 등에 비추어 토지이용가치가 현저히 낮은 토	다. 이 경우 응모기간은 90일 이상으로 해 야 한다. 1. 공모 대상 토지 현황 2. 공모참가자격 및 공모일정 3. 그 밖에 시행자가 필요하다고 인정하는 　사항 ② 시행자는 선정심의위원회의 평가를 거 쳐 특별설계개발시행자를 선정해야 한다. 이 경우 공정한 평가를 위하여 평가 자료 배부 및 심의 위원 선정 방법 등 구체적인 운영 방안을 마련해야 한다. ③ 제2항에 따른 선정심의위원회를 구성할 때에는 다음 각 호의 기준을 따라야 한다. 1. 위원은 분야별 전문가일 것 2. 소속 직원이 아닌 위원이 2분의 1 이상 　일 것 3. 심의 전날 이후에 구성할 것. 다만, 심 　의 전날이 토요일 또는 「관공서의 공휴 　일에 관한 규정」에 따른 공휴일인 경우 　에는 그 전날에 구성할 수 있다. ④ 그 밖에 선정심의위원회의 구성, 평가 기준, 선정방법, 협약서 체결 등에 필요한 사항은 시행자가 정하고, 평가기준은 일반

법	시 행 령	시 행 규 칙
	지로서, 인접 토지 소유자 등에게 공급하는 것이 불가피하다고 시행자가 인정하는 경우 6. 법 제11조제1항제1호부터 제4호까지의 규정에 해당하는 시행자가 도시개발구역에서 도시발전을 위하여 특별설계(현상설계 등의 방법으로 창의적인 개발안을 받아들일 필요가 있거나 다양한 용도를 수용하기 위하여 복합적이고 입체적인 개발이 필요한 경우 등에 실시하는 설계를 말한다)를 통한 개발이 필요하여 국토교통부령으로 정하는 절차와 방법에 따라 선정된 자에게 토지를 공급하는 경우. 이 경우 전단에 따라 공급하는 토지 면적의 범위는 국토교통부령으로 정한다. 6의2. 산업통상자원부장관이 「외국인투자촉진법」 제27조에 따른 외국인투자위원회의 심의를 거쳐 같은 법 제2조제6호에 따른 외국인투자기업에게 수의계약을 통하여 조성토지등을 공급할 필요가 있다고 인정하는 경우. 다만, 2009년 7월 1일부터 2011년 6월 30일까지 공급되는 조성토지등만 해당한다	국민에게 공개해야 한다. [전문개정 25·1·31] **제24조의2(특별설계개발시행자에 대한 토지공급)** 시행자가 특별설계개발시행자에게 토지를 공급할 때에는 건전한 도시발전 및 지역 균형개발 등을 고려해야 한다. 다만, 상업지역에 공급하는 토지 면적은 해당 도시개발구역 상업지역 전체 면적(영 제57조제5항제1호에 따른 일반에게 분양할 수 없는 공공용지는 제외한다)의 100분의 50을 초과할 수 없다. [본조신설 25·1·31]

법	시 행 령	시 행 규 칙
	6의3. 대행개발사업자가 개발을 대행하는 토지를 해당 대행개발사업자에게 공급하는 경우 7. 제2항 및 제3항에 따른 경쟁입찰 또는 추첨의 결과 2회 이상 유찰된 경우 8. 그 밖에 관계 법령의 규정에 따라 수의계약으로 공급할 수 있는 경우 ⑥ 조성토지등의 가격 평가는 감정가격으로 한다. 〈개정 12·3·26, 17·12·5〉 ⑦ 제2항에 따른 경쟁입찰의 경우 최고가격으로 입찰한 자를 낙찰자로 한다. 이 경우 경쟁입찰 대상 토지가 「건축법 시행령」 별표 1 제2호의 공동주택과 주거용 외의 용도가 복합된 건축물(다수의 건축물이 일체적으로 연결된 하나의 건축물을 포함한다)을 건축하기 위한 토지인 때에는 경쟁입찰 대상 토지의 면적에 주거용 외의 용도에 해당하는 비율(실시계획에 포함된 지구단위계획상의 비율을 말하며, 건축물의 연면적 대비 비율로 산정한다)을 곱하여 산정된 면적(이하 이 항에서 "상업면적"이라 한다)에 대하여 최고가격으로 입찰한 자를 낙찰자로 하며, 상업면적에 대하여는 낙찰	

법	시 행 령	시 행 규 칙
	가격을, 상업면적 외에 대하여는 감정가격을 각각 적용하여 산정한 가격을 합한 가격을 해당 토지의 공급가격으로 한다. 〈개정 12·3·26, 17·12·5〉 ⑧ 제1항부터 제7항까지에서 규정한 사항 외에 조성토지등의 매각방법 등에 관하여 그 밖에 필요한 사항은 국토교통부장관이 정하여 고시한다. 〈개정 13·3·23, 17·12·5〉	
제27조(학교 용지 등의 공급 가격) ① 시행자는 학교, 폐기물처리시설, 임대주택, 그 밖에 대통령령으로 정하는 시설을 설치하기 위한 조성토지등과 이주단지의 조성을 위한 토지를 공급하는 경우에는 해당 토지의 가격을 「감정평가 및 감정평가사에 관한 법률」에 따른 감정평가법인등이 감정평가한 가격 이하로 정할 수 있다. 다만, 제11조제1항제1호부터 제4호까지의 규정에 해당하는 자에게 임대주택 건설용지를 공급하는 경우에는 해당 토지의 가격을 감정평가한 가격 이하로 정하여야 한다. 〈개정 11·9·30, 16·1·19, 20·4·7, 21·12·21〉 ② 제11조제1항제1호부터 제4호까지의 시행자는 제1항에서 정한 토지 외에 지역특	제58조(조성토지등의 공급가격) ① 법 제27조제1항에서 "대통령령으로 정하는 시설"이란 다음 각 호의 시설을 말한다. 〈개정 09·6·30, 11·4·6, 11·12·30, 12·3·26, 13·3·23, 16·8·11〉 1. 공공청사(2013년 12월 31일까지는 정부가 납입자본금 전액을 출자한 법인의 주된 사무소를 포함한다) 2. 사회복지시설(행정기관 및 「사회복지사업법」에 따른 사회복지법인이 설치하는 사회복지시설을 말한다). 다만, 「사회복지사업법」에 따른 사회복지시설의 경우에는 유료시설을 제외한 시설로서 관할 지방자치단체의 장의 추천을 받은 경우로 한정한다.	제25조(조성토지 등의 공급가격) 영 제58조제1항제6호에서 "그 밖에 「국토의 계획 및 이용에 관한 법률」 제2조제6호에 따른 기반시설로서 국토교통부령으로 정하는 시설"이란 행정청이 같은 법에 따라 직접 설치하는 다음 각 호의 시설을 말한다. 〈개정 10·10·15, 13·3·23〉 1. 삭제 〈10·6·30〉 2. 시장 3. 자동차정류장 4. 종합의료시설 5. 방송·통신시설(시행자가 법 제11조제1호부터 제4호까지의 시행자 중 어느 하나에 해당하는 자인 경우로서 국가가 직접 설치하는 시설로 한정한다)

법	시 행 령	시 행 규 칙
성화 사업 유치 등 도시개발사업의 활성화를 위하여 필요한 경우에는 대통령령으로 정하는 바에 따라 감정평가한 가격 이하로 공급할 수 있다. 〈신설 11·9·30〉	3. 「국토의 계획 및 이용에 관한 법률 시행령」 별표 17 제2호차목에 해당하는 공장. 다만, 해당 도시개발사업으로 이전되는 공장의 소유자가 설치하는 경우로 한정한다) 4. 임대주택 5. 「주택법」 제2조제6호에 따른 국민주택 규모 이하의 공동주택. 다만, 법 제11조 제1호부터 제4호까지의 규정에 따른 시행자가 국민주택 규모 이하의 공동주택을 건설하려는 자에게 공급하는 경우로 한정한다. 5의2. 「관광진흥법」 제3조제1항제2호가목에 따른 호텔업 시설. 다만, 법 제11조제1항제1호부터 제4호까지의 규정에 따른 시행자가 200실 이상의 객실을 갖춘 호텔의 부지로 토지를 공급하는 경우로 한정한다. 6. 그 밖에 「국토의 계획 및 이용에 관한 법률」 제2조제6호에 따른 기반시설로서 국토교통부령으로 정하는 시설 ② 삭제 〈14·11·4〉 ③ 법 제27조에 따라 감정가격 이하로 조	

법	시 행 령	시 행 규 칙
	성토지등을 공급할 수 있는 시설에 대한 공급가격의 기준 등에 관하여 필요한 사항은 국토교통부장관이 정하여 고시한다. 〈개정 12·3·26, 13·3·23, 16·8·16〉	
제3절 환지 방식에 의한 사업 시행	제3절 환지방식에 의한 사업시행	
제28조(환지 계획의 작성) ① 시행자는 도시개발사업의 전부 또는 일부를 환지 방식으로 시행하려면 다음 각 호의 사항이 포함된 환지 계획을 작성하여야 한다. 〈개정 11·9·30, 13·3·23〉 1. 환지 설계 2. 필지별로 된 환지 명세 3. 필지별과 권리별로 된 청산 대상 토지 명세 4. 제34조에 따른 체비지(替費地) 또는 보류지(保留地)의 명세 5. 제32조에 따른 입체 환지를 계획하는 경우에는 입체 환지용 건축물의 명세와 제32조의3에 따른 공급 방법·규모에 관한 사항 6. 그 밖에 국토교통부령으로 정하는 사항		제26조(환지 계획에 포함되어야 하는 내용) ① 법 제28조제1항제1호에 따른 환지 설계(이하 "환지설계"라 한다)에는 축척 1천2백분의 1 이상의 환지예정지도, 환지전후대비도, 과부족면적표시도 및 환지전후 평가단가 표시도가 첨부되어야 한다. 〈개정 12·3·30〉 ② 시행자는 법 제28조제1항제3호에 따른 청산 대상 토지 명세를 작성할 때에는 법 제30조 및 법 제31조에 따라 환지대상에서 제외하는 토지에 대하여도 영 제62조제1항 후단에 따른 권리면적(이하 "권리면적"이라 한다)을 정하여야 한다. 〈개정 12·3·30〉 ③ 법 제28조제1항제6호에서 "국토교통부령으로 정하는 사항"이란 다음 각 호의 사항을 말한다. 〈신설 12·3·30, 13·3·23〉 1. 수입·지출 계획서 2. 평균부담률 및 비례율과 그 계산서(제

법	시 행 령	시 행 규 칙
		27조제3항에 따라 평가식으로 환지 설계를 하는 경우로 한정한다) 3. 건축 계획(입체 환지를 시행하는 경우로 한정한다) 4. 법 제28조제3항에 따른 토지평가협의회 심의 결과 ④ 제3항제2호에 따른 평균부담률과 비례율은 다음 각 호의 계산식에 따른다.〈신설 12·3·30〉 1. 평균부담률 [총사업비/(권리가액의 합계 + 체비지 평가액의 합계)] × 100 2. 비례율 {[도시개발사업으로 조성되는 토지·건축물의 평가액 합계(공공시설 또는 무상으로 공급되는 토지·건축물의 평가액 합계를 제외한다) - 총 사업비]/환지 전 토지·건축물의 평가액 합계(제27조제5항 각 호에 해당하는 토지 및 같은 조 제7항에 해당하는 건축물의 평가액 합계를 제외한다)} × 100 ⑤제4항제1호에 따른 권리가액은 다음과 같이 산정한다.〈신설 12·3·30〉 권리가액 = 비례율 × 환지 전 토지·건축물의 평가액 제27조(환지 계획의 기준) ① 시행자는 법

법	시 행 령	시 행 규 칙
		제28조제1항에 따른 환지 계획(이하 "환지 계획"이라 한다)을 작성할 때에는 환지계획구역(환지방식으로 도시개발사업이 시행되는 도시개발구역의 범위를 말하며, 법 제5조제1항제3호에 따라 도시개발구역이 둘 이상의 사업시행지구로 분할되는 경우에는 그 분할된 각각의 사업시행지구를 말한다. 이하 같다)별로 작성하여야 하며, 실시계획 인가 사항, 환지계획구역의 시가화 정도, 토지의 실제 이용 현황과 경제적 가치 등을 종합적으로 고려하여야 한다. 〈개정 12·3·30〉 ② 환지의 방식은 다음 각 호와 같이 구분한다. 〈개정 12·3·30〉 1. 평면 환지: 환지 전 토지에 대한 권리를 도시개발사업으로 조성되는 토지에 이전하는 방식 2. 입체 환지: 법 제32조에 따라 환지 전 토지나 건축물(무허가 건축물은 제외한다)에 대한 권리를 도시개발사업으로 건설되는 구분건축물에 이전하는 방식 ③ 환지설계는 평가식(도시개발사업 시행 전후의 토지의 평가가액에 비례하여 환지

법	시 행 령	시 행 규 칙
		를 결정하는 방법을 말한다. 이하 같다)을 원칙으로 하되, 환지지정으로 인하여 토지의 이동이 경미하거나 기반시설의 단순한 정비 등의 경우에는 면적식(도시개발사업 시행 전의 토지 및 위치를 기준으로 환지를 결정하는 방식을 말한다. 이하 같다)을 적용할 수 있다. 이 경우 하나의 환지계획구역에서는 같은 방식을 적용하여야 하며, 입체 환지를 시행하는 경우에는 반드시 평가식을 적용하여야 한다. 〈개정 12·3·30〉 ④ 환지의 위치는 다음 각 호의 사항을 고려하여 시행자가 정한다. 이 경우 토지나 건축물의 환지는 같은 환지계획구역에서 이루어져야 한다. 〈개정 12·3·30〉 1. 평면 환지: 환지 전 토지의 용도, 보유 기간, 위치, 권리가액, 청산금 규모 등을 고려하여 정한다. 2. 입체 환지: 토지 소유자 등의 신청에 따라 정하되, 같은 내용의 신청이 2 이상인 경우에는 환지 전 토지 또는 건축물의 보유 기간, 거주 기간(주택을 공급하는 경우에 한정한다), 권리가액 등을 고려하여 정한다.

법	시 행 령	시 행 규 칙
		⑤ 환지계획구역의 모든 토지는 환지를 지정하거나 법 제30조 및 법 제31조에 따라 환지 대상에서 제외되면 금전으로 청산한다. 이 경우 다음 각 호의 어느 하나에 해당하는 토지는 다른 토지의 환지로 정하여야 한다. 〈개정 12·3·30〉 1. 법 제66조제1항 및 제2항에 따라 시행자에게 무상귀속되는 토지 2. 시행자가 소유하는 토지(조합이 아닌 시행자가 환지를 지정받을 목적으로 소유한 토지는 제외한다) ⑥ 토지[「집합건물의 소유 및 관리에 관한 법률」 제2조제6호에 따른 대지사용권(소유권인 경우로 한정한다)에 해당하는 토지지분을 포함한다] 또는 건축물(「집합건물의 소유 및 관리에 관한 법률」 제2조제1호에 따른 구분소유권에 해당하는 건축물 부분을 포함한다)은 필지별, 건축물 별로 환지한다. 이 경우 하나의 대지에 속하는 동일인 소유의 토지와 건축물은 분리하여 입체환지를 지정할 수 없다. 〈개정 12·3·30〉 ⑦ 평면 환지 방식을 적용하는 경우 환지 전 토지 위의 건축물로서 환지처분 당시

법	시 행 령	시 행 규 칙
		이전(移轉) 또는 제거된 건축물이나 입체환지의 대상이 되지 아니하는 환지 전 토지의 건축물은 법 제38조에 따른 장애물 등으로 보아 법 제65조에 따라 손실보상한다. 〈신설 12·3·30〉 ⑧ 시행자는 영 제62조에 따른 과소 토지 등에 대하여 2 이상의 토지 또는 건축물 소유자의 신청을 받아 환지 후 하나의 토지나 구분건축물에 공유로 환지를 지정할 수 있다. 이 경우 환지를 지정받은 자는 다른 환지를 지정받을 수 없다. 〈신설 12·3·30〉 ⑨ 시행자는 「집합건물의 소유 및 관리에 관한 법률」에 해당하는 건축물을 건축할 용도로 계획된 토지에 대하여 2 이상의 토지 소유자의 신청을 받아 공유로 환지를 지정할 수 있다. 〈신설 12·3·30〉 ⑩ 시행자는 동일인이 소유한 2 이상의 환지 전 토지 또는 건축물에 대하여 환지 후 하나의 토지 또는 구분건축물에 환지를 지정할 수 있다. 〈신설 12·3·30〉 ⑪ 시행자는 하나의 환지 전 토지에 대하여 2 이상의 환지 후 토지 또는 구분건축물에

법	시 행 령	시 행 규 칙
		환지를 지정(이하 "분할환지"라 한다)할 수 있다. 이 경우 분할환지로 지정되는 각각의 권리면적은 영 제62조에 따른 과소 토지 규모 이상이어야 한다. 〈신설 12·3·30〉 ⑫ 제11항에도 불구하고, 「집합건물의 소유 및 관리에 관한 법률」 제2조제6호에 따른 대지사용권에 해당하는 토지지분은 분할환지할 수 없다. 〈신설 12·3·30〉 ⑬ 시행자는 법 제29조제2항에 따라 환지계획을 변경하는 경우에는 환지계획 당시의 방식 및 기준에 따라야 한다. 다만, 환지계획구역이 변동되는 등의 사유로 당초의 방식 또는 기준을 따를 수 없는 경우에는 그러하지 아니하다. 〈개정 12·3·30〉 ⑭ 제1항부터 제12항까지에서 규정한 사항 외에 환지 계획의 작성 기준은 국토교통부장관이 정하는 바에 따라 규약, 정관 또는 시행규칙으로 정한다. 〈신설 12·3·30, 13·3·23〉 **제27조의2(환지설계 시 토지 등의 평가액)** ① 환지설계 시 적용되는 토지·건축물의 평가액은 최초 환지계획인가 시를 기준으로 하여 정하고 변경할 수 없으며, 환지 후

법	시 행 령	시 행 규 칙
		토지·건축물의 평가액은 실시계획의 변경으로 평가 요인이 변경된 경우에만 환지 계획의 변경인가를 받아 변경할 수 있다. ② 환지설계 시 제26조제4항제1호에 따른 평균부담률은 50퍼센트를 초과할 수 없다. 다만, 환지계획구역의 토지 소유자 총수의 3분의 2 이상이 동의(시행자가 조합인 경우에는 총회에서 의결권 총수의 3분의 2 이상이 동의한 경우를 말한다)하는 경우에는 이를 초과할 수 있다. 〈개정 12·7·18〉 ③ 제1항 및 제2항에서 규정한 사항 외에 환지설계 기준에 필요한 사항은 국토교통부장관이 정하여 고시한다. 〈개정 13·3·23〉 [본조신설 12·3·30]
② 환지 계획은 종전의 토지와 환지의 위치·지목·면적·토질·수리(水利)·이용상황·환경, 그 밖의 사항을 종합적으로 고려하여 합리적으로 정하여야 한다. ③ 시행자는 환지 방식이 적용되는 도시개발구역에 있는 조성토지등의 가격을 평가할 때에는 토지평가협의회의 심의를 거쳐 결정하되, 그에 앞서 대통령령으로 정하는 공인평가기관이 평가하게 하여야 한다.	제59조(공인평가기관) 법 제28조제3항에서 "대통령령으로 정하는 공인평가기관"이란 감정평가법인등을 말한다.〈개정 22·1·21〉	

법	시 행 령	시 행 규 칙
④ 제3항에 따른 토지평가협의회의 구성 및 운영 등에 필요한 사항은 해당 규약·정관 또는 시행규정으로 정한다. ⑤ 제1항의 환지 계획의 작성에 따른 환지 계획의 기준, 보류지(체비지·공공시설 용지)의 책정 기준 등에 관하여 필요한 사항은 국토교통부령으로 정할 수 있다. 〈개정 13·3·23〉		**제28조(보류지의 책정 기준 등)** ① 법 제28조제5항에 따른 보류지는 법 제17조에 따른 실시계획인가에 따라 정하되, 도시개발구역이 2 이상의 환지계획구역으로 구분되는 경우에는 환지계획구역별로 사업비 및 보류지를 책정하여야 한다. ② 제1항에도 불구하고 법 제3조의2제1항에 따른 결합개발 또는 영 제43조제1항제3호에 따른 혼용방식으로 도시개발사업을 시행하거나 기반시설의 규모, 지형여건, 사업특성 등을 고려하여 필요한 경우에는 규약·정관 또는 시행규정에서 정하는 바에 따라 체비지 매각 수입이나 사업비를 조정하여 환지계획구역 별로 배분할 수 있다. [전문개정 12·3·30] **제29조(면적식 환지 기준 등**〈개정 12·3·30〉**)** ① 시행자는 면적식으로 환지 계획을 수립한 경우에는 다음 각 호의 기준에 따라 환지계획구역안의 토지 소유자가 도시개발사업을 위하여 부담하는 토지의 비율(이하

법	시 행 령	시 행 규 칙
		"토지부담률"이라 한다)을 산정하여야 한다. 〈개정 12·3·30〉 1. 공공시설용지의 면적을 명확히 파악하고, 환지 전후의 지가변동률 및 인근 토지의 가격을 고려하여 체비지를 책정함으로써 토지부담률을 적정하게 할 것 2. 기존 시가지·주택밀집지역 등 토지의 이용도가 높은 지역과 저지대·임야 등 토지의 이용도가 낮은 지역에 대하여는 토지부담률을 차등하여 산정하되, 사업시행전부터 도로·상하수도 등 기반시설이 갖추어져 있는 주택지에 대하여는 토지부담률을 최소화할 것 3. 지목상 전·답·임야이나 사실상 형질변경 등으로 대지가 된 토지와 도로 등 공공시설을 지방자치단체에 기부채납 또는 무상귀속시킨 토지는 그에 상당하는 비용을 고려하여 토지부담률을 산정할 것 ② 환지계획구역의 평균 토지부담률은 50퍼센트를 초과할 수 없다. 다만, 해당 환지계획구역의 특성을 고려하여 지정권자가 인정하는 경우에는 60퍼센트까지로 할 수 있으며, 환지계획구역의 토지 소유자 총수

법	시 행 령	시 행 규 칙
		의 3분의 2 이상이 동의(시행자가 조합인 경우에는 총회에서 의결권 총수의 3분의 2 이상이 동의한 경우를 말한다)하는 경우에는 60퍼센트를 초과하여 정할 수 있다. 〈개정 15·11·3〉 ③제2항에 따른 환지계획구역의 평균 토지부담률은 다음의 계산식에 따라 산정한다. 〈개정 12·3·30〉 평균 토지부담률 = [(보류지 면적 - 제27조제5항 각 호에 해당하는 토지의 면적)/(환지계획구역 면적 - 제27조제5항 각 호에 해당하는 토지의 면적)] × 100 ④ 시행자는 사업시행 중 부득이한 경우를 제외하고는 토지 소유자에게 부담을 주는 토지부담률의 변경을 하여서는 아니 된다. ⑤ 면적식으로 환지 계획을 수립하는 경우에는 환지 전 토지의 위치에 환지를 지정한다. 다만, 토지 소유자가 동의하거나 환지 전 토지가 보류지로 책정된 경우 또는 토지이용계획에 따라 필요한 경우에는 환지 전 토지와 다른 위치에 환지를 지정할 수 있다. 〈신설 12·3·30〉 ⑥ 환지계획구역의 외부와 연결되는 환지계획구역안의 도로로서 너비 25미터 이상의 간선도로는 토지 소유자가 도로의 부지를

법	시 행 령	시 행 규 칙
		부담하고, 관할 지방자치단체가 공사비를 보조하여 건설할 수 있다. 〈개정 12·3·30〉 ⑦ 제1항부터 제5항까지에서 규정한 사항 외에 면적식 환지 계획의 구체적인 기준은 규약·정관 또는 시행규정으로 정한다. 〈신설 12·3·30〉
제29조(환지 계획의 인가 등) ① 행정청이 아닌 시행자가 제28조에 따라 환지 계획을 작성한 경우에는 특별자치도지사·시장·군수 또는 구청장의 인가를 받아야 한다. ② 제1항은 인가받은 내용을 변경하려는 경우에 준용한다. 다만, 대통령령으로 정하는 경미한 사항을 변경하는 경우에는 그러하지 아니하다.	제60조(환지 계획의 변경) ① 법 제29조제2항 단서에서 "대통령령으로 정하는 경미한 사항을 변경하는 경우"란 다음 각 호의 경우를 말한다. 〈개정 13·3·23, 15·6·1〉 1. 종전 토지의 합필 또는 분필로 환지명세가 변경되는 경우 2. 토지 또는 건축물 소유자(체비지인 경우에는 시행자 또는 체비지 매수자를 말한다)의 동의에 따라 환지 계획을 변경하는 경우. 다만, 다른 토지 또는 건축물 소유자에 대한 환지 계획의 변경이 없는 경우로 한정한다. 3. 「공간정보의 구축 및 관리 등에 관한 법률」 제2조제4호에 따른 지적측량의 결과를 반영하기 위하여 환지 계획을 변경하는 경우 4. 환지로 지정된 토지나 건축물을 금전으	

법	시 행 령	시 행 규 칙
③ 행정청이 아닌 시행자가 제1항에 따라 환지 계획의 인가를 신청하려고 하거나 행정청인 시행자가 환지 계획을 정하려고 하는 경우에는 토지 소유자와 해당 토지에 대하여 임차권, 지상권, 그 밖에 사용하거나 수익할 권리(이하 "임차권등"이라 한다)를 가진 자(이하 "임차권자등"이라 한다)에게 환지 계획의 기준 및 내용 등을 알리고 대통령령으로 정하는 바에 따라 관계 서류의 사본을 일반인에게 공람시켜야 한다. 다만, 대통령령으로 정하는 경미한 사항을 변경하는 경우에는 그러하지 아니하다. 〈개정 11·9·30〉 ④ 토지 소유자나 임차권자등은 제3항의 공람 기간에 시행자에게 의견서를 제출할 수 있으며, 시행자는 그 의견이 타당하다고 인정하면 환지 계획에 이를 반영하여야 한다. ⑤ 행정청이 아닌 시행자가 제1항에 따라 환지 계획 인가를 신청할 때에는 제4항에	로 청산하는 경우 5. 그 밖에 국토교통부령으로 정하는 경우 ② 삭제 〈14·11·4〉 [전문개정 12·3·26] **제61조(관계서류의 공람)** ① 법 제29조제3항 본문에 따라 일반에게 공람시켜야 하는 관계 서류의 사본은 다음 각 호와 같다. 1. 환지계획의 수립기준 2. 및 3. 삭제 〈15·11·4〉 4. 실시계획 인가도면, 환지계획 도면 및 환지계획 수립 전의 지적도 ② 시행자는 제1항에 따라 공람을 실시하려는 때에는 공람 장소·방법 등에 관한 사항을 인터넷 홈페이지 등을 이용하여 일반인에게 알리고 14일(토요일과 「관공서의 공휴일에 관한 규정」에 따른 공휴일을 제외하고 계산한다) 이상 공람할 수 있게 해야 한다. 〈신설 10·6·29, 25·1·31〉 ③ 법 제29조제3항 단서에서 "대통령령으로 정하는 경미한 사항을 변경하는 경우"란 제60조제1항 각 호의 어느 하나에 해당하는 경우를 말한다. 〈개정 10·6·29, 14·11·4〉	

법	시 행 령	시 행 규 칙
따라 제출된 의견서를 첨부하여야 한다. ⑥ 시행자는 제4항에 따라 제출된 의견에 대하여 공람 기일이 종료된 날부터 60일 이내에 그 의견을 제출한 자에게 환지 계획에의 반영여부에 관한 검토 결과를 통보하여야 한다. 제30조(동의 등에 따른 환지의 제외) ①토지 소유자가 신청하거나 동의하면 해당 토지의 전부 또는 일부에 대하여 환지를 정하지 아니할 수 있다. 다만, 해당 토지에 관하여 임차권자등이 있는 경우에는 그 동의를 받아야 한다. 〈개정 11·9·30〉 ② 제1항에도 불구하고 시행자는 다음 각 호의 어느 하나에 해당하는 토지는 규약·정관 또는 시행규정으로 정하는 방법과 절차에 따라 환지를 정하지 아니할 토지에서 제외할 수 있다. 〈신설 11·9·30, 20·6·9〉 1. 제36조의2에 따라 환지 예정지를 지정하기 전에 사용하는 토지 2. 제29조에 따른 환지 계획 인가에 따라 환지를 지정받기로 결정된 토지 3. 종전과 같은 위치에 종전과 같은 용도로 제28조에 따라 환지를 계획하는 토지		

법	시 행 령	시 행 규 칙
4. 토지 소유자가 환지 제외를 신청한 토지의 면적 또는 평가액(제28조제3항에 따른 토지평가협의회에서 정한 종전 토지의 평가액을 말한다. 이하 같다)이 모두 합하여 구역 전체의 토지(국유지·공유지는 제외한다) 면적 또는 평가액의 100분의 15 이상이 되는 경우로서 환지를 정하지 아니할 경우 사업시행이 곤란하다고 판단되는 토지 5. 제7조에 따라 공람한 날 또는 공고한 날 이후에 토지의 양수계약을 체결한 토지. 다만, 양수일부터 3년이 지난 경우는 제외한다.		
제31조(토지면적을 고려한 환지) ① 시행자는 토지 면적의 규모를 조정할 특별한 필요가 있으면 면적이 작은 토지는 과소(過小) 토지가 되지 아니하도록 면적을 늘려 환지를 정하거나 환지 대상에서 제외할 수 있고, 면적이 넓은 토지는 그 면적을 줄여서 환지를 정할 수 있다. ② 제1항의 과소 토지의 기준이 되는 면적은 대통령령으로 정하는 범위에서 시행자가 규약·정관 또는 시행규정으로 정한다.	제62조(과소 토지의 기준) ① 법 제31조제2항에서 "대통령령으로 정하는 범위"란 「건축법 시행령」 제80조에서 정하는 면적을 말한다. 이 경우 과소 토지 여부의 판단은 권리면적(토지 소유자가 환지 계획에 따라 환지가 이루어질 경우 도시개발사업으로 조성되는 토지에서 받을 수 있는 토지의 면적을 말한다. 이하 이 조에서 같다)을 기준으로 한다. ② 다음 각 호의 어느 하나에 해당하는 경	제30조(입체 환지 신청 시 첨부서류) 영 제62조의2제4항에 따라 입체 환지를 신청하려는 자는 다음 각 호의 서류를 첨부하여 시행자에게 신청하여야 한다. 1. 입체 환지 신청서 2. 삭제 〈17·12·29〉 3. 환지 전 소유하고 있던 토지 또는 건축물에 대한 등기사항 증명서 4. 그 밖에 시행자가 입체 환지 신청에 필요하다고 인정하는 서류

법	시 행 령	시 행 규 칙
	우에는 제1항에도 불구하고 과소 토지의 기준이 되는 면적을 국토교통부장관이 정하는 바에 따라 규약·정관 또는 시행규정에서 따로 정할 수 있다. 〈개정 13·3·23〉 1. 기존 건축물이 없는 경우 2. 환지로 지정할 토지의 필지수가 도시개발사업으로 조성되는 토지의 필지수보다 많은 경우 3. 환지 계획에 따라 도시개발사업으로 조성되는 토지에 대한 지구단위계획에서 정하는 획지(劃地)의 최소 규모가 제1항에 따른 면적보다 큰 경우 4. 제43조제2항제2호에 따른 미분할 혼용 방식으로 사업을 시행하는 경우 5. 그 밖에 시행자가 환지 계획상 제1항에 따른 면적을 기준으로 하여 환지하기 곤란하다고 인정하는 토지 ③ 제1항 및 제2항에서 규정한 사항 외에 권리면적의 산정 방법 등 과소 토지 기준의 산정 등에 필요한 세부적인 사항은 국토교통부장관이 정하여 고시한다. 〈개정 13·3·23〉 [전문개정 12·3·26]	[전문개정 12·3·30]

법	시 행 령	시 행 규 칙
제32조(입체 환지) ① 시행자는 도시개발사업을 원활히 시행하기 위하여 특히 필요한 경우에는 토지 또는 건축물 소유자의 신청을 받아 건축물의 일부와 그 건축물이 있는 토지의 공유지분을 부여할 수 있다. 다만, 토지 또는 건축물이 대통령령으로 정하는 기준 이하인 경우에는 시행자가 규약·정관 또는 시행규정으로 신청대상에서 제외할 수 있다. 〈개정 11·9·30〉 ② 삭제 〈11·9·30〉 ③ 제1항에 따른 입체 환지의 경우 시행자는 제28조에 따른 환지 계획 작성 전에 실시계획의 내용, 환지 계획 기준, 환지 대상 필지 및 건축물의 명세, 환지신청 기간 등 대통령령으로 정하는 사항을 토지 소유자(건축물 소유자를 포함한다. 이하 제4항,	제62조의2(입체 환지 신청을 위한 통지사항 등) ① 법 제32조제1항 단서에서 "대통령령으로 정하는 기준 이하"란 입체 환지를 신청하는 자의 종전 소유 토지 및 건축물의 권리가액(환지 계획상 환지 후 조성토지등에 대하여 종전의 토지 및 건축물 소유자가 얻을 수 있는 권리의 가액을 말한다. 이하 이 조에서 같다)이 도시개발사업으로 조성되는 토지에 건축되는 구분건축물의 최소 공급 가격의 100분의 70 이하인 경우를 말한다. 이 경우 구분건축물의 최소 공급 가격은 법 제28조제3항에 따라 결정된 가격에 따른다. ② 제1항에도 불구하고 환지 전 토지에 주택을 소유하고 있던 토지 소유자는 권리가액과 관계없이 법 제32조에 따른 입체 환지를 신청할 수 있다. ③ 법 제32조제3항에서 "대통령령으로 정하는 사항"이란 다음 각 호의 사항을 말한다. 1. 환지 계획 기준 2. 환지 전 토지·건축물의 용도·규모 등 상세내역 및 평가가액 3. 입체 환지로 공급되는 건축물의 위치·	

법	시 행 령	시 행 규 칙
제32조의3 및 제35조부터 제45조까지에서 입체 환지 방식으로 사업을 시행하는 경우에서 같다)에게 통지하고 해당 지역에서 발행되는 일간신문에 공고하여야 한다. 〈신설 11·9·30〉 ④ 제1항에 따른 입체 환지의 신청 기간은 제3항에 따라 통지한 날부터 30일 이상 60일 이하로 하여야 한다. 다만, 시행자는 제28조제1항에 따른 환지 계획의 작성에 지장이 없다고 판단하는 경우에는 20일의 범위에서 그 신청기간을 연장할 수 있다. 〈신설 11·9·30〉 ⑤ 입체 환지를 받으려는 토지 소유자는 제3항에 따른 환지신청 기간 이내에 대통령령으로 정하는 방법 및 절차에 따라 시행자에게 환지신청을 하여야 한다. 〈신설 11·9·30〉 ⑥ 입체 환지 계획의 작성에 관하여 필요	용도·규모 등 상세내역 및 평가가액 4. 입체 환지 신청의 기간, 장소, 절차 및 방법 5. 그 밖에 규약·정관 또는 시행규정에서 정하는 사항 ④ 법 제32조제5항 및 제32조의3제1항에 따라 입체 환지를 신청하려는 토지 또는 건축물(무허가 건축물은 제외한다)의 소유자는 입체 환지로 공급받으려는 건축물의 유형, 규모 및 우선순위를 선택하고 입체 환지를 신청하여야 한다. ⑤ 제4항에 따른 입체 환지의 신청 및 주택의 공급에 필요한 사항은 국토교통부령으로 정한다. 〈개정 13·3·23〉 [본조신설 12·3·26]	

법	시 행 령	시 행 규 칙
한 사항은 국토교통부장관이 정할 수 있다. 〈개정 11·9·30, 13·3·23〉 제32조의2(환지 지정 등의 제한) ① 시행자는 제7조에 따른 주민 등의 의견청취를 위하여 공람 또는 공청회의 개최에 관한 사항을 공고한 날 또는 투기억제를 위하여 시행예정자(제3조제3항제2호 및 제4항에 따른 요청자 또는 제11조제5항에 따른 제안자를 말한다)의 요청에 따라 지정권자가 따로 정하는 날(이하 이 조에서 "기준일"이라 한다)의 다음 날부터 다음 각 호의 어느 하나에 해당하는 경우에는 국토교통부령으로 정하는 바에 따라 해당 토지 또는 건축물에 대하여 금전으로 청산(건축물은 제65조에 따라 보상한다)하거나 환지 지정을 제한할 수 있다. 〈개정 13·3·23〉 1. 1필지의 토지가 여러 개의 필지로 분할되는 경우 2. 단독주택 또는 다가구주택이 다세대주택으로 전환되는 경우 3. 하나의 대지범위 안에 속하는 동일인 소유의 토지와 주택 등 건축물을 토지와 주택 등 건축물로 각각 분리하여 소유하		제30조의2(환지 지정 등의 제한) ① 시행자는 법 제32조의2제1항 각 호에 해당하는 경우에는 규약·정관 또는 시행규정으로 정하는 바에 따라 환지의 위치, 종류, 규모 등을 제한할 수 있다. 이 경우 시행자는 입체 환지를 신청하는 토지나 건축물에 대해서는 법 제32조의2제1항에 따른 기준일 당시의 해당 토지 또는 건축물의 수를 초과하여 입체 환지를 신청할 수 없다. ② 법 제32조의2제1항제1호 및 제3호는 해당 토지 또는 주택 등의 분할·이전을 위하여 「부동산등기법」에 따른 등기부에 기록된 등기 접수일을 기준으로 환지 지정 제한 여부 등을 판단하고, 법 제32조의2제1항제2호 및 제4호는 해당 건축물에 대한 「건축법」에 따른 건축허가 또는 용도변경 허가 신청일을 기준으로 환지 지정 제한 여부 등을 판단한다. [본조신설 12·3·30]

법	시 행 령	시 행 규 칙
는 경우 4. 나대지에 건축물을 새로 건축하거나 기존 건축물을 철거하고 다세대주택이나 그 밖의 「집합건물의 소유 및 관리에 관한 법률」에 따른 구분소유권의 대상이 되는 건물을 건축하여 토지 또는 건축물의 소유자가 증가되는 경우 ② 지정권자는 제1항에 따라 기준일을 따로 정하는 경우에는 기준일과 그 지정사유 등을 관보 또는 공보에 고시하여야 한다. [본조신설 11 · 9 · 30] 제32조의3(입체 환지에 따른 주택 공급 등) ① 시행자는 입체 환지로 건설된 주택 등 건축물을 제29조에 따라 인가된 환지 계획에 따라 환지신청자에게 공급하여야 한다. 이 경우 주택을 공급하는 경우에는 「주택법」 제54조에 따른 주택의 공급에 관한 기준을 적용하지 아니한다. 〈개정 16 · 1 · 19〉 ② 입체 환지로 주택을 공급하는 경우 제1항에 따른 환지 계획의 내용은 다음 각 호의 기준에 따른다. 이 경우 주택의 수를 산정하기 위한 구체적인 기준은 대통령령으로 정한다.	제62조의3(입체 환지에 따른 주택 등 건축물의 공급방법 및 절차) ① 시행자는 법 제32조의3제1항에 따라 입체 환지에 따른 주택 등을 공급하고 남은 건축물은 일반에게 공급하되, 환지대상에서 제외되어 도시개발사업으로 새로 조성된 토지를 환지받지 못하고 법 제41조에 따라 금전으로 청산을 받은 자 또는 도시개발사업으로 철거되는 건축물의 세입자에게 우선적으로 공급할 수 있다. ② 시행자는 제1항에 따라 주택 등을 공급하고, 남은 건축물 등을 토지 소유자 외의	제30조의3(입체 환지의 잔여분 분양 등) 영 제62조의3에 따라 입체 환지를 공급하고 남은 건축물의 분양에 대하여는 「건축물의 분양에 관한 법률」 및 「주택공급에 관한 규칙」에 따른다. 다만, 법, 「건축물의 분양에 관한 법률」 및 「주택공급에 관한 규칙」의 적용 대상이 아닌 건축물은 규약 · 정관 또는 시행규정이 정하는 바에 따라 분양할 수 있다. [본조신설 12 · 3 · 30]

법	시 행 령	시 행 규 칙
1. 1세대 또는 1명이 하나 이상의 주택 또는 토지를 소유한 경우 1주택을 공급할 것 2. 같은 세대에 속하지 아니하는 2명 이상이 1주택 또는 1토지를 공유한 경우에는 1주택만 공급할 것 ③ 시행자는 제2항에도 불구하고 다음 각호의 어느 하나에 해당하는 토지 소유자에 대하여는 소유한 주택의 수만큼 공급할 수 있다. 1. 「수도권정비계획법」 제6조제1항제1호에 따른 과밀억제권역에 위치하지 아니하는 도시개발구역의 토지 소유자 2. 근로자(공무원인 근로자를 포함한다) 숙소나 기숙사의 용도로 주택을 소유하고 있는 토지 소유자 3. 제11조제1항제1호부터 제4호까지의 시행자 ④ 입체 환지로 주택을 공급하는 경우 주택을 소유하지 아니한 토지 소유자에 대하여는 제32조의2에 따른 기준일 현재 다음 각 호의 어느 하나에 해당하는 경우에만 주택을 공급할 수 있다. 〈개정 13·3·23〉 1. 토지 면적이 국토교통부장관이 정하는	자에게 분양하는 경우에는 국토교통부령으로 정하는 바에 따라 분양공고 등을 실시하여 공급하여야 한다. 〈개정 13·3·23〉 [본조신설 12·3·26]	

법	시 행 령	시 행 규 칙
규모 이상인 경우 2. 종전 토지의 총 권리가액(주택 외의 건축물이 있는 경우 그 건축물의 총 권리가액을 포함한다)이 입체 환지로 공급하는 공동주택 중 가장 작은 규모의 공동주택 공급예정가격 이상인 경우 ⑤ 시행자는 입체 환지의 대상이 되는 용지에 건설된 건축물 중 제1항 및 제2항에 따라 공급대상자에게 공급하고 남은 건축물의 공급에 대하여는 규약·정관 또는 시행규정으로 정하는 목적을 위하여 체비지(건축물을 포함한다)로 정하거나 토지 소유자 외의 자에게 분양할 수 있다. ⑥ 제1항에 따라 주택 등 건축물을 공급하는 경우 공급의 방법 및 절차 등과 제5항에 따른 분양의 공고와 신청 절차 등에 필요한 사항은 대통령령으로 정한다. [본조신설 11·9·30] 제33조(공공시설의 용지 등에 관한 조치) ① 「공익사업을 위한 토지 등의 취득 및 보상에 관한 법률」 제4조 각 호의 어느 하나에 해당하는 공공시설의 용지에 대하여는 환지 계획을 정할 때 그 위치·면적		

법	시 행 령	시 행 규 칙
등에 관하여 제28조제2항에 따른 기준을 적용하지 아니할 수 있다. ② 시행자가 도시개발사업의 시행으로 국가 또는 지방자치단체가 소유한 공공시설과 대체되는 공공시설을 설치하는 경우 종전의 공공시설의 전부 또는 일부의 용도가 폐지되거나 변경되어 사용하지 못하게 될 토지는 제66조제1항 및 제2항에도 불구하고 환지를 정하지 아니하며, 이를 다른 토지에 대한 환지의 대상으로 하여야 한다. 제34조(체비지 등) ① 시행자는 도시개발사업에 필요한 경비에 충당하거나 규약·정관·시행규정 또는 실시계획으로 정하는 목적을 위하여 일정한 토지를 환지로 정하지 아니하고 보류지로 정할 수 있으며, 그 중 일부를 체비지로 정하여 도시개발사업에 필요한 경비에 충당할 수 있다. ② 특별자치도지사·시장·군수 또는 구청장은 「주택법」에 따른 공동주택의 건설을 촉진하기 위하여 필요하다고 인정하면 제1항에 따른 체비지 중 일부를 같은 지역에 집단으로 정하게 할 수 있다. 제35조(환지 예정지의 지정) ① 시행자는		

법	시 행 령	시 행 규 칙
도시개발사업의 시행을 위하여 필요하면 도시개발구역의 토지에 대하여 환지 예정지를 지정할 수 있다. 이 경우 종전의 토지에 대한 임차권자등이 있으면 해당 환지 예정지에 대하여 해당 권리의 목적인 토지 또는 그 부분을 아울러 지정하여야 한다. ② 제29조제3항 및 제4항은 제11조제1항제5호부터 제11호까지의 규정에 따른 시행자가 제1항에 따라 환지 예정지를 지정하려고 할 때에 준용한다. ③ 시행자가 제1항에 따라 환지 예정지를 지정하려면 관계 토지 소유자와 임차권자등에게 환지 예정지의 위치·면적과 환지 예정지 지정의 효력발생 시기를 알려야 한다. 제36조(환지 예정지 지정의 효과) ① 환지 예정지가 지정되면 종전의 토지의 소유자와 임차권자등은 환지 예정지 지정의 효력발생일부터 환지처분이 공고되는 날까지 환지 예정지나 해당 부분에 대하여 종전과 같은 내용의 권리를 행사할 수 있으며 종전의 토지는 사용하거나 수익할 수 없다. ② 시행자는 제35조제1항에 따라 환지 예정지를 지정한 경우에 해당 토지를 사용하		

법	시 행 령	시 행 규 칙
거나 수익하는 데에 장애가 될 물건이 그 토지에 있거나 그 밖에 특별한 사유가 있으면 그 토지의 사용 또는 수익을 시작할 날을 따로 정할 수 있다. ③ 환지 예정지 지정의 효력이 발생하거나 제2항에 따라 그 토지의 사용 또는 수익을 시작하는 경우에 해당 환지 예정지의 종전의 소유자 또는 임차권자등은 제1항 또는 제2항에서 규정하는 기간에 이를 사용하거나 수익할 수 없으며 제1항에 따른 권리의 행사를 방해할 수 없다. ④ 시행자는 제34조에 따른 체비지의 용도로 환지 예정지가 지정된 경우에는 도시개발사업에 드는 비용을 충당하기 위하여 이를 사용 또는 수익하게 하거나 처분할 수 있다. ⑤ 임차권등의 목적인 토지에 관하여 환지 예정지가 지정된 경우 임대료·지료(地料), 그 밖의 사용료 등의 증감(增減)이나 권리의 포기 등에 관하여는 제48조와 제49조를 준용한다. 제36조의2(환지 예정지 지정 전 토지 사용) ① 제11조제1항제1호부터 제4호까지의 시	제62조의4(환지 예정지 지정 전 토지 사용) ① 법 제36조의2제1항제4호에서 "대통령	

법	시 행 령	시 행 규 칙
행자는 다음 각 호의 어느 하나에 해당하는 경우에는 제35조에 따라 환지 예정지를 지정하기 전이라도 제17조제2항에 따른 실시계획 인가 사항의 범위에서 토지 사용을 하게 할 수 있다. 〈개정 16·1·19〉 1. 순환개발을 위한 순환용주택을 건설하려는 경우 2. 「국방·군사시설 사업에 관한 법률」에 따른 국방·군사시설을 설치하려는 경우 3. 제7조제1항에 따른 주민 등의 의견청취를 위한 공고일 이전부터 「주택법」 제4조에 따라 등록한 주택건설사업자가 주택건설을 목적으로 토지를 소유하고 있는 경우 4. 그 밖에 기반시설의 설치나 개발사업의 촉진에 필요한 경우 등 대통령령으로 정하는 경우 ② 제1항제3호 또는 제4호의 경우에는 다음 각 호 모두에 해당하는 경우에만 환지 예정지를 지정하기 전에 토지를 사용할 수 있다. 1. 사용하려는 토지의 면적이 구역 면적의 100분의 5 이상(최소 1만제곱미터 이상)	령으로 정하는 경우”란 다음 각 호의 어느 하나에 해당하는 경우를 말한다. 1. 토지 소유자가 건축물을 신축하여 해당 지역을 입체적으로 개발하려는 경우. 다만, 기존 건축물이나 시설이 이전 또는 철거된 토지로 한정한다. 2. 공원 등 기반시설을 설치하려는 목적으로 토지를 소유하거나 매입한 경우 ② 법 제36조의2제2항제3호에 따라 예치하는 보증금은 제1호의 가격에서 제2호의 가격을 뺀 금액으로 한다. 〈개정 12·7·17〉 1. 사용하려는 토지의 도시개발 사업 완료 시 예상되는 감정가격 2. 토지를 사용하려는 자가 도시개발구역에 소유하고 있는 전체 토지의 도시개발 사업 실시 전 감정가격의 100분의 60 [본조신설 12·3·26]	

법	시 행 령	시 행 규 칙
이고 소유자가 동일할 것. 이 경우 국유지·공유지는 관리청과 상관없이 같은 소유자로 본다. 2. 사용하려는 종전 토지가 제17조제2항에 따른 실시계획 인가로 정한 하나 이상의 획지(劃地) 또는 가구(街區)의 경계를 모두 포함할 것 3. 사용하려는 토지의 면적 또는 평가액이 구역 내 동일소유자가 소유하고 있는 전체 토지의 면적 또는 평가액의 100분의 60 이하이거나 대통령령으로 정하는 바에 따라 보증금을 예치할 것 4. 사용하려는 토지에 임차권자 등이 있는 경우 임차권자 등의 동의가 있을 것 ③ 제1항에 따라 토지를 사용하는 자는 환지 예정지를 지정하기 전까지 새로 조성되는 토지 또는 그 위에 건축되는 건축물을 공급 또는 분양하여서는 아니 된다. ④ 제1항에 따라 토지를 사용하는 자는 제28조에 따른 환지 계획에 따라야 한다. ⑤ 제1항부터 제4항까지의 규정의 시행에 필요한 구체적인 절차, 방법 및 세부기준 등은 대통령령으로 정할 수 있다.		

법	시 행 령	시 행 규 칙
[본조신설 11·9·30] 제37조(사용·수익의 정지) ① 시행자는 환지를 정하지 아니하기로 결정된 토지 소유자나 임차권자등에게 날짜를 정하여 그날부터 해당 토지 또는 해당 부분의 사용 또는 수익을 정지시킬 수 있다. ② 시행자가 제1항에 따라 사용 또는 수익을 정지하게 하려면 30일 이상의 기간을 두고 미리 해당 토지 소유자 또는 임차권자등에게 알려야 한다. 제38조(장애물 등의 이전과 제거) ① 시행자는 제35조제1항에 따라 환지 예정지를 지정하거나 제37조제1항에 따라 종전의 토지에 관한 사용 또는 수익을 정지시키는 경우나 대통령령으로 정하는 시설의 변경·폐지에 관한 공사를 시행하는 경우 필요하면 도시개발구역에 있는 건축물과 그 밖의 공작물이나 물건(이하 "건축물등"이라 한다) 및 죽목(竹木), 토석, 울타리 등의 장애물(이하 "장애물등"이라 한다)을 이전하거나 제거할 수 있다. 이 경우 시행자(행정청이 아닌 시행자만 해당한다)는 미리 관할 특별자치도지사·시장·군수 또	제63조(장애물 등의 이전 및 제거) ① 법 제38조제1항 전단에서 "대통령령으로 정하는 시설"이란 「국토의 계획 및 이용에 관한 법률」 제2조제6호에 따른 기반시설을 말한다.	

법	시 행 령	시 행 규 칙
는 구청장의 허가를 받아야 한다. ② 특별자치도지사·시장·군수 또는 구청장은 제1항 후단에 따른 허가를 하는 경우에는 동절기 등 대통령령으로 정하는 시기에 점유자가 퇴거하지 아니한 주거용 건축물을 철거할 수 없도록 그 시기를 제한하거나 임시거주시설을 마련하는 등 점유자의 보호에 필요한 조치를 할 것을 조건으로 허가를 할 수 있다. 〈신설 09·12·29〉 ③ 시행자가 제1항에 따라 건축물등과 장애물등을 이전하거나 제거하려고 하는 경	② 법 제38조제2항에서 "동절기 등 대통령령으로 정하는 시기"란 다음 각 호의 어느 하나에 해당하는 시기를 말한다. 〈신설 10·6·29, 18·4·17, 24·2·6〉 1. 동절기(12월 1일부터 다음 해 2월 말일까지를 말한다) 2. 일출 전과 일몰 후 3. 해당 지역에 「기상법 시행령」 제8조의2 제1항제1호부터 제4호까지, 제9호 및 제10호에 따른 호우·대설·태풍·강풍·풍랑·폭풍해일에 관한 특보 또는 같은 영 제9조제4항 각 호에 따른 태풍·풍랑·폭풍해일에 관한 해양기상특보가 발표된 때 4. 「재난 및 안전관리기본법」 제3조에 따른 재난이 발생한 때 5. 제1호부터 제4호까지에 준하는 시기로서 특별자치도지사·시장·군수 또는 구청장이 점유자의 보호를 위하여 필요하다고 인정하는 시기 ③ 법 제38조제3항 단서에 따른 공고는 해당 도시개발구역이 있는 해당 지방자치단	

법	시 행 령	시 행 규 칙
우에는 그 소유자나 점유자에게 미리 알려야 한다. 다만, 소유자나 점유자를 알 수 없으면 대통령령으로 정하는 바에 따라 이를 공고하여야 한다. 〈개정 09·12·29〉 ④ 주거용으로 사용하고 있는 건축물을 이전하거나 철거하려고 하는 경우에는 이전하거나 철거하려는 날부터 늦어도 2개월 전에 제2항에 따른 통지를 하여야 한다. 다만, 건축물의 일부에 대하여 대통령령으로 정하는 경미한 이전 또는 철거를 하는 경우나 「국토의 계획 및 이용에 관한 법률」 제56조제1항을 위반한 건축물의 경우에는 그러하지 아니하다. 〈개정 09·12·29〉 ⑤ 시행자는 제1항에 따라 건축물등과 장애물등을 이전 또는 제거하려고 할 경우 「공익사업을 위한 토지 등의 취득 및 보상에 관한 법률」 제50조에 따른 토지수용위원회의 손실보상금에 대한 재결이 있은 후 다음 각 호의 어느 하나에 해당하는 사유가 있으면 이전하거나 제거할 때까지 토지 소재지의 공탁소에 보상금을 공탁할 수 있	체를 주된 보급지역으로 하는 일간신문과 관보 또는 공보에 각각 해야 하고, 그 밖에 인터넷 홈페이지에 게재하는 방법 등으로 해야 한다. 이 경우 시행자는 그 공고의 내용을 시행지구의 적당한 장소에 게시해야 한다. 〈개정 10·6·29, 20·11·24〉 ④ 법 제38조제4항 단서에서 "대통령령으로 정하는 경미한 이전 또는 철거"란 창고, 차고, 그 밖의 이와 유사한 것의 이전 또는 차양, 옥외계단, 그 밖에 이와 유사한 것의 철거를 말한다. 〈개정 10·6·29〉	

법	시 행 령	시 행 규 칙
다. 〈개정 09·12·29, 12·1·17〉 1. 보상금을 받을 자가 받기를 거부하거나 받을 수 없을 때 2. 시행자의 과실 없이 보상금을 받을 자를 알 수 없을 때 3. 시행자가 관할 토지수용위원회에서 재결한 보상 금액에 불복할 때 4. 압류나 가압류에 의하여 보상금의 지급이 금지되었을 때 ⑥ 제5항제3호의 경우 시행자는 보상금을 받을 자에게 자기가 산정한 보상금을 지급하고 그 금액과 토지수용위원회가 재결한 보상 금액과의 차액을 공탁하여야 한다. 이 경우 보상금을 받을 자는 그 불복 절차가 끝날 때까지 공탁된 보상금을 받을 수 없다. 〈개정 09·12·29, 13·3·22〉		
제39조(토지의 관리 등) ① 환지 예정지의 지정이나 사용 또는 수익의 정지처분으로 이를 사용하거나 수익할 수 있는 자가 없게 된 토지 또는 해당 부분은 환지 예정지의 지정일이나 사용 또는 수익의 정지처분이 있은 날부터 환지처분을 공고한 날까지 시행자가 관리한다.		제31조(표지) 법 제39조제2항에 따른 환지 예정지 또는 환지의 위치를 나타내는 표지는 별표 5와 같다.

법	시 행 령	시 행 규 칙
② 시행자는 환지 예정지 또는 환지의 위치를 나타내려고 하는 경우에는 국토교통부령으로 정하는 표지를 설치할 수 있다. 〈개정 13·3·23〉 ③ 누구든지 환지처분이 공고된 날까지는 시행자의 승낙 없이 제2항에 따라 설치된 표지를 이전하거나 훼손하여서는 아니 된다. 제40조(환지처분) ① 시행자는 환지 방식으로 도시개발사업에 관한 공사를 끝낸 경우에는 지체 없이 대통령령으로 정하는 바에 따라 이를 공고하고 공사 관계 서류를 일반인에게 공람시켜야 한다. ② 도시개발구역의 토지 소유자나 이해관계인은 제1항의 공람 기간에 시행자에게 의견서를 제출할 수 있으며, 의견서를 받은 시행자는 공사 결과와 실시계획 내용에 맞는지를 확인하여 필요한 조치를 하여야 한다. ③ 시행자는 제1항의 공람 기간에 제2항에 따른 의견서의 제출이 없거나 제출된 의견서에 따라 필요한 조치를 한 경우에는 지정권자에 의한 준공검사를 신청하거나 도시개발사업의 공사를 끝내야 한다.	제64조(환지방식에 의한 공사완료의 공고) ① 법 제40조제1항에 따른 공사완료의 공고는 관보 또는 공보에 하여야 한다. ② 제1항에 따른 공고에는 다음 각 호의 사항이 포함되어야 한다. 1. 사업의 명칭 2. 시행자 3. 시행기간 4. 개발계획에 따른 공종별 공사시행내역 ③ 시행자는 제1항에 따른 공고를 한 때에는 다음 각 호의 서류를 14일 이상 일반에게 공람시켜야 한다. 1. 제2항 각 호의 사항을 기재한 서류 2. 공사설계서 및 관련 도면	

법	시 행 령	시 행 규 칙
④ 시행자는 지정권자에 의한 준공검사를 받은 경우(지정권자가 시행자인 경우에는 제51조에 따른 공사 완료 공고가 있는 때)에는 대통령령으로 정하는 기간에 환지처분을 하여야 한다. ⑤ 시행자는 환지처분을 하려는 경우에는 환지 계획에서 정한 사항을 토지 소유자에게 알리고 대통령령으로 정하는 바에 따라 이를 공고하여야 한다. 제41조(청산금) ① 환지를 정하거나 그 대상에서 제외한 경우 그 과부족분(過不足分)은 종전의 토지(제32조에 따라 입체 환지 방식으로 사업을 시행하는 경우에는 환지 대상 건축물을 포함한다. 이하 제42조 및 제45조에서 같다) 및 환지의 위	제65조(환지처분의 기간) 법 제40조제4항에서 "대통령령으로 정하는 기간"이란 60일 이내를 말한다. 제66조(환지처분의 공고) ① 법 제40조제5항에 따른 환지처분의 공고는 관보 또는 공보에 하여야 한다. ② 제1항에 따른 공고에는 다음 각 호의 사항이 포함되어야 한다. 1. 사업의 명칭 2. 시행자 3. 시행기간 4. 환지처분일 5. 사업비 정산내역 6. 체비지 매각대금과 보조금, 그 밖에 사업비의 재원별 내역	

법	시 행 령	시 행 규 칙
치・지목・면적・토질・수리・이용 상황・환경, 그 밖의 사항을 종합적으로 고려하여 금전으로 청산하여야 한다. 〈개정 11・9・30〉 ② 제1항에 따른 청산금은 환지처분을 하는 때에 결정하여야 한다. 다만, 제30조나 제31조에 따라 환지 대상에서 제외한 토지 등에 대하여는 청산금을 교부하는 때에 청산금을 결정할 수 있다. 제42조(환지처분의 효과) ① 환지 계획에서 정하여진 환지는 그 환지처분이 공고된 날의 다음 날부터 종전의 토지로 보며, 환지 계획에서 환지를 정하지 아니한 종전의 토지에 있던 권리는 그 환지처분이 공고된 날이 끝나는 때에 소멸한다. ② 제1항은 행정상 처분이나 재판상의 처분으로서 종전의 토지에 전속(專屬)하는 것에 관하여는 영향을 미치지 아니한다. ③ 도시개발구역의 토지에 대한 지역권(地役權)은 제1항에도 불구하고 종전의 토지에 존속한다. 다만, 도시개발사업의 시행으로 행사할 이익이 없어진 지역권은 환지처분이 공고된 날이 끝나는 때에 소멸한다.		

법	시 행 령	시 행 규 칙
④ 제28조에 따른 환지 계획에 따라 환지처분을 받은 자는 환지처분이 공고된 날의 다음 날에 환지 계획으로 정하는 바에 따라 건축물의 일부와 해당 건축물이 있는 토지의 공유지분을 취득한다. 이 경우 종전의 토지에 대한 저당권은 환지처분이 공고된 날의 다음 날부터 해당 건축물의 일부와 해당 건축물이 있는 토지의 공유지분에 존재하는 것으로 본다. ⑤ 제34조에 따른 체비지는 시행자가, 보류지는 환지 계획에서 정한 자가 각각 환지처분이 공고된 날의 다음 날에 해당 소유권을 취득한다. 다만, 제36조제4항에 따라 이미 처분된 체비지는 그 체비지를 매입한 자가 소유권 이전 등기를 마친 때에 소유권을 취득한다. ⑥ 제41조에 따른 청산금은 환지처분이 공고된 날의 다음 날에 확정된다. 제43조(등기) ① 시행자는 제40조제5항에 따라 환지처분이 공고되면 공고 후 14일 이내에 관할 등기소에 이를 알리고 토지와 건축물에 관한 등기를 촉탁하거나 신청하여야 한다.		

법	시 행 령	시 행 규 칙
② 제1항의 등기에 관하여는 대법원규칙으로 정하는 바에 따른다. ③ 제40조제5항에 따라 환지처분이 공고된 날부터 제1항에 따른 등기가 있는 때까지는 다른 등기를 할 수 없다. 다만, 등기신청인이 확정일자가 있는 서류로 환지처분의 공고일 전에 등기원인(登記原因)이 생긴 것임을 증명하면 다른 등기를 할 수 있다. 제44조(체비지의 처분 등) ① 시행자는 제34조에 따른 체비지나 보류지를 규약·정관·시행규정 또는 실시계획으로 정하는 목적 및 방법에 따라 합리적으로 처분하거나 관리하여야 한다. ② 행정청인 시행자가 제1항에 따라 체비지 또는 보류지를 관리하거나 처분(제36조제4항에 따라 체비지를 관리하거나 처분하는 경우를 포함한다)하는 경우에는 국가나 지방자치단체의 재산처분에 관한 법률을 적용하지 아니한다. 다만, 신탁계약에 따라 체비지를 처분하려는 경우에는 「공유재산 및 물품 관리법」 제29조 및 제43조를 준용한다. ③ 학교, 폐기물처리시설, 그 밖에 대통령령으로 정하는 시설을 설치하기 위하여 조	제66조의2(조성토지등의 공급가격) 법 제44조제3항에서 "대통령령으로 정하는 시설"	

법	시 행 령	시 행 규 칙
성토지등을 공급하는 경우 그 조성토지등의 공급 가격에 관하여는 제27조제1항을 준용한다. 〈개정 11·9·30〉 ④ 제11조제1항제1호부터 제4호까지의 시행자가 지역특성화 사업 유치 등 도시개발사업의 활성화를 위하여 필요한 경우에 공급하는 토지 중 제3항 외의 토지에 대하여는 제27조제2항을 준용한다. 〈신설 11·9·30〉	이란 제58조제1항제1호, 제2호, 제4호 및 제6호의 시설을 말한다. [본조신설 12·3·26]	
제45조(감가보상금) 행정청인 시행자는 도시개발사업의 시행으로 사업 시행 후의 토지 가액(價額)의 총액이 사업 시행 전의 토지 가액의 총액보다 줄어든 경우에는 그 차액에 해당하는 감가보상금을 대통령령으로 정하는 기준에 따라 종전의 토지 소유자나 임차권자등에게 지급하여야 한다.	제67조(감가보상 기준) 법 제45조에 따라 감가보상금으로 지급하여야 할 금액은 도시개발사업 시행 후의 토지가액의 총액과 시행 전의 토지가액의 총액과의 차액을 시행 전의 토지가액의 총액으로 나누어 얻은 수치에 종전의 토지 또는 그 토지에 대하여 수익할 수 있는 권리의 시행 전의 가액을 곱한 금액으로 한다.	
제46조(청산금의 징수·교부 등) ① 시행자는 환지처분이 공고된 후에 확정된 청산금을 징수하거나 교부하여야 한다. 다만, 제30조와 제31조에 따라 환지를 정하지 아니하는 토지에 대하여는 환지처분 전이라도 청산금을 교부할 수 있다. ② 청산금은 대통령령으로 정하는 바에 따	제68조(청산금의 징수 및 교부) ① 법 제46조제2항에 따라 청산금을 분할징수하거나 분할교부하려는 경우에는 청산금액에 규약·정관 또는 시행규정에서 정하는 이자율을 곱하여 산출된 금액을 이자로 징수하거나 교부할 수 있다. ② 제1항에서 규정한 사항 외에 청산금의 분	

법	시 행 령	시 행 규 칙
라 이자를 붙여 분할징수하거나 분할교부할 수 있다. ③ 행정청인 시행자는 청산금을 내야 할 자가 이를 내지 아니하면 국세 또는 지방세 체납처분의 예에 따라 징수할 수 있으며, 행정청이 아닌 시행자는 특별자치도지사·시장·군수 또는 구청장에게 청산금의 징수를 위탁할 수 있다. 이 경우 제16조제5항을 준용한다. ④ 청산금을 받을 자가 주소 불분명 등의 이유로 청산금을 받을 수 없거나 받기를 거부하면 그 청산금을 공탁할 수 있다. 제47조(청산금의 소멸시효) 청산금을 받을 권리나 징수할 권리를 5년간 행사하지 아니하면 시효로 소멸한다. 제48조(임대료 등의 증감청구) ① 도시개발사업으로 임차권등의 목적인 토지 또는 지역권에 관한 승역지(承役地)의 이용이 증진되거나 방해를 받아 종전의 임대료·지료, 그 밖의 사용료 등이 불합리하게 되면 당사자는 계약 조건에도 불구하고 장래에 관하여 그 증감을 청구할 수 있다. 도시개발사업으로 건축물이 이전된 경우 그 임대	할징수 또는 분할교부에 관하여 규약·정관 또는 시행규정에서 정하는 바에 따른다.	

법	시 행 령	시 행 규 칙

료에 관하여도 또한 같다.

② 제1항의 경우 당사자는 해당 권리를 포기하거나 계약을 해지하여 그 의무를 지지 아니할 수 있다.

③ 제40조제5항에 따라 환지처분이 공고된 날부터 60일이 지나면 임대료·지료, 그 밖의 사용료 등의 증감을 청구할 수 없다.

제49조(권리의 포기 등) ① 도시개발사업의 시행으로 지역권 또는 임차권등을 설정한 목적을 달성할 수 없게 되면 당사자는 해당 권리를 포기하거나 계약을 해지할 수 있다. 도시개발사업으로 건축물이 이전되어 그 임대의 목적을 달성할 수 없게 된 경우에도 또한 같다.

② 제1항에 따라 권리를 포기하거나 계약을 해지한 자는 그로 인한 손실을 보상하여 줄 것을 시행자에게 청구할 수 있다.

③ 제2항에 따라 손실을 보상한 시행자는 해당 토지 또는 건축물의 소유자 또는 그로 인하여 이익을 얻는 자에게 이를 구상(求償)할 수 있다.

④ 제40조제5항에 따라 환지처분이 공고된 날부터 60일이 지나면 제1항에 따른 권리

법	시 행 령	시 행 규 칙
를 포기하거나 계약을 해지할 수 없다. ⑤ 제2항에 따른 손실보상에 관하여는 타인 토지의 출입 등에 관한 손실보상의 방법 및 절차 등에 관한 규정을 준용한다. ⑥ 제3항에 따른 손실보상금의 구상에 관하여는 제16조제4항 및 제5항을 준용한다. <div align="center">제4절 준공검사 등</div> 제50조(준공검사) ① 시행자(지정권자가 시행자인 경우는 제외한다)가 도시개발사업의 공사를 끝낸 때에는 국토교통부령으로 정하는 바에 따라 공사완료 보고서를 작성하여 지정권자의 준공검사를 받아야 한다. 〈개정 13·3·23〉 ② 지정권자는 제1항에 따른 공사완료 보고서를 받으면 지체 없이 준공검사를 하여야 한다. 이 경우 지정권자는 효율적인 준공검사를 위하여 필요하면 관계 행정기관·공공기관·연구기관, 그 밖의 전문기관 등에 의뢰하여 준공검사를 할 수 있다. ③ 지정권자는 공사완료 보고서의 내용에 포함된 공공시설을 인수하거나 관리하게 될 국가기관·지방자치단체 또는 공공기관	<div align="center">제4절 준공검사 등</div>	제32조(준공검사 신청) 시행자는 법 제50조제1항에 따라 준공검사를 받으려는 경우에는 별지 제16호서식의 공사완료 보고서에 다음 각 호의 서류 및 도면을 첨부하여 시장(대도시 시장은 제외한다)·군수 또는 구청장을 거쳐 지정권자에게 제출하여야 한다. 다만, 국토교통부장관·특별자치도지사 또는 대도시 시장이 지정권자인 경우에는 국토교통부장관·특별자치도지사 또는 대도시 시장에게 직접 제출할 수 있다. 〈개정 13·3·23〉 1. 준공조서(준공설계도서 및 준공사진을 포함한다) 2. 시장·군수 또는 구청장이 발행하는 지적측량성과도

법	시 행 령	시 행 규 칙
의 장 등에게 준공검사에 참여할 것을 요청할 수 있으며, 이를 요청받은 자는 특별한 사유가 없으면 요청에 따라야 한다. ④ 시행자는 도시개발사업을 효율적으로 시행하기 위하여 필요하면 해당 도시개발사업에 관한 공사가 전부 끝나기 전이라도 공사가 끝난 부분에 관하여 제1항에 따른 준공검사(지정권자가 시행자인 경우에는 시행자에 의한 공사 완료 공고를 말한다)를 받을 수 있다. 제51조(공사 완료의 공고) ① 지정권자는 제50조제2항에 따른 준공검사를 한 결과 도시개발사업이 실시계획대로 끝났다고 인정되면 시행자에게 준공검사 증명서를 내어주고 공사 완료 공고를 하여야 하며, 실시계획대로 끝나지 아니하였으면 지체 없이 보완 시공 등 필요한 조치를 하도록 명하여야 한다. ② 지정권자가 시행자인 경우 그 시행자는 도시개발사업의 공사를 완료한 때에는 공사 완료 공고를 하여야 한다. 제52조(공사 완료에 따른 관련 인·허가등의 의제) ① 제50조제2항에 따라 준공검사를	제69조(공사 완료의 공고) ① 법 제51조에 따른 공사 완료의 공고는 관보 또는 공보에 하여야 한다. ② 제1항에 따른 공고에는 다음 각 호의 사항이 포함되어야 한다. 1. 사업의 명칭 2. 시행자 3. 사업시행지의 위치 4. 사업시행지의 면적 및 용도별 면적 5. 준공일자 6. 주요 시설물의 처분에 관한 사항	3. 법 제52조제3항에 따른 관계 행정기관의 장과의 협의에 필요한 서류 및 도면 4. 법 제66조에 따른 공공시설의 귀속조서 및 도면 5. 신·구 지적대조도 제33조(준공검사 증명서) 법 제51조제1항에 따른 준공검사 증명서는 별지 제17호서식에 따른다.

법	시 행 령	시 행 규 칙
하거나 제51조제2항에 따라 공사 완료 공고를 할 때 지정권자가 제19조에 따라 의제되는 인·허가등(제19조제1항제4호에 따른 면허·협의 또는 승인은 제외한다. 이하 이 조에서 같다)에 따른 준공검사·준공인가 등에 대하여 제3항에 따라 관계 행정기관의 장과 협의한 사항에 대하여는 그 준공검사·준공인가 등을 받은 것으로 본다. ② 시행자(지정권자인 시행자는 제외한다)가 제1항에 따른 준공검사·준공인가 등의 의제를 받으려면 제50조제1항에 따른 준공검사를 신청할 때 해당 법률로 정하는 관계 서류를 함께 제출하여야 한다. ③ 지정권자는 제50조제2항에 따른 준공검사를 하거나 제51조제2항에 따라 공사 완료 공고를 할 때 그 내용에 제19조에 따라 의제되는 인·허가등에 따른 준공검사·준공인가 등에 해당하는 사항이 있으면 미리 관계 행정기관의 장과 협의하여야 한다. 제53조(조성토지등의 준공 전 사용) 제50조나 제51조에 따른 준공검사 전 또는 공사 완료 공고 전에는 조성토지등(체비지는 제외한다)을 사용할 수 없다. 다만, 사업 시	제70조(준공 전 사용허가) ① 시행자는 법 제53조 단서에 따라 조성토지등(법 제32조에 따라 입체 환지로 지정된 건축물을 포함한다)을 준공 전에 사용하려면 그 범	제34조(준공 전 사용허가) 영 제70조제1항에 따른 준공 전 사용허가신청서는 별지 제18호서식에 따른다.

법	시 행 령	시 행 규 칙
행의 지장 여부를 확인받는 등 대통령령으로 정하는 바에 따라 지정권자로부터 사용허가를 받은 경우에는 그러하지 아니하다.	위를 정하여 준공전사용허가신청서에 사업시행상의 지장 여부에 관한 검토서를 첨부하여 지정권자에게 제출하여야 한다. 〈개정 12·3·26〉 ② 지정권자는 제1항에 따른 허가신청이 있는 경우 그 사용으로 인하여 앞으로 시행될 사업에 지장이 있는지를 확인한 후 허가 여부를 결정하여야 한다.	
제53조의2(개발이익의 재투자) ① 제11조의2제1항에 따른 법인이 도시개발사업의 시행자인 경우 시행자는 도시개발사업으로 인하여 발생하는 개발이익 중 민간참여자에게 배분하여야 하는 개발이익이 같은 조 제3항제4호에 따른 이윤율을 초과할 경우 그 초과분을 다음 각 호의 어느 하나에 해당하는 용도로 사용하여야 한다. 1. 해당 지방자치단체가 제60조에 따라 설치한 도시개발특별회계에의 납입 2. 해당 시·군·구 주민의 생활 편의 증진을 위한 주차장 및 공공·문화체육시설 등 대통령령으로 정하는 시설의 설치 또는 그 비용의 부담 3. 해당 도시개발구역 내의 「국토의 계획	제70조의2(개발이익 재투자의 용도) 법 제53조의2제1항제2호에서 "주차장 및 공공·문화체육시설 등 대통령령으로 정하는 시설"이란 다음 각 호의 시설을 말한다. 1. 「국토의 계획 및 이용에 관한 법률 시행령」 제2조제1항제1호에 따른 주차장 2. 「국토의 계획 및 이용에 관한 법률 시행령」 제2조제1항제4호에 따른 공공·문화체육시설 3. 「국토의 계획 및 이용에 관한 법률 시행링」 제2조제2항제2호바목에 따른 복합환승센터 [본조신설 22·6·21]	

법	시 행 령	시 행 규 칙
및 이용에 관한 법률」 제2조제6호에 따른 기반시설의 설치를 위한 토지 및 임대주택 건설용지의 공급가격 인하 4. 해당 시·군·구 내에서 임대주택을 건설·공급하는 사업에 드는 비용의 부담 ② 시행자는 제1항에 따른 개발이익의 재투자를 위하여 도시개발사업으로 인하여 발생한 개발이익을 구분하여 회계처리하는 등 필요한 조치를 하고, 매년 또는 지정권자가 요청하는 경우 지정권자에게 해당 도시개발사업의 회계에 관한 사항을 보고하여야 한다. [본조신설 21·12·21]		
제4장 비용 부담 등 제54조(비용 부담의 원칙) 도시개발사업에 필요한 비용은 이 법이나 다른 법률에 특별한 규정이 있는 경우 외에는 시행자가 부담한다. 제55조(도시개발구역의 시설 설치 및 비용 부담 등) ① 도시개발구역의 시설의 설치는 다음 각 호의 구분에 따른다. 1. 도로와 상하수도시설의 설치는 지방자	**제4장 비용 부담 등** 제71조(시설의 설치범위) 법 제55조제4항에 따른 시설의 종류별 설치범위는 다음 각 호와 같다. 〈개정 12·4·10, 21·1·5〉 1. 도로: 다음 각 목의 요건에 모두 해당	

법	시 행 령	시 행 규 칙
치단체 2. 전기시설·가스공급시설 또는 지역 난방시설의 설치는 해당 지역에 전기·가스 또는 난방을 공급하는 자 3. 통신시설의 설치는 해당 지역에 통신서비스를 제공하는 자 ② 제1항에 따른 시설의 설치비용은 그 설치의무자가 이를 부담한다. 다만, 제1항제2호의 시설 중 도시개발구역 안의 전기시설을 사업시행자가 지중선로로 설치할 것을 요청하는 경우에는 전기를 공급하는 자와 지중에 설치할 것을 요청하는 자가 각각 2분의 1의 비율로 그 설치비용을 부담(전부 환지 방식으로 도시개발사업을 시행하는 경우에는 전기시설을 공급하는 자가 3분의 2, 지중에 설치할 것을 요청하는 자가 3분의 1의 비율로 부담한다)한다. 〈신설 08·3·28〉 ③ 제1항에 따른 시설의 설치는 특별한 사유가 없으면 제50조에 따른 준공검사 신청일(지정권자가 시행자인 경우에는 도시개발사업의 공사를 끝내는 날을 말한다)까지 끝내야 한다. 〈개정 08·3·28〉	하는 도로 가. 도시개발구역지정 이전부터 「국토의 계획 및 이용에 관한 법률」에 따른 도시·군계획도로 또는 「도로법」에 따른 도로구역으로 결정된 도로일 것 나. 지방자치단체가 설치하여야 하는 「도로법」상의 국도·지방도 및 국가지원지방도일 것 2. 상하수도시설: 도시개발구역의 상하수도관로와 연결되지 아니하고 통과하는 상하수도관로 3. 전기시설: 도시개발구역 밖의 기간이 되는 시설로부터 도시개발구역의 토지이용계획 또는 환지계획상의 6미터 이상인 도시·군계획도로에 접하는 개별필지(이하 "개별필지"라 한다)의 경계선까지의 전기시설 4. 가스공급시설: 도시개발구역 밖의 기간이 되는 가스공급시설로부터 개별필지의 경계선까지의 가스공급시설. 다만, 취사 또는 개별난방용(중앙집중식난방용은 제외한다)으로 가스를 공급하기 위하여 도시개발구역의 개별필지에 정압조정실(일	

법	시 행 령	시 행 규 칙
④ 제1항에 따른 시설의 종류별 설치 범위는 대통령령으로 정한다. 〈개정 08·3·28〉 ⑤ 제4항에 따라 대통령령으로 정하는 시설의 종류별 설치 범위 중 지방자치단체의 설치 의무 범위에 속하지 아니하는 도로 또는 상하수도시설로서 시행자가 그 설치 비용을 부담하려는 경우에는 시행자의 요청에 따라 지방자치단체가 그 도로 설치 사업이나 상하수도 설치 사업을 대행할 수 있다. 〈개정 08·3·28〉	정 압력 유지·조정실)을 설치하는 경우에는 그 정압조정실까지의 가스공급시설 5. 통신시설: 관로시설은 도시개발구역 밖의 기간이 되는 시설로부터 도시개발구역의 개별필지의 경계선까지의 관로시설 및 도시개발구역 밖의 기간이 되는 시설로부터 도시개발구역의 개별필지의 최초 단자까지의 케이블시설 6. 지역난방시설: 도시개발구역 밖의 기간이 되는 열수송관의 분기점으로부터 도시개발구역의 개별필지의 각 기계실입구 차단밸브까지의 열수송관	
제56조(지방자치단체의 비용 부담) ① 지정권자가 시행자인 경우 그 시행자는 그가 시행한 도시개발사업으로 이익을 얻는 시·도 또는 시·군·구가 있으면 대통령령으로 정하는 바에 따라 그 도시개발사업에 든 비용의 일부를 그 이익을 얻는 시·도 또는 시·군·구에 부담시킬 수 있다. 이 경우 국토교통부장관은 행정안전부장관과 협의하여야 하고, 시·도지사 또는 대도시 시장은 관할 외의 시·군·구에 비용을 부담시키려면 그 시·군·구를 관할하	제72조(지방자치단체의 비용 부담) ① 법 제56조제1항에 따른 부담금의 총액은 해당 도시개발사업에 소요된 비용의 2분의 1을 넘지 못한다. 이 경우 도시개발사업에 소요된 비용에는 해당 도시개발사업의 조사비, 측량비, 설계비 및 관리비는 포함하지 아니한다. ② 국토교통부장관, 시·도지사 또는 대도시 시장은 도시개발사업으로 이익을 받는 시·도 또는 시·군·구에 법 제56조제1항에 따른 부담금을 부담시키려는 경우에는	제35조(비용부담 납부통지서) ① 법 제56조부터 제58조까지의 규정에 따른 지방자치단체의 비용부담금, 공공시설관리자의 비용부담금 및 추가설치시설의 비용부담금의 납부통지서는 별지 제19호서식에 따른다. ② 제1항의 납부통지서에는 해당 시설의 설치에 관한 비용산출내역서와 비용부담산출내역서를 각각 첨부하여야 한다.

법	시 행 령	시 행 규 칙
는 시·도지사와 협의하여야 하며, 시·도지사간 또는 대도시 시장과 시도지사 간의 협의가 성립되지 아니하는 경우에는 행정안전부장관의 결정에 따른다. 〈개정 08·3·28, 13·3·23, 14·11·19, 17·7·26〉 ② 시장(대도시 시장은 제외한다)·군수 또는 구청장은 그가 시행한 도시개발사업으로 이익을 얻는 다른 지방자치단체가 있으면 대통령령으로 정하는 바에 따라 그 도시개발사업에 든 비용의 일부를 그 이익을 얻는 다른 지방자치단체와 협의하여 그 지방자치단체에 부담시킬 수 있다. 이 경우 협의가 성립되지 아니하면 관할 시·도지사의 결정에 따르며, 그 시·군·구를 관할하는 시·도지사가 서로 다른 경우에는 제1항 후단을 준용한다. 〈개정 08·3·28, 20·6·9〉 제57조(공공시설 관리자의 비용 부담) ① 삭제 〈14·5·21〉 ② 시행자는 공동구(共同溝)를 설치하는 경우에는 다른 법률에 따라 그 공동구에 수용될 시설을 설치할 의무가 있는 자에게 공동구의 설치에 드는 비용을 부담시킬 수	도시개발사업에 소요된 비용총액의 명세와 부담금의 금액을 명시하여 비용을 부담시키려는 시·도 또는 시·군·구에 송부하여야 한다. 〈개정 13·3·23〉 ③ 제1항에 따른 부담금의 산정·배분 등에 필요한 사항은 국토교통부장관이 정한다. 〈개정 13·3·23〉 ④ 법 제56조제2항에 따라 시장(대도시 시장을 제외한다)·군수 또는 구청장이 다른 지방자치단체에 도시개발사업에 소요된 비용의 일부를 부담시키려는 경우에는 제1항부터 제3항까지의 규정을 준용한다. 제73조 삭제 〈14·11·4〉	

법	시 행 령	시 행 규 칙
있다. 이 경우 공동구의 설치 방법·기준 및 절차와 비용의 부담 등에 관한 사항은 「국토의 계획 및 이용에 관한 법률」 제44조를 준용한다. 〈개정 12·1·17〉 제58조(도시개발구역 밖의 기반시설의 설치 비용) ① 도시개발구역의 이용에 제공하기 위하여 대통령령으로 정하는 기반시설을 도시개발구역 밖의 지역에 설치하는 경우 지정권자는 제5조제1항제13호에 따른 비용 부담 계획이 포함된 개발계획에 따라 시행자에게 이를 설치하게 하거나 그 설치 비용을 부담하게 할 수 있다. ② 국가나 지방자치단체는 제1항에 따라 시행자가 부담하는 비용을 제외한 나머지 설치 비용을 지원할 수 있다. 이 경우 지원 규모나 지원 방법 등은 국토교통부장관이 관계 중앙행정기관의 장과 협의하여 정한다. 〈개정 13·3·23〉 ③ 지정권자는 제5조제1항제13호에 따른 비용 부담 계획에 포함되지 아니하는 기반시설을 실시계획의 변경 등으로 인하여 도시개발구역 밖에 추가로 설치하여야 하는 경우에는 그 비용을 대통령령으로 정하는	제74조(도시개발구역 밖의 기반시설) 법 제58조제1항에서 "대통령령으로 정하는 기반시설"이란 「국토의 계획 및 이용에 관한 법률」 제2조제6호에 따른 기반시설을 말한다. 제75조(추가설치시설의 비용 부담) ① 지정권자는 법 제58조제3항에 따라 추가설치시설의 비용을 부담시키려는 경우에는 이를 부담할 자에게 설계서 또는 비용산출 근거서류를 첨부하여 그 비용의 납부를 서면으	제36조(추가설치시설의 비용산정) 영 제75조제1항에 따른 추가설치시설의 비용은 별표 6의 기준에 따라 산정한 공사비, 조사비, 설계비, 보상비 및 그 밖의 비용을 합산한 금액으로 한다.

법	시 행 령	시 행 규 칙
바에 따라 실시계획의 변경 등 기반시설의 추가 설치를 필요하게 한 자에게 부담시킬 수 있다.	로 통지하여야 한다. ② 지정권자는 제1항에 따른 추가설치시설의 비용을 둘 이상이 부담하여야 하는 경우에는 그 분담률과 납부방법 등에 관하여 이를 부담할 자와 미리 협의하여야 한다. 이 경우 협의가 성립되지 아니하는 경우에는 지정권자는 부담금을 부담할 자가 원인을 제공한 정도 등을 고려하여 그 부담금액을 정할 수 있다. ③ 시행자가「국토의 계획 및 이용에 관한 법률」제2조제6호에 따른 기반시설의 추가 설치에 대한 원인을 제공한 경우 법 제58조제3항에 따라 시행자에게 부담시킬 수 있는 기반시설의 추가 비용은 최초 실시계획인가 시의 총사업비의 100분의 10을 초과할 수 없다. 다만, 시행자가 스스로 기반시설의 추가 설치를 지정권자에게 요청하거나 시행자의 요청에 따라 개발계획을 변경함에 따라 기반시설의 추가 설치가 필요하게 된 경우에는 100분의 10을 초과할 수 있다. ④ 추가설치시설의 비용의 산정 및 부담에 관하여 필요한 사항은 국토교통부령으	

법	시 행 령	시 행 규 칙
④ 지정권자는 시행자의 부담으로 도시개발구역 밖의 지역에 설치하는 기반시설로 이익을 얻는 지방자치단체 또는 공공시설의 관리자가 있으면 대통령령으로 정하는 바에 따라 그 기반시설의 설치에 드는 비용의 일부를 이익을 얻는 지방자치단체 또는 공공시설의 관리자에게 부담시킬 수 있다. 이 경우 지정권자는 해당 지방자치단체나 공공시설의 관리자 및 시행자와 협의하여야 한다.	정한다. 〈개정 13·3·23〉 제76조(도시개발구역 밖의 기반시설에 대한 비용부담) ①법 제58조제4항에 따라 도시개발구역 밖에 설치하는 「국토의 계획 및 이용에 관한 법률」 제2조제6호에 따른 기반시설(이하 이 조에서 "기반시설"이라 한다)로 이익을 받는 지방자치단체에 대한 비용부담에 관하여는 제72조를 준용한다. 〈개정 14·11·4〉 ② 법 제58조제4항에 따라 도시개발구역 밖에 설치하는 기반시설로 이익을 받는 공공시설 관리자가 부담하는 부담금의 총액은 그 기반시설의 설치에 드는 비용의 3분의 1을 넘지 못한다. 이 경우 기반시설의 설치에 드는 비용에는 해당 기반시설 설치의 조사비, 측량비, 설계비 및 관리비는 포함하지 아니한다. 〈신설 14·11·4〉 ③ 법 제58조제4항에 따른 부담금을 국가 또는 지방자치단체인 공공시설 관리자에 부담시키려는 경우에는 해당 기반시설의 설치에 드는 비용총액의 명세와 부담금의 금액을 명시하여 비용을 부담시키려는 소관 중앙행정기관 또는 해당 지방자치단체	

법	시 행 령	시 행 규 칙
⑤ 제1항 및 제3항에 따라 지정권자로부터 기반시설의 설치 비용을 부담하도록 통지를 받은 자(이하 이 조에서 "납부의무자"라 한다)가 비용의 부담에 대하여 이견이 있는 경우에는 그 통지를 받은 날부터 20일 이내에 지정권자에게 이를 증명할 수 있는 자료를 첨부하여 조정을 신청할 수 있다. 이 경우 지정권자는 그 신청을 받은 날부터 15일 이내에 이를 심사하여 그 결과를 신청인에게 통지하여야 한다. 〈신설 12·1·17, 14·5·21〉 ⑥ 지정권자는 납부의무자가 제1항 및 제3항에 따른 기반시설의 설치 비용을 납부기한까지 내지 아니하면 가산금을 징수한다. 이 경우 가산금에 관하여는 「국세징수법」 제21조를 준용한다. 〈신설 14·5·21〉 ⑦ 지정권자는 납부의무자가 제1항 및 제3항에 따른 기반시설의 설치 비용과 가산금을 납부기한까지 내지 아니하면 국세 또는	에 송부하여야 한다. 〈신설 14·11·4〉 ④ 법 제58조제4항에 따른 부담금의 산정·배분 등에 필요한 사항은 국토교통부장관이 정한다. 〈신설 14·11·4〉	

법	시 행 령	시 행 규 칙
지방세 체납처분의 예에 따라 징수한다.〈신설 14·5·21〉 ⑧ 지정권자는 납부의무자가 납부한 금액에서 과오납(過誤納)한 부분이 있으면 이를 조사하여 그 차액(差額)을 추징하거나 환급하여야 한다. 이 경우 과오납한 날의 다음 날부터 추징 또는 환급 결정을 하는 날까지의 기간에 대하여 「국세기본법」 제52조에서 정한 이자율에 따라 계산한 금액을 추징금 또는 환급금에 더하여야 한다.〈신설 14·5·21〉 제59조(보조 또는 융자) 도시개발사업의 시행에 드는 비용은 대통령령으로 정하는 바에 따라 그 비용의 전부 또는 일부를 국고에서 보조하거나 융자할 수 있다. 다만, 시행자가 행정청이면 전부를 보조하거나 융자할 수 있다.	제77조(보조 또는 융자의 범위) 법 제59조에 따른 국고에서의 보조 또는 융자는 다음 각 호의 구분에 따른다. 〈개정 13·3·23, 21·8·24〉 1. 법 제11조제1항제1호의 시행자에 대하여는 다음 각 호의 비용 전부의 보조 또는 융자 　가. 항만·도로 및 철도의 공사비 　나. 공원·녹지의 조성비 　다. 용수공급시설의 공사비 　라. 하수도 및 폐기물처리시설의 공사비 　마. 도시개발구역 안의 공동구의 공사비	

법	시 행 령	시 행 규 칙
	바. 이주단지의 조성비 사. 그 밖에 도시개발을 위하여 특히 필요하다고 국토교통부령으로 정하는 「국토의 계획 및 이용에 관한 법률」 제2조제13호에 따른 공공시설의 공사비 2. 법 제11조제1항제1호 외의 시행자에 대하여는 제1호 각 목의 비용의 융자. 다만, 법 제11조제1항제7호의 시행자에 대하여는 용수공급시설, 도시개발구역과 연결하기 위한 도로의 설치비용의 전부와 하수도시설 설치비용의 2분의 1을 보조할 수 있다.	
제60조(도시개발특별회계의 설치 등) ① 시·도지사 또는 시장·군수(광역시에 있는 군의 군수는 제외한다)는 도시개발사업을 촉진하고 도시·군계획시설사업의 설치 지원 등을 위하여 지방자치단체에 도시개발특별회계(이하 "특별회계"라 한다)를 설치할 수 있다. 〈개정 11·4·14〉 ② 특별회계는 다음 각 호의 재원으로 조성된다. 〈개정 10·3·31, 21·12·21〉 1. 일반회계에서 전입된 금액 2. 정부의 보조금	제78조(재산세의 도시개발특별회계 전입〈개정 10·9·20〉) 법 제60조제2항제9호에서 "대통령령으로 정하는 비율의 금액"이란 「지방세법」 제112조(같은 조 제1항제1호는 제외한다)에 따른 재산세 징수액 중 「도시 및 주거환경정비법」에 따른 도시·주거환경정비기금, 「도시재생 활성화 및 지원에 관한 특별법」에 따른 도시재생특별회계, 「도시재정비 촉진을 위한 특별법」에 따른 재정비촉진특별회계 및 「주차장법」에 따른 주차장특별회계로 전입되는 금액을 제외한	

법	시 행 령	시 행 규 칙
2의2. 제53조의2제1항제1호에 따라 개발이익 재투자를 위하여 납입된 금액 3. 제62조에 따른 도시개발채권의 발행으로 조성된 자금 4. 제70조에 따른 수익금 및 집행 잔액 5. 제85조에 따라 부과·징수된 과태료 6. 「수도권정비계획법」 제16조에 따라 시·도에 귀속되는 과밀부담금 중 해당 시·도의 조례로 정하는 비율의 금액 7. 「개발이익환수에 관한 법률」 제4조제1항에 따라 지방자치단체에 귀속되는 개발부담금 중 해당 지방자치단체의 조례로 정하는 비율의 금액 8. 「국토의 계획 및 이용에 관한 법률」 제65조제8항에 따른 수익금 9. 「지방세법」 제112조(같은 조 제1항제1호는 제외한다)에 따라 부과·징수되는 재산세의 징수액 중 대통령령으로 정하는 비율의 금액 10. 차입금 11. 해당 특별회계자금의 융자회수금·이자수입금 및 그 밖의 수익금 ③ 국가나 지방자치단체등이 도시개발사업	나머지 금액을 말한다. 〈개정 10·9·20, 17·12·5〉	

법	시 행 령	시 행 규 칙

을 환지 방식으로 시행하는 경우에는 회계의 구분을 위하여 사업별로 특별회계를 설치하여야 한다.
제61조(특별회계의 운용) ① 특별회계는 다음 각 호의 용도로 사용한다. 〈개정 11·4·14, 13·3·22〉
  1. 도시개발사업의 시행자에 대한 공사비의 보조 및 융자
  2. 도시·군계획시설사업에 관한 보조 및 융자
  3. 지방자치단체가 시행하는 대통령령으로 정하는 도시·군계획시설사업에 드는 비용
  4. 제62조에 따른 도시개발채권의 원리금 상환
  5. 도시개발구역의 지정, 계획수립 및 제도발전을 위한 조사·연구비
  6. 차입금의 원리금 상환
  7. 특별회계의 조성·운용 및 관리를 위한 경비
  8. 그 밖에 대통령령으로 정하는 사항
② 국토교통부장관은 필요한 경우에는 지방자치단체의 장에게 특별회계의 운용 상황을 보고하게 할 수 있다. 〈개정 13·3·23〉
	제79조(도시개발특별회계의 지원대상) 법 제61조제1항제3호에서 "대통령령으로 정하는 도시·군계획시설사업"이란 「국토의 계획 및 이용에 관한 법률」 제2조제7호에 따른 도시·군계획시설을 설치·정비 또는 개량하는 사업을 말한다.
	[전문개정 13·9·17]
	제80조(도시개발특별회계의 용도) 법 제61조제1항제8호에서 "그 밖에 대통령령으로 정하는 사항"이란 지방자치단체의 장이 시행하는 도시개발사업의 사업비를 말한다.
	제81조(도시개발특별회계의 운용 및 관리) ① 법 제61조제3항에 따라 해당 지방자치단체의 조례로 도시개발특별회계에서 보조할 수 있는 사항을 정하는 경우 그 범위는 다음 각 호와 같다. 〈개정 12·4·10, 22·11·1〉
	  1. 지방자치단체의 장이 시행하는 다음 각 목의 사업비
	    가. 도시개발사업의 공사비
	    나. 「국토의 계획 및 이용에 관한 법률」 제	

법	시 행 령	시 행 규 칙
③ 특별회계의 설치·운용 및 관리에 필요한 사항은 대통령령으로 정하는 기준에 따라 해당 지방자치단체의 조례로 정한다.	2조제10호에 따른 도시·군계획시설사업의 공사비 및 사유(私有)대지의 보상비 2. 제1호 외의 자가 시행하는 다음 각 목의 사업비 　가. 도시개발사업 중 도시·군계획시설의 설치에 필요한 공사비의 2분의 1 이하 　나. 「국토의 계획 및 이용에 관한 법률」 제2조제10호의 도시·군계획시설사업의 공사비의 2분의 1 이하 3. 법 제61조제1항제5호의 조사·연구비 4. 법 제61조제1항제7호의 경비 ② 법 제61조제3항에 따라 해당 지방자치단체의 조례로 도시개발특별회계에서 융자할 수 있는 사항을 정하는 경우 그 범위는 다음 각 호와 같다. 〈개정 12·4·10, 22·11·1〉 1. 지방자치단체의 장이 시행하는 「국토의 계획 및 이용에 관한 법률」 제2조제10호에 따른 도시·군계획시설사업의 공사비의 2분의 1 이하 2. 제1호 외의 자가 시행하는 다음 각 목의 사업비의 3분의 1 이하 　가. 도시개발사업 중 「국토의 계획 및	

법	시 행 령	시 행 규 칙
제62조(도시개발채권의 발행) ① 지방자치단체의 장은 도시개발사업 또는 도시·군계획시설사업에 필요한 자금을 조달하기 위하여 도시개발채권을 발행할 수 있다. 〈개정 11·4·14〉 ② 삭제 〈09·12·29〉 ③ 도시개발채권의 소멸시효는 상환일부터 기산(起算)하여 원금은 5년, 이자는 2년으로 한다. ④ 도시개발채권의 이율, 발행 방법, 발행 절차, 상환, 발행 사무 취급, 그 밖에 필요한 사항은 대통령령으로 정한다	이용에 관한 법률」제2조제7호에 따른 도시·군계획시설의 설치에 필요한 공사비 나.「국토의 계획 및 이용에 관한 법률」제2조제10호에 따른 도시·군계획시설사업의 공사비 제82조(도시개발채권의 발행절차) ① 법 제62조제1항에 따른 도시개발채권은 시·도의 조례로 정하는 바에 따라 시·도지사가 이를 발행한다. ② 시·도지사는 법 제62조제1항에 따라 도시개발채권의 발행하려는 경우에는 다음 각 호의 사항에 대하여 행정안전부장관의 승인을 받아야 한다. 〈개정 10·6·29, 13·3·23, 14·11·19, 17·7·26〉 1. 채권의 발행총액 2. 채권의 발행방법 3. 채권의 발행조건 4. 상환방법 및 절차 5. 그 밖에 채권의 발행에 필요한 사항 ③ 시·도지사는 제2항에 따라 승인을 받은 후 도시개발채권을 발행하려는 경우에는 다음 각 호의 사항을 공고하여야 한다.	

법	시 행 령	시 행 규 칙
	1. 채권의 발행총액 2. 채권의 발행기간 3. 채권의 이율 4. 원금상환의 방법 및 시기 5. 이자지급의 방법 및 시기 제83조(도시개발채권의 발행방법 등) ① 도시개발채권은 「주식·사채 등의 전자등록에 관한 법률」에 따라 전자등록하여 발행하거나 무기명으로 발행할 수 있으며, 발행방법에 필요한 세부적인 사항은 시·도의 조례로 정한다. 〈개정 19·6·25〉 ② 도시개발채권의 이율은 채권의 발행 당시의 국채·공채 등의 금리와 특별회계의 상황 등을 고려하여 해당 시·도의 조례로 정한다. 〈개정 13·3·23, 14·11·19, 17·7·26, 18·12·18〉 ③ 법 제62조에 따른 도시개발채권의 상환은 5년부터 10년까지의 범위에서 지방자치단체의 조례로 정한다. ④ 도시개발채권의 매출 및 상환업무의 사무취급기관은 해당 시·도지사가 지정하는 은행 또는 「자본시장과 금융투자업에 관한 법률」 제294조에 따라 설립된 한국예탁결	제37조(도시개발채권 발행원부의 비치 등) ① 영 제83조제4항에 따른 사무취급기관(이하 "도시개발채권 사무취급기관"이라 한다)은 도시개발채권 발행원부를 갖춰 두고, 다음 각 호의 사항을 기록하여야 한다. 〈개정 17·12·29〉 1. 도시개발채권을 매입한 자(이하 "매입자"라 한다)의 성명, 생년월일 및 주소 2. 도시개발채권의 금액 3. 도시개발채권의 이율 4. 도시개발채권의 발행일 및 상환일 ② 도시개발채권 사무취급기관은 월별 도시개발채권의 매출 및 상환업무에 관한 사항을 다음 달 20일까지 해당 시·도지사에게 보고하여야 한다.

법	시 행 령	시 행 규 칙
	제원으로 한다. 〈개정 10·11·15〉 ⑤ 도시개발채권의 재발행·상환·매입필증의 교부 등 도시개발채권의 발행과 사무취급에 필요한 사항은 국토교통부령으로 정한다. 〈개정 13·3·23〉	
제63조(도시개발채권의 매입) ① 다음 각 호의 어느 하나에 해당하는 자는 도시개발채권을 매입하여야 한다. 1. 수용 또는 사용방식으로 시행하는 도시개발사업의 경우 제11조제1항제1호부터 제4호까지의 규정에 해당하는 자와 공사의 도급계약을 체결하는 자 2. 제1호에 해당하는 시행자 외에 도시개발사업을 시행하는 자 3. 「국토의 계획 및 이용에 관한 법률」 제56조제1항에 따른 허가를 받은 자 중 대통령령으로 정하는 자 ② 제1항을 적용할 때에는 다른 법률에 따라 제17조의 실시계획 인가 또는 「국토의 계획 및 이용에 관한 법률」 제56조의 개발행위허가가 의제되는 협의를 거친 자를 포함한다. ③ 도시개발채권의 매입 대상·금액 및 절차	제84조(도시개발채권의 매입) ① 법 제63조제1항제3호에서 "대통령령으로 정하는 자"란 토지의 형질변경허가를 받은 자를 말한다. ② 법 제63조에 따른 도시개발채권의 매입대상 및 그 금액은 별표 1과 같다. ③ 별표 1에 따른 매입대상면적의 산정기준 등에 관하여 필요한 사항은 국토교통부령으로 정한다. 〈개정 13·3·23〉 ④ 시·도지사, 시장·군수 또는 구청장은 이 영 및 해당 시·도의 조례로 정하는 바에 따라 법 제63조제1항 각 호에 해당하는 자에게 도시개발채권을 매입하게 하여야 한다.	제38조(도시개발채권의 중도상환) ① 도시개발채권은 다음 각 호의 어느 하나에 해당하는 경우를 제외하고는 중도에 상환할 수 없다. 1. 도시개발채권의 매입사유가 된 허가 또는 인가가 매입자의 귀책사유 없이 취소된 경우 2. 법 제63조제1항제1호에 해당하는 자의 귀책사유 없이 해당 도급계약이 취소된 경우 3. 도시개발채권의 매입의무자가 아닌 자가 착오로 도시개발채권을 매입한 경우 4. 도시개발채권의 매입의무자가 매입하여야 할 금액을 초과하여 도시개발채권을 매입한 경우 ② 제1항 각 호에 따라 중도에 상환을 받으려는 자는 별지 제20호서식의 도시개발채권 중도상환신청서에 지정권자·지방자치단체 또는 시행자가 발행하는 제1항 각

법	시 행 령	시 행 규 칙
등에 필요한 사항은 대통령령으로 정한다.		호의 어느 하나에 해당하는 사실을 증명하는 서류를 첨부하여 도시개발채권 사무취급기관에 신청하여야 한다. 제39조(매입필증의 교부) ① 도시개발채권 사무취급기관의 장은 법 제63조제1항 각 호의 어느 하나에 해당하는 자에게 도시개발채권을 매출할 때에는 별지 제21호서식의 도시개발채권 매입필증(이하 "매입필증"이라 한다)에 기명날인하여 매입자에게 교부하여야 한다. ② 도시개발채권 사무취급기관은 별지 제22호서식의 매입필증 발행대장을 작성·비치하여야 한다. ③ 매입자는 매입필증의 기재사항에 착오 또는 누락이 있는 경우에는 별지 제23호서식의 도시개발채권 매입필증 기재사항 정정신청서에 매입필증을 첨부하여 해당 도시개발채권 사무취급기관에 제출하여야 한다. ④ 도시개발채권 사무취급기관이 제3항에 따른 기재사항 정정신청서를 제출받은 경우 매입필증의 기재사항에 착오 또는 누락이 있는 때에는 이를 정정하고, 그 매입필증에 정정의 표시와 함께 날인을 한 후 교

법	시 행 령	시 행 규 칙
		부하여야 한다. 제40조(매입필증의 재발행) ① 도시개발채권 매입필증은 멸실 또는 도난 등의 사유로 분실한 경우라도 재발행하지 아니한다. 다만, 매입필증이 도시개발채권의 매입목적에 사용되지 아니하였음을 해당 도시개발채권을 발행한 자가 확인한 경우에는 이를 재발행할 수 있다. ② 매입자가 매입필증을 재발행받으려는 경우에는 별지 제24호서식의 도시개발채권 매입필증 재발행신청서에 매입자로부터 매입필증을 제출받는 자(법 제63조제1항에 따른 도시개발채권의 매입의무자와 도급계약을 체결하는 자, 매입의무자에게 도시개발사업의 실시계획을 인가하는 자 및 토지의 형질변경을 허가하는 자를 말한다. 이하 "매입필증을 제출받는 자"라 한다)가 발급한 별지 제25호서식의 도시개발채권 매입필증 미사용증명서를 첨부하여 도시개발채권 사무취급기관에 제출하여야 한다. ⟨개정 17·12·29⟩ ③ 매입필증을 제출받는 자는 제2항에 따라 도시개발채권 매입필증 미사용증명서를

법	시 행 령	시 행 규 칙
		발급한 경우에는 별지 제26호서식의 도시개발채권 매입필증 미사용증명서 발급대장에 이를 기록하여야 한다. 〈개정 17·12·29〉 ④ 도시개발채권 사무취급기관은 매입필증을 재발행하는 경우에는 매입필증의 우측 상단에 재발행의 표시를 하고 별지 제27호서식의 도시개발채권 매입필증 재발행대장에 이를 기재하여야 한다. 제41조(매입필증의 접수) ① 매입필증을 제출받는 자가 매입자로부터 매입필증을 제출받아야 하는 시기는 다음 각 호와 같다. 〈개정 17·12·29〉 1. 허가 또는 인가를 하는 경우 : 해당 허가 또는 인가가 있었음을 증명하는 서류를 발급할 때 2. 공사의 도급계약을 체결하는 경우 : 도급계약을 체결할 때. 다만, 공사기간이 2년 이상인 경우에는 그 대금을 지급할 때에 매입필증(대금을 분할하여 지급하는 경우에는 그 분할대금에 해당하는 매입필증)을 받아야 한다. ② 매입필증을 제출받는 자는 매입필증을 제출받으면 매입필증에 별지 제28호서식의

법	시 행 령	시 행 규 칙
		소인(消印) 표시를 한 후 별지 제29호서식의 도시개발채권 매입필증 접수대장에 다음 각 호의 사항을 기록하여야 한다. 〈개정 17·12·29〉 1. 도시개발채권의 기호 및 번호 2. 매입자의 성명 및 주소 3. 매입목적 4. 매입금액 ③ 매입필증을 제출받는 자는 매입자로부터 제출받은 매입필증을 5년간 따로 보관하여야 하며, 지방자치단체의 장이나 도시개발채권 사무취급기관 그 밖에 관계기관의 요구가 있는 때에는 이를 제시하여야 한다. 〈개정 17·12·29〉 ④ 영 별표 1에 따라 도시개발채권의 매입을 면제받으려는 자는 별지 제30호서식의 도시개발채권매입면제신청서에 도시개발채권의 매입면제사유를 증명할 수 있는 서류를 첨부하여 매입필증을 제출받는 자에게 제출하여야 한다. 〈개정 17·12·29〉 ⑤ 매입필증을 제출받는 자는 제4항에 따라 도시개발채권 매입면제신청서를 받으면 신청인과 면제신청항목을 확인한 후 별지 제

법	시 행 령	시 행 규 칙
		31호서식의 도시개발채권 매입면제자기록부에 이를 기록하여야 한다. 〈개정 17·12·29〉

제5장 보칙

제64조(타인 토지의 출입) ① 제11조제1항 각 호의 어느 하나에 해당하는 자는 도시개발구역의 지정, 도시개발사업에 관한 조사·측량 또는 사업의 시행을 위하여 필요하면 타인이 점유하는 토지에 출입하거나 타인의 토지를 재료를 쌓아두는 장소 또는 임시도로로 일시 사용할 수 있으며, 특히 필요하면 장애물등을 변경하거나 제거할 수 있다.

② 제1항에 따라 타인의 토지에 출입하려는 자는 특별자치도지사·시장·군수 또는 구청장의 허가를 받아야 하며(행정청이 아닌 도시개발사업의 시행자만 해당한다), 출입하려는 날의 3일 전에 그 토지의 소유자·점유자 또는 관리인에게 그 일시와 장소를 알려야 한다.

③ 제1항에 따라 타인의 토지를 재료를 쌓아두는 장소 또는 임시도로로 일시 사용하거나 장애물등을 변경하거나 제거하려는

제42조(증표 및 허가증) ① 법 제64조제8항에 따른 증표 및 허가증은 각각 별지 제32호서식 및 별지 제33호서식에 따른다.

② 법 제74조제3항에 따른 증표는 별지 제34호서식에 따른다.

법	시 행 령	시 행 규 칙
자는 미리 그 토지의 소유자·점유자 또는 관리인의 동의를 받아야 한다. ④ 제3항의 경우 토지나 장애물등의 소유자·점유자 또는 관리인이 현장에 없거나 주소 또는 거소(居所)를 알 수 없어 그 동의를 받을 수 없으면 관할 특별자치도지사·시장·군수 또는 구청장에게 알려야 한다. 다만, 행정청이 아닌 도시개발사업의 시행자는 관할 특별자치도지사·시장·군수 또는 구청장의 허가를 받아야 한다. ⑤ 제3항과 제4항에 따라 토지를 일시 사용하거나 장애물등을 변경하거나 제거하려는 자는 토지를 사용하려는 날이나 장애물등을 변경하거나 제거하려는 날의 3일 전까지 해당 토지나 장애물등의 소유자·점유자 또는 관리인에게 토지의 일시 사용이나 장애물등의 변경 또는 제거에 관한 사항을 알려야 한다. ⑥ 일출 전이나 일몰 후에는 해당 토지의 점유자의 승낙 없이 택지 또는 담장과 울타리로 둘러싸인 타인의 토지에 출입할 수 없다. ⑦ 토지의 점유자는 정당한 사유 없이 제1		

법	시 행 령	시 행 규 칙
항에 따른 시행자의 행위를 방해하거나 거절하지 못한다. ⑧ 제1항에 따른 행위를 하려는 자는 그 권한을 표시하는 증표와 허가증을 지니고 이를 관계인에게 내보여야 하며, 증표와 허가증에 필요한 사항은 국토교통부령으로 정한다. 〈개정 13·3·23〉 제65조(손실보상) ① 제38조제1항(「국토의 계획 및 이용에 관한 법률」 제56조제1항을 위반한 건축물에 대하여는 그러하지 아니하다)이나 제64조제1항에 따른 행위로 손실을 입은 자가 있으면 시행자가 그 손실을 보상하여야 한다. ② 제1항에 따른 손실보상에 관하여는 그 손실을 보상할 자와 손실을 입은 자가 협의하여야 한다. ③ 손실을 보상할 자나 손실을 입은 자는 제2항에 따른 협의가 성립되지 아니하거나 협의를 할 수 없으면 관할 토지수용위원회에 재결을 신청할 수 있다. ④ 제3항에 따른 관할 토지수용위원회의 재결에 관하여는 「공익사업을 위한 토지 등의 취득 및 보상에 관한 법률」 제83조부		

법	시 행 령	시 행 규 칙

터 제87조까지의 규정을 준용한다.
⑤ 제1항에 따른 보상의 기준에 관하여는 「공익사업을 위한 토지 등의 취득 및 보상에 관한 법률」 제14조, 제18조, 제61조, 제63조부터 제65조까지, 제67조, 제68조, 제71조부터 제73조까지, 제75조, 제75조의2, 제76조, 제77조 및 제78조제5항·제6항·제9항을 준용한다.
제65조의2(건축물의 존치 등) ① 시행자는 도시개발구역에 있는 기존 건축물이나 그 밖의 시설을 이전하거나 철거하지 아니하여도 도시개발사업에 지장이 없다고 인정하여 대통령령으로 정하는 요건을 충족하는 경우에는 이를 존치하게 할 수 있다.
② 제21조에 따른 수용 또는 사용의 방식으로 시행하는 도시개발사업(혼용방식 중 수용 또는 사용의 방식이 적용되는 구역을 포함한다)의 시행자는 제55조 및 제57조에도 불구하고 제1항에 따라 존치하게 된 시설물의 소유자에게 도로, 공원, 상하수도, 그 밖에 대통령령으로 정하는 공공시설의 설치 등에 필요한 비용의 일부를 부담하게 할 수 있다.
	제84조의2(건축물의 존치 등) ① 법 제65조의2제1항에서 "대통령령으로 정하는 요건을 충족하는 경우"란 다음 각 호의 어느 하나에 해당하는 경우를 말한다.
	1. 다음 각 목의 요건을 모두 충족하는 경우
	  가. 건축물 및 영업장 등이 관계 법령에 따라 인·허가 등을 받았을 것
	  나. 해당 도시개발구역의 토지이용계획상 받아들일 수 있을 것
	  다. 해당 건축물 등을 존치하는 것이 공익상 또는 경제적으로 현저히 유익할 것
	  라. 해당 건축물 등이 해당 도시개발사업 준공 이후까지 장기간 활용될 것으로 예상될 것
	2. 지방자치단체 등 관계 행정기관의 장이	

법	시 행 령	시 행 규 칙
③ 제2항에 따른 비용 부담의 기준·방법 등에 관하여 필요한 사항은 대통령령으로 정한다. [본조신설 23·7·18]	문화적·예술적 가치가 있다고 인정하여 존치를 요청하는 경우로서「국토의 계획 및 이용에 관한 법률」에 따른 중앙도시 계획위원회 또는 지방도시계획위원회의 심의를 거친 경우 ② 법 제65조의2제2항에서 "대통령령으로 정하는 공공시설"이란 법 제66조에 따라 관리청에 무상으로 귀속되는 공공시설을 말한다. ③ 시행자가 법 제65조의2제2항에 따라 공공시설의 설치 등에 필요한 비용의 일부(이하 "존치부담금"이라 한다)를 같은 조 제1항에 따라 존치하게 된 시설물의 소유자에게 내도록 하는 경우 존치부담금의 산정방식·부과방법, 면제대상 등은 별표 2에 따른다. [본조신설 23·10·18]	
제66조(공공시설의 귀속 등) ① 제11조제1항제1호부터 제4호까지의 규정에 따른 시행자가 새로 공공시설을 설치하거나 기존의 공공시설에 대체되는 공공시설을 설치한 경우에는「국유재산법」과「공유재산 및 물품 관리법」등에도 불구하고 종전의 공		

법	시 행 령	시 행 규 칙
공시설은 시행자에게 무상으로 귀속되고, 새로 설치된 공공시설은 그 시설을 관리할 행정청(이하 이 조 및 제67조에서 "관리청"이라 한다)에 무상으로 귀속된다. ② 제11조제1항제5호부터 제11호까지의 규정에 따른 시행자가 새로 설치한 공공시설은 그 관리청에 무상으로 귀속되며, 도시개발사업의 시행으로 용도가 폐지되는 행정청의 공공시설은 「국유재산법」과 「공유재산 및 물품 관리법」 등에도 불구하고 새로 설치한 공공시설의 설치비용에 상당하는 범위에서 시행자에게 무상으로 귀속시킬 수 있다. ③ 지정권자는 제1항과 제2항에 따른 공공시설의 귀속에 관한 사항이 포함된 실시계획을 작성하거나 인가하려면 미리 그 공공시설의 관리청의 의견을 들어야 한다. 다만, 관리청이 지정되지 아니한 경우에는 관리청이 지정된 후 준공검사(지정권자가 시행자인 경우에는 제51조에 따른 공사 완료 공고를 말한다)를 마치기 전에 관리청의 의견을 들어야 한다. ④ 지정권자가 제3항에 따라 관리청의 의		

법	시 행 령	시 행 규 칙
견을 들어 실시계획을 작성하거나 인가한 경우 시행자는 실시계획에 포함된 공공시설의 점용 및 사용에 관하여 관계 법률에 따른 승인·허가 등을 받은 것으로 보아 도시개발사업을 할 수 있다. 이 경우 해당 공공시설의 점용 또는 사용에 따른 점용료 및 사용료는 면제된 것으로 본다. ⑤ 제11조제1항제1호부터 제4호까지의 규정에 따른 시행자는 도시개발사업이 끝나 준공검사(지정권자가 시행자인 경우에는 제51조에 따른 공사 완료 공고를 말한다)를 마친 경우에는 해당 공공시설의 관리청에 공공시설의 종류와 토지의 세부목록을 알려야 한다. 이 경우 공공시설은 그 통지한 날에 해당 공공시설을 관리할 관리청과 시행자에 각각 귀속된 것으로 본다. ⑥ 제11조제1항제5호부터 제11호까지의 규정에 따른 시행자는 제2항에 따라 그에게 양도되거나 관리청에 귀속될 공공시설에 대하여 도시개발사업의 준공검사를 마치기 전에 해당 공공시설의 관리청에 그 종류와 토지의 세부목록을 알려야 하고, 준공검사를 한 지정권자는 그 내용을 해당 공공시		

법	시 행 령	시 행 규 칙
설의 관리청에 통보하여야 한다. 이 경우 공공시설은 지정권자가 준공검사증명서를 내어준 때에 해당 공공시설을 관리할 관리청과 시행자에게 각각 귀속되거나 양도된 것으로 본다. ⑦ 제1항부터 제6항까지의 규정에 따른 공공시설을 등기할 때 「부동산등기법」에 따른 등기원인을 증명하는 서면은 제51조제1항에 따른 준공검사 증명서(시행자가 지정권자인 경우에는 같은 조 제2항에 따른 공사완료 공고문)로 갈음한다. 〈개정 11·4·12〉 제67조(공공시설의 관리) 도시개발사업으로 도시개발구역에 설치된 공공시설은 준공 후 해당 공공시설의 관리청에 귀속될 때까지 이 법이나 다른 법률에 특별한 규정이 있는 경우 외에는 특별자치도지사·시장·군수 또는 구청장이 관리한다. 제68조(국공유지의 처분 제한 등) ① 도시개발구역에 있는 국가나 지방자치단체 소유의 토지로서 도시개발사업에 필요한 토지는 해당 개발계획으로 정하여진 목적 외의 목적으로 처분할 수 없다. ② 도시개발구역에 있는 국가나 지방자치		

법	시 행 령	시 행 규 칙
단체 소유의 재산으로서 도시개발사업에 필요한 재산은 「국유재산법」과 「공유재산 및 물품 관리법」에도 불구하고 시행자에게 수의계약의 방법으로 처분할 수 있다. 이 경우 그 재산의 용도폐지(행정재산인 경우만 해당한다)나 처분에 관하여는 지정권자가 미리 관계 행정기관의 장과 협의하여야 한다. ③ 관계 행정기관의 장은 제2항 후단에 따른 협의요청을 받으면 그 요청을 받은 날부터 30일 이내에 협의에 필요한 조치를 하여야 한다. 제69조(국공유지 등의 임대) ① 제11조제1항제7호에 해당하는 시행자의 경우 기획재정부장관, 국유재산의 관리청 또는 지방자치단체의 장은 「국유재산법」과 「공유재산 및 물품 관리법」에도 불구하고 도시개발구역에 있는 국가나 지방자치단체의 소유인 토지·공장, 그 밖의 국공유지를 수의계약으로 사용·수익 또는 대부(이하 "임대"라 한다)할 수 있다. ② 제1항에 따라 국가나 지방자치단체가 소유하는 토지등을 임대하는 경우의 임대	제85조(국공유지의 임대료 산정) 법 제69조제4항에 따라 도시개발구역에 있는 국가 또는 지방자치단체의 소유인 토지·공장, 그 밖의 국공유지(이하 "토지·공장등"이라 한다)의 임대료는 다음 각 호의 방법에 따라 산정한다. 1. 국가 소유인 토지·공장등의 임대료는 해당 토지·공장등의 가액에 1천분의 50 이상의 요율을 곱하여 산출한 금액으로 할 것. 다만, 「수도권정비계획법」 제6조제1호에 따른 과밀억제권역에서 수도권	

법	시 행 령	시 행 규 칙
기간은 「국유재산법」과 「공유재산 및 물품 관리법」에도 불구하고 20년의 범위 이내로 할 수 있다. ③ 제1항에 따라 국가나 지방자치단체가 소유하는 토지를 임대하는 경우에는 「국유재산법」과 「공유재산 및 물품 관리법」에도 불구하고 그 토지 위에 공장이나 그 밖의 영구시설물을 축조하게 할 수 있다. 이 경우 그 시설물의 종류 등을 고려하여 임대 기간이 끝나는 때에 이를 국가나 지방자치단체에 기부하거나 원상으로 회복하여 반환하는 것을 조건으로 토지를 임대할 수 있다. ④ 제1항에 따라 임대하는 토지 등의 임대료는 「국유재산법」과 「공유재산 및 물품 관리법」에도 불구하고 대통령령으로 정하는 바에 따른다. ⑤ 제2항의 임대 기간은 갱신할 수 있다. 이 경우 갱신 기간은 갱신할 때마다 제2항에 따른 기간을 초과할 수 없다. 제70조(수익금 등의 사용 제한 등) ① 제66조제1항에 따라 제11조제1항제1호부터 제4호까지의 시행자에게 귀속되는 토지로서	외의 지역으로 이전하는 법인으로서 2005년 12월 31일까지 이전한 법인에 대하여는 처음 5년간은 1천분의 10 이상, 다음 5년간은 1천분의 25 이상의 요율을 곱하여 산출한 금액으로 한다. 2. 지방자치단체 소유인 토지·공장등의 임대료는 해당 토지·공장등의 가액에 1천분의 10 이상의 요율을 곱하여 산출한 금액으로 할 것	

법	시 행 령	시 행 규 칙
용도가 폐지된 토지를 처분하여 생긴 수익금은 해당 개발계획으로 정하여진 목적 외의 목적으로 사용할 수 없다. ② 시행자는 제44조에 따른 체비지의 매각대금과 제46조에 따른 청산금의 징수금, 제56조·제57조 및 제59조에 따른 부담금과 보조금 등을 해당 도시개발사업의 목적이 아닌 다른 목적으로 사용할 수 없다. ③ 제1항과 제2항에 따라 수익금 등을 도시개발사업의 목적으로 사용한 후 집행 잔액이 있으면 그 집행 잔액과, 지방자치단체가 제21조에 따른 수용 또는 사용 방식으로 도시개발사업을 시행하여 발생한 수익금은 해당 지방자치단체에 설치된 특별회계에 귀속된다. 제71조(조세와 부담금 등의 감면 등) 국가나 지방자치단체는 도시개발사업을 원활히 시행하기 위하여 「지방세특례제한법」, 「농지법」, 「산지관리법」 등으로 정하는 바에 따라 지방세, 농지보전부담금, 대체산림자원조성비 등을 감면할 수 있다. 〈개정 10·3·31〉 제71조의2(결합개발 등에 관한 적용 기준	제85조의2(특례 대상) ① 법 제71조의2제1	

법	시 행 령	시 행 규 칙
완화의 특례) ① 지정권자는 다음 각 호의 어느 하나에 해당하는 경우에는 제3조에 따른 도시개발구역의 지정 대상 및 규모, 제5조에 따른 개발계획의 내용, 제11조에 따라 시행자를 지정하는 요건 및 제63조에 따른 도시개발채권의 매입에 관한 기준을 일부 완화하여 적용할 수 있다. 〈개정 14·1·14, 15·8·28〉 1. 제3조의2에 따라 서로 떨어진 둘 이상의 지역을 결합하여 하나의 도시개발사업으로 시행하는 경우로서 대통령령으로 정하는 사업 2. 제5조에 따라 개발계획을 수립할 때에 대통령령으로 정하는 바에 따라 저탄소 녹색도시계획을 같이 수립하여 시행하는 경우 3. 제21조의3에 따른 임대주택 건설용지나 임대주택의 공급 기준을 초과하여 공급하거나 영세한 세입자, 토지 소유자 등 사회적 약자를 위하여 대통령령으로 정하는 바에 따라 사업계획을 수립하는 경우 4. 환지 방식으로 시행되는 지역에서 영세한 토지 소유자 등의 원활한 재정착을	항제1호에서 "대통령령으로 정하는 사업"이란 제5조의2제2항 각 호(같은 항 제2호 및 제6호는 제외한다)의 어느 하나에 해당하는 지역의 면적이 도시개발구역 면적의 100분의 30 이상인 사업을 말한다. 다만, 지정권자가 특례가 필요하다고 인정하여 법 제8조에 따른 도시계획위원회의 심의를 거친 사업에 대해서는 해당 지역의 면적 비율을 달리 정할 수 있다. ② 법 제71조의2제1항제2호의 적용을 받으려는 시행자는 지정권자에게 특례의 적용을 신청하여야 하고, 지정권자는 그 저탄소 녹색도시계획을 평가하여야 한다. ③ 제2항에 따른 저탄소 녹색도시계획의 수립 및 평가에 필요한 사항은 국토교통부장관이 정하여 고시한다. 〈개정 13·3·23〉 ④ 법 제71조의2제1항제3호에서 "대통령령으로 정하는 바에 따라 사업계획을 수립하는 경우"란 다음 각 호의 어느 하나에 해당하는 경우를 말한다. 1. 법 제21조의3에 따라 산정된 임대주택 건설용지 또는 임대주택의 공급계획에서 100분의 50(임대주택을 300세대 이상 공	

법	시 행 령	시 행 규 칙
위하여 대통령령으로 정하는 바에 따라 환지 계획을 수립하여 시행하는 경우 5. 「공공주택 특별법」에 따른 공공주택 건설을 위한 용지 등을 감정가격 이하로 공급하는 경우 6. 역세권 등 대중교통 이용이 용이한 지역(「국토의 계획 및 이용에 관한 법률」 제36조에 따른 주거지역, 상업지역, 공업지역의 면적이 도시개발구역 전체면적의 100분의 70 이상인 경우에 한정한다)에 도시개발구역을 지정하는 경우로서 도심 내 소형주택의 공급 확대, 토지의 고도 이용과 건축물의 복합개발을 촉진할 필요가 있는 경우 7. 그 밖에 주거 등 생활환경의 개선과 낙후지역의 도시기능 회복 등을 위하여 민간기업의 투자유치가 필요한 사업으로서 대통령령으로 정하는 사업을 시행하는 경우 ② 지정권자는 제1항 각 호의 어느 하나에 해당하는 사항이 포함된 사업을 효율적으로 시행하기 위하여 필요한 경우에는 해당 법률의 규정에도 불구하고 대통령령으로	급하는 경우로 한정한다)을 초과하여 임대주택 건설용지 또는 임대주택을 공급하는 경우 2. 도시개발구역 면적의 100분의 5(1만제곱미터 이상이어야 한다) 이상을 도시개발사업으로 발생하는 이주민의 이주단지로 조성하여 공급하는 경우 ⑤ 제1항부터 제4항까지에서 규정한 사항 외에 특례의 적용에 필요한 사항은 국토교통부령으로 정한다. 〈개정 13 · 3 · 23〉 [본조신설 12 · 3 · 26] 제85조의3(특례 범위) ① 법 제71조의2제2항 각 호 외의 부분 본문 및 단서에서 "대통령령으로 정하는 범위"란 다음과 같다. 〈개정 13 · 3 · 23, 21 · 8 · 24〉	

법	시 행 령	시 행 규 칙
정하는 범위에서 다음 각 호의 사항에 대하여 완화된 기준을 정하여 시행할 수 있다. 이 경우 지정권자가 시·도지사나 대도시 시장인 경우에는 대통령령으로 정하는 범위에서 해당 지방자치단체의 조례로 완화된 기준을 정하여 시행할 수 있다. 〈개정 15·1·6, 16·1·19〉 1. 「국토의 계획 및 이용에 관한 법률」 제76조부터 제78조까지의 규정에 따른 건축물의 건축, 건폐율 및 용적률의 제한 2. 「건축법」 제4조, 제42조, 제60조 및 제61조에 따른 건축 심의, 대지의 조경, 건축물의 높이 등 건축 제한 3. 「도시공원 및 녹지 등에 관한 법률」 제14조에 따른 도시공원 또는 녹지 확보 기준 4. 「주차장법」 제6조 및 제19조에 따른 주차장설비기준 및 부설주차장의 설치기준 5. 「주택법」 제35조, 제54조 및 「주택도시기금법」 제8조에 따른 주택 건설 및 공급 기준과 국민주택채권의 매입 ③ 제1항 및 제2항에 따른 구체적인 적용 범위와 기준 등은 대통령령으로 정한다.	1. 건폐율: 「국토의 계획 및 이용에 관한 법률 시행령」 제84조에서 정한 상한 2. 용적률: 해당 지방자치단체의 조례에서 정한 용적률의 100분의 110 3. 건축 심의: 「건축법 시행령」 제5조의5 제1항제1호에 해당하는 심의는 법 제8조에 따른 도시계획위원회와 공동으로 한다. 4. 대지의 조경: 「건축법 시행령」 제27조 제3항 전단에도 불구하고 옥상조경면적의 전부를 조경면적으로 산정한 기준 5. 건축물의 높이: 지구단위계획으로 일단의 가로구역에 대하여 높이를 지정한 경우에는 「건축법」 제60조제1항에 따른 가로구역별 높이를 지정·공고한 것으로 본다. 6. 도시공원 또는 녹지의 확보: 국토교통부령으로 정하는 「도시공원 및 녹지 등에 관한 법률」 제14조제2항에 따른 개발계획 규모별로 개발계획에 포함하여야 하는 도시공원 또는 녹지 면적 7. 부설주차장 설치기준: 「주차장법 시행령」 별표 1에서 정한 설치기준의 100분	

법	시 행 령	시 행 규 칙
[본조신설 11·9·30]	의 50에 해당하는 기준 8. 주택건설기준: 주택과 주택 외의 시설을 복합하여 건축하는 경우에는 「주택건설기준 등에 관한 규정」 제7조제2항 및 제12조에 따른 복합건축물 적용의 특례를 준용하여 국토교통부령으로 정하는 기준 ② 제1항 각 호(같은 항 제8호는 제외한다)에 따른 특례 적용의 구체적인 기준은 국토교통부령으로 정한다. 〈개정 13·3·23〉 [본조신설 12·3·26] 제85조의4(특례 적용) ① 지정권자는 법 제71조의2에 따라 결합개발 등에 관한 적용기준 완화의 특례를 적용하려는 경우에 법 제4조에 따라 개발계획을 수립 또는 변경할 때에 특례 대상 및 범위 등 특례 적용에 대한 내용을 포함하여 개발계획을 수립하거나 변경하여야 한다. ② 제1항에서 규정한 사항 외에 필요한 사항은 국토교통부장관이 정하여 고시한다. 〈개정 13·3·23〉 [본조신설 12·3·26]	
제72조(관계 서류의 열람 및 보관 등) ①	제85조의5(관계 서류의 열람 및 보관 등)	제43조(관계 서류의 인계 및 보관) ① 법

법	시 행 령	시 행 규 칙
시행자는 도시개발사업의 시행을 위하여 필요하면 등기소나 그 밖의 관계 행정기관의 장에게 무료로 필요한 서류를 열람·복사하거나 그 등본 또는 초본을 교부하여 줄 것을 청구할 수 있다. ② 시행자는 토지 소유자와 그 밖의 이해관계인이 알 수 있도록 관보·공보·일간신문 또는 인터넷에 게시하는 등의 방법으로 다음 각 호에 관한 사항을 공개하여야 한다. 〈개정 11·9·30〉 1. 규약·정관 등을 정하는 경우 그 내용 2. 시행자가 공람, 공고 및 통지하여야 하는 사항 3. 도시개발구역 지정 및 개발계획, 실시계획 수립·인가 내용 4. 환지 계획 인가 내용 5. 그 밖에 도시개발사업의 시행에 관하여 대통령령으로 정하는 사항 ③ 시행자는 제2항 각 호에 관한 서류나 노면 등을 도시개발사업이 시행되는 지역에 있는 주된 사무소에 갖추어 두어야 하고, 도시개발구역의 토지등에 대하여 권리자가 열람이나 복사를 요청하는 경우에는 개인	법 제72조제2항제5호에서 "대통령령으로 정하는 사항"이란 다음 각 호의 사항을 말한다. 다만, 제2호, 제3호 및 제5호는 도시개발구역의 전부 또는 일부를 환지 방식으로 하여 도시개발사업을 시행하는 경우로 한정한다. 1. 도시개발사업에 관한 공사의 감리보고서 2. 체비지(건축물을 포함한다) 매각 내역서 3. 회계감사보고서 4. 준공조서 5. 조합 총회, 대의원회, 이사회 및 규약·정관 등에서 정한 회의의 회의록 6. 그 밖에 지정권자가 필요하다고 인정한 사항 [본조신설 12·3·26]	제72조제4항에 따라 행정청이 아닌 시행자가 특별자치도지사·시장·군수 또는 구청장에게 관계서류를 넘기려는 경우에는 다음 각 호의 서류 및 도면을 도시개발사업을 완료 또는 폐지한 날부터 2개월 이내에 넘겨야 한다. 〈개정 12·3·30〉 1. 실시계획 인가서 2. 규약·정관 또는 시행규정 관련 서류 3. 환지계획·환지처분 등 환지 관련 서류 및 도면 4. 공사설계도 등 관련 서류 및 도면 5. 청산금 관련 서류 6. 조합의 합병 및 해산 관련 서류 7. 그 밖에 일반문서 관련 서류 및 도면 ② 법 제72조제5항에 따른 서류 및 도면의 보관기간은 제1항제1호부터 제5호까지의 서류 및 도면은 10년, 같은 항 제6호·제7호의 서류 및 도면은 5년으로 한다. 〈개정 17·12·29〉 **제44조(특례 대상 및 범위 등)** 영 제85조의3제2항에 따른 특례 적용 기준은 별표 7과 같다. [본조신설 12·3·30]

법	시 행 령	시 행 규 칙
의 신상정보를 제외하고 열람이나 복사를 할 수 있도록 하여야 한다. 이 경우 복사에 필요한 비용은 실비의 범위에서 청구인의 부담으로 할 수 있다. 〈신설 11·9·30〉 ④ 행정청이 아닌 시행자가 도시개발사업을 끝내거나 폐지한 경우에는 국토교통부령으로 정하는 바에 따라 관계 서류나 도면을 특별자치도지사·시장·군수 또는 구청장에게 넘겨야 한다. 〈개정 11·9·30, 13·3·23〉 ⑤ 행정청인 시행자, 제4항에 따라 관계 서류를 넘겨받은 특별자치도지사·시장·군수 또는 구청장은 그 도시개발사업의 관계 서류를 국토교통부령으로 정하는 기간 동안 보관하여야 한다. 〈개정 11·9·30, 13·3·23〉 제73조(권리의무의 承繼) 시행자나 도시개발구역의 토지등에 대하여 권리를 가진 자(이하 "이해관계인등"이라 한다)가 변경된 경우에 이 법 또는 이 법에 따른 명령이나 규약·정관 또는 시행규정에 따라 종전의 이해관계인등이 행하거나 이해관계인등에 대하여 행한 처분, 절차, 그 밖의 행위는 새로 이해관계인등이 된 자가 행하거나 새로 이해관계인등이 된 자에 대하여 행한		제45조(규제의 재검토) 국토교통부장관은 다음 각 호의 사항에 대하여 2017년 1월 1일을 기준으로 3년마다(매 3년이 되는 해의 1월 1일 전까지를 말한다) 그 타당성을 검토하여 개선 등의 조치를 하여야 한다. 1. 제29조에 따른 면적식 환지 기준 등 2. 제38조제1항에 따른 도시개발채권을 중도 상환할 수 있는 경우 [전문개정 16·12·30]

법	시 행 령	시 행 규 칙

것으로 본다.

제74조(보고 및 검사 등) ① 지정권자나 특별자치도지사·시장(대도시 시장은 제외한다)·군수 또는 구청장은 도시개발사업의 시행과 관련하여 필요하다고 인정하면 시행자(지정권자가 시행자인 경우는 제외한다)에게 필요한 보고를 하게 하거나 자료를 제출하도록 명할 수 있으며, 소속 공무원에게 도시개발사업에 관한 업무와 회계에 관한 사항을 검사하게 할 수 있다. 〈개정 08·3·28, 20·6·9〉

② 국토교통부장관은 도시개발사업의 관리·감독을 위하여 필요하다고 인정하면 제11조제1항제11호에 해당하는 법인(같은 항 제1호부터 제4호까지의 규정에 해당하는 자가 출자에 참여한 경우에 한정한다)이 시행자인 도시개발사업의 민간참여자 선정, 시행 및 운영실태에 대하여 지정권자에게 필요한 보고를 하게 하거나 자료를 제출하도록 명할 수 있으며, 소속 공무원으로 하여금 해당 도시개발사업에 관한 업무를 검사하게 할 수 있다.〈신설 21·12·21〉

③ 국토교통부장관은 필요한 경우 제2항에

제85조의6(검사 전문기관) 법 제74조제3항

법	시 행 령	시 행 규 칙
따른 검사를 대통령령으로 정하는 전문기관에 의뢰할 수 있다.〈신설 21·12·21〉 ④ 국토교통부장관은 제2항 또는 제3항에 따른 검사의 결과 다음 각 호의 어느 하나에 해당하는 경우 지정권자에게 이 법에 따른 시행자 지정 또는 실시계획 인가를 취소하거나 공사의 중지 명령 등 필요한 조치를 하도록 명할 수 있다.〈신설 21·12·21〉 1. 지정권자가 제11조 또는 제11조의2를 위반하여 시행자를 지정하거나 민간참여자를 선정한 경우 2. 시행자가 제11조의2제4항에 따라 승인받은 협약 내용대로 도시개발사업을 시행하지 아니한 경우 ⑤ 제1항 및 제2항에 따라 업무나 회계를 검사하는 공무원 또는 제3항에 따라 검사를 의뢰받은 전문기관의 직원은 그 권한을 표시하는 증표를 지니고 이를 관계인에게 내보여야 한다.〈개정 21·12·21〉 ⑥ 제5항에 따른 증표에 필요한 사항은 국토교통부령으로 정한다.〈개정 13·3·23, 21·12·21〉 제75조(법률 등의 위반자에 대한 행정처분) 지정권자나 시장(대도시 시장은 제외한	에서 "대통령령으로 정하는 전문기관"이란 다음 각 호의 기관을 말한다. 1. 「정부출연연구기관 등의 설립·운영 및 육성에 관한 법률」에 따라 설립된 국토연구원 2. 「한국부동산원법」에 따른 한국부동산원 3. 「주택도시기금법」에 따른 주택도시보증공사 4. 그 밖에 도시개발사업의 시행에 관한 검사를 수행하기에 적합한 기관으로서 국토교통부장관이 정하여 고시하는 기관 [본조신설 22·6·21] 제85조의7(규제의 재검토) 국토교통부장관은 제25조의3제1항에 따른 민간참여자의 이윤율 상한에 대하여 2022년 6월 22일을 기준으로 3년마다(매 3년이 되는 해의 6월 22일 전까지를 말한다) 그 타당성을 검토하여 개선 등의 조치를 해야 한다. [본조신설 22·6·21]	

법	시 행 령	시 행 규 칙
다)·군수 또는 구청장은 다음 각 호의 어느 하나에 해당하는 자에 대하여 이 법에 따른 시행자 지정 또는 실시계획 인가 등을 취소하거나 공사의 중지, 건축물등이나 장애물등의 개축 또는 이전, 그 밖에 필요한 처분을 하거나 조치를 명할 수 있다. 〈개정 08·3·28, 09·12·29, 11·9·30, 20·6·9, 21·12·21〉 1. 지정권자가 제4조·제11조·제13조·제17조 또는 제29조에 따른 수립·지정·인가 또는 승인 시 부과한 조건을 지키지 아니하거나 개발계획·실시계획대로 도시개발사업을 시행하지 아니한 자 2. 제9조제5항에 따른 허가를 받지 아니하고 행위를 한 자 3. 거짓이나 그 밖의 부정한 방법으로 제11조·제13조·제17조·제22조·제23조 또는 제29조에 따른 시행자 지정, 조합 설립 인가, 실시계획 인가, 토지등의 수용재결 또는 사용재결, 토지상환채권발행의 승인 또는 환지계획의 인가를 받은 자 4. 제11조제3항·제4항 또는 제13조제1항에 따라 정한 규약·시행규정 또는 정관		

법	시 행 령	시 행 규 칙
을 위반한 자 5. 제13조제2항 단서, 제35조, 제37조제2항, 제38조제2항, 제40조, 제43조, 제66조제6항, 제70조제2항 또는 제72조를 위반한 자 5의2. 제21조의3제1항을 위반하여 세입자 등에게 임대주택 건설용지를 조성·공급하지 아니하거나 임대주택을 건설·공급하지 아니한 자 6. 제23조에 따른 승인을 받지 아니하고 토지상환채권을 발행한 자 7. 제24조에 따른 이주대책 등을 수립하지 아니하거나 수립된 대책을 시행하지 아니한 자 8. 제25조를 위반하여 선수금을 받은 자 8의2. 제25조의2제5항에 따른 승인 조건을 위반하거나 같은 조 제7항에 따른 조치를 이행하지 아니한 자 9. 제26조제1항에 따른 조성토지등의 공급 계획을 승인받지 아니하거나 공급계획과 다르게 조성토지등을 공급한 자 10. 제38조제1항에 따른 허가를 받지 아니하고 장애물을 이전하거나 제거한 자 10의2. 제38조제2항에 따른 건축물의 이전·제거 허가의 조건을 이행하지 아니한 자		

법	시 행 령	시 행 규 칙
11. 제50조제1항에 따른 준공검사를 받지 아니한 자 12. 제53조 단서에 따른 사용허가 없이 조성토지등을 사용한 자 13. 및 14. 삭제 〈09·12·29〉 제76조(청문) 지정권자나 특별자치도지사·시장(대도시 시장은 제외한다)·군수 또는 구청장은 제75조에 따라 이 법에 따른 허가·지정·인가 또는 승인을 취소하려면 청문을 하여야 한다. 〈개정 08·3·28, 20·6·9〉 제77조(행정심판) 이 법에 따라 시행자가 행한 처분에 불복하는 자는 「행정심판법」에 따라 행정심판을 제기할 수 있다. 다만, 행정청이 아닌 시행자가 한 처분에 관하여는 다른 법률에 특별한 규정이 있는 경우 외에는 지정권자에게 행정심판을 제기하여야 한다. 제78조(도시개발구역 밖의 시설에 대한 준용) 도시개발구역 밖의 지역에서 도시개발구역을 이용하는 데에 제공되는 기반시설을 설치하는 등 도시개발사업에 직접 관련되는 사업의 시행에 필요한 경우에는 제3조부터 제53조까지 및 제64조부터 제77조까지의 규정을 준용한다.		

법	시 행 령	시 행 규 칙
제79조(위임 등) ① 이 법에 따른 국토교통부장관의 권한은 그 일부를 대통령령으로 정하는 바에 따라 시·도지사나 그 소속 기관의 장에게 위임할 수 있으며, 시·도지사는 국토교통부장관의 승인을 받아 위임받은 권한의 일부를 시장·군수 또는 구청장에게 재위임할 수 있다. 〈개정 13·3·23〉 ② 이 법에 따른 시·도지사의 권한은 그 일부를 시·도의 조례로 정하는 바에 따라 시장·군수 또는 구청장에게 위임할 수 있다. ③ 제1항과 제2항에 따라 권한이 위임되거나 재위임된 경우에 위임되거나 재위임된 사항 중 「국토의 계획 및 이용에 관한 법률」 제106조에 따른 중앙도시계획위원회 또는 같은 법 제113조제1항에 따른 지방도시계획위원회의 의결을 거쳐야 하는 사항은 그 권한을 위임받거나 재위임받은 지방자치단체에 설치된 지방도시계획위원회의 의결을 거쳐야 한다. 제79조의2(벌칙) ① 제10조의2제2항 또는 제3항을 위반하여 미공개정보를 목적 외로 사용하거나 타인에게 제공 또는 누설한 자는 5년 이하의 징역 또는 그 위반행위로		

법	시 행 령	시 행 규 칙
얻은 재산상 이익 또는 회피한 손실액의 3배 이상 5배 이하에 상당하는 벌금에 처한다. 다만, 얻은 이익 또는 회피한 손실액이 없거나 산정하기 곤란한 경우 또는 그 위반행위로 얻은 재산상 이익의 5배에 해당하는 금액이 10억원 이하인 경우에는 벌금의 상한액을 10억원으로 한다. ② 제1항의 위반행위로 얻은 이익 또는 회피한 손실액이 5억원 이상인 경우에는 제1항의 징역을 다음 각 호의 구분에 따라 가중한다. 1. 이익 또는 회피한 손실액이 50억원 이상인 경우에는 무기 또는 5년 이상의 징역 2. 이익 또는 회피한 손실액이 5억원 이상 50억원 미만인 경우에는 3년 이상의 유기징역 ③ 제1항 또는 제2항에 따라 징역에 처하는 경우에는 제1항에 따른 벌금을 병과할 수 있다. ④ 제1항의 죄를 범한 자 또는 그 정을 아는 제3자가 제1항의 죄로 인하여 취득한 재물 또는 재산상의 이익은 몰수한다. 다만, 이를 몰수할 수 없을 때에는 그 가액을 추징한다. [본조신설 21·4·1]		

법	시 행 령	시 행 규 칙
제6장 벌칙 제80조(벌칙) 다음 각 호의 어느 하나에 해당하는 자는 3년 이하의 징역이나 3천만원 이하의 벌금에 처한다. 〈개정 11·9·30〉 　1. 제9조제5항에 따른 허가를 받지 아니하고 행위를 한 자 　2. 부정한 방법으로 제11조제1항에 따른 시행자의 지정을 받은 자 　3. 부정한 방법으로 제17조제2항에 따른 실시계획의 인가를 받은 자 　4. 제25조의2제1항 및 제2항에 따라 원형지 공급 계획을 승인받지 아니하고 원형지를 공급하거나 부정한 방법으로 공급 계획을 승인받은 자 　5. 제25조의2제6항을 위반하여 원형지를 매각한 자 제81조(벌칙) 다음 각 호의 어느 하나에 해당하는 자는 2년 이하의 징역이나 2천만원 이하의 벌금에 처한다.〈개정 21·12·31〉 　1. 제17조제2항에 따라 실시계획의 인가를 받지 아니하고 사업을 시행한 자 　2. 제26조제1항에 따른 조성토지등의 공급	**제5장 벌칙**	

법	시 행 령	시 행 규 칙
계획을 승인받지 아니하고 조성토지등을 공급한 자 3. 제53조 단서에 따른 사용허가 없이 조성토지등을 사용한 자 제82조(벌칙) 다음 각 호의 어느 하나에 해당하는 자는 1년 이하의 징역 또는 1천만원 이하의 벌금에 처한다. 〈개정 09·12·29〉 1. 고의나 과실로 제20조제2항에 따른 감리업무를 게을리하여 위법한 도시개발사업의 공사를 시공함으로써 시행자 또는 조성토지등을 분양받은 자에게 손해를 입힌 자 2. 제20조제4항을 위반하여 시정통지를 받고도 계속하여 도시개발사업의 공사를 시공한 시공자 및 시행자 3. 제75조에 따른 시행자 지정 또는 실시계획의 인가 등의 취소, 공사의 중지, 건축물등이나 장애물등의 개축 또는 이전 등의 처분이나 조치명령을 위반한 자 제83조(양벌규정) 법인의 대표자나 법인 또는 개인의 대리인, 사용인, 그 밖의 종업원이 그 법인 또는 개인의 업무에 관하여 제80조부터 제82조까지의 어느 하나에 해당		

법	시 행 령	시 행 규 칙
하는 위반행위를 하면 그 행위자를 벌하는 외에 그 법인 또는 개인에게도 해당 조문의 벌금형을 과(科)한다. 다만, 법인 또는 개인이 그 위반행위를 방지하기 위하여 해당 업무에 관하여 상당한 주의와 감독을 게을리하지 아니한 경우에는 그러하지 아니하다. [전문개정 09·12·29] 제84조(벌칙 적용 시 공무원 의제) 조합의 임직원, 제20조에 따라 그 업무를 하는 감리원은 「형법」 제129조부터 제132조까지의 규정에 따른 벌칙을 적용할 때 공무원으로 본다. 제85조(과태료) ① 다음 각 호의 어느 하나에 해당하는 자에게는 1천만원 이하의 과태료를 부과한다. 1. 제6조에 따른 조사 또는 측량을 위한 행위를 거부하거나 방해한 자 2. 제64조제2항부터 제4항까지의 규정에 따른 허가 또는 동의를 받지 아니하고 제64조제1항에 따른 행위를 한 자 3. 제74조제1항에 따른 검사를 거부·방해 또는 기피한 자	제86조(과태료의 부과권자) 법 제85조제1항제1호 및 같은 조 제2항제1호부터 제3호까지의 규정에 해당하는 자에 대한 과태료는 해당 도시개발구역의 지정권자가 부과한다. 제87조(과태료의 부과) 법 제85조제1항 및 제2항에 따른 과태료의 부과기준은 별표 3과 같다. 〈개정 11·4·6, 23·10·18〉	

법	시 행 령	시 행 규 칙
② 다음 각 호의 어느 하나에 해당하는 자에게는 500만원 이하의 과태료를 부과한다. 〈개정 11·9·30〉 1. 조합이 도시개발사업이 아닌 다른 업무를 한 경우 2. 제39조제3항을 위반한 자 3. 제40조제5항에 따른 통지를 하지 아니한 자 4. 제64조제6항을 위반하여 타인의 토지에 출입한 자 5. 제72조제4항에 따른 관계 서류나 도면을 넘기지 아니한 자 6. 제74조제1항에 따른 보고를 하지 아니하거나 거짓된 보고를 한 자 7. 제74조제1항에 따른 자료의 제출을 하지 아니하거나 거짓된 자료를 제출한 자 ③ 제1항과 제2항에 따른 과태료는 대통령령으로 정하는 바에 따라 국토교통부장관, 시·도지사, 시장·군수 또는 구청장이 부과·징수한다. 〈개정 09·12·29, 13·3·23〉 ④부터 ⑥까지 삭제 〈09·12·29〉		

법	시 행 령	시 행 규 칙

부   칙 〈08 · 3 · 21〉

제1조(시행일) 이 법은 2008년 4월 12일부
터 시행한다. 다만, 제19조제1항제14호의
개정규정은 2008년 5월 26일부터 시행하
고, 제19조제1항제4호의 개정규정은 2008
년 6월 28일부터 시행하며, 제19조제1항제
28호의 개정규정은 2008년 8월 28일부터
시행하고, 제21조제2항의 개정규정은 공포
후 6개월이 경과한 날부터 시행하며, 부칙
제9조제19항은 2008년 12월 28일부터 시
행하고, 제12조제4항의 개정규정은 2009년
2월 4일부터 시행한다.

제2조(시행일에 관한 경과조치) 제12조제4
항, 제19조제1항제4호 · 제14호 · 제28호, 제
21조제2항의 개정규정이 시행되기 전까지
는 그에 해당하는 종전의 제12조제4항, 제
19조제1항제4호 · 제14호 · 제28호, 제21조
제2항을 적용한다.

제3조(주민 등의 의견청취를 위한 공고가
있는 지역 안에서의 행위제한에 관한 적용
례) 제9조제5항의 개정규정 중 주민 등의
의견청취를 위한 공고가 있는 지역 안에서

부   칙 〈08 · 9 · 18〉

제1조(시행일) 이 영은 2008년 9월 22부터
시행한다. 다만, 제7조제10호, 제14조제13
호 및 제55조제1항제1호 단서의 개정규정
은 2009년 1월 1부터 시행하고, 제18조제5
항제2호 및 제83조제4항의 개정규정은
2009년 2월 4일부터 시행한다.

제2조(시행일에 관한 경과조치) ① 부칙 제
1조 단서에 따라 제7조제10호의 개정규정
이 시행되기 전까지는 같은 호는 다음과
같이 규정된 것으로 본다.

10. 토지 소유자의 비용부담이 증가하지 아
니하는 범위에서 행하는 「환경 · 교통 · 재
해 등에 관한 영향평가법」에 따른 각종
영향평가에 대한 협의 결과를 반영하는
법 제4조제1항에 따른 도시개발사업 계획
(이하 "개발계획"이라 한다)의 변경

② 부칙 제1조 단서에 따라 제14조제13호
의 개정규정이 시행되기 전까지는 같은 호
는 다음과 같이 규정된 것으로 본다.

13. 「환경 · 교통 · 재해 등에 관한 영향평
가법」에 따른 각종 영향평가에 대한 협

부   칙 〈08 · 9 · 22〉

제1조(시행일) 이 규칙은 공포한 날부터 시
행한다. 다만, 제13조제2호의 개정 규정은
2009년 2월 4일부터 시행한다.

제2조(수의계약에 따른 토지의 공급기준에 관
한 경과조치) 건설교통부령 제466호 도시개
발법 시행규칙일부개정령 시행 당시 이미 도
시개발구역이 지정된 지역에 관하여는 별표
3 제1호가목부터 다목까지의 개정규정에도
불구하고 종전의 규정에 따른다.

제3조(시행일에 관한 경과조치) 부칙 제1조 단
서에 따라 제13조제2호가 시행되기 전까지
같은 호는 다음과 같이 규정된 것으로 본다.

2. 신탁회사의 경우에는 「신탁업법」 제24
조의3에 따라 금융감독위원회로부터 경
영개선조치를 받지 아니한 법인일 것.
다만, 경영개선조치가 완료된 경우에는
그러하지 아니하다.

제4조(다른 법령의 개정) 「주택공급에 관한
규칙」 일부를 다음과 같이 개정한다.
제19조제3항제3호 중 "「도시개발법 시행
령」 제46조제4항제3호의 규정에 의하여"를

법	시 행 령	시 행 규 칙
의 행위제한은 이 법 시행 후 최초로 주민 등의 의견청취를 위한 공고를 하는 분부터 적용한다. 제4조(도시개발사업의 공사의 감리에 관한 적용례) 제20조의 개정규정은 법률 제8376 호 도시개발법 일부개정법률 제19조의2의 개정규정의 시행일인 2007년 10월 12일 이후 최초로 지정되는 도시개발구역부터 적용한다. 제5조(토지 등의 수용 또는 사용요건에 관한 적용례) 제22조제1항 단서의 개정규정은 법률 제8376호 도시개발법 일부개정법률 제21조제1항의 개정규정의 시행일인 2008년 4월 12일 이후 최초로 지정되는 도시개발구역부터 적용한다. 제6조(토지구획정리사업에 관한 경과조치) ① 법률 제6853호 도시개발법중개정법률의 시행일인 2003년 7월 1일 당시 종전의 도시계획법(법률 제5982호)에 따라 도시계획으로 결정된 토지구획정리사업에 관한 계획 중 토지구획정리사업법(법률 제5904 호) 제9조·제10조·제16조 및 제32조에 따라 시행인가를 받았거나 신청기간을 지	의 결과를 반영하는 개발계획의 변경 ③ 부칙 제1조 단서에 따라 제55조제1항제 1호 단서의 개정규정이 시행되기 전까지는 같은 호 단서는 다음과 같이 규정된 것으로 본다. 다만, 실시계획인가를 받기 전에 선수금을 받으려는 경우에는 「환경·교통·재해 등에 관한 영향평가법」에 따른 각종 영향평가 등을 하여 기반시설 투자계획이 구체화된 경우로 한정한다. ④ 부칙 제1조 단서에 따라 제18조제5항제 2호의 개정규정이 시행되기 전까지는 같은 호는 다음과 같이 규정된 것으로 본다. 2. 「신탁업법」에 따른 신탁회사 중 「주식회사의 외부감사에 관한 법률 시행령」 제2조 제1항에 따른 외부감사의 대상이 되는 자 ⑤ 부칙 제1조 단서에 따라 제83조제4항의 개정규정이 시행되기 전까지는 같은 항은 다음과 같이 규정된 것으로 본다. ④ 도시개발채권의 매출 및 상환업무의 사무취급기관은 해당 시·도지사가 지정하는 금융기관 또는 「증권거래법」 제173조에 따라 설립된 증권예탁원으로 한다.	"「도시개발법 시행령」 제57조제4항제3호에 따라"로 한다. 제5조(다른 법령과의 관계) 이 규칙 시행 당시 다른 법령에서 종전의 「도시개발법 시행규칙」 또는 그 규정을 인용한 경우에 이 규칙 가운데 그에 해당하는 규정이 있으면 종전의 규정을 갈음하여 이 규칙 또는 이 규칙의 해당 규정을 인용한 것으로 본다. 부　　　칙 〈08·12·31〉 제1조(시행일) 이 규칙은 2009년 1월 1일부터 시행한다. 제2조 및 제3조 생략 부　　　칙 〈09·3·26〉 이 규칙은 공포한 날부터 시행한다. 부　　　칙 〈10·6·30〉 이 규칙은 2010년 6월 30일부터 시행한다. 부　　　칙 〈10·10·15〉 제1조(시행일) 이 규칙은 공포한 날부터 시행한다. 제2조(조성토지 등의 공급가격 변경에 관한

법	시 행 령	시 행 규 칙
정한 지구에 대한 동 계획의 변경결정에 관하여는 종전의 도시계획법(법률 제5982호)을, 시행에 관하여는 토지구획정리사업법(법률 제5904호)을 각각 따르고 그 외의 경우에는 「도시개발법」 제3조에 따른 도시개발구역의 지정 및 같은 법 제4조에 따른 개발계획수립 및 「도시계획법」 제42조에 따른 지구단위계획구역이 지정된 것으로 보며, 이 경우 사업시행방식은 「도시개발법」 제21조의 개정규정에 따른 환지방식에 의한다. ② 토지구획정리사업법(법률 제5904호)에 따라 시행 중인 토지구획정리사업의 실시로 인하여 발생된 미매각체비지 및 미징수 청산금의 집행잔액 등 수익금은 5년의 범위에서 당해 시·도 또는 시·군 조례로 정하는 날에 「도시개발법」 제60조제1항의 개정규정에 따른 도시개발특별회계에 귀속된다. 제7조(처분 등에 관한 일반적 경과조치) 이 법 시행 당시 종전의 규정에 따른 행정기관의 행위나 행정기관에 대한 행위는 그에 해당하는 이 법에 따른 행정기관의 행위나 행정기관에 대한 행위로 본다.	제3조(공유토지의 토지소유자 동의조건 및 국민주택규모 이하 공동주택용지 공급가격에 관한 적용례) 공유토지의 토지소유자 동의조건 등에 관한 제6조제2항제2호·제3호 및 제5호, 제25조제1항제1호·제2호 및 제4호, 제32조제2항제1호의 개정규정과 국민주택규모 이하 공동주택용지 공급가격에 관한 제58조제1항제5호의 개정규정은 이 영 시행 후 최초로 도시개발사업을 제안하는 분부터 적용한다. 제4조(다른 법령의 개정) ① 과세자료의 제출 및 관리에 관한 법률 시행령 일부를 다음과 같이 개정한다. 별표 제53호 과세자료명란 가목 중 "「도시개발법」 제27조제1항에 따른 환지계획"을 "「도시개발법」 제28조제1항에 따른 환지 계획"으로 하고, 같은 란 나목을 다음과 같이 한다. 나. 「도시개발법」 제41조제1항 및 제46조제1항에 따른 청산금의 교부에 관한 자료 ② 국유재산법 시행령 일부를 다음과 같이 개정한다. 제44조의2제2항제2호 중 "동법 제11조제1항제6호에 규정된 수도권외의 지역으로 이	적용례) 제25조제5호의 개정규정은 이 규칙 시행 후 최초로 영 제57조제3항에 따라 공고 또는 개별통지를 하거나 같은 조 제4항에 따라 수의계약을 체결하는 조성토지 등부터 적용한다. 부 칙 〈11·4·7〉 이 규칙은 공포한 날부터 시행한다. 부 칙 〈11·12·30〉 이 규칙은 공포한 날부터 시행한다. 부 칙 〈12·3·30〉 제1조(시행일) 이 규칙은 2012년 4월 1일부터 시행한다. 다만, 제20조제1항제8호 및 제21조제7호의 개정규정은 2012년 4월 15일부터 시행하고, 제5조의 개정규정은 2012년 7월 18일부터 시행한다. 제2조(동의서 등에 관한 적용례) 제7조, 제17조, 제19조의2 및 제22조의2의 개정규정은 이 규칙 시행 후 받는 동의서, 동의철회서 및 대표자 지정동의서부터 적용한다. 제3조(환지 계획 등에 관한 적용례) 제26조, 제27조, 제27조의2, 제28조부터 제30조까

법	시 행 령	시 행 규 칙
제8조(벌칙이나 과태료에 관한 경과조치) 이 법 시행 전의 행위에 대하여 벌칙이나 과태료 규정을 적용할 때에는 종전의 규정에 따른다. 제9조(다른 법률의 개정) ① 경제자유구역의지정 및 운영에관한법률 일부를 다음과 같이 개정한다. 제27조제1항제20호 중 "제25조·제28조 및 제45조"를 "제26조·제29조 및 제46조"로 한다. ② 공공기관 지방이전에 따른 혁신도시 건설 및 지원에 관한 특별법 일부를 다음과 같이 개정한다. 제16조제1항 중 "제54조"를 "제55조"로 한다. ③ 국민임대주택건설 등에 관한 특별조치법 일부를 다음과 같이 개정한다. 제12조제1항제11호 및 제23조제4항제9호 중 "동법 제25조"를 각각 "같은 법 제26조"로, "동법 제52조"를 각각 "같은 법 제53조"로, "동법 제63조제2항"을 각각 "같은 법 제64조제2항"으로 한다. ④ 낙동강수계물관리 및주민지원등에관한 법률 일부를 다음과 같이 개정한다.	전하는 법인"을 "같은 법 제11조제1항제7호에 규정된 수도권 외의 지역으로 이전하는 법인"으로 한다. ③ 국토의 계획 및 이용에 관한 법률 시행령 일부를 다음과 같이 개정한다. 제121조제5호를 다음과 같이 한다. 5.「도시개발법」 제26조에 따른 조성토지 등의 공급 계획에 따라 토지를 공급하는 경우, 같은 법 제35조에 따라 환지 예정지를 지정하는 경우, 같은 법 제40조에 따른 환지처분의 경우 및 같은 법 제44조에 따라 체비지 등을 매각하는 경우 ④ 도시재정비 촉진을 위한 특별법 시행령 일부를 다음과 같이 개정한다. 제10조제1항제2호 중 "「도시개발법 시행령」 제6조 각 호의 사항"을 "「도시개발법 시행령」 제7조 각 호의 사항"으로 하고, 같은 조 제2항제2호 중 "「도시개발법 시행령」 제11조 각 호의 사항"을 "「도시개발법 시행령」 제14조 각 호의 사항"으로 한다. ⑤ 부동산투자회사법 시행령 일부를 다음과 같이 개정한다. 제2조제3항제2호를 다음과 같이 한다.	지, 제30조의2 및 제30조의3 개정규정은 이 규칙 시행 후 최초로 환지 계획을 작성하는 경우부터 적용한다. 부　　칙 〈12·4·13〉 제1조(시행일) 이 규칙은 2012년 4월 15일부터 시행한다. 〈단서 생략〉 제2조 및 제3조 생략 부　　칙 〈12·7·18〉 이 규칙은 2012년 7월 18일부터 시행한다. 부　　칙 〈13·3·23〉 제1조(시행일) 이 규칙은 공포한 날부터 시행한다. 〈단서 생략〉 제2조부터 제6조까지 생략 부　　칙 〈13·9·10〉 제1조(시행일) 이 규칙은 공포한 날부터 시행한다. 제2조(개발계획에 포함될 사항에 관한 적용례) 제9조의 개정규정은 이 규칙 시행 후 법 제4조제1항에 따라 개발계획을 수립하는 경우부터 적용한다.

법	시 행 령	시 행 규 칙
제6조제4항제1호 중 "제49조"를 "제50조"로 한다. ⑤ 대한주택공사법 일부를 다음과 같이 개정한다. 제9조제2항제5호 중 "제49조제2항"을 "제50조제2항"으로 한다. 제9조의2 중 "제27조·제28조·제31조·제39조·제41조 및 제42조"를 "제28조·제29조·제32조·제40조·제42조 및 제43조"로 한다. ⑥ 도시 및 주거환경정비법 일부를 다음과 같이 개정한다. 제43조제2항 전단 중 "도시개발법 제27조 내지 제48조"를 "「도시개발법」 제28조부터 제49조까지"로 하고, 같은 항 후단 중 "제40조제2항"을 "제41조제2항"으로 한다. 제55조제2항 중 "도시개발법 제39조"를 "「도시개발법」 제40조"로, "도시개발법 제33조"를 "「도시개발법」 제34조"로 한다. ⑦ 도시재정비 촉진을 위한 특별법 일부를 다음과 같이 개정한다. 제21조제1항 중 "제31조"를 "제32조"로 한다. ⑧ 물류시설의 개발 및 운영에 관한 법률 일부를 다음과 같이 개정한다.	2. 「도시개발법」 제23조제1항에 따른 토지상환채권 ⑥ 지방세법 시행령 일부를 다음과 같이 개정한다. 제73조제4항 단서 중 "「도시개발법」 제41조의 규정에 의한 환지처분"을 "「도시개발법」 제40조에 따른 환지처분"으로 한다. ⑦ 지역특화발전특구에 대한 규제특례법 시행령 일부를 다음과 같이 개정한다. 별표 1 도시개발구역의 지정의 제출서류란 제1항 및 제2항 중 "「도시개발법 시행령」 제8조제1항"을 각각 "「도시개발법 시행령」 제9조제1항"으로 한다. ⑧ 집단에너지사업법 시행령 일부를 다음과 같이 개정한다. 제5조제1항제1호다목 및 같은 항 제3호라목 중 "도시개발법 제2조제2호"를 각각 "「도시개발법」 제2조제1항제2호"로 한다. 제5조(다른 법령과의 관계) 이 영 시행 당시 다른 법령에서 종전의 「도시개발법 시행령」의 규정을 인용한 경우에 이 영 가운데 그에 해당하는 규정이 있으면 종전의 규정을 갈음하여 이 영 또는 이 영의 해당	**부 칙** 〈14·12·31〉 이 규칙은 2015년 1월 1일부터 시행한다. **부 칙** 〈15·11·3〉 제1조(시행일) 이 규칙은 공포한 날부터 시행한다. 제2조(면적식 환지 기준에 관한 적용례) 제29조제2항의 개정규정은 이 규칙 시행 후 최초로 환지 계획을 작성하는 경우부터 적용한다. **부 칙** 〈16·1·27〉 제1조(시행일) 이 규칙은 공포한 날부터 시행한다. 제2조 및 제3조 생략 **부 칙** 〈16·12·30〉 제1조(시행일) 이 규칙은 공포한 날부터 시행한다. **부 칙** 〈16·12·30〉 제1조(시행일) 이 규칙은 공포한 날부터 시행한다. 〈단서 생략〉 제2조부터 제4조까지 생략 **부 칙** 〈17·12·29〉 이 규칙은 공포한 날부터 시행한다.

법	시 행 령	시 행 규 칙
제34조제2항 중 "제27조부터 제48조"를 "제28조부터 제49조"로 한다. ⑨ 부담금관리기본법 일부를 다음과 같이 개정한다. 별표 제77호 중 "도시개발법 제56조 및 제57조"를 "「도시개발법」 제57조 및 제58조"로 한다. 별표 제78호 중 "도시개발법 제57조"를 "「도시개발법」 제58조"로 한다. ⑩ 산업입지 및 개발에 관한 법률 일부를 다음과 같이 개정한다. 제24조제2항 중 "제27조 내지 제48조"를 "제28조부터 제49조까지"로 한다. ⑪ 신행정수도 후속대책을 위한 연기·공주지역 행정중심복합도시 건설을 위한 특별법 일부를 다음과 같이 개정한다. 제23조제1항 중 "제54조"를 "제55조"로 한다. 제25조제2항 중 "제25조"를 "제26조"로 한다. ⑫ 용산공원 조성 특별법 일부를 다음과 같이 개정한다. 제30조제2항 중 "제20조, 제22조, 제24조부터 제48조까지, 제53조, 제54조, 제56조부터 제58조까지"를 "제21조, 제23조, 제25조부터 제49조까지, 제54조, 제55조, 제57조	규정을 인용한 것으로 본다. 부 칙 〈08·12·31〉 제1조(시행일) 이 영은 2009년 1월 1일부터 시행한다. 제2조부터 제5조까지 생략 부 칙 〈09·6·26〉 제1조(시행일) 이 영은 2009년 6월 30일부터 시행한다. 다만, ···〈생략〉··· 부칙 제3조는 공포한 날부터 시행한다. 제2조부터 제4조까지 생략 부 칙 〈09·6·30〉 제1조(시행일) 이 영은 2009년 7월 1일부터 시행한다.〈단서 생략〉 제2조부터 제9조까지 생략 부 칙 〈09·7·27〉 제1조(시행일) 이 영은 2009년 7월 31일부터 시행한다.〈단서 생략〉 제2조부터 제15조까지 생략 부 칙 〈09·9·21〉 제1조(시행일) 이 영은 2009년 10월 1일부터	부 칙 〈22·1·21〉 제1조(시행일) 이 규칙은 2022년 1월 21일부터 시행한다. 제2조 생략 부 칙 〈25·1·31〉 이 규칙은 공포한 날부터 시행한다.

법	시 행 령	시 행 규 칙
부터 제59조까지"로 한다. ⑬ 재래시장 및 상점가 육성을 위한 특별 법 일부를 다음과 같이 개정한다. 제43조 중 "제39조"를 "제40조"로, "제33 조"를 "제34조"로 한다. ⑭ 주택법 일부를 다음과 같이 개정한다. 제2조제3호의2마목 중 "제11조제1항제1호 내지 제3호의 시행자가 같은 법 제20조"를 "제11조제1항제1호부터 제4호까지의 시행 자가 같은 법 제21조"로 한다. 제17조제1항제9호 중 "제63조제2항"을 "제 64조제2항"으로 한다. 제26조제2항 중 "제27조"를 "제28조"로 한다. ⑮ 지역균형개발 및 지방중소기업 육성에 관한 법률 일부를 다음과 같이 개정한다. 제18조제1항제16호 중 "제28조"를 "제29조" 로 한다. ⑯ 학교용지확보 등에 관한 특례법 일부를 다음과 같이 개정한다. 제10조 중 "제73조"를 "제75조"로 한다. ⑰ 한국토지공사법 일부를 다음과 같이 개정 한다. 제19조제3항 중 "제75조 단서"를 "제77조	시행한다. 제2조부터 제5조까지 생략 부 칙 〈10·6·29〉 제1조(시행일) 이 영은 2010년 6월 30일부터 시행한다. 제2조(환지방식의 시행자 지정 신청 기간 연장에 관한 적용례) 제20조제2항 본문의 개정규정은 이 영 시행 후 최초로 지정· 고시하는 도시개발구역부터 적용한다. 제3조(조합원의 의결권 승계에 관한 적용례) 제32조제2항제1호의 개정규정은 2010년 6월 30일 전에 설립 인가를 받은 조합 및 2010년 6월 30일 당시 설립 인가를 신청하고 2010년 6월 30일 이후 설립 인가를 받은 조합에 대 해서도 적용한다.〈개정 16·8·16〉 부 칙 〈10·9·20〉 제1조(시행일) 이 영은 2011년 1월 1일부터 시 행한다. 제2조부터 제9조까지 생략 부 칙 〈10·11·15〉 제1조(시행일) 이 영은 2010년 11월 18일부	

법	시 행 령	시 행 규 칙
단서"로 한다. 제19조의2 중 "제27조·제28조·제39조·제41조 및 제42조"를 "제28조·제29조·제40조·제42조 및 제43조"로 한다. 제22조제1호 중 "제49조제2항"을 "제50조제2항"으로 한다. ⑱ 항만과 그 주변지역의 개발 및 이용에 관한 법률 일부를 다음과 같이 개정한다. 제19조 중 "제54조"를 "제55조"로 한다. ⑲ 법률 제8807호 낙동강수계물관리 및주민지원등에관한법률 일부개정법률 일부를 다음과 같이 개정한다. 제6조제4항제1호 중 "제49조"를 "제50조"로 한다. 제10조(다른 법령과의 관계) 이 법 시행 당시 다른 법령에서 종전의 「도시개발법」 또는 그 규정을 인용한 경우에 이 법 가운데 그에 해당하는 규정이 있으면 종전의 규정을 갈음하여 이 법 또는 이 법의 해당 규정을 인용한 것으로 본다. 부　　칙 〈08·3·28〉 ①(시행일) 이 법은 공포 후 3개월이 경과	터 시행한다. 제2조부터 제5조까지 생략 부　　칙 〈10·12·13〉 제1조(시행일) 이 영은 공포한 날부터 시행한다. 〈단서 생략〉 제2조부터 제14조까지 생략 부　　칙 〈11·2·9〉 제1조(시행일) 이 영은 공포한 날부터 시행한다. 제2조(협의기간 단축에 관한 경과조치) 이 영 시행 전에 법 제19조제3항에 따라 협의 요청을 받은 경우에는 제41조의 개정규정에도 불구하고 종전의 규정에 따른다. 부　　칙 〈11·4·6〉 제1조(시행일) 이 영은 공포한 날부터 시행한다. 제2조(도시개발구역지정 제안에 대한 통보기간 단축에 관한 적용례) 제23조제3항의 개정규정은 이 영 시행 후 최초로 도시개발구역지정을 제안하는 것부터 적용한다. 제3조(조합설립 인가 신청을 위한 동의자	

법	시 행 령	시 행 규 칙
한 날부터 시행한다. 다만, 제55조제2항의 개정규정은 2008년 4월 12일부터 시행한다. ②(도시개발구역의 지정 등에 관한 적용례) 도시개발구역의 지정 등에 관한 제3조제1항·제2항·제4항, 제4조제2항, 제7조제1항, 제8조제1항, 제9조제1항·제3항, 제10조제4항,제11조제2항, 제17조제3항, 제18조제1항 및 제26조제1항의 개정규정은 이 법 시행 후 최초로 도시개발구역을 지정하는 분부터 적용한다. ③(전기시설의 설치·비용에 관한 적용례) 제55조의 개정규정은 이 법 시행 후 최초로 실시계획의 인가를 받은 분부터 적용한다. 부　　칙 〈09·1·30〉 제1조(시행일) 이 법은 공포 후 6개월이 경과한 날부터 시행한다. 〈단서 생략〉 제2조부터 제11조까지 생략 부　　칙 〈09·6·9〉 제1조(시행일) 이 법은 공포 후 6개월이 경과한 날부터 시행한다. 〈단서 생략〉 제2조부터 제23조까지 생략	수의 산정방법 등에 관한 적용례) 제31조의 개정규정은 이 영 시행 후 최초로 조합 설립인가를 신청하는 것부터 적용한다. 제4조(과태료에 대한 경과조치) ① 이 영 시행 전의 위반행위에 대하여 과태료의 부과기준을 적용할 때에는 제87조 및 별표 2의 개정규정에도 불구하고 종전의 규정에 따른다. ② 이 영 시행 전의 위반행위로 받은 과태료 부과처분은 별표 2의 개정규정에 따른 위반행위의 횟수 산정에 포함하지 아니한다. 부　　칙 〈12·1·25〉 제1조(시행일) 이 영은 2012년 1월 26일부터 시행한다. 제2조 및 제3조 생략 부　　칙 〈12·3·26〉 제1조(시행일) 이 영은 2012년 4월 1일부터 시행한다. 다만, 제6조, 제7조제1항, 제13조제1항, 제31조제1항, 제41조의2, 제44조 및 제56조제4호 중 법 제11조제1항제9호의2, 제10호 및 제11호와 관련된 부분의 개정규정은 2012년 7월 18일부터 시행한다. 제2조(도시개발구역의 분할 및 결합 등에	

법	시 행 령	시 행 규 칙
부　　　칙 〈09·6·9〉 제1조(시행일) 이 법은 공포 후 6개월이 경과한 날부터 시행한다. 제2조부터 제19조까지 생략 부　　　칙 〈10·3·31〉 제1조(시행일) 이 법은 2011년 1월 1일부터 시행한다. 제2조 및 제8조 생략 부　　　칙 〈10·4·15〉 제1조(시행일) 이 법은 공포 후 6개월이 경과한 날부터 시행한다. 제2조부터 제14조까지 생략 부　　　칙 〈10·5·31〉 제1조(시행일) 이 법은 공포 후 6개월이 경과한 날부터 시행한다.〈단서 생략〉 제2조부터 제13조까지 생략 부　　　칙 〈11·4·12〉 제1조(시행일) 이 법은 공포 후 6개월이 경과한 날부터 시행한다.〈단서 생략〉	관한 적용례) 제5조의2, 제43조의2, 제43조의3 및 제43조의4의 개정규정은 2012년 4월 1일 이후 최초로 도시개발구역을 지정하는 경우부터 적용한다. 제3조(동의서 첨부서류에 관한 적용례) 제6조제6항 및 제25조제2항의 개정규정은 2012년 4월 1일 이후 받는 개별 동의서부터 적용한다. 제4조(도시개발구역지정 및 개발계획수립의 고시 및 공람 등에 관한 적용례) 제15조제1항 및 제2항의 개정규정은 2012년 4월 1일 이후 최초로 도시개발구역을 지정하는 경우부터 적용한다. 제5조(도시개발사업의 시행규정 등에 관한 적용례) 제22조제2항부터 제4항까지의 개정규정은 2012년 4월 1일 이후 최초로 시행규정을 제정하거나 개정하는 경우부터 적용한다. 제6조(대의원회의 총회 권한 대행에 관한 적용례) 제36조제3항의 개정규정은 2012년 4월 1일 이후 최초로 조합설립 인가를 받은 경우부터 적용한다. 다만, 개발계획의 경미한 변경에 대해서는 2012년 4월 1일 이후	

법	시 행 령	시 행 규 칙
제2조 및 제5조 생략 　　　　부　　　칙 〈11·4·14〉 제1조(시행일) 이 법은 공포 후 1년이 경과한 날부터 시행한다.〈단서 생략〉 제2조부터 제9조까지 생략 　　　　부　　　칙 〈11·9·30〉 제1조(시행일) 이 법은 공포 후 6개월이 경과한 날부터 시행한다. 제2조(도시개발채권 매입 의무의 한시적 면제) 제63조제1항에도 불구하고 2012년 12월 31일까지는 도시개발채권 매입 의무를 면제한다. 제3조(순환개발방식의 개발사업 등에 관한 적용례) 제3조의2, 제5조제1항제15호, 제6조제1항, 제21조의2 및 제21조의3(제4항은 제외한다)의 개정규정은 이 법 시행 후 최초로 도시개발구역을 지정하는 경우부터 적용한다. 제4조(도시개발사업 활성화를 위한 토지 공급 가격에 관한 적용례) 제27조제2항의 개정규정은 이 법 시행 후 최초로 제17조	대의원회를 개최하는 경우부터 적용한다. 제7조(인허가 협의회 구성에 관한 적용례) 제41조의2의 개정규정은 2012년 7월 18일 이후 최초로 실시계획을 신청하는 경우부터 적용한다. 제8조(조성토지등의 공급계획에 관한 적용례) 제56조제4호 및 제5호의 개정규정은 2012년 4월 1일 이후 최초로 작성하는 공급계획부터 적용한다. 제9조(과소 토지 등의 기준 등에 관한 적용례) 제62조, 제62조의2부터 제62조의4까지의 개정규정은 2012년 4월 1일 이후 최초로 법 제28조에 따른 환지 계획을 작성하는 경우부터 적용한다. 제10조(공공시설 관리자의 비용부담에 관한 적용례) 제73조제1항 단서의 개정규정은 2012년 4월 1일 이후 최초로 공공시설의 관리자와 협의하여 도시개발사업에 든 비용의 일부를 부담시키게 하는 경우부터 적용한다. 제11조(결합개발 등에 관한 적용 기준 완화의 특례 대상에 관한 적용례) 제85조의2의 개정규정은 2012년 4월 1일 이후 최초	

법	시 행 령	시 행 규 칙
에 따라 실시계획 인가를 받거나 실시계획을 변경하는 경우부터 적용한다. 제5조(입체 환지에 관한 적용례) 제32조, 제32조의2 및 제32조의3의 개정규정은 이 법 시행 후 최초로 제28조에 따른 환지계획을 작성하는 경우부터 적용한다. 부　　　칙 〈12·1·17〉 제1조(시행일) 이 법은 공포 후 6개월이 경과한 날부터 시행한다. 제2조(관계 행정기관 협의절차에 관한 적용례) 법률 제11068호 도시개발법 일부개정법률 제19조제3항 및 제4항의 개정규정은 이 법 시행 후 최초로 제17조에 따라 실시계획을 신청하는 분부터 적용한다. 부　　　칙 〈13·3·23〉 제1조(시행일) ① 이 법은 공포한 날부터 시행한다. ② 생략 제2조부터 제7조까지 생략 부　　　칙 〈13·7·16〉 이 법은 공포한 날부터 시행한다.	로 지정하는 도시개발구역 및 최초로 수립하는 개발계획부터 적용한다. 제12조(임대주택의 공급조건 등에 관한 경과조치) 시행자가 2012년 4월 1일 당시 이주대책을 수립하여 입주자 선정 기준일을 이미 공고한 경우에는 입주자의 선정 등에 관한 사항은 제43조의5의 개정규정에도 불구하고 그 입주자 선정 공고에 따른다. 부　　　칙 〈12·4·10〉 제1조(시행일) 이 영은 2012년 4월 15일부터 시행한다. 〈단서 생략〉 제2조부터 제15조까지 생략 부　　　칙 〈12·7·17〉 제1조(시행일) 이 영은 2012년 7월 18일부터 시행한다. 제2조(임대주택 건설용지 조성계획 등에 관한 적용례) 제43조의3제2항제1호의 개정규정은 이 영 시행 후 지정·고시하는 도시개발구역부터 적용한다. 부　　　칙 〈12·7·20〉 제1조(시행일) 이 영은 2012년 7월 22일부	

법	시 행 령	시 행 규 칙
부 칙 〈14·1·14, 제12248호〉 제1조(시행일) 이 법은 공포 후 6개월이 경과한 날부터 시행한다. 제2조부터 제25조까지 생략 **부 칙** 〈14·1·14, 제12251호〉 제1조(시행일) 이 법은 공포한 날부터 시행한다. 제2조부터 제6조까지 생략 **부 칙** 〈14·5·21〉 제1조(시행일) 이 법은 공포한 날부터 시행한다. 제2조(가산금 부과·징수 등에 관한 적용례) 제58조제6항부터 제8항까지의 개정규정은 이 법 시행 후 최초로 같은 조 제1항 및 제3항에 따른 기반시설의 설치 비용을 부담하도록 통지를 받은 자부터 적용한다. **부 칙** 〈14·6·3〉 제1조(시행일) 이 법은 공포 후 1년이 경과한 날부터 시행한다. 〈단서 생략〉 제2조 및 제3조 생략	터 시행한다. 〈단서 생략〉 제2조부터 제6조까지 생략 **부 칙** 〈13·3·23〉 제1조(시행일) 이 영은 공포한 날부터 시행한다. 〈단서 생략〉 제2조부터 제6조까지 생략 **부 칙** 〈13·4·22〉 제1조(시행일) 이 영은 2013년 4월 23일부터 시행한다. 제2조 생략 **부 칙** 〈13·9·17〉 이 영은 2013년 9월 23일부터 시행한다. **부 칙** 〈13·12·30〉 이 영은 2014년 1월 1일부터 시행한다. 〈단서 생략〉 **부 칙** 〈14·5·22〉 제1조(시행일) 이 영은 2014년 5월 23일부터 시행한다. 제2조부터 제13조까지 생략	

법	시 행 령	시 행 규 칙

부　　칙 〈14·11·19〉

제1조(시행일) 이 법은 공포한 날부터 시행한다. 다만, 부칙 제6조에 따라 개정되는 법률 중 이 법 시행 전에 공포되었으나 시행일이 도래하지 아니한 법률을 개정한 부분은 각각 해당 법률의 시행일부터 시행한다.

제2조부터 제7조까지 생략

부　　칙 〈15·1·6〉

제1조(시행일) 이 법은 2015년 7월 1일부터 시행한다.

제2조부터 제6조까지 생략

부　　칙 〈15·8·11〉

이 법은 공포 후 6개월이 경과한 날부터 시행한다.

부　　칙 〈15·8·28, 제13498호〉

제1조(시행일) 이 법은 공포 후 4개월이 경과한 날부터 시행한다. 〈단서 생략〉

제2조부터 제7조까지 생략

부　　칙 〈15·8·28, 제13499호〉

제1조(시행일) 이 법은 공포 후 4개월이 경

부　　칙 〈14·7·14〉

제1조(시행일) 이 영은 2014년 7월 15일부터 시행한다.

제2조부터 제6조까지 생략

부　　칙 〈14·11·4〉

이 영은 공포한 날부터 시행한다.

부　　칙 〈14·11·19〉

제1조(시행일) 이 영은 공포한 날부터 시행한다. 다만, 부칙 제5조에 따라 개정되는 대통령령 중 이 영 시행 전에 공포되었으나 시행일이 도래하지 아니한 대통령령을 개정한 부분은 각각 해당 대통령령의 시행일부터 시행한다.

제2조부터 제5조까지 생략

부　　칙 〈14·12·9〉

제1조(시행일) 이 영은 2015년 1월 1일부터 시행한다.

제2조부터 제16조까지 생략

부　　칙 〈15·6·1〉

제1조(시행일) 이 영은 2015년 6월 4일부터 시

법	시 행 령	시 행 규 칙
과한 날부터 시행한다. 제2조부터 제15조까지 생략 　　부　　칙 〈16·1·19, 제13805호〉 제1조(시행일) 이 법은 2016년 8월 12일부터 시행한다. 제2조부터 제22조까지 생략 　　부　　칙 〈16·1·19, 제13782호〉 제1조(시행일) 이 법은 2016년 9월 1일부터 시행한다. 제2조부터 제8조까지 생략 　　부　　칙 〈16·12·27〉 제1조(시행일) 이 법은 공포한 날부터 시행한다.〈단서 생략〉 제2조부터 제7조까지 생략 　　부　　칙 〈17·2·28〉 제1조(시행일) 이 법은 공포 후 1년이 경과한 날부터 시행한다. 제2조부터 제40조까지 생략 　　부　　칙 〈17·4·18〉 제1조(시행일) 이 법은 공포 후 1년이 경과	행한다. 제2조 및 제3조 생략 　　부　　칙 〈15·11·4〉 제1조(시행일) 이 영은 공포한 날부터 시행한다. 다만, 제25조의2 및 제57조제4항의 개정규정은 2016년 2월 12일부터 시행한다. 제2조(신탁계약 통보 기한에 관한 적용례) 제28조제2항의 개정규정은 이 영 시행 전에 체결된 신탁계약으로서 계약 체결일부터 14일이 지나지 아니한 경우에 대해서도 적용한다. 제3조(도시개발구역지정의 제안에 관한 경과조치) 이 영 시행 전에 국토교통부장관·특별자치도지사·시장·군수 또는 구청장에게 제출된 도시개발구역지정의 제안에 대해서는 제23조제3항 본문의 개정규정에도 불구하고 종전의 규정에 따른다. 　　부　　칙 〈15·12·28〉 제1조(시행일) 이 영은 2015년 12월 29일부터 시행한다. 제2조부터 제10조까지 생략 　　부　　칙 〈16·3·29〉 이 영은 2016년 3월 30일부터 시행한다.	

법	시 행 령	시 행 규 칙
한 날부터 시행한다.〈단서 생략〉 제2조부터 제5조까지 생략 부 칙 〈17·7·26〉 제1조(시행일) ① 이 법은 공포한 날부터 시행한다. 다만, 부칙 제5조에 따라 개정되는 법률 중 이 법 시행 전에 공포되었으나 시행일이 도래하지 아니한 법률을 개정한 부분은 각각 해당 법률의 시행일부터 시행한다. 제2조부터 제6조까지 생략 부 칙 〈18·4·17〉 제1조(시행일) 이 법은 공포한 날부터 시행한다. 제2조(금치산자 또는 한정치산자의 결격사유에 관한 경과조치) 제14조제3항제1호의 개정규정에 따른 피성년후견인 또는 피한정후견인에는 법률 제10429호 민법 일부개정법률 부칙 제2조에 따라 금치산 또는 한정치산 선고의 효력이 유지되는 사람을 포함하는 것으로 본다. 부 칙 〈19·8·27〉 제1조(시행일) 이 법은 공포 후 1년이 경과	부 칙 〈16·8·11〉 제1조(시행일) 이 영은 2016년 8월 12일부터 시행한다. 제2조부터 제8조까지 생략 부 칙 〈16·8·16〉 이 영은 공포한 날부터 시행한다. 부 칙 〈16·8·31, 제27472호〉 제1조(시행일) 이 영은 2016년 9월 1일부터 시행한다. 제2조부터 제7조까지 생략 부 칙 〈16·8·31, 제27473호〉 제1조(시행일) 이 영은 2016년 9월 1일부터 시행한다. 제2조 및 제3조 생략 부 칙 〈16·12·30〉 제1조(시행일) 이 영은 2017년 1월 1일부터 시행한다.〈단서 생략〉 제2조부터 제12조까지 생략 부 칙 〈17·3·29〉 제1조(시행일) 이 영은 2017년 3월 30일부터	

법	시 행 령	시 행 규 칙
한 날부터 시행한다. 제2조부터 제16조까지 생략 　　　　부　　　칙 〈20·1·29〉 제1조(시행일) 이 법은 공포 후 6개월이 경 　과한 날부터 시행한다. 제2조부터 제20조까지 생략 　　　　부　　　칙 〈20·4·7〉 제1조(시행일) 이 법은 공포 후 3개월이 경 　과한 날부터 시행한다. 제2조 및 제3조 생략 　　　　부　　　칙 〈20·6·9〉 이 법은 공포한 날부터 시행한다. 〈단서 생략〉 　　　　부　　　칙 〈21·1·12〉 제1조(시행일) 이 법은 공포 후 1년이 경과 　한 날부터 시행한다. 제2조부터 제23조까지 생략 　　　　부　　　칙 〈21·3·16〉 제1조(시행일) 이 법은 공포 후 3개월이 경 　과한 날부터 시행한다. 〈단서 생략〉	시행한다. 제2조부터 제10조까지 생략 　　　　부　　　칙 〈17·7·26〉 제1조(시행일) 이 영은 공포한 날부터 시행 　한다. 다만, 부칙 제8조에 따라 개정되는 　대통령령 중 이 영 시행 전에 공포되었으 　나 시행일이 도래하지 아니한 대통령령을 　개정한 부분은 각각 해당 대통령령의 시 　행일부터 시행한다. 제2조부터 제8조까지 생략 　　　　부　　　칙 〈17·12·5〉 제1조(시행일) 이 영은 공포한 날부터 시행한다. 제2조(교육영향평가서 심의 결과를 반영하 　는 개발계획 변경에 관한 적용례) 제7조 　제2항 및 제14조제2항의 개정규정은 이 　영 시행 이후 「교육환경 보호에 관한 법 　률」에 따른 교육환경평가서 심의 결과를 　반영하여 개발계획을 변경하는 경우부터 　적용한다. 제3조(임대주택건설용지의 공급에 관한 적 　용례) 제57조의 개정규정은 이 영 시행 　이후 법 제26조제1항에 따른 조성토지등	

법	시 행 령	시 행 규 칙
제2조부터 제4조까지 생략 　　　　부　　　칙〈21·4·1〉 이 법은 공포한 날부터 시행한다. 　　　　부　　　칙〈21·7·20〉 제1조(시행일) 이 법은 공포 후 1년이 경과한 날부터 시행한다. 제2조 생략 　　　　부　　　칙〈21·12·21, 제18630호〉 제1조(시행일) 이 법은 공포 후 6개월이 경과한 날부터 시행한다. 제2조(법인의 설립과 사업시행 등에 관한 적용례) 제11조의2의 개정규정은 이 법 시행 이후 최초로 도시개발구역을 지정하는 경우부터 적용한다. 제3조(민간참여자 선정에 관한 적용례) 제2조에도 불구하고 이 법 공포 당시 제11조제1항제1호부터 제4호까지에 해당하는 자가 같은 항 제11호에 따른 법인을 설립하기 위하여 민간참여자를 공모의 방식으로 정한 경우(공고를 통하여 공모 절차를 거치고, 공모 결과를 공고 또는 공문으로 알	의 공급 계획을 작성하거나 변경하는 경우부터 적용한다. 　　　　부　　　칙〈18·2·9〉 제1조(시행일) 이 영은 2018년 2월 9일부터 시행한다. 제2조부터 제17조까지 생략 　　　　부　　　칙〈18·2·27〉 제1조(시행일) 이 영은 2018년 3월 27일부터 시행한다.〈단서 생략〉 제2조 생략 　　　　부　　　칙〈18·4·17〉 제1조(시행일) 이 영은 2018년 4월 19일부터 시행한다. 제2조 생략 　　　　부　　　칙〈18·10·23〉 제1조(시행일) 이 영은 2018년 10월 25일부터 시행한다. 제2조 생략 　　　　부　　　칙〈18·10·30〉 제1조(시행일) 이 영은 2018년 11월 1일부	

법	시 행 령	시 행 규 칙
린 경우에 한정한다)에는 제11조의2제2항 및 제7항의 민간참여자 선정에 관한 개정규정을 이 법 시행일부터 3년이 경과한 날 이후 최초로 도시개발구역을 지정하는 경우부터 적용한다. 이 경우 사업시행을 위한 협약은 제11조의2제1항 및 제3항부터 제7항까지의 개정규정에 따라 체결하여야 한다(이 법 공포일 이전에 이미 협약을 체결한 경우에도 또한 같다). [본조신설 23·7·18] 〈종전의 제3조〉〈개정 23·7·18〉 제4조(조성토지등의 공급 계획에 관한 적용례) 제26조의 개정규정은 이 법 시행 이후 최초로 작성하는 공급 계획부터 적용한다. 다만, 제26조제3항 단서의 개정규정은 이 법 시행 이후 최초로 도시개발구역을 지정하는 경우부터 적용한다.〈개정 23·7·18〉 〈종전의 제4조〉〈개정 23·7·18〉 제5조(학교 용지 등의 공급 가격에 관한 적용례) 제27조제1항의 개정규정은 이 법 시행 이후 최초로 도시개발구역을 지정하는 경우부터 적용한다.〈개정 23·7·18〉	터 시행한다. 제2조부터 제11조까지 생략 부 칙 〈18·12·18〉 이 영은 공포한 날부터 시행한다.〈단서 생략〉 부 칙 〈19·6·25〉 제1조(시행일) 이 영은 2019년 9월 16일부터 시행한다.〈단서 생략〉 제2조부터 제10조까지 생략 부 칙 〈20·3·3〉 이 영은 공포한 날부터 시행한다. 부 칙 〈20·9·8〉 제1조(시행일) 이 영은 공포한 날부터 시행한다. 제2조 및 제3조 생략 부 칙 〈20·9·10〉 제1조(시행일) 이 영은 2020년 9월 10일부터 시행한다. 제2조 및 제3조 생략 부 칙 〈20·11·24〉 제1조(시행일) 이 영은 공포한 날부터 시행	

법	시 행 령	시 행 규 칙
부 칙 〈22·12·27〉 제1조(시행일) 이 법은 공포 후 6개월이 경과한 날부터 시행한다. 제2조 및 제3조 생략 **부 칙** 〈23·7·18〉 이 법은 공포 후 3개월이 경과한 날부터 시행한다. 다만, 법률 제18630호 도시개발법 일부개정법률 부칙 제3조의 개정규정은 공포한 날부터 시행한다.	한다. 제2조(공고 등의 방법에 관한 일반적 적용례) 이 영은 이 영 시행 이후 실시하는 공고, 공표, 공시 또는 고시부터 적용한다. **부 칙** 〈20·12·8〉 제1조(시행일) 이 영은 2020년 12월 10일부터 시행한다. 제2조 생략 **부 칙** 〈21·1·5〉 이 영은 공포한 날부터 시행한다. 〈단서 생략〉 **부 칙** 〈21·8·24〉 이 영은 공포한 날부터 시행한다. **부 칙** 〈21·8·31〉 제1조(시행일) 이 영은 2021년 9월 10일부터 시행한다. 제2조부터 제5조까지 생략 **부 칙** 〈21·12·16〉 제1조(시행일) 이 영은 2022년 1월 13일부터 시행한다. 〈단서 생략〉 제2조부터 제6조까지 생략	

법	시 행 령	시 행 규 칙
	부 칙 〈22·1·21〉 제1조(시행일) 이 영은 2022년 1월 21일부터 시행한다. 제2조부터 제5조까지 생략 부 칙 〈22·2·17〉 제1조(시행일) 이 영은 2022년 2월 18일부터 시행한다. 제2조 및 제3조 생략 부 칙 〈22·6·21〉 제1조(시행일) 이 영은 2022년 6월 22일부터 시행한다. 제2조(도시개발구역 지정 시 관계 기관 협의에 관한 경과조치) 이 영 시행 전에 지정권자가 법 제8조제1항에 따라 관계 행정기관의 장에게 도시개발구역의 지정에 관하여 협의를 요청한 경우로서 지정하려는 도시개발구역 면적이 50만제곱미터 이상 100만제곱미터 미만인 경우에는 제14조의2제1항의 개정규정에도 불구하고 종전의 규정에 따른다. 부 칙 〈22·11·1〉 이 영은 공포 후 6개월이 경과한 날부터 시	

법	시 행 령	시 행 규 칙
	행한다. 　　　　　부　　　칙 〈23·7·7〉 제1조(시행일) 이 영은 2023년 7월 10일부터 시행한다. 제2조부터 제14조까지 생략 　　　　　부　　　칙 〈23·10·18〉 이 영은 2023년 10월 19일부터 시행한다. 　　　　　부　　　칙 〈24·2·6〉 제1조(시행일) 이 영은 2024년 2월 15일부터 시행한다. 제2조 생략 　　　　　부　　　칙 〈24·5·7〉 제1조(시행일) 이 영은 2024년 5월 17일부터 시행한다. 제2조 및 생략 　　　　　부　　　칙 〈24·7·30〉 제1조(시행일) 이 영은 공포한 날부터 시행한다. 제2조(「도시개발법 시행령」의 개정에 관한 경과조치) 이 영 시행 전에 종전의 「도시개발법 시행령」 제11조제2항에 따라 일반인에게	

법	시 행 령	시 행 규 칙
	공람시킨 경우 공람기간의 계산에 관하여는 「도시개발법 시행령」 제11조제2항의 개정규정에도 불구하고 종전의 규정에 따른다. 　　　　부　　　　칙 〈24·9·10〉 제1조(시행일) 이 영은 2024년 9월 15일부터 시행한다. 제2조 및 제3조 생략 　　　　부　　　　칙 〈25·1·31〉 제1조(시행일) 이 영은 공포한 날부터 시행한다. 제2조(관계서류의 공람에 관한 경과조치) 이 영 시행 전에 종전의 제61조제2항에 따라 일반인에게 공람시킨 경우 공람기간의 계산에 관하여는 제61조제2항의 개정규정에도 불구하고 종전의 규정에 따른다.	

도시개발법 시행령 [별표]

[별표 1] 〈개정 12·1·25, 13·9·17, 21·8·31, 22·2·17〉

도시개발채권의 매입대상 및 금액(제84조제2항 관련)

1. 도시개발채권의 매입대상별 매입금액은 다음 표와 같다.

매입대상	매입금액
가. 법 제11조제1항제1호부터 제4호까지의 규정에 해당하는 자와 도시개발사업의 시행을 위한 공사의 도급계약을 체결한 자	공사도급계약 금액의 100분의 5
나. 법 제11조제1항제5호부터 제7호까지의 규정에 해당하는 자로서 도시개발사업을 시행하는 자	시행면적 3.3제곱미터 당 30,000원
다. 「국토의 계획 및 이용에 관한 법률」 제56조에 따라 토지의 형질변경허가를 받는 자	토지형질변형 허가면적 3.3제곱미터 당 30,000원

비고: 시·도는 위 표의 나목 및 다목에 규정된 금액의 범위에서 해당 시·도의 조례로 매입금액을 달리 정할 수 있다.

2. 도시개발채권 매입의무의 면제
  가. 다음에 정하는 자에 대하여는 도시개발채권의 매입의무를 면제한다.
   1) 국가기관: 「대한민국헌법」·「정부조직법」, 그 밖의 특별법에 따라 설립된 기관과 그 소속기관
   2) 지방자치단체: 지방자치단체 및 그 소속기관
   3) 「공공기관의 운영에 관한 법률」에 따른 다음의 공공기관
    가) 「한국토지주택공사법」에 따른 한국토지주택공사
    나) 삭제 〈09·9·21〉
    다) 「한국수자원공사법」에 따른 한국수자원공사
    라) 「한국농어촌공사 및 농지관리기금법」에 따른 한국농어촌공사
    마) 「한국관광공사법」에 따른 한국관광공사
    바) 「한국철도공사법」에 따른 한국철도공사
    사) 「한국도로공사법」에 따른 한국도로공사
    아) 「한국석유공사법」에 따른 한국석유공사
    자) 「한국농수산식품유통공사법」에 따른 한국농수산식품유통공사
    차) 「한국광해광업공단법」에 따른 한국광해광업공단
    카) 「제주특별자치도 설치 및 국제자유도시 조성을 위한 특별법」에 따른 제주국제자유도시개발센터
    타) 「한국자산관리공사 설립 등에 관한 법률」에 따른 한국자산관리공사
   4) 지방공기업: 「지방공기업법」에 따른 지방공기업
   5) 주한 외국정부기관: 외국정부의 공관 및 사절단, 국제기구(대한민국 국민이 아닌 그 구성원을 포함한다), 미합중국 군대 및 국제연합군(대한민국 국민이 아닌 그 구성원과 군속을 포함한다)
   6) 「사립학교법」 제2조에 따른 사립학교
  나. 다음에 해당하는 토지의 면적에 대하여는 도시개발채권의 매입의무를 면제한다.
   1) 법 제11조제1항제5호부터 제7호까지의 규정에 해당하는 자가 시행하는 도시개발사업 구역 중 토지형질변경이 수반되지 아니하는 면적
   2) 영농 및 축산을 목적으로 토지형질변경허가를 받는 면적
   3) 「사회기반시설에 대한 민간투자법」 제2조제1호가목부터 타목까지의 규정에 해당하는 시설의 건설을 목적으로 토지형질변경허가를 받는 면적
   4) 주택건설을 목적으로 토지형질변경허가를 받는 토지 중 다음에 해당하는 면적
    가) 「주택법」 제2조제5호에 따른 사업주체가 전용면적 60제곱미터(공용면적을 포함하는 경우에는 70제곱미터를 말한다) 이하인 주택(임대를 목적으로 하는 주택을 포함한다)을 건설하기 위한 토지의 면적
    나) 가) 외의 주택을 건설하기 위한 토지형질변경허가 면적 중 국가 또는 지방자치단체에 귀속(기부채납을 포함한다)되는 토지의 면적
   5) 토지형질변경허가 대상면적 중 도시철도채권의 매입대상과 중복되는 면적
  다. 도시개발채권의 매입의무자가 제1호의 기준에 따라 도시개발채권을 매입한 경우에는 도시개발채권의 매입상당액만큼 국민주택채권 또는 도시철도채권의 매입의무를 각각 면제한다.
  라. 시·도지사가 천재지변, 그 밖의 사유로 도시개발채권의 매입이 부적당하다고 인정하는 경우에는 이를 면제할 수 있다.

3. 도시개발채권의 최저매입금액은 1만원으로 한다. 다만, 1만원 미만의 단수가 있을 경우 그 단수가 5천원 이상 1만원 미만인 때에는 이를 1만원으로 하고, 그 단수가 5천원 미만인 때에는 단수가 없는 것으로 한다.

[별표 2] 〈신설 23·10·18〉

존치부담금 단가산정원칙 및 존치부지범위 등의 적용기준(제84조의2 관련)

1. 용어 정의

가. "기존부지"란 존치 대상건축물 소유자가 소유하고 있는 토지를 말한다.

나. "취득부지"란 도시개발구역 토지이용계획에 따라 획지(劃地: 구획된 한 단위의 토지를 말한다. 이하 같다)정리를 한 결과 기존부지 중 시행자가 취득해야 하는 토지를 말한다.

다. "존치부지"란 기존부지에서 취득부지를 제외한 토지를 말한다.

라. "공급부지"란 획지정리를 한 후 존치부지 외에 추가로 공급하는 부지로서 기존부지 중 취득부지에 해당하는 면적의 취득공급부지(취득부지가 있는 경우로 한정한다)와 새로 추가되는 면적의 초과공급부지를 합한 부지를 말한다.

마. "존치건축물부지"란 존치부지와 공급부지를 합한 부지를 말한다.

2. 산정 원칙

가. 존치부담금의 단가와 공급부지의 단가는 다음 표에 따라 산출한다.

구 분	산 정 방 법
1) 존치부담금 단가 (원/㎡)	기반시설 표준시설비용 × 용도가중치 × 부담률 × 지역감면율
2) 공급부지 단가 (원/㎡)	기존부지 취득단가 + 존치부담금 단가

주: 가) "기반시설 표준시설비용"이란 「국토의 계획 및 이용에 관한 법률 시행령」 제68조에 따라 국토교통부장관이 매년 고시하는 단위면적(㎡)당 가격을 말한다.

나) "용도가중치"란 「국토의 계획 및 이용에 관한 법률 시행령」 별표 1의3에 따른 건축물별 기반시설유발계수와 건축물 또는 토지의 용도를 고려하여 산정한 계수로서 용도별로 각각 다음을 적용한다.
- 주거용도 1.0, 상업·업무용도 2.6, 공업용도 1.9, 그 밖의 용도 2.1

다) "부담률"은 「국토의 계획 및 이용에 관한 법률」 제68조제5항에 따른 민간 개발사업자의 부담률을 적용한다.

라) "지역감면율"이란 「수도권정비계획법」상 과밀억제권역 및 성장관리권역을 제외한 지역에만 적용하는 것으로서 50%로 한다. 다만, 시행자는 사업지구 여건 등을 고려하여 상·하 10% 포인트 범위에서 탄력적으로 적용할 수 있다.

나. 존치부담금은 존치부담금 단가에 존치부지 면적을 곱하여 산출한다.

다. 공급부지의 면적이 취득부지의 면적을 초과하여 공급하는 경우 초과공급부지 면적에 법 제26조 및 제27조에 따른 해당 용도 토지의 공급가격을 적용하여 공급가격을 산출한다.

라. 존치건축물이 그 부지 대부분을 나지(裸地)상태로 사용하는 주차장시설 등인 경우에는 해당 건축물의 면적에 건폐율 및 용적률을 적용하여 역산한 면적만을 그 존치건축물에 대한 기존부지로 본다.

마. 존치건축물과 존치건축물부지의 소유권이 다른 경우 그 존치건축물부지 전부를 공급부지로 보며, 그 공급단가는 해당 용도에 따른 공급가격 결정방법에 따른다.

3. 존치부담금 부과 대상

법 제65조의2에 따라 존치하게 된 시설물의 존치부지(취득부지 및 공급부지는 제외한다)

4. 존치부담금 부과 및 납부 시기

가. 시행자는 법 제18조에 따라 실시계획이 고시된 날부터 6개월 이내에 존치건축물의 소유자에게 납부 기한을 정하여 존치부담금을 부과할 수 있다.

나. 존치부담금의 납부 기한은 해당 도시개발사업의 준공일까지로 하고, 납부방법은 일시납부 또는 분할납부(연도별 납부를 포함한다)로 하되, 분할납부의 방법은 시행자가 해당 도시개발사업의 시행으로 인한 보상금액, 공급부지의 공급금액, 존치시설물 소유자의 재무상태 등을 고려하여 개별적으로 정할 수 있다.

5. 존치부담금의 면제

다음 각 목의 어느 하나에 해당하는 경우에는 존치부담금의 납부를 면제할 수 있다.

가. 공공청사, 학교 등 「국토의 계획 및 이용에 관한 법률」에서 정하는 공공시설 및 그 밖에 이와 유사한 시설물을 존치하는 경우

나. 공원, 녹지 등 지방자치단체 등에 무상으로 귀속되는 지역으로서 현황이 보전되는 지역 내의 건축물을 존치하는 경우

다. 존치 건축물이 공동주택으로서 법 제7조에 따라 주민 등의 의견청취를 위한 공고일 전에 입주자 모집공고가 완료되어 존치협의가 어려운 경우

[별표 3] 〈개정 11·4·6, 22·6·21, 23·10·18〉

과태료의 부과기준(제87조 관련)

1. 일반기준

가. 위반행위의 횟수에 따른 과태료의 가중된 부과기준은 최근 1년간 같은 위반행위로 과태료 부과처분을 받은 경우에 적용한다. 이 경우 기간의 계산은 위반행위에 대하여 과태료 부과처분을 받은 날과 그 처분 후 다시 같은 위반행위를 하여 적발된 날을 기준으로 한다.

나. 가목에 따라 가중된 부과처분을 하는 경우 가중처분의 적용 차수는 그 위반행위 전 부과처분 차수(가목에 따른 기간 내에 과태료 부과처분이 둘 이상 있었던 경우에는 높은 차수를 말한다)의 다음 차수로 한다. 다만, 적발된 날부터 소급하여 1년이 되는 날 전에 한 부과처분은 가중처분의 차수 산정 대상에서 제외한다.

다. 하나의 위반행위가 둘 이상의 과태료 부과기준에 해당하는 경우에는 그중 금액이 큰 과태료 부과기준을 적용한다.

라. 부과권자는 다음의 어느 하나에 해당하는 경우에는 제2호의 개별기준에 따른 과태료 금액의 2분의 1의 범위에서 그 금액을 감경할 수 있다. 다만, 과태료를 체납하고 있는 위반행위자의 경우에는 그렇지 않다.

1) 위반행위자가 「질서위반행위규제법 시행령」 제2조의2제1항 각 호의 어느 하나에 해당하는 경우
2) 위반행위가 사소한 부주의나 오류로 인한 것으로 인정되는 경우
3) 위반행위자가 위반행위를 바로 정정하거나 시정하여 법 위반상태를 해소한 경우
4) 그 밖에 위반행위의 정도, 위반행위의 동기와 그 결과 등을 고려하여 감경할 필요가 있다고 인정되는 경우

마. 부과권자는 다음의 어느 하나에 해당하는 경우에는 제2호의 개별기준에 따른 과태료 금액의 2분의 1의 범위에서 가중할 수 있다. 다만, 법 제85조제1항 및 제2항에 따른 과태료 금액의 상한을 넘을 수 없다.

1) 위반의 내용·정도가 중대하여 이해관계인 등에게 미치는 피해가 크다고 인정되는 경우
2) 법 위반상태의 기간이 6개월 이상인 경우
3) 그 밖에 위반행위의 정도, 위반행위의 동기와 그 결과 등을 고려하여 가중할 필요가 있다고 인정되는 경우

2. 개별기준

(단위: 만원)

위반행위	근거 법조문	과태료 금액		
		1차	2차	3차 이상
가. 조합이 도시개발사업이 아닌 다른 업무를 한 경우	법 제85조제2항 제1호	200	300	500
나. 법 제6조에 따른 조사 또는 측량을 위한 행위를 거부하거나 방해한 경우	법 제85조제1항 제1호	200	400	600
다. 법 제39조제3항을 위반한 경우	법 제85조제2항 제2호	100	200	300
라. 법 제40조제5항에 따른 통지를 하지 않은 경우	법 제85조제2항 제3호	300	300	300
마. 법 제64조제2항부터 제4항까지의 규정에 따른 허가 또는 동의를 받지 않고 법 제64조제1항에 따른 행위를 한 경우	법 제85조제1항 제2호			
1) 타인이 점유하는 토지에 출입한 경우		100	200	300
2) 타인의 토지를 재료를 쌓아두는 장소 또는 임시도로로 일시 사용한 경우		200	400	600
3) 장애물 등을 변경하거나 제거한 경우		300	600	1,000
바. 법 제64조제6항을 위반하여 타인의 토지에 출입한 경우	법 제85조제2항 제4호	100	200	300
사. 법 제72조제4항에 따른 관계 서류나 도면을 넘기지 않은 경우	법 제85조제2항 제5호			
1) 법 위반상태의 기간이 1개월 이내인 경우		200	200	200
2) 법 위반상태의 기간이 1개월 초과 3개월 이내인 경우		300	300	300
3) 법 위반상태의 기간이 3개월 초과인 경우		500	500	500
아. 법 제74조제1항에 따른 보고를 하지 않거나 거짓된 보고를 한 경우	법 제85조제2항 제6호	100	200	300
자. 법 제74조제1항에 따른 자료의 제출을 하지 않거나 거짓된 자료를 제출한 경우	법 제85조제2항 제7호	100	200	300
차. 법 제74조제1항에 따른 검사를 거부·방해 또는 기피한 경우	법 제85조제1항 제3호	200	400	800

도시개발법 시행규칙 [별표]

[별표 1] 〈개정 21·10·12〉

<u>도시개발구역의 지정기준</u>(제3조관련)

1. 도시개발구역으로 지정하려는 지역이 둘 이상의 용도지역에 걸치는 경우에는 다음 각 목의 구분에 따라 도시개발구역으로 지정하여야 한다.
   가. 도시지역 안에서 둘 이상의 용도지역에 걸치는 경우에는 다음의 계산식에 따른 면적(A)이 1만 제곱미터 이상일 것. 다만, 생산녹지지역이 포함된 경우에는 생산녹지지역이 전체 면적의 30퍼센트 이내여야 한다.
       A=주거지역 및 상업지역의 면적 + 공업지역의 면적의 3분의 1 + 자연녹지지역의 면적 + 생산녹지지역의 면적
   나. 도시지역 밖에서 둘 이상의 용도지역에 걸치는 경우에는 총면적이 30만 제곱미터 이상일 것. 다만 영 제2조제1항제2호 단서에 따른 요건을 모두 갖춘 경우에는 10만 제곱미터 이상이어야 한다.
   다. 도시지역 안과 도시지역 밖에 걸치는 경우에는 다음의 어느 하나에 해당할 것
       (1) 총면적이 30만 제곱미터 이상인 경우일 것
       (2) 도시지역안의 면적(가목의 계산식에 따른 면적을 말한다)이 1만 제곱미터 이상이고 도시지역 밖의 면적이 5천 제곱미터 이하로서 도시지역 밖의 면적을 공공시설용지로 사용하기 위하여 개발하는 경우일 것
       (3) 영 제2조제1항제2호 단서에 따른 요건을 모두 갖춘 경우에는 10만 제곱미터 이상인 경우일 것
2. 동일한 목적으로 여러 차례에 걸쳐 부분적으로 개발하거나 연접하여 개발하는 경우로서 다음 각 목의 요건을 모두 갖춘 경우에는 개발 중인 구역과 새로 개발하려는 구역을 하나의 도시개발구역으로 지정하여야 한다.
   가. 개발 중인 구역과 새로 개발하려는 구역의 면적을 합한 면적이 영 제2조에서 정하는 면적 이상일 것
   나. 개발 중인 구역과 새로 개발하려는 구역의 시행자가 같은 자일 것

[별표 2]

<u>위탁수수료의 요율</u>(제18조관련)

1. 토지매수 및 보상업무

위탁금액	요율 (위탁금액에 대한 수수료의 비율)	비 고
10억원 이하	20/1,000 이내	1. "위탁금액"이란 기초조사비, 토지매입비, 시설의 매수 및 이전비, 권리 또는 지장물의 보상비와 이주대책사업비(이주대책사업을 하는 경우만 해당한다) 등의 합계액을 말한다. 2. 감정수수료 및 등기수수료 등의 법정수수료는 위탁수수료의 요율을 정할 때에 가산한다. 3. 기초조사, 매수 및 보상업무의 완료 후 준공 및 관리처분을 위한 측량·지목변경 및 관리이전을 위한 소유권의 변경에 소요되는 비용은 위탁수수료의 요율기준의 100분의 30의 범위에서 이를 가산할 수 있다. 4. 지역적인 특수한 사정이 있는 경우에는 위탁자와 수탁자가 협의하여 이 위탁수수료의 요율을 조정할 수 있다.
10억원 초과 30억원 이하	17/1,000 이내	
30억원 초과 50억원 이하	13/1,000 이내	
50억원 초과	10/1,000 이내	

2. 도시개발사업

공사비	요율 (공사비에 대한 수수료의 비율)	비 고
100억원 이하	90/1,000 이내	1. "공사비"란 재료비·노무비·일반관리비·이윤 및 부가가치세액의 합계액을 말한다. 2. 공사비는 발주설계서 또는 직영설계서에 따른 금액을 기준으로 하되, 설계·시공일괄입찰의 경우에는 계약금액을 기준으로 한다. 3. 설계변경으로 공사비가 변경되는 경우에는 그에 따라 수수료를 가감할 수 있다. 4. 2년 이상의 장기사업인 경우에는 총 공사비에 대한 수수료를 산정하여 위탁자와 수탁자의 협의에 따라 연차별 수수료를 배분하여 정할 수 있다.
100억원 초과 300억원 이하	80/1,000 이내	
300억원 초과 500억원 이하	75/1,000 이내	

공사비	요 율 (공사비에 대한 수수료의 비율)	비 고
500억원 초과	70/1,000 이내	5. 위탁사업의 범위에 용지매수 및 손실보상업무와 이주대책사업이 포함되는 경우에는 그에 따른 위탁수수료를 가산한다. 6. 조사·설계 등 부대사업을 포함하여 위탁하는 경우에는 부대사업에 소요되는 비용을 공사비에 합산하여 요율을 적용한다.

[별표 3] 〈개정 21·10·12〉

수의계약에 따른 토지의 공급기준 및 면적(제23조제2항관련)

1. 공급기준

　가. 시행자는 「공익사업을 위한 토지 등의 취득 및 보상에 관한 법률」에 따른 협의에 응하여 그가 소유하는 도시개발구역 안의 토지의 전부(「수도권정비계획법」에 따른 수도권지역의 경우에는 해당 토지의 면적이 1천 제곱미터 이상인 경우에 한하며, 해당 토지에 「공익사업을 위한 토지 등의 취득 및 보상에 관한 법률」 제3조에 해당되는 물건이나 권리가 있는 경우에는 이를 포함한다. 이하 이 호에서 같다)를 시행자에게 양도한 자(영 제11조제2항에 따른 공고일 이전부터 토지를 소유한 경우에 한하되, 그 이후에 토지를 소유한 경우로서 도시개발구역 안의 토지의 종전 소유자로부터 그 토지의 전부를 취득한 경우와 법원의 판결 또는 상속에 따라 토지를 취득한 경우를 포함한다)에게 주택건설용지를 공급할 수 있다.

　나. 시행자는 「주택법」 제4조에 따라 등록한 주택건설사업자가 영 제11조제2항에 따른 공고일 현재 소유한 도시개발구역 안의 토지의 전부를 「공익사업을 위한 토지 등의 취득 및 보상에 관한 법률」에 따른 협의에 응하여 시행자에게 양도한 경우에는 해당 주택건설사업자에게 주택건설용지를 공급할 수 있다.

　다. 시행자는 기존에 등록된 공장을 소유한 자가 그 공장을 이전하기 위하여 영 제11조제2항에 따른 공고일 현재 소유한 토지의 전부를 「공익사업을 위한 토지 등의 취득 및 보상에 관한 법률」에 따른 협의에 응하여 양도한 경우에는 해당인에게 공장용지를 공급할 수 있다.

2. 공급면적

　가. 제1호가목에 따라 토지를 공급하는 경우에는 1세대당 1필지를 기준으로 하여 1필지당 165제곱미터 이상 330제곱미터 이하의 범위 안에서 규약·정관 또는 시행규정으로 정한 면적으로 한다.

　나. 제1호나목에 따라 토지를 공급하는 경우에는 다음의 계산식에 따라 산정한 면적의 범위 안에서 규약·정관 또는 시행규정으로 정한 면적으로 한다.
　　주택건설사업자가 소유하던 토지의 면적-주택건설사업자가 소유하던 토지의 면적×(해당 사업지구의 도시기반시설면적/해당 사업지구의 총면적)

　다. 제1호다목에 따라 토지를 공급하는 경우에는 나목의 계산식을 준용하여 산정한 면적의 범위 안에서 규약·정관 또는 시행규정으로 정한 면적으로 한다.

[별표 4] 삭제 〈12·3·30〉

[별표 5]

환지 등의 표시를 위한 표지(제31조관련)

1. 표지의 규격

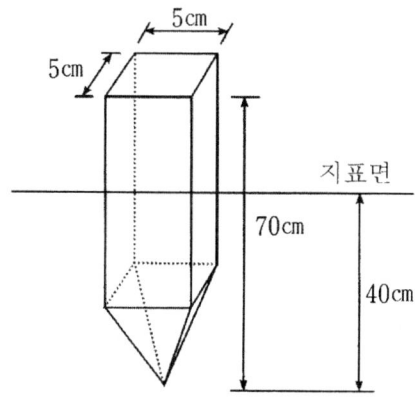

2. 표시방법
   가. 앞면에는 환지측량지점, 환지 또는 환지예정지를 적는다.
   나. 뒷면에는 위치를 적는다.
   다. 양쪽 옆면에는 각각 설치연월일과 "제   호"의 표시를 한다.
   라. 재료는 석재, 합성수지재 또는 콘크리트재로 한다.

[별표 6]

비용산정기준(제36조관련)

1. 공사비
「국가를 당사자로 하는 계약에 관한 법률 시행령」 제9조에 따른 재료비·노무비·경비·일반관리비 및 이윤의 합계액을 말한다.

2. 조사비
해당 도시기반시설의 설치를 위한 측량비 및 그 밖에 조사비로서 순공사비에 포함되지 아니한 비용을 말하며,「엔지니어링기술진흥법」 제10조에 따른 엔지니어링사업대가의 기준에 따른다.

3. 설계비
해당 도시기반시설의 설계를 위한 비용을 말하며,「엔지니어링기술진흥법」 제10조에 따른 엔지니어링사업대가의 기준에 따른다.

4. 보상비
해당 도시기반시설의 설치를 위하여 지급된 토지매입비와 토지가액에 포함되지 아니한 건물·입목·영업권 등 토지소유권 외의 권리에 대한 보상비 및 이주대책비의 합계액을 말한다.

5. 그 밖의 비용
「산업재해보상보험법」에 따른 보험료,「국가를 당사자로 하는 계약에 관한 법률 시행령」 제9조의 예정가격 결정기준에 따른 일반관리비율에 따라 산정한 일반관리비, 최초 실시계획에서 정한 시행기간(정부지원계획의 차질이나 그 밖의 불가피한 사유로 시행기간을 연장한 경우에는 연장된 기간을 포함한다)까지의 자본비용, 천재지변으로 인한 피해액, 다른 법령이나 도시기반시설 설치의 인가조건 등에 따라 국가 또는 지방자치단체에 납부한 부담금 등 해당 도시기반시설의 설치에 소요된 비용의 합계액을 말한다.

※ 비고
제5호에서 시행기간을 연장할 수 있는 불가피한 사유는 다음과 같다.
   가. 국가 또는 지방자치단체가 도시기반시설의 설치와 연계하여 시행하는 항만·도로·용수 등 도시기반시설설치사업의 부진
   나. 국가 또는 지방자치단체의 계획 또는 정책의 변경
   다. 태풍·해일·홍수 등 불가항력의 자연재해
   라. 문화재발굴, 관련부처와의 협의지연 등 지정권자가 도시기반시설설치의 시행기간을 연장하는 것이 불가피하다고 인정하는 경우

[별표 7] 〈신설 12·3·30, 21·10·12〉

특례 적용기준(제44조 관련)

1. 영 제85조의3에 따른 특례 적용에 대한 구체적인 기준은 다음 각 목의 범위에 서 지정권자가 개발계획 수립 또는 변경할 때에 결정한다.

가. 법 제71조의2제1호에 따른 결합개발
 1) 영 제85조의3제1항제1호에 따른 건폐율: 영 제5조의2제2항 각 호 외의 지역만 다음 계산식에 따라 산출되는 건폐율을 적용하되, 영 제5조의2제2항 각 호 외의 지역의 각 용도지역 별로 산정한다.
  영 제5조의2제2항 각 호 외 지역의 해당 용도지역에 적용되는 건폐율 ×[1 + 결합개발대상 면적 비율]
 2) 영 제85조의3제1항제2호에 따른 용적률: 영 제5조의2제2항 각 호 외의 지역만 다음 계산식에 따라 산출되는 용적률을 적용하되, 영 제5조의2제2항 각 호 외의 지역의 각 용도지역 별로 산정한다.
  영 제5조의2제2항 각 호 외 지역의 해당 용도지역에 적용되는 용적률 ×[0.5 × (결합개발대상 면적 비율 - 0.3)]
 3) 영 제85조의3제1항제6호에 따른 도시공원 또는 녹지의 확보 기준: 「도시공원 및 녹지 등에 관한 법률 시행규칙」 별표 2에서 정한 기준의 100분의 15 범위에서 완화할 수 있다.
 4) 영 제85조의3제1항제7호에 따른 부설주차장 설치기준: 「주차장법 시행령」 별표 1에서 정한 설치기준을 100분의 50까지 완화할 수 있다.
 5) 영 제85조의3제1항제8호에 따른 주택건설기준: 주택과 주택 외의 시설을 복합하여 건축하는 경우에는 「주택건설기준 등에 관한 규정」 제7조제2항 및 제12조에 따른 복합건축물 적용의 특례를 준용하여 주택건설기준을 완화할 수 있다.
나. 법 제71조의2제1항제3호에 따른 임대주택 초과공급 · 이주단지 조성
 영 제85조의3제1항제6호에 따른 도시공원 또는 녹지의 확보 기준: 영 제85조의3제1항제6호에 따라 특례로 완화되는 도시공원 또는 녹지의 면적은 「도시공원 및 녹지 등에 관한 법률 시행규칙」 별표 2에서 정한 기준의 100분의 15의 범위에서 완화할 수 있다.
다. 법 제71조의2제1항제6호에 따른 복합개발
 영 제85조의3제1항제6호에 따른 도시공원 또는 녹지의 확보 기준: 영 제85조의3제1항제6호에 따라 특례로 완화되는 도시공원 또는 녹지의 면적은 다음의 요건을 모두 갖춘 경우 「도시공원 및 녹지 등에 관한 법률 시행규칙」 별표 2

에서 정한 기준의 100분의 30의 범위에서 완화할 수 있다. 다만, 완화된 도시공원 또는 녹지의 확보 면적이 「도시공원 및 녹지 등에 관한 법률 시행규칙」 별표 2에서 정한 기준 중 개발 부지면적을 기준으로 산정한 면적보다 작은 경우에는 개발 부지면적을 기준으로 산정한 면적 이상이어야 한다.
 1) 도시개발구역이 철도역사에 연접하고 해당 도시개발구역 내 「국토의 계획 및 이용에 관한 법률」 제36조에 따른 상업지역(도시개발사업으로 인하여 상업지역으로 변경되는 경우를 포함한다)의 면적이 전체 구역면적의 100분의 70 이상일 것
 2) 지정권자가 「국토의 계획 및 이용에 관한 법률」 제113조제1항에 따른 지방도시계획위원회(지정권자가 국토교통부장관인 경우에는 같은 법 제106조에 따른 중앙도시계획위원회를 말한다)의 심의를 거쳐 해당 도시개발구역을 복합적인 토지이용의 증진과 주택공급 확대가 시급히 필요하고, 도시개발구역에서 도보로 접근할 수 있는 위치에 완화된 면적 이상의 도시공원 및 녹지가 설치되어 있어 쾌적한 도시환경을 유지할 수 있다고 인정한 지역일 것
 3) 도시개발구역 내 임대주택(임대주택을 300세대 이상 공급하는 경우로 한정한다)과 관련하여 다음의 요건을 모두 갖출 것
  가) 임대주택이 전체 공동주택 호수의 100분의 35 이상이거나 임대주택을 공급하기 위한 건설용지가 전체 공동주택용지 면적[「건축법 시행령」 별표 1 제2호의 공동주택과 주거용 외의 용도가 복합된 건축물(다수의 건축물이 일체적으로 연결된 하나의 건축물을 포함한다)을 건축하기 위한 토지의 주거용 용도에 해당하는 면적을 포함한다. 이하 나)에서 같다]의 100분의 35 이상일 것
  나) 「공공주택 특별법 시행령」 제2조제1항제1호부터 제3호까지 및 제3호의2의 공공임대주택이 전체 공동주택 호수의 100분의 25 이상이거나 해당 공공임대주택을 공급하기 위한 공공임대주택 건설용지가 전체 공동주택용지 면적의 100분의 25 이상일 것

2. 하나의 특례 대상에 대하여는 하나의 특례를 적용하는 것을 원칙으로 한다. 다만, 하나의 사업이 다수의 특례 대상인 경우에는 특례 대상별로 특례를 적용할 수 있으나 영 및 이 규칙에서 정하는 특례 범위를 초과할 수 없다.

3. 제1호 및 제2호에서 정한 것 외의 특례 적용 대상 및 특례 적용 기준은 법 제71조의2 및 영 제85조의2부터 제85조의4에 따른다.

도시개발법 시행규칙 [별지]

[지면 광고 사례]

[별지 제1호서식] 삭제 〈10·6·30〉

[별지 제2호서식]

도시개발구역 조사서

1. 구역명	
2. 위치 및 면적	

3. 인구 및 주택 현황

인구	천명	가구		천호	부족 주택수	천호	부족률	%

4. 공장현황

공장용지수요		부족공장 용지		부족률		%

5. 토지이용현황(㎡)

도시지역	합계	주거지역	상업지역	공업지역	자연 녹지지역	생산 녹지지역	기타
합계							
전							
답							
대							
임야							
기타							

도시지역 밖	합계	계획관리지역	생산·보전 관리지역	농림지역	자연환경 보전지역
합계					
전					
답					
대					
임야					
기타					

6. 공법상 제한 현황

제한내용	위 치	면적(㎡)
군사시설 보호		
고도 제한		
농업진흥지역		
문화재 보호		
기타		

7. 농경지 현황(㎡)

구분	계	농업진흥지역						농업진흥 지역 밖		
		농업진흥구역			농업보호구역					
계	계	전	답	계	전	답	계	전	답	
도시지역										
도시지역 밖										

8. 지구 내 지장물 현황

지장물 내용	존치 대상	철거 대상	비고

9. 인근 주요 지장물 현황

지장물 내용	구역경계와의 거리	이용계획

10. 공시지가 고시일자		11. 기준지가(㎡당)	최저: 천원 최고: 천원

12. 추정사업비 (천원)	계	용지비	공사비	기타

13. 간선시설

구분	기존		신설	
	수량	금액(천원)	수량	금액(천원)

14. 종합의견

15. 조사자	소속	직위(직급)	성명	㉘
16. 확인자	소속	직위(직급)	성명	㉘

210mm×297mm(보존용지(2종) 70g/㎡)

[별지 제3호서식] 〈개정 10·6·30, 13·3·23, 17·12·29〉

(앞 쪽)

도시개발구역 지정 요청서

※ 색상이 어두운 란은 요청자가 작성하지 않습니다.

접수번호		접수일자		처리기간	90일

시 행 자	성명(법인의 명칭 및 대표자 성명)		생년월일(법인등록번호)	
	주소		전화번호	

구 역 명	
지정목적	
위 치	
면 적	㎡
시행기간	
시행방식	

수용계획	계획인구		세대수	
	주요유치업종		공장수	

「도시개발법」 제3조제4항에 따라 위와 같이 도시개발구역지정을 요청합니다.

년   월   일

요청인   (서명 또는 인)

특별시장·광역시장·도지사·특별자치도지사 귀하

요청인 제출서류	1. 「도시개발법 시행규칙」 별지 제2호서식의 도시개발구역조사서 2. 「도시개발법」 제4조제4항에 따른 토지면적 및 토지소유자의 동의에 관한 서류(환지방식이 적용되는 지역에만 해당합니다) 3. 「도시개발법」 제5조제1항에 따른 개발계획의 내용에 관한 서류. 다만, 「도시개발법」 제4조제1항 단서에 따라 도시개발구역을 지정한 후에 개발계획을 수립하는 경우에는 「도시개발법 시행령」 제9조제1항 각 호의 사항을 기재한 서류 및 환경성검토서(녹지지역 안 또는 도시지역 외의 지역에 도시개발구역을 지정하는 경우만 해당하고, 「환경영향평가법」에 따라 전략환경영향평가를 실시하는 경우에는 전략환경영향평가서를 말합니다) 4. 「도시개발법」 제6조에 따른 기초조사 등에 관한 서류 5. 「도시개발법」 제7조제1항에 따른 주민 및 관계전문가 등의 의견청취결과 및 이에 대한 검토의견서 6. 「도시개발법」 제11조제6항에 따른 토지면적 및 토지소유자의 동의에 관한 서류 7. 축척 2만 5천분의 1 또는 5만분의 1의 위치도	수수료 없음

(뒤 쪽으로 계속됩니다)

210mm×297mm[백상지(80g/㎡) 또는 중질지(80g/㎡)]

(뒤 쪽)

요청인 제출서류	8. 도시개발구역의 경계를 표시한 축척 1천분의 1 내지 5천분의 1의 지형도와 경계설정의 이유를 적은 서류 9. 「국토의 계획 및 이용에 관한 법률」 제113조제2항에 따른 시·군·구도시계획위원회의 자문결과 및 이에 대한 검토의견서(「도시개발법 시행령」 제5조 단서에 따라 시·군·구도시계획위원회의 자문을 거치지 아니한 경우는 제외합니다) 10. 「도시개발법」 제9조제2항에 따른 도시·군관리계획의 결정에 필요한 도서 11. 편입농지 및 임야 현황에 관한 조사자료
담당 공무원 확인사항	지적도 및 임야도

처리절차

이 요청서는 다음과 같이 처리됩니다.

요청인	처리기관(담당부서)
시장·군수·구청장	특별시·광역시·도·특별자치도 (도시개발사업업무 담당부서)

요청서 작성 → 접 수

↓

검 토

↓

관계행정기관협의

↓

도시계획위원회심의

↓

국토교통부장관 협의
(도시개발구역 면적이 100만㎡ 이상인 경우 또는 개발계획이 국가계획을 포함하거나 국가계획과 관련된 경우)

↓

통지 ← 결재

↓

구역지정·고시 대장정리

[별지 제4호서식]

도시개발구역 지정대장

번호	지정일 및 근거	구역명	면적(㎡)			위치	목적	비고
			계	육지	해면			

210mm×297mm(보존용지(2종)70g/㎡)

[별지 제5호서식] 〈개정 12·3·30, 13·3·23, 17·12·29, 25·1·31〉

환지 방식 도시개발계획에 대한 동의서

※ 색상이 어두운 란은 동의자가 작성하지 않습니다.

접수번호		접수 일자	
동의자	성명(법인의 명칭 및 대표자 성명)		생년월일(법인등록번호)
	주소		전화번호

동의내용	구역명	
	구역면적	(㎡)
	사업방식	
	시행자에 관한 사항	

 본인은 「도시개발법」 제4조제4항 및 「도시개발법 시행령」 제6조제6항에 따라 환지방식의 도시개발계획에 대하여 시행자 등에게 설명을 듣고 위 내용(개발계획 수립 과정에서 관계 기관 협의 및 도시계획위원회의 심의결과 등에 따라 「도시개발법 시행령」 제7조에 따른 개발계획의 경미한 사항이 변경되는 경우를 포함합니다)에 동의합니다.

년 월 일

동의자 (서명 또는 인)

국토교통부장관, 특별시장·광역시장·도지사·특별자치도지사·시장 귀하

동의자 소유 토지 현황				
번호	지번	지목	면적(㎡)	비고
1				
2				
3				
4				

첨부서류: 신분을 증명하는 문서사본 1부.

유의사항
1. 시행자는 「도시개발법」 제11조제1항의 시행자 중 해당하는 시행자를 적고 시행자가 지정된 경우에는 이름과 법인번호를 적어야 합니다.
2. 소유 토지 작성란이 부족한 경우에는 별지에 적고 간인(間印)을 하여야 합니다.

210mm×297mm[백상지(80g/㎡) 또는 중질지(80g/㎡)]

도시개발법 시행규칙 [별지] 278

[별지 제6호서식] 〈개정 12·3·30, 17·12·29〉

동의철회서

※ 색상이 어두운 란은 동의 철회자가 작성하지 않습니다.

접수번호		접수일자	
동의자	성명(법인의 명칭 및 대표자 성명)	생년월일(법인등록번호)	
	주소	전화번호	
동의의 철회내용	(동의 철회자 자필로 기재)		

본인은 위 동의의 철회내용에 기재한 것과 같이 이전에 동의하였던 것을 철회합니다.

년　　월　　일

동의 철회자　　　　　　　　　(서명 또는 인)

	성명(법인의 명칭 및 대표자 성명)	
시행자 또는 시행예정자	생년월일 (법인등록번호)	
	주소	
	전화번호	

귀하

동의 철회자 소유 토지 현황				
번호	지번	지목	면적(㎡)	비고
1				
2				
3				

첨부서류: 신분을 증명하는 문서사본 1부.

유의사항

1. 귀하(란) 앞에는 동의철회자가 철회하려는 동의서를 제출한 상대방을 적어야 합니다.
2. 소유 토지 작성란이 부족한 경우에는 별지에 적고 간인(間印)을 하여야 합니다.

210mm×297mm[백상지(80g/㎡) 또는 중질지(80g/㎡)]

[별지 제7호서식] 〈개정 12·3·30, 17·12·29〉

대표자 지정 동의서

여러 명이 공유한 토지 현황					
토지위치 (지번)					
지목	면적	구분	성명	지분	면적(㎡)
		1			
		2			
		3			
		4			

본인은 위 토지의 공유자로서 「도시개발법 시행령」 제6조제6항 및 제25조제2항에 따라 아래의 자를 대표 소유자로 지정하고, 대표 소유자가 ○○ 도시개발사업과 관련한 토지 소유자로서 환지방식 개발계획, 시행자 지정, 구역지정 제안, 조합 설립 인가 및 토지 사용·수용 등에 대한 동의권(조합원의 의결권을 포함합니다)을 행사하는 것에 대하여 동의합니다.

년　　월　　일

대표 소유자(선임 수락자)	성명:	(서명 또는 인)
	생년월일:	
	전화번호:	
위임자(동의자)	성명:	(서명 또는 인)
	생년월일:	
	전화번호:	
위임자(동의자)	성명:	(서명 또는 인)
	생년월일:	
	전화번호:	
위임자(동의자)	성명:	(서명 또는 인)
	생년월일:	
	전화번호:	

첨부서류: 대표 소유자 및 위임자의 신분을 증명하는 문서사본 각 1부.

유의사항

소유 토지 작성란이 부족한 경우에는 별지에 적고 간인(間印)을 하여야 합니다.

210mm×297mm[백상지(80g/㎡) 또는 중질지(80g/㎡)]

[별지 제7호의2서식]〈신설 12·3·30〉

토지 명세

연번	소재지	지번	지목	전체 토지 면적(㎡)	전체 토지 중 도시개발구역에 편입되는 토지 면적(㎡)	토지 소유자		비고
						주 소	성 명	

유의사항

이 토지명세는 토지대장을 근거로 작성된 도시개발구역에 포함되는 토지의 현황으로, 「공익사업을 위한 토지 등의 취득 및 이용에 관한 법률」제22조제1항에 따라 고시하는 토지세목과는 다름을 알려드립니다.

210mm×297mm(백상지 80g/㎡ 또는 중질지 80g/㎡)

[별지 제8호서식]〈개정 13·3·23, 17·12·29〉

도시개발사업시행자 지정신청서

※ 색상이 어두운 란은 신청인이 작성하지 않습니다.　　　　　　(앞 쪽)

접수번호		접수일자		처리기간 30일
신청인	성명(법인의 명칭 및 대표자 성명)		생년월일(법인등록번호)	
	주소		전화번호	
신청구역	구 역 명		시행면적	㎡
	위　치			
사업계획	사업목적			
	사업개요			
	시행기간		시행방법	
	자금계획	총　액		천원
		내　자		천원
		외　자		천원

「도시개발법 시행령」제19조제1항 및 「도시개발법 시행규칙」제14조제1항·제2항에 따라 위와 같이 도시개발사업 시행자지정을 신청합니다.

년　월　일

신청인　　　　　　　　　　(서명 또는 인)

국토교통부 장관
특별시장·광역시장·도지사·특별자치도지사 귀하
대도시 시장

첨부서류	1. 사업계획서 2. 자금조달계획서 3. 「도시개발법」제11조제1항 각 호의 어느 하나에 해당하는지 여부를 확인할 수 있는 서류 4. 「도시개발법」제11조제2항 각 호의 어느 하나에 해당하는지 여부를 확인할 수 있는 서류 5. 규약·정관 또는 시행규정 6. 축척 2만 5천분의 1 또는 5만분의 1의 위치도	수수료 없음

210mm×297mm[백상지(80g/㎡) 또는 중질지(80g/㎡)]

도시개발법 시행규칙 [별지] 280

(뒤 쪽)

처리절차

시장·군수·구청장을 경유하는 경우, 신청서는 다음과 같이 처리됩니다.

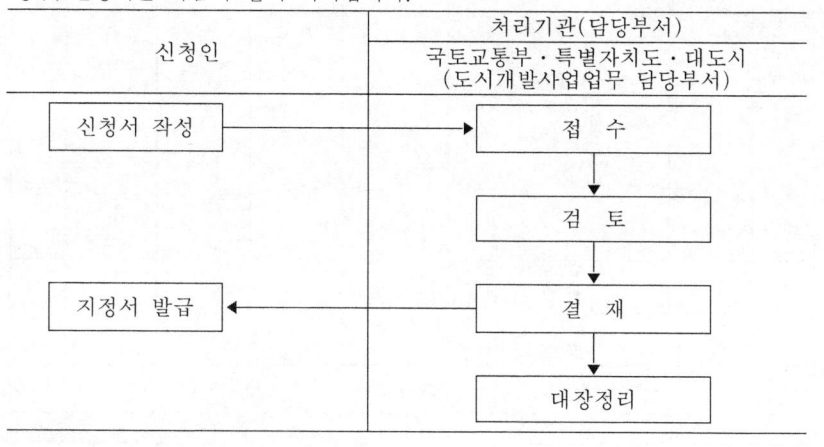

신청인	경유기관	처리기관(담당부서)
	시·군·구	특별시·광역시·도 (도시개발사업업무 담당부서)
신청서 작성 →	검토 →	접 수
		↓
		검 토
		↓
지정서 발급 ←		결 재
		↓
		대장정리

지정권자인 국토교통부 장관, 특별자치도지사, 대도시 시장에게 직접 제출하는 경우, 신청서는 다음과 같이 처리됩니다.

신청인	처리기관(담당부서)
	국토교통부·특별자치도·대도시 (도시개발사업업무 담당부서)
신청서 작성 →	접 수
	↓
	검 토
	↓
지정서 발급 ←	결 재
	↓
	대장정리

[별지 제9호서식] 〈개정 13·3·23, 17·12·29〉

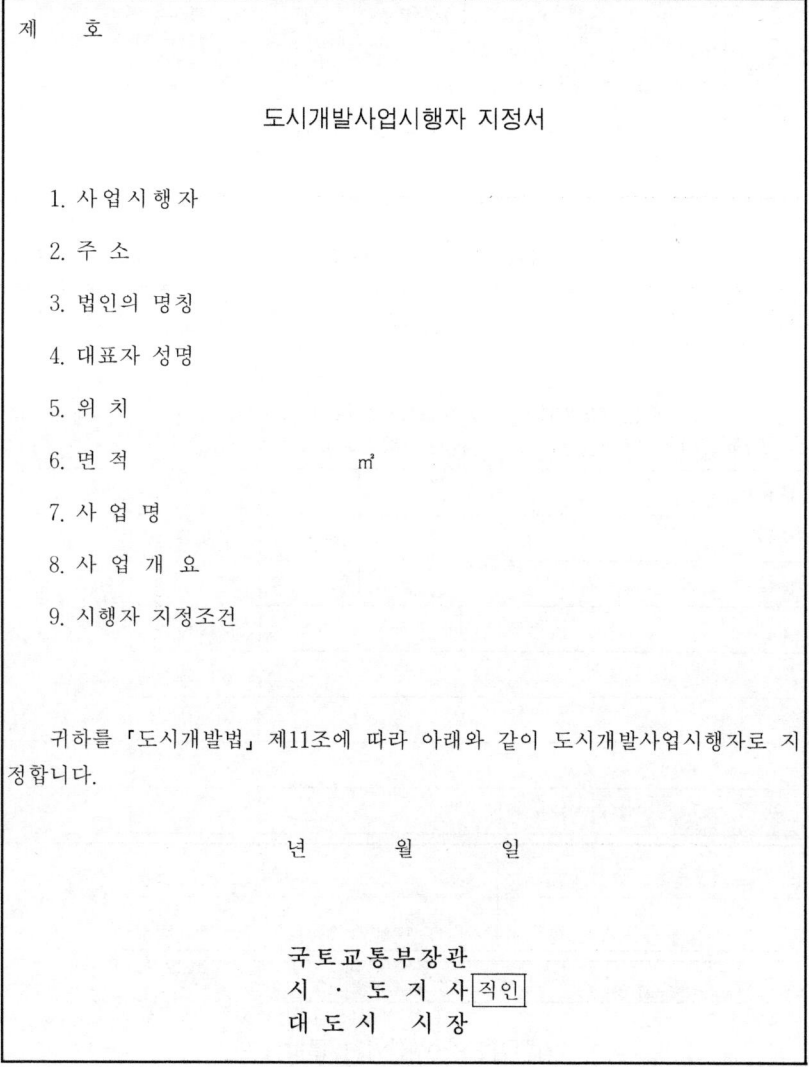

제 호

도시개발사업시행자 지정서

1. 사 업 시 행 자

2. 주 소

3. 법인의 명칭

4. 대표자 성명

5. 위 치

6. 면 적   ㎡

7. 사 업 명

8. 사 업 개 요

9. 시행자 지정조건

귀하를 「도시개발법」 제11조에 따라 아래와 같이 도시개발사업시행자로 지정합니다.

년   월   일

국토교통부장관
시 · 도 지 사 [직인]
대 도 시 시 장

210mm×297mm[백상지(150g/㎡)]

[별지 제10호서식]

도시개발사업시행자 지정대장

일련번호	시행자 지정일	시 행 자				위치	시행면적(㎡)	사업기간	시행방법	총사업비(천원)
		주소	성명	생년월일(법인등록번호)	전화번호					
	. . .							. . . ~ . . .		
	. . .							. . . ~ . . .		
	. . .							. . . ~ . . .		
	. . .							. . . ~ . . .		
	. . .							. . . ~ . . .		
	. . .							. . . ~ . . .		
	. . .							. . . ~ . . .		
	. . .							. . . ~ . . .		
	. . .							. . . ~ . . .		
	. . .							. . . ~ . . .		
	. . .							. . . ~ . . .		
	. . .							. . . ~ . . .		
	. . .							. . . ~ . . .		
	. . .							. . . ~ . . .		
	. . .							. . . ~ . . .		

210mm×297mm(보존용지(2종) 70g/㎡)

[별지 제11호서식] 〈개정 11·4·7, 13·3·23, 17·12·29〉

도시개발구역 지정 제안서

※ 색상이 어두운 란은 제안자가 작성하지 않습니다.　　　　　　　　　(앞 쪽)

접수번호		접수일자		처리기간　1개월
제안자	성명(법인의 명칭 및 대표자 성명)		생년월일(법인등록번호)	
	주소		전화번호	

구 역 명	
지정목적	
위　　치	
면　　적	㎡
시행기간	
시행방식	
수용계획	계획인구 　　　　세대수
	주요유치업종 　　　　공장수

「도시개발법」 제11조제5항 및 「도시개발법 시행령」 제23조제1항에 따라 위와 같이 도시개발구역 지정을 제안합니다.

　　　　　　　　　　년　　월　　일
　　　　　　제안자　　　　　　　(서명 또는 인)

국토교통부 장관
특별자치도지사　　　귀하
시장·군수·구청장

제안자(대표자) 제출서류	1. 「도시개발법 시행규칙」 별지 제2호서식의 도시개발구역조사서 2. 「도시개발법」 제4조제4항에 따른 토지면적 및 토지소유자의 동의에 관한 서류(환지방식이 적용되는 지역에만 해당합니다) 3. 「도시개발법」 제5조제1항에 따른 개발계획의 내용에 관한 서류. 다만, 「도시개발법」 제4조제1항 단서에 따라 도시개발구역을 지정한 후에 개발계획을 수립하는 경우에는 「도시개발법 시행령」 제9조제1항 각 호의 사항을 기재한 서류 및 환경성검토서(녹지지역 안 또는 도시지역 외의 지역에 도시개발구역을 지정하는 경우만 해당하고, 「환경영향평가법」에 따라 전략환경영향평가를 실시하는 경우에는 전략환경영향평가서를 말합니다) 4. 「도시개발법」 제6조에 따른 기초조사 등에 관한 서류 5. 「도시개발법」 제11조제6항에 따른 토지면적 및 토지소유자의 동의에 관한 서류 6. 축척 2만 5천분의 1 또는 5만분의 1의 위치도	수수료 없음

　　　　　　　　　　　　　　　　　　　(뒤 쪽으로 계속됩니다)

210mm×297mm[백상지(80g/㎡) 또는 중질지(80g/㎡)]

도시개발법 시행규칙 [별지] 282

(뒤 쪽)

제안자 (대표자) 제출서류	7. 도시개발구역의 경계를 표시한 축척 1천분의 1 내지 5천분의 1의 지형도와 경계설정의 이유를 적은 서류 8. 편입농지 및 임야 현황에 관한 조사자료
담당 공무원 확인사항	지적도 및 임야도

처리절차

이 제안서는 다음과 같이 처리됩니다.

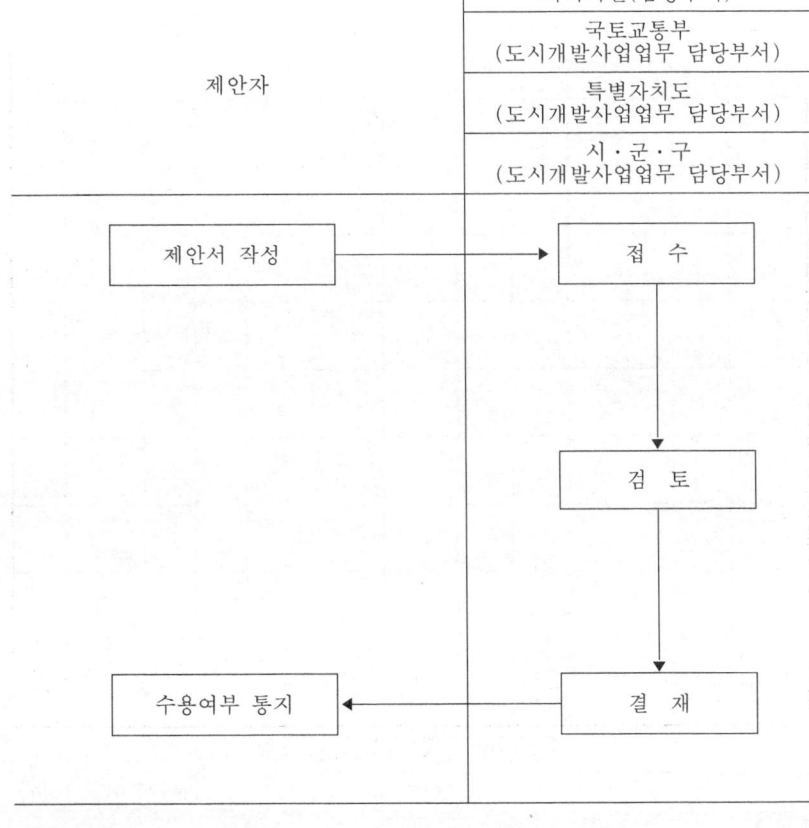

[별지 제12호서식] 〈개정 13·3·23, 17·12·29〉

도시개발사업 실시계획 인가신청기간 연장신청서

※ 색상이 어두운 란은 신청인이 작성하지 않습니다.　　　　　　　(앞 쪽)

접수번호	접수일자	처리기간 10일

신 청 인	성명(법인의 명칭 및 대표자 성명)	생년월일(법인등록번호)
	주소	전화번호

신 청 내 용

사 업 명	
사업목적	
위　　치	
면　　적	㎡

기간연장 신청내역	당초기간		연장기간	
	연장사유			

특기사항	

「도시개발법 시행령」 제24조 단서 및 「도시개발법 시행규칙」 제16조에 따라 위와 같이 실시계획인가 신청기간 연장을 신청합니다.

년　　월　　일

신청인　　　　　　　　(서명 또는 인)

국토교통부 장관
특별시장·광역시장·도지사·특별자치도지사 귀하
대도시 시장

첨부서류	1. 인가신청기간 연장사유서 2. 축척 2만 5천분의 1 또는 5만분의 1의 위치도	수수료 없음

210mm×297mm[백상지(80g/㎡) 또는 중질지(80g/㎡)]

(뒤 쪽)

처리절차

시장·군수·구청장을 경유하는 경우, 신청서는 다음과 같이 처리됩니다.

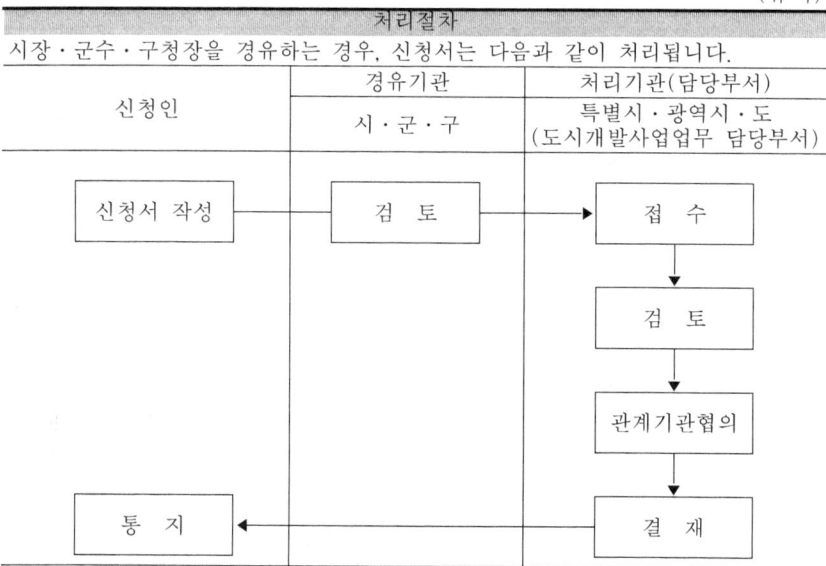

지정권자인 국토교통부 장관, 특별자치도지사, 대도시 시장에게 직접 제출하는 경우, 신청서는 다음과 같이 처리됩니다.

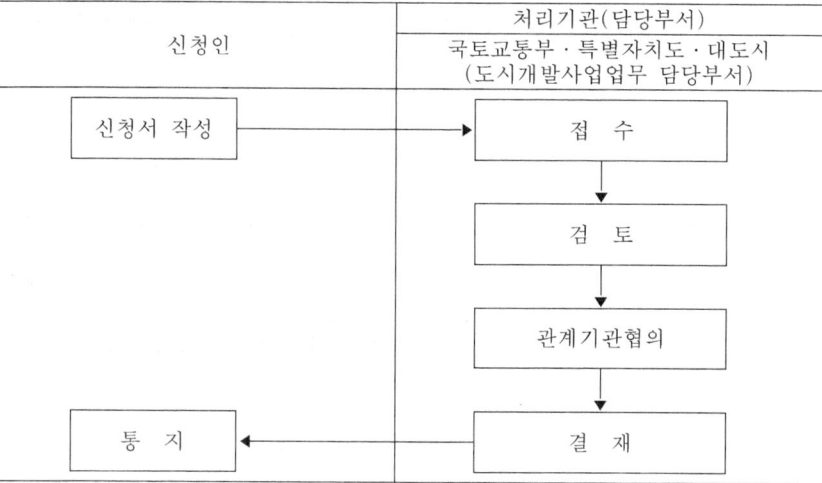

[별지 제12호의2서식] 〈신설 12·3·30, 17·12·29〉

도시개발사업시행자 지정 동의서

※ 색상이 어두운 란은 동의자가 작성하지 않습니다.

접수번호		접수 일자	
동의자	성명(법인의 명칭 및 대표자 성명)		생년월일(법인등록번호)
	주소		전화번호

시행자 지정 예정자	성명(법인명)	
	법인등록번호	
	주소	
	전화번호	

본인은 「도시개발법」 제11조제2항제3호에 따라 위의 자를 시행자로 지정하는 것에 대하여 설명을 듣고 위 내용에 동의합니다.

년 월 일

동의자   (서명 또는 인)

(시행자 지정 예정자)   귀하

동의자 소유 토지 현황				
번호	지번	지목	면적(㎡)	비고
1				
2				
3				
4				

첨부서류: 신분을 증명하는 문서사본 1부.

유의사항

소유 토지 작성란이 부족한 경우에는 별지에 적고 간인(間印)을 하여야 합니다.

210mm×297mm[백상지(80g/㎡) 또는 중질지(80g/㎡)]

도시개발법 시행규칙 [별지] 284

[별지 제12호의3서식] 〈신설 12·3·30, 17·12·29〉

도시개발구역 지정 제안 동의서

※ 색상이 어두운 란은 동의자가 작성하지 않습니다.

접수번호		접수 일자	
동의자	성명(법인의 명칭 및 대표자 성명)	생년월일(법인등록번호)	
	주소	전화번호	

동의내용	제안 면적	(㎡)
	사업방식	
	제안자(시행예정자)	성명: 법인번호(생년월일) :

본인은 「도시개발법」 제11조제6항에 따른 도시개발구역 지정 제안(도시개발구역지정 제안을 위한 주민공람, 관계 기관 협의 및 도시계획위원회 심의 결과 등에 따라 제안이 변경되는 경우를 포함합니다)에 대하여 제안자 등에게 설명을 듣고 위 내용에 동의합니다.

년   월   일

동의자   (서명 또는 인)

(○○ 도시개발구역 지정 제안자)   귀하

동의자 소유 토지(지상권) 현황				
번호	지번	지목	면적(㎡)	지상권 설정 여부
1				
2				
3				
4				

첨부서류: 신분을 증명하는 문서사본 1부.

유의사항
1. 제안이 변경되지 아니하는 조건에서 제안자가 변경되어도 본 동의는 유효합니다. 2. 소유(지상권 설정) 토지 작성란이 부족한 경우에는 별지에 적고 간인(間印)을 하여야 합니다.

210mm×297mm[백상지(80g/㎡) 또는 중질지(80g/㎡)]

[별지 제13호서식] 〈개정 13·3·23, 16·12·30, 17·12·29〉

신탁계약 승인신청서

(앞 쪽)

※ 색상이 어두운 란은 신청인이 작성하지 않습니다.

접수번호		접수일자	처리기간 30일
위탁자	성명(법인의 명칭 및 대표자 성명)	생년월일(법인등록번호)	
	주소	전화번호	
수탁자	성명(법인의 명칭 및 대표자 성명)	생년월일(법인등록번호)	
	주소	전화번호	

구 역 명		
위 치		
면 적	㎡	
신탁개발 개요	신탁목적	
	신탁내용	
	신탁기간	

「도시개발법」 제12조제4항, 「도시개발법 시행령」 제28조제1항 및 「도시개발법 시행규칙」 제19조에 따라 위와 같이 신탁계약의 승인을 신청합니다.

년   월   일

신청인   (서명 또는 인)

국토교통부 장관
특별시장·광역시장·도지사·특별자치도지사   귀하
대도시 시장

첨부서류	1. 사업계획서 2. 자금조달계획서 3. 「도시개발법 시행령」 제18조제5항에 따른 요건을 갖추었는지 확인할 수 있는 서류 4. 위치도	수수료 없음

210mm×297mm[백상지(80g/㎡) 또는 중질지(80g/㎡)]

(뒤 쪽)

처리절차

이 신청서는 다음과 같이 처리됩니다.

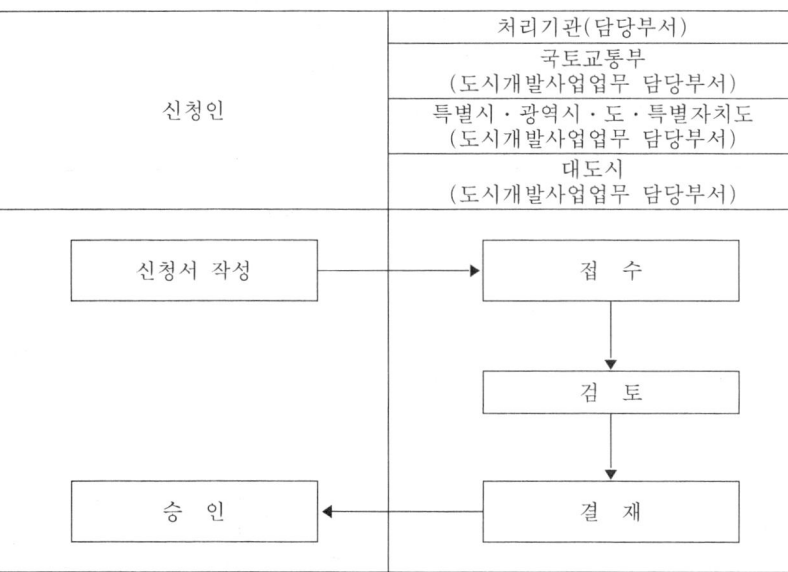

신청인	처리기관(담당부서)
	국토교통부 (도시개발사업업무 담당부서)
	특별시·광역시·도·특별자치도 (도시개발사업업무 담당부서)
	대도시 (도시개발사업업무 담당부서)

[별지 제13호의2서식] 〈신설 12·3·30, 17·12·29〉

조합 설립 인가 신청 동의서

※ 색상이 어두운 란은 동의자가 작성하지 않습니다.

접수번호		접수 일자	
동의자	성명(법인의 명칭 및 대표자 성명)		생년월일(법인등록번호)
	주소		전화번호

　본인은 「도시개발법」 제13조제3항에 따른 조합설립(조합설립 인가 과정에서 지정권자의 보완 요구에 따라 정관이 변경되는 경우를 포함합니다)에 동의합니다.

년　　월　　일

동의자

(서명 또는 인)

(00 도시개발사업 조합설립 인가 신청자) 귀하

동의자 소유 토지 현황			
번호	지번	지목	면적(㎡)	비고
1				
2				
3				
4				

첨부서류: 신분을 증명하는 문서사본 1부.

유의사항

소유 토지 작성란이 부족한 경우에는 별지에 적고 간인(間印)을 하여야 합니다.

210mm×297mm[백상지(80g/㎡) 또는 중질지(80g/㎡)]

[별지 제14호서식] 〈개정 13·3·23, 16·12·30, 17·12·29, 22·1·21〉

도시개발사업 실시계획 인가신청서

※ 색상이 어두운 란은 신청인이 작성하지 않습니다.　　　　　　　　(앞 쪽)

접수번호		접수일자	처리기간　120일 (경유기관　30일, 협의기관 30일 포함)
신청인	성명(법인의 명칭 및 대표자 성명)		생년월일(법인등록번호)
	주소		전화번호

	사업명칭		
신청내용	사업목적		
	위　치		시행면적　　　　　　㎡
	시행방법		사업기간
	토지이용현황	지목별	
		면적(㎡)	
	토지이용계획	용도별	
		면적(㎡)	
	기반시설계획	시설별	
		개　요	

「도시개발법」 제17조제2항, 「도시개발법 시행령」 제39조 및 「도시개발법 시행규칙」 제20조제1항에 따라 위와 같이 도시개발사업 실시계획 인가를 신청합니다.

　　　　　　　　　　　년　　　월　　　일

　　　　　　　　　　　　　신청인　　　　　　　　　(서명 또는 인)

국토교통부장관
특별시장·광역시장·도지사·특별자치도지사 귀하
대도시 시장

| 첨부서류 | 1. 사업비 및 자금조달계획서(연차별 투자계획을 포함합니다)
2. 존치하려는 기존 공장이나 건축물 등의 명세서
3. 보상계획서(이주대책을 포함합니다)
4. 사업의 위탁 또는 신탁계획서
5. 도시개발사업의 시행으로 새로 설치하는 공공시설 또는 기존의 공공시설의 조서(調書) 및 도면(「도시개발법」 제11조제1항제1호부터 제4호까지의 규정에 해당하는 자가 시행자인 경우에만 제출합니다)
6. 도시개발사업의 시행으로 용도폐지되는 국가 또는 지방자치단체의 재산에 대한 2 이상의 감정평가법인등의 감정평가서(「도시개발법」 제11조제1항제5호부터 제11호까지의 규정에 해당하는 자가 시행자인 경우에만 제출합니다) | 수수료
없음 |

(뒤 쪽으로 계속됩니다)

210mm×297mm[백상지(80g/㎡) 또는 중질지(80g/㎡)]

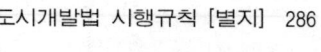

(뒤 쪽)

첨부서류	7. 도시개발사업으로 새로 설치하는 공공시설의 조서 및 도면과 그 설치비용계산서(「도시개발법」 제11조제1항제5호부터 제11호까지의 규정에 해당하는 자가 시행자인 경우에만 제출합니다). 이 경우 새로운 공공시설의 설치에 필요한 토지와 종래의 공공시설이 설치되어 있는 토지가 같은 토지인 경우에는 그 토지가격을 뺀 설치비용만 계산합니다. 8. 도시·군관리계획(지구단위계획을 포함합니다)의 결정에 필요한 관계 서류 및 도면 9. 환경영향평가·교통영향평가·재해영향평가 등 각종 영향평가서 10. 「도시개발법」 제19조제2항에 따른 관계 행정기관의 장과의 협의에 필요한 서류 11. 위치도 12. 계획평면도 및 개략설계도

처리절차

시장·군수·구청장을 경유하는 경우, 신청서는 다음과 같이 처리됩니다.

신청인	경유기관 시·군·구	처리기관(담당부서) 특별시·광역시·도 (도시개발사업업무 담당부서)
신청서 작성 →	검　토 (의견서첨부) →	접　수
		↓
		검　토
		↓
		관계기관협의
		↓
인가통지 ←		결　재
	송　부	↓
	공람(시장·군수·구청장)	고시·대장정리

지정권자인 국토교통부 장관, 특별자치도지사, 대도시 시장에게 직접 제출하는 경우, 신청서는 다음과 같이 처리됩니다.

신청인	처리기관(담당부서) 국토교통부·특별자치도·대도시 (도시개발사업업무 담당부서)
신청서 작성 →	접　수
	↓
	검　토
	↓
	관계기관협의 (국토교통부장관이 지정한 사업의 경우 시·도지사 또는 대도시 시장 포함)
	↓
인가통지 ←	결　재
송　부	↓
공람(시장·군수·구청장)	고시·대장정리

[별지 제14호의2서식] 〈신설 12·3·30, 17·12·29〉

토지 사용·수용 동의서

※ 색상이 어두운 란은 동의자가 작성하지 않습니다.

접수번호		접수 일자	
동의자	성명(법인의 명칭 및 대표자 성명)	생년월일(법인등록번호)	
	주소	전화번호	

본인은 「도시개발법」 제22조제1항 단서에 따라 토지를 수용하거나 사용하는 것에 대하여 시행자(시행예정자, 제안자)에게 설명을 듣고 그 내용에 동의합니다.

년   월   일

동의자   (서명 또는 인)

시행자(시행 예정자, 제안자) 귀하

동의 소유 토지 현황				
번호	지번	지목	면적(㎡)	비고
1				
2				
3				
4				

첨부서류: 신분을 증명하는 문서사본 1부.

유의사항

소유 토지 작성란이 부족한 경우에는 별지에 적고 간인(間印)을 하여야 합니다.

210mm×297mm[백상지(80g/㎡) 또는 중질지(80g/㎡)]

[별지 제15호서식] 〈개정 17·12·29〉

도시개발사업 실시계획 인가대장

일련번호		실시계획 인가일		인가고시 근거	
신 청 인	성명(법인의 명칭 및 대표자 성명)		생년월일(법인등록번호)		
	주소		전화번호		
실시계획 인가내용	사업명칭				
	사업목적				
	위 치		시행면적		㎡
	시행방법		사업기간		
	토지이용현황	지목별			
		면적(㎡)			
	토지이용계획	용도별			
		면적(㎡)			
	기반시설계획	시설별			
		개 요			
특기사항					

210mm×297mm[백상지(80g/㎡) 또는 중질지(80g/㎡)]

[별지 제16호서식] 〈개정 13·3·23, 17·12·29〉

(앞 쪽)

공사완료 보고서

※ 색상이 어두운 란은 보고자가 작성하지 않습니다.

접수번호		접수일자	처리기간 30일

보 고 자	성명(법인의 명칭 및 대표자 성명)		생년월일(법인등록번호)
	주소		전화번호

보고내용	구 역 명						
	지정목적						
	위 치						
	시행면적	㎡					
	시행기간						
	토지이용계획	용 도 별					
		면적(㎡)					
	기반시설계획	시 설 별					
		개 요					

「도시개발법」제50조제1항 및 「도시개발법 시행규칙」제32조에 따라 위와 같이 보고합니다.

년 월 일

보고자 (서명 또는 인)

국토교통부 장관
특별시장·광역시장·도지사·특별자치도지사 귀하
대도시 시장

첨부서류	1. 준공조서(준공설계도서 및 준공사진을 포함합니다) 2. 시장·군수 또는 구청장이 발행하는 지적측량성과도 3. 「도시개발법」제52조제3항에 따른 관계 행정기관의 장과의 협의에 필요한 서류 및 도면 4. 「도시개발법」제66조에 따른 공공시설의 귀속조서 및 도면 5. 신·구 지적대조표	수수료 없음

210mm×297mm[백상지(80g/㎡) 또는 중질지(80g/㎡)]

(뒤 쪽)

처리절차

시장·군수·구청장을 경유하는 경우, 신청서는 다음과 같이 처리됩니다.

신청인	경유기관 시·군·구	처리기관(담당부서) 특별시·광역시·도 (도시개발사업업무 담당부서)
신청서 작성	검토	접수
		↓
		준공검사
		↓
		관계기관협의
		↓
준공검사증명서 발급	←	결 재

지정권자인 국토교통부 장관, 특별자치도지사, 대도시 시장에게 직접 제출하는 경우, 신청서는 다음과 같이 처리됩니다.

신청인	처리기관(담당부서) 국토교통부·특별자치도·대도시 (도시개발사업업무 담당부서)
완료보고서 작성	접수
	↓
	준공검사
	↓
	관계기관협의
	↓
준공검사증명서 발급 ←	결재

[별지 제17호서식] 〈개정 13·3·23, 17·12·29〉

제 호

준공검사증명서

1. 사업시행자

2. 주 소

3. 상 호 명

4. 대표자 명

5. 사 업 명

6. 위 치

7. 시 행 면 적   ㎡

8. 준공연월일   .   .   .

9. 준공검사사항(확정 량조서 및 지적도 별첨)

귀하가 시행한 도시개발사업에 대하여 「도시개발법」 제51조제1항에 따라 아래와 같이 준공검사를 하고 이 증서를 발급합니다.

년 월 일

국토교통부장관
시 · 도 지 사   직인
대 도 시 시 장

210mm×297mm(보존용지(2종) 70g/㎡)

[별지 제18호서식] 〈개정 13·3·23〉 (앞쪽)

준공 전 사용허가신청서		처리기간
^^^		15일

신청인	주 소	
	성 명 (법인인 경우는 그 명칭 및 대표자의 성명	
	주민등록번호 (법인등록번호)	전화번호

신청내용

구 역 명	
시행면적	
시행기간	. . . ~ . . .
사업진도	

토지이용계획

용 도 별						
면적(㎡)						

기반시설개요

시 설 명	
개 요	

「도시개발법 시행령」 제70조에 따라 위와 같이 신청합니다.

년 월 일

신청인   (서명또는인)

국토교통부장관
시 · 도 지 사 귀하
대 도 시 시 장

※ 첨부서류: 사업시행상의 지장여부에 관한 검토서

수수료: 없음

210mm×297mm(보존용지(2종)70g/㎡)

도시개발법 시행규칙 [별지] 289

도시개발법 시행규칙 [별지] 290

이 신청서는 다음과 같이 처리됩니다. (뒤쪽)

신 청 인	처 리 기 관 (담당부서)
	국 토 교 통 부 (도시개발사업업무 담당부서)
	시 · 도 (도시개발사업업무 담당부서)
	대 도 시 (도시개발사업업무 담당부서)

신청서 작성 → 접 수

접 수 ↓ 검 토

검 토 ↓ 결 재

결 재 → 허가 통지

[별지 제19호서식] 〈개정 13·3·23〉

비용부담 납부통지서

납부의무자	주 소	
	성명(법인인 경우는 그 명칭 및 대표자의 성명)	
	생년월일(법인등록번호)	전화번호

비용부담내역

사 업 명	
사업목적	
토지이용계획	
기반시설개요	
납부방법	납부기한 . . .

「도시개발법」 제56조부터 제58조까지의 규정에 따라 위와 같이 비용부담 납부를 알려드리니 기한 내에 납부하시기 바랍니다.

년   월   일

국 토 교 통 부 장 관
시 · 도 지 사 [직인]
대 도 시   시 장

귀하

※ 구비서류: 1. 해당 시설의 설치에 관한 비용산출내역서
         2. 비용부담산출내역서

210㎜×297㎜(보존용지(2종) 70g/㎡)

[별지 제20호서식]

(앞쪽)

도시개발채권 중도상환신청서				처리기간
				1일
신청인	주 소			
	성 명 (법인인 경우는 그 명칭 및 대표자의 성명)			
	생년월일 (법인등록번호)		전화번호	

도시개발채권 매입사실의 표기				
매입하여야 할 금액(원)	매입한금액 (원)	중도상환신청금액(원)		중도상환 사유	근거
		금액	기호 및 번호		

「도시개발법 시행규칙」 제38조제2항에 따라 도시개발채권의 중도상환을 받기 위해 위와 같이 신청합니다.

년   월   일

신청인   (서명또는인)

도시개발채권 사무취급기관의 장 귀하

※ 구비서류: 「도시개발법 시행규칙」 제38조 제1항 각 호의 어느 하나에 해당하는 사실을 증명하는 서류 | 수수료 없음

210㎜×297㎜(보존용지(2종)70g/㎡)

(뒤쪽)

이 신청서는 다음과 같이 처리됩니다.

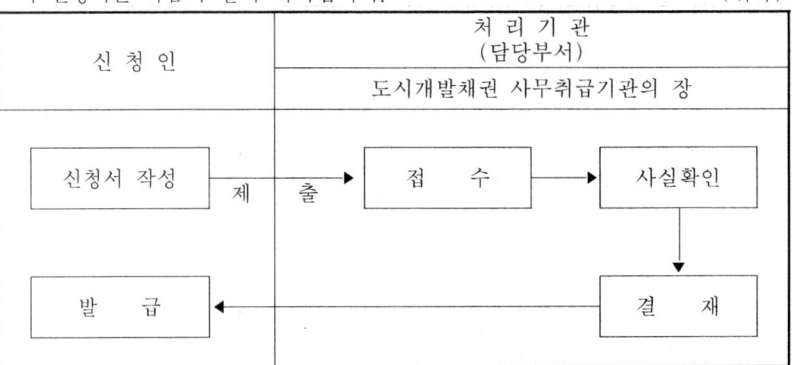

도시개발법 시행규칙 [별지] 292

[별지 제21호서식]

(앞쪽)

도시개발채권 매입필증			처리기간	
			즉시	

<table>
<tr><td rowspan="3">매입자</td><td>주　　　소</td><td colspan="2"></td></tr>
<tr><td>성　　　명
(법인인 경우는 그 명칭
및 대표자의 성명)</td><td colspan="2"></td></tr>
<tr><td>생 년 월 일
(법인등록번호)</td><td></td><td>전화번호</td></tr>
<tr><td rowspan="7">도 시
개 발
채권</td><td>기 호 및 번호</td><td colspan="2"></td></tr>
<tr><td>매입금액</td><td colspan="2">원정(₩　　　　　　　)</td></tr>
<tr><td>매입목적</td><td colspan="2"></td></tr>
<tr><td>제출기관</td><td colspan="2"></td></tr>
<tr><td>발행점포</td><td colspan="2"></td></tr>
<tr><td>발행일자</td><td colspan="2">．　　．　　．</td></tr>
<tr><td>상 환 일</td><td colspan="2">．　　．　　．</td></tr>
</table>

위와 같이 「도시개발법 시행규칙」 제39조제1항에 따라 도시개발채권을 매입하였음을 증명합니다.

년　　　월　　　일

도시개발채권 사무취급기관의 장 인

(문의처: 담당자 ☎　　　　　　　)

도시개발채권 매입필증은 멸실 또는 도난 등의 사유로 분실한 경우라도 재발행하지 아니한다. 다만, 매입필증이 도시개발채권의 매입목적에 사용되지 아니하였음을 해당 도시개발채권을 발행한 자가 확인한 경우에는 재발행할 수 있다.	수수료
	없음

210mm×297mm(보존용지(2종) 70g/㎡)

[별지 제22호서식]

도시개발채권 매입필증 발행대장

일련번호	신청인		도시개발채권		매입목적	제출기관
	주　　소	성 명	기호 및 번호	매입금액 (원)		

210mm×297mm(보존용지(2종) 70g/㎡)

[별지 제23호서식]

(앞쪽)

도시개발채권 매입필증 기재사항 정정신청서

처리기간
즉시

신청인	주　　소	
	성　　명 (법인인 경우는 그 명칭 및 대표자의 성명)	
	생년월일 (법인등록번호)	전화번호

채권	기호 및 번호	
	금　　액	

정정사항

항목별	정정하기 전의 내용	정정한 내용
매입자성명		
매입목적		
제출기관		
발행일자	．．．	．．．

「도시개발법 시행규칙」 제39조제3항에 따라 위와 같이 도시개발채권 매입필증의 기재사항을 정정하여 줄 것을 신청합니다.

　　　　　　　　　　　　　　　　　　　년　 월　 일
　　　　　　　　　　신청인　　　　　(서명또는인)

도시개발채권 사무취급기관의 장 귀하

※ 구비서류: 매입필증	수수료
	없음

210mm×297mm(보존용지(2종)70g/㎡)

(뒤쪽)

이 신청서는 다음과 같이 처리됩니다.

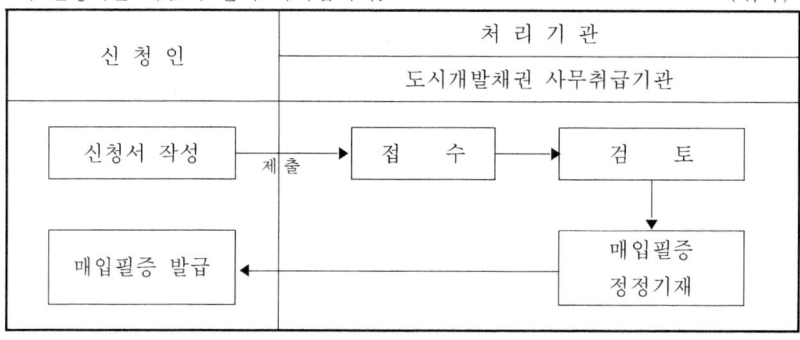

도시개발법 시행규칙 [별지] 294

[별지 제24호서식]　　　　　　　　　　　　　　　　　　　　　　　　　(앞쪽)

도시개발채권 매입필증 재발행신청서			처리기간
			즉시
신청인	주 소		
	성 명 (법인인 경우는 그 명칭 및 대표자의 성명)		
	생년월일 (법인등록번호)		전화번호
도시개발채권	기호 및 번호		
	매입금액	원정(₩ 　　　　　)	
	매입의목적		
	제출기관		
	발행점포		
	발행일자	．　　．　　．	

　　위 기재사항의 도시개발채권 매입필증을 분실하였으므로 「도시개발법」 시행
규칙 제40조제2항에 따라 도시개발채권 매입필증의 재발행을 신청합니다.

　　　　　　　　　　　　　　　　　　　　　　년　　　월　　　일

　　　　　　　　　　　　　신청인　　　　　　(서명또는인)

도시개발채권 사무취급기관의 장 귀하

※ 구비서류: 도시개발채권 매입필증 미사용증명서 1부	수수료
	없음

210㎜×297㎜(보존용지(2종) 70g/㎡)

이 신청서는 다음과 같이 처리됩니다.　　　　　　　　　(뒤쪽)

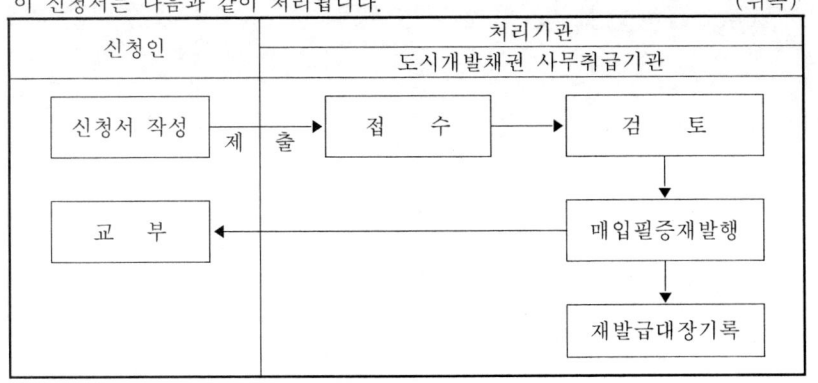

신청인	처리기관
	도시개발채권 사무취급기관

[별지 제25호서식]

(앞쪽)

도시개발채권 매입필증 미사용증명서			처리기간
			1일

신청인	주 소	
	성 명 (법인인 경우는 그 명칭 및 대표자의 성명)	
	생년월일 (법인등록번호)	전화번호

도시개발 채권	기호 및 번호	
	매입금액	원정(₩)
	매입의 목적	
	제출기관	
	발행점포	
	발행일자	. . .

 위 기재사항의 도시개발채권 매입필증을 귀 기관에 사용한 사실이 없음을 증명하여 주시기 바랍니다.

년   월   일

신청인   (서명또는인)

매입필증을 제출받는 기관의 장 귀하

위의 사항을 증명합니다.
년   월   일
매입필증을 제출받는 기관의 장 ㊞

수수료
없음

210㎜×297㎜(보존용지(2종)70g/㎡)

이 신청서는 다음과 같이 처리됩니다.

(뒤쪽)

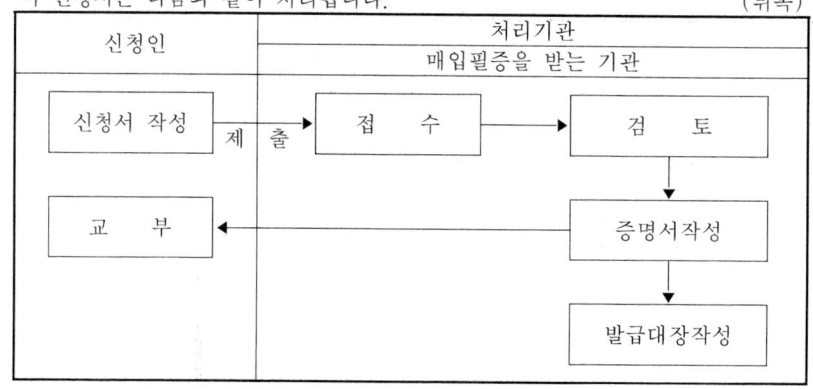

도시개발법 시행규칙 [별지] 296

[별지 제26호서식]

도시개발채권 매입필증 미사용증명서 발급대장

일련번호	신청인(매입자)		도시개발채권		사유
	주소	성명	기호 및 번호	매입금액(원)	

210mm×297mm(보존용지(2종)70g/㎡)

[별지 제27호서식]

도시개발채권 매입필증 재발행대장

일련번호	신청인(매입자)		도시개발채권		매입목적	제출받는 기관
	주소	성명	기호 및 번호	매입금액(원)		

210mm×297mm(보존용지(2종)70g/㎡)

[별지 제28호서식]

도시개발채권 매입필증의 소인

1. 소인의 모형

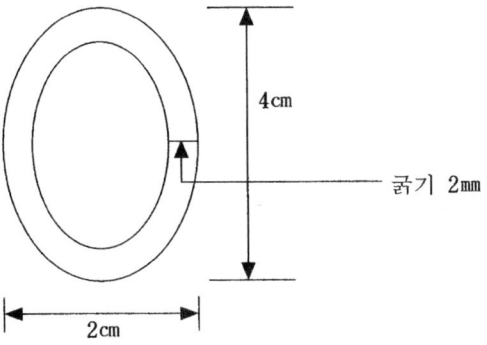

2. 소인의 위치 및 방법: 매입필증의 우측 상단에 적색 또는 청색의 스탬프를 사용하여 소인

[별지 제29호서식]

도시개발채권 매입필증 접수대장

일련번호	접수 일자	매입목적	신청인(매입자)		도시개발채권		비고
			주소	성명	기호 및 번호	매입금액(원)	
	. . .						
	. . .						
	. . .						
	. . .						
	. . .						
	. . .						
	. . .						
	. . .						
	. . .						
	. . .						
	. . .						
	. . .						
	. . .						
	. . .						
	. . .						
	. . .						
	. . .						
	. . .						
	. . .						
	. . .						
	. . .						
	. . .						
	. . .						
	. . .						

210mm×297mm(보존용지(2종)70g/㎡)

도시개발법 시행규칙 [별지] 298

[별지 제30호서식]   (앞쪽)

도시개발채권 매입면제신청서		처리기간
		. . .

신청인	주　　소	
	성　　명 (법인인 경우는 그 명칭 및 대표자의 성명)	
	주민등록번호 (법인등록번호)	전화번호
	매입대상항목	
	매입대상금액	원정(₩　　　　　)
	연체금리	

　　「도시개발법 시행규칙」제41조제4항에 따라 위와 같이 도시개발채권의 매입면제를 신청합니다.

년　　월　　일

신청인　　　　　(서명 또는 인)

매입필증을 제출받는 기관의 장 귀하

※ 구비서류: 증명자료 1부	수수료
	없음

210mm×297mm(보존용지(2종)70g/㎡)

이 신청서는 다음과 같이 처리됩니다.   (뒤쪽)

신청인	처리기관
	매입필증을 제출받는 기관
신청서 작성　→제출→	검　토
	↓
	결　재
	↓
	기록부작성

[별지 제31호서식]

도시개발채권 매입면제자 기록부

일련번호	신청인(매입자)		매입대상 항목	면제금액 (원)	면제 근거	면제사유
	주소	성명				

210mm×297mm(보존용지(2종)70g/㎡)

[별지 제32호서식]

제 호

사진
(2.5cm×3cm)

증 표

1. 주 소:

2. 성 명:

3. 생년월일:

4. 유효기간: . . . ~   . . .

위 사람은 「도시개발법」 제64조제8항에 따라 타인의 토지에 출입할 수 있는 자임을 증명합니다.

년   월   일

특별자치도지사
시장·군수·구청장   [직인]

65mm×90mm(보존용지(1종) 120g/㎡)

도시개발법 시행규칙 [별지] 300

[별지 제33호서식]

제   호

허 가 증

1. 성   명:

2. 주   소:

3. 생년월일:

4. 허가기간: .   .   . ~   .   .   .

위 사람은 「도시개발법」 제64조제8항에 따라 아래 토지에의 출입을 허가받은 자임을 증명합니다.

위 치	면적 (㎡)	소유자		출입목적
		주소	성명	

년   월   일

특별자치도지사
시장·군수·구청장 [직인]

210mm×297mm(보존용지(2종) 70g/㎡)

[별지 제34호서식] 〈개정 13·3·23〉

제   호

사 진
(2.5cm×3cm)

증   표

1. 주   소:

2. 성   명:

3. 생년월일:

4. 유효기간: .   .   . ~   .   .   .

위 사람은 「도시개발법」 제74조에 따라 도시개발사업에 관한 업무 및 회계에 관한 사항을 검사할 수 있는 자임을 증명합니다.

년   월   일

국 토 교 통 부 장 관
시   ·   도 지 사 [직인]
시장·군수·구청장

65mm×90mm(보존용지(1종) 120g/㎡)

도시개발업무지침

도시개발업무지침 목차

제1편 총 칙

제1장 지침의 목적 및 적용범위 ·················· 305
제2장 도시개발구역의 지정기준 ·················· 305
제3장 개발구역 지정대상지의 선정기준 ·············· 306
    제1절 개발구역 지정대상지 선정시 고려사항 ······· 306
    제2절 개발구역의 경계 설정시 고려사항 ·········· 306
제4장 개발구역 지정 대상지의 관리 ················ 306
제5장 2 이상의 용도지역이 걸치는 개발구역 지정기준 ···· 307
제6장 동의자 수의 산정방법 ····················· 307
제7장 공공·민간 공동 도시개발사업의 시행 ·········· 307

제2편 개발계획의 수립

제1장 개발구역의 명칭 등 ······················· 311
제2장 개발계획의 구성 ························· 311
제3장 시행방식 ······························· 312
제4장 사업시행지구의 분할기준 등 ················· 312
제5장 시행기간 ······························· 312
제6장 시행자 ································· 312
제7장 기초조사 ······························· 313
제8장 부문별 계획 ····························· 313
    제1절 목표 및 전략의 설정 ··················· 313
    제2절 주요지표의 설정 ······················ 314
    제3절 공간구성의 기본골격 ··················· 314
    제4절 인구수용계획 ························ 315
    제5절 토지이용계획 ························ 315
    제6절 교통처리계획 ························ 317
    제7절 환경보전계획 ························ 317
    제8절 환경성 검토 ························· 318
    제9절 방재계획 ··························· 319
    제10절 사전재해영향성검토 ···················· 319
    제11절 기반시설계획 ························ 319
    제12절 문화재보호계획 ······················ 321
    제13절 도시개발구역밖에 기반시설 계획 등 ········ 322
    제14절 토지의 수용·사용 및 환지에 관한 계획 ····· 322
    제15절 재원조달 및 사업시행계획 ··············· 323
    제16절 사업성 및 개발효과 검토 ················ 324
제9장 녹색도시개발계획의 수립 및 평가 ············· 325
    제1절 녹색도시개발계획의 수립 ················ 325
    제2절 녹색도시개발계획의 평가 ················ 325
    제3절 인센티브 ··························· 325

제3편 실시계획

제1장 사업의 명칭, 위치 및 면적 등 ················ 325
제2장 첨부도면 및 서류 ························· 326

제4편 환지계획

제1장 환지계획의 일반적인 기준 ·················· 326
제2장 환지계획의 특별기준 ······················ 327
제3장 집단환지의 지정 ························· 327
제4장 토지의 부담률 ··························· 328
제5장 환지계획의 변경 ························· 328
제6장 체비지의 지정 ··························· 328
제7장 체비지의 관리 및 처분 ···················· 328
제8장 환지예정지조서 등 ······················· 328
제9장 청산금 ································· 329
제10장 등기 ·································· 329
제11장 혼용방식에 따른 개발사업 시행 ·············· 329

제5편 토지공급 및 사후관리

제1장 조성토지의 공급 ·· 330
제2장 주거용지의 공급 ·· 330
제3장 협의양도인 주택용지공급 ·· 331
제4장 감정평가 ··· 331
제5장 분양 추첨 ··· 331
제6장 수의계약 등 ·· 331
제7장 학교용지 등의 공급가격 기준 ····································· 332
제8장 준공검사 및 공고 ·· 332
제9장 공공시설의 인계인수 ·· 332
제10장 기반시설용지의 용도 재검토 ····································· 333
제11장 순환용 주택의 공급 ·· 333

제6편 비용분담 등

제1장 타 지방자치 단체의 비용부담 원칙 ······························ 333
제2장 유발용량의 산정 ·· 333
제3장 도시개발구역 밖의 기반시설 비용부담 ·························· 333
제4장 폐기물처리시설 등 비용부담 ······································ 334

제7편 공사계약 및 감리

제1장 공사도급계약 ·· 334
제2장 건설기술용역업자의 선정 ·· 334
제3장 공사비 등 지급 ·· 334

제8편 행정사항

부   칙 ·· 335

도시개발업무지침

2013 · 5 · 13 국토교통부훈령 제 201호
2014 · 9 · 24 국토교통부훈령 제 425호
2015 · 6 · 2 국토교통부훈령 제 535호
2016 · 4 · 6 국토교통부훈령 제 176호
2016 · 11 · 25 국토교통부훈령 제 778호
2020 · 2 · 20 국토교통부훈령 제1279호
2021 · 12 · 30 국토교통부훈령 제1468호
2022 · 6 · 22 국토교통부훈령 제1531호
2024 · 5 · 3 국토교통부훈령 제1744호

제1편 총 칙

제1장 지침의 목적 및 적용범위

1-1-1. 이 지침은 「도시개발법」 제5조 및 동법시행령 제25조 등 도시개발법령에서 국토교통부장관이 정하도록 한 사항과 기타 도시개발사업의 시행상 필요한 세부적인 사항을 정함으로써 도시개발사업이 원활히 수행될 수 있도록 함을 목적으로 한다.

1-1-2. 이 지침은 「도시개발법」(이하 "법"이라 한다), 「도시개발법시행령」(이하 "영"이라 한다) 및 「도시개발법시행규칙」(이하 "규칙"이라 한다)에 따라 시행하는 도시개발사업(이하 "개발사업"이라 한다)에 이를 적용한다.

제2장 도시개발구역의 지정기준

1-2-1. 및 1-2-2. 〈삭제〉

1-2-3. 영 제2조에서 규정하고 있는 지역외의 지역이나 보전용지가 개발구역에 불가피하게 포함되는 경우에는 도시·군관리계획의 변경을 선행하거나 병행하여 추진하여야 한다.

1-2-4. 다른 법률에 따라 건축물의 건축 등 개발행위가 제한되는 지역은 개발구역에서 제외하는 것을 원칙으로 한다. 다만, 개발구역에 불가피하게 포함되는 경우에는 가급적 당초의 행위제한 목적이 달성될 수 있는 지역·지구 등으로 계획하여야 한다.

1-2-5. 「국토의 계획 및 이용에 관한 법률」에 따라 지구단위계획구역으로 지정된 지역으로서 지정권자가 기반시설의 설치 또는 대지의 교환 등 계획적인 도시개발이 필요하다고 인정하는 지역인 경우에는 영 제2조제1항의 규정에서 정하는 면적 이하라도 도시개발구역으로 지정할 수 있다. 이 경우 「국토의 계획 및 이용에 관한 법률」 제36조의 규정에 따른 용도지역간의 변경은 할 수 없다. 다만, 지구단위계획구역의 일부가 도시개발구역에 포함되는 경우에는 그러하지 아니하다.

1-2-6. 법 제3조 및 영 제2조제3항의 규정에 따라 국토교통부장관이 국가균형발전을 위하여 관계 중앙행정기관의 장과 협의하여 개발구역으로 지정하고자 하는 지역에 대하여는 1-2-3. 와 1-2-4.의 규정을 적용하지 아니한다.

1-2-7. 법 제11조제1항 제5호부터 제11호까지 해당하는 자가 도시개발구역 지정을 제안하는 경우 영 제23조제1항의 규정에 따라 도시개발구역 지정의 제안을 받은 국토교통부장관, 특별자치도지사, 시장·군수 또는 구청장은 다음의 어느 하나에 해당하는 경우 제안을 반려할 수 있다. 이 경우 정상적인 사업 추진여부를 고려하여 최대한으로 종전의 토지소유자들이 부당하게 소외되지 않는 결정이 되도록 충분히 검토하여야 한다.
 (1) 제안일 이전 3년간 동의자중 5명이상 공유토지 증가가 전체토지의 5퍼센트 이상인 경우
 (2) 제안일 이전 3년간 동의자중 5명이상 분할토지 증가가 전체토지의 5퍼센트 이상인 경우
 (3) (1) 및 (2)에 불구하고 제안일 이전 급격하게 공유 및 분할된 토지 등이 포함된 경우
 (4) 제안일 이전 3년간 동의자중 토지의 공유 및 분할이 전체토지의 20퍼센트 이상 증가한 경우
 (5) (1)부터 (4)까지는 토지는 필지수와 사유지를 기준으로 한다.

1-2-8. 1-2-7.에 따른 공유 및 분할된 토지에 대하여는 「부동산 실권리자 명의 등기에 관한 법률」에 따라 토지소유 적정성 여부를 면밀하게 검토하여야 한다.

제3장 개발구역 지정대상지의 선정기준

제1절 개발구역 지정대상지 선정시 고려사항

1-3-1-1. 해당 개발구역 및 도시의 건전한 발전을 도모할 수 있도록 광역도시계획 및 도시·군기본계획에 부합되어야 한다. 이 경우 국토의 계획 및 이용에 관한 법령, 문화재보호법령, 수도법령, 농지법령 및 군사시설보호법령 등 다른 법령에 서 개발을 제한하고 있는 지역이 가능한 한 포함되지 않도록 하여야 한다.

1-3-1-2. 해당 개발구역 및 도시의 현황과 발전추세, 도시·군기본계획상의 단계별개발계획, 개발동향 등 관련된 사회·경제지표를 종합적으로 조사 분석하여 개발구역의 규모나 위치 등을 합리적으로 정하여야 한다. 이 경우 도시·군기본계획상의 단계별개발계획의 시점은 도시개발사업에 관한 실시계획의 인가시점(환지방식의 경우 환지계획 인가시점)으로 본다.

1-3-1-3. 도시개발사업의 기간과 기반시설 설치시점의 일치 가능성 및 수용능력을 감안하여야 한다.

1-3-1-4. 해당 개발구역과 인근지역의 자연환경 및 생태계에 미치는 영향을 감안하여야 한다.

1-3-1-5. 법 제3조 및 영 제2조제3항의 규정에 따라 국가균형발전을 위한 개발구역을 지정하는 경우에는 1-3-1-1.와 1-3-1-2.의 규정에 불구하고 개발구역을 우선 지정하고 개발계획수립 이전까지 광역도시계획 및 도시·군기본계획을 변경할 수 있다. 다만, 개발구역에는 「국토의 계획 및 이용에 관한 법률」 제6조제4호에 따른 자연환경보전지역을 포함하지 않는다.

제2절 개발구역의 경계 설정시 고려사항

1-3-2-1. 「국토의 계획 및 이용에 관한 법률」에 따른 용도지역·지구·구역 및 다른 토지이용 관련 법령에 따른 지역, 지구 및 구역 등의 경계를 고려하여야 한다.

1-3-2-2. 「국토의 계획 및 이용에 관한 법률」에 따른 도시·군계획시설사업의 구역경계를 고려하여야 한다.

1-3-2-3. 하천, 구거, 옹벽, 절개지 및 급경사지 등 지형·지세를 고려하여야 한다.

1-3-2-4. 기타 토지이용상황, 토양 및 지질, 자연경관, 환경적·생태적 요소 및 재해위험 요인을 고려하여야 한다.

1-3-2-5. 지구경계를 명확히 할 수 있는 요인을 고려하여야 한다.

제4장 개발구역 지정 대상지의 관리

1-4-1. 시장·군수 또는 구청장은 지정권자가 개발구역의 지정을 위한 협의를 요청하거나 법 제11조 제1항제2호부터 제11호까지 해당하는 자가 제안한 개발구역 지정안이 수용된 경우에는 원활한 개발사업의 시행을 위하여 개발구역이 지정될 때까지 개발구역 안에서 「국토의 계획 및 이용에 관한 법률」에 따른 개발행위허가 대상이 아닌 토지의 형질변경, 토석의 채취 등의 행위 중 도시개발사업에 지장을 줄 우려가 있는 개발행위에 대하여는 도시계획조례로 제한하거나, 도시계획조례에 규정되어 있지 아니하는 사항에 대하여는 지방도시계획위원회심의를 거쳐 제한하는 등 필요한 조치를 취하여야 한다.

1-4-2. 영 제11조 제2항에 따른 공람공고일(이하 '공람공고일'이라 한다)로부터는 시장·군수 또는 구청장 및 시·도지사는 도시개발 대상지역 및 도시개발구역 내에 도시·군계획시설을 결정할 수 없다. 다만 부득이한 경우 선형시설에 한하여 지정권자와 협의하여 결정할 수 있다.

1-4-3. 국토교통부장관, 시·도지사, 시장·군수 또는 구청장은 개발구역 지정을 추진하고 있는 지역에 대해 부동산 거래 동향 등을 수시로 파악하여 부동산투기가 발생될 우려가 있다고 판단되는 경우에는 국세청 등 유관기관과 긴밀히 협조하여 적정한 대책을 강구하여야 한다.

제5장 2 이상의 용도지역이 걸치는 개발구역 지정기준

1-5-1. 영 제2조제4항 및 시행규칙 제3조 별표 1 제1호가목의 규정에 따라 개발구역으로 지정하고자 하는 지역이 2 이상의 용도지역에 걸치는 경우에는 다음의 산식에 따른 면적(A)이 1만제곱미터 이상인 경우에 한하여 개발구역을 지정하여야 한다. 다만, 생산녹지지역이 포함된 경우에는 생산녹지지역이 전체 면적의 30퍼센트 이내이어야 한다.

> A = 주거지역의 면적 + 상업지역의 면적 + 공업지역의 면적의 3분의 1 + 자연녹지지역의 면적 + 생산녹지지역의 면적

제6장 동의자 수의 산정방법

1-6-1. 개발구역 안의 토지면적에 대한 동의면적을 산정함에 있어서 동의대상자는 「부동산등기법」에 따라 등기부에 등재된 토지소유자 및 지상권자로 한다.

1-6-2. 도시개발구역 안의 토지면적을 산정함에 있어서는 국공유지를 포함하여 산정한다.

1-6-3. 토지소유자에 대한 동의는 국공유지를 제외한 전체 사유토지면적 및 토지소유자에 대하여 동의요건 이상으로 동의를 받은 후 그 토지면적 및 토지소유자의 수가 법적 동의요건에 미달되는 경우에는 국공유지 관리청의 동의를 받아야 한다.

1-6-4. 지상권이 설정된 토지에 대한 동의면적을 산정함에 있어 개발구역안의 토지에 관하여 소유권 또는 지상권을 가진 자의 동의는 각각 해당 지상권이 설정된 토지면적의 2분의 1에 해당하는 토지에 대한 동의로 산정한다.

1-6-5. 도시개발구역지정제안서·개발계획수립 또는 변경신청서·시행자지정 신청서·조합설립인가 신청서 등이 시장·군수·구청장 또는 지정권자에게 제출되기 전에 이 법에 따른 동의대상자가 관련 동의를 철회한 경우에는 이를 동의면적 및 동의자의 수에서 제외하여야 한다. 이 경우 규칙 제7조의 규정에 따른 내용증명우편(행정청이 시행자인 경우에는 행정청에 직접 제출할 수 있다. 시행자는 제출된 동의철회서를 문서접수대장에 등재하고 지정권자에게 그 현황을 제출하여야 한다)이 시장·군수·구청장 또는 지정권자에게 접수된 날 전일까지 배달된 경우에만 철회한 것으로 본다.

1-6-6. 면적의 산정에 있어서 개발구역의 경계에 걸쳐 있는 토지는 개발구역 안의 토지만을 동의면적으로 계산하여야 한다.

1-6-7. 토지 등의 사용 또는 수용을 위한 토지소유자 동의요건 산정기준일은 도시개발구역지정 고시일을 기준으로 한다.

1-6-8. 영 제6조제6항 및 제25조제2항에 따른 동의서 징구 시 제출하는 신분을 증명할 수 있는 서류란 주민등록증 사본·여권사본·운전면허증 사본 등을 말한다.

제7장 공공·민간 공동 도시개발사업의 시행

1-7-1. 법 제11조의2제1항에 따른 법인을 설립하여 도시개발사업을 시행하고자 하는 경우 법 제11조제1항제1호부터 제4호까지의 규정에 해당하는 자(이하 이 장에서 "공공시행자"라 한다)는 법 제11조의2제2항 본문에 따라 공공시행자 외의 출자자(이하 이 장에서 "민간참여자"라 한다)를 공모의 방식으로 선정하여야 한다. 다만, 도시개발사업에 참여하려는 자가 법 제11조의2제2항 단서에 따라 공공시행자에게 공동사업을 제안하는 경우 공공시행자는 그 제안자를 해당 공동사업의 민간참여자로 선정할 수 있다.

1-7-2. 법 제11조의2제2항 본문에 따라 공공시행자가 민간참여자를 공모의 방식으로 선정하려는 경우 그 절차와 방법은 다음에서 정하는 바에 따른다.
 (1) 공공시행자는 민간참여 가능성, 사업여건 등을 고려하여 공동사업을 시행하려는 사업 대상지를 정한다.
 (2) (1)의 사업 대상지에서 도시개발사업을 시행하기 위하여 민간참여자를 공모하려는 경우 공공시행자는 해당 사업의 특성, 공공시행자의 역할, 민간참여자의 기여정도 등을 종합적으로 고려하여 다음의 사항을 모두 포함하는 사업계획을 마련하여야 한다. 이 경우 공공시행자는 마련한 사업계획을 공모 전에 지정권자(지정권자가 공공시행자인 경우에는 국토교통부장관을 말한다)에게 통보하여야 한다.

① 사업의 개요 (사업명, 사업의 목적, 위치, 면적, 기간 등 포함)

② 공모신청자격

③ 사업참여계획서의 제출기간 및 방법 등 공모신청 요령

④ 사업참여계획서에 관한 평가항목 및 기준

⑤ 사업참여계획서 작성 지침

⑥ 공공시행자와 민간참여자 간 출자 및 역할 분담에 관한 사항

⑦ 협약 및 법인설립에 관한 사항

⑧ 총사업비 및 예상 수익률에 관한 사항

⑨ 민간참여자의 이윤율 상한에 관한 사항

⑩ 기반시설의 설치 및 비용부담에 관한 사항

⑪ 법 제53조의2제1항에 따른 개발이익 재투자에 관한 사항(이하 "개발이익 재투자에 관한 사항"이라 한다)

⑫ 조성토지등 공급·처분·직접사용에 관한 사항

⑬ 그 밖에 공동사업 시행에 필요한 사항

(3) 공공시행자는 공모와 관련한 설명회를 개최할 수 있으며, 이 경우 설명회에 참가한 자에 한하여 공모에 참가하게 할 수 있다.

(4) (2)에 따른 사업계획은 전국에 보급되는 일간신문과 공공시행자 인터넷 홈페이지에 공고하여야 한다.

(5) 공모에 참가하고자 하는 자는 다음의 사항을 포함한 사업참여계획서를 공공시행자에게 제출하여야 한다.

① 사업명, 위치, 면적, 기간 등 사업의 범위와 규모에 관한 사항

② 공공시행자와 민간참여자 간 역할 분담 및 책임과 의무에 관한 사항

③ 총사업비 및 자금조달계획에 관한 사항(자기자본비율과 타인자본비용율 포함)

④ 출자자 간 비용분담 및 손익배분에 관한 사항

⑤ 민간참여자의 이윤율에 관한 사항

⑥ 공동출자법인의 설립 및 해산에 관한 사항

⑦ 조성공사 시공권에 관한 사항(조성공사의 설계금액 대비 시공금액의 비율 포함)

⑧ 조성토지등의 공급·처분·직접사용에 관한 사항

⑨ 개발이익 재투자에 관한 사항

⑩ 사업완료 후 사후처리방안에 관한 사항(미분양 토지 처분방안 포함)

⑪ 시설물(개발이익 재투자에 따라 시행자가 설치하는 주민 생활 편의 증진을 위한 시설을 포함한다) 등의 이관 및 사후관리에 관한 사항

⑫ 민간참여자의 창의적인 아이디어를 반영한 토지이용계획 또는 토지이용계획 변경제안에 관한 사항

⑬ 조성비 등 총사업비 절감 방안

⑭ 그 밖에 사업시행과 구역 여건에 따라 별도 협약이 필요한 사항

(6) 공공시행자는 공모신청자가 제출한 사업수행능력 및 재무건전성, 자격요건 등을 증명하는 서류에 대하여 평가하기 전에 그 사실여부를 확인하여야 하며, 주요 서류가 허위이거나 누락된 경우 해당 공모신청자를 실격 처리하여야 한다.

(7) 사업참여계획서의 제출기간은 공모를 위한 공고일로부터 60일 이상으로 하여야 한다. 다만, 공모결과 응모자가 1인(또는 1개 컨소시엄)인 경우 30일 이내 다시 공모하여야 하며, 다시 공모하여도 당초 응모자 외에 응모자가 없을 경우 그 응모자를 우선협상대상자로 선정할 수 있다.

1-7-3. 1-7-2.(5)의 규정에 따라 제출된 사업참여계획서의 검토·평가는 다음에서 정하는 바에 따라 수행한다.

(1) 공공시행자는 제출된 사업참여계획서를 검토·평가하는 경우에 다음의 항목을 포함하여 평가하여야 한다.

① 민간참여자 구성의 적정성

② 총사업비, 사업기간, 사업내용 등의 타당성

③ 자체자금 조달능력, 차입금 조달능력 등 자금조달계획의 현실성

④ 민간참여자 이윤율 및 수익배분의 적정성

⑤ 조성토지등 공급·처분·직접사용 계획의 적정성

⑥ 기반시설 설치 및 비용부담, 개발이익 재투자 등 공공기여에 관한 사항의 적정성

⑦ 신공법의 적용, 시공금액의 인하 등 총사업비 절감 노력

⑧ 그 밖에 사업 특성, 지역 여건 등에 따라 평가가 필요한 사항

(2) 공공시행자는 (1)의 규정에 따른 평가항목과 배점기준 등을 사업목적 달성에 적합하도록 정하여야 한다.

(3) 공공시행자는 사업참여계획서 등을 투명하고 공정하며 객관적으로 심의·평가하기 위하여 민간참여자 선정 심의위원회(이하 이 장에서 "선정위원회"라 한다)를 구성·운영하여야 한다.
(4) 선정위원회 위원은 토지이용·도시·교통·환경·금융·주택·건설 등 분야별 전문가와 공공시행자 소속 공무원 또는 임직원으로 10인 이상 20인 이하로 구성하되, 위원장은 민간전문가 중에서 호선하며, 선정위원회 구성 시 공공시행자 소속 공무원 또는 임직원의 수는 전체 위원 수의 3분의 1 이하가 되도록 한다.
(5) 선정위원회 위원은 사업참여계획서 등을 심의·평가하는 과정에서 알게 된 주요 정보를 누설할 수 없으며, 위원장은 심의·평가 전에 보안각서를 징구하여야 한다.
(6) 공공시행자는 선정위원회의 구성·운영에 필요한 세부지침을 정할 수 있다.

1-7-4. 법 제11조의2제2항 본문에 따라 공공시행자가 민간참여자를 공모의 방식으로 선정하려는 경우 협상대상자 선정 절차 및 방법은 다음과 같다.
(1) 공공시행자는 선정위원회의 심의·평가에서 최고 득점을 받은 공모신청자를 우선협상대상자로 선정하고, 평가결과의 점수에 따라 순위별로 후순위 협상대상자를 선정한다. 다만, 선정위원회의 심의·평가 결과, 1-7-2.(4)의 규정에 따른 공고 시 명시한 협상대상자 선정을 위한 최소 점수 이하를 받은 자는 협상대상자로 선정하지 아니한다.
(2) 공공시행자는 우선협상대상자가 사업참여계획서의 주요 조건을 성실히 이행하지 못할 사정이 생기거나 우선협상대상자의 귀책사유로 인하여 1-7-6.(1)의 규정에서 정한 기간 내에 협상이 성립되지 않을 경우 차순위자를 우선협상대상자로 선정할 수 있으며, 차순위자가 없는 경우는 협상대상자를 선정하지 아니할 수 있다.
(3) 공공시행자는 (1) 및 (2)의 규정에 따라 협상대상자를 선정한 경우 이를 지체없이 각 협상대상자에게 통보하여야 한다.

1-7-5. 법 제11조의2제2항 단서에 따라 도시개발사업의 민간참여자로 선정되려는 자가 공공시행자에게 공동사업을 제안하는 경우에는 다음의 절차에 따른다.
(1) 법 제11조의2제2항 단서에 따라 공동사업을 제안하는 자는 다음의 사항이 포함된 사업참여계획서를 공공시행자에게 제출하여야 한다.
① 사업의 개요(사업의 목적, 필요성 등 포함)
② 개발방향 및 추진일정
③ 구역경계 설정에 관한 사항(공법상 개발제한, 토지이용 현황 포함)
④ 대상지 내 토지소유 현황
⑤ 토지이용계획 제안에 관한 사항
⑥ 총사업비 등 사업성 분석을 위한 사항
⑦ 공동출자법인의 설립에 관한 사항
⑧ 출자자 간 업무범위, 비용분담, 손익배분 등
⑨ 공동사업 제안자의 재무현황 등 사업체 현황
⑩ 민간참여자의 이윤율에 관한 사항
⑪ 개발이익 재투자에 관한 사항
⑫ 조성토지등의 공급·처분·직접사용에 관한 사항
⑬ 자체보안대책 및 보안각서
⑭ 기타 사업시행을 위한 검토에 필요한 사항
(2) (1)에 따라 사업참여계획서를 제출받은 경우 공공시행자는 공익성, 대상지의 적정성, 사업성, 사업수행능력, 공공시행자의 재무여건 등을 고려하여 공동사업 제안의 수용 여부를 사업참여계획서 등 접수일로부터 90일 이내(1회에 한하여 30일 범위에서 연장 가능)에 공동사업 제안자에게 통보하여야 한다.
(3) 공공시행자는 공동사업 수용 여부를 결정하기 위하여 1-7-3.(3)에 따른 선정위원회를 구성·운영하거나「국토의 계획 및 이용에 관한 법률」제113조에 따른 지방도시계획위원회에 자문을 거쳐야 하며, 공동사업 제안을 수용하려는 경우 해당사업의 특성, 공공시행자의 역할, 민간참여자의 기여정도 등을 종합적으로 고려하여 1-7-2.(2)에 따른 사업계획(1-7-2.(2)②, ③ 및 ⑤의 규정에 해당하는 사항은 제외한다)을 마련하여야 한다. 이 경우 공공시행자는 제안자에게 수용을 통보하기 전에 지정권자(지정권자가 공공시행자인 경우에는 국토교통부장관을 말한다)에게 마련한 사업계획과 제안에 대한 처리계획을 통보하여야 한다.
(4) 공동사업 제안자와 공공시행자는 조사 단계에서부터 관련 정보가 누설되지 않도록 법 제10조의2에 준하여 자체보안대책을 수립·시행하여야 한다.

1-7-6. 법 제11조의2제3항부터 제7항까지의 규정에 따라 공공시행자가 민간참여자와 사업시행을 위한 협약을 체결하려고 할 때 협약 체결의 절차 및 방법은 다음과 같다.

(1) 공공시행자는 1-7-4.의 규정에 따라 선정된 우선협상대상자에게 우선협상대상자 선정을 통보하거나 1-7-5.의 규정에 따른 공동사업 제안자에게 공동사업 제안 수용을 통보한 후 90일 이내(1회에 한하여 30일 이내 연장 가능하며 협약 내용의 승인 및 보고에 소요되는 기간은 제외한다) 협약을 체결하여야 한다.

(2) 협약의 내용에는 다음의 사항을 포함하여야 한다.

① 1-7-2.(5)①부터 ⑪의 규정에 해당하는 사항

② 이주대책 및 생활대책에 관한 사항

③ 협약의 변경과 해지에 관한 사항

④ 그 밖에 사업시행과 구역 여건에 따라 별도 협약이 필요한 사항

(3) 협약에는 사업방식, 참여지분율, 지분율 및 출자자 변경, 조성토지등의 직접사용, 사업손익 정산, 협약이행보증, 손해배상, 민간참여자 등의 파산 등으로 사업을 계속할 수 없는 경우에 대한 대책 등 주요 사항에 대하여 구체적으로 작성하여 책임소재를 명확하게 하여야 한다.

(4) 공공시행자는 민간참여자와 업무분담 결정, 개발계획 변경 등을 하는 경우 사업의 공공성 확보와 총사업비 인하 등을 위하여 민간참여자의 창의적이고 효율적인 제안내용이 반영되도록 노력하여야 한다.

(5) (1)의 규정에 따른 협약을 체결하려는 경우 법 제11조의2제4항에 따라 공공시행자는 미리 그 협약의 내용에 대하여 지정권자의 승인을 받아야 한다. 다만, 지정권자가 법 제11조의2제1항에 따른 법인의 출자자인 경우에는 국토교통부장관의 승인을 받아야 한다.

(6) 협약 체결을 승인하려는 지정권자(지정권자가 법 제11조의2제1항에 따른 법인의 출자자인 경우에는 국토교통부장관을 말한다)는 총사업비 및 자금조달계획에 관한 사항, 출자자 간 수익배분에 관한 사항(공공시행자와 민간참여자 간 수익배분 포함), 민간참여자의 이윤율에 관한 사항 등 협약 내용의 적정성을 확인하여야 하며, 협약 체결을 승인하려는 지정권자(법 제11조의2제1항에 따른 법인의 출자자인 지정권자는 제외한다)는 국토교통부장관에게 지체없이 그 내용을 보고하여야 한다.

(7) 국토교통부장관은 보고 내용이 위법하거나 보완이 필요하다고 인정하는 경우에는 법 제74조제3항에 따른 전문기관의 적정성 검토를 거쳐 지정권자에게 협약 내용의 시정을 명할 수 있다.

1-7-7. 법 제11조의2제1항에 따른 공동출자법인의 설립, 공공·민간 공동 도시개발사업 시행을 위한 구역지정 제안 및 시행자 지정 절차 등은 다음과 같다.

(1) 공공시행자와 민간참여자는 1-7-6.의 규정에 따라 협약이 체결된 경우에 법 제11조의2제1항에 따른 공동출자법인을 설립할 수 있다.

(2) (1)의 법인이 법 제11조제5항에 따라 특별자치도지사·시장·군수 또는 구청장에게 도시개발구역의 지정을 제안하거나 영 제19조에 따라 시행자 지정을 신청하려는 경우에는 1-7-6.에 따른 협약에 관한 사항을 함께 제출하여야 한다.

1-7-8. 1-7-7.에 따른 공동출자법인이 시행하려는 도시개발사업에 대하여 법 제7조에 따라 주민이나 관계 전문가 등으로부터 의견을 청취할 때에는 공공시행자가 민간참여자 선정을 통해 공공·민간 공동 도시개발사업을 시행할 예정임을 알려야 한다. 공동출자법인이 설립되기 전에 의견을 청취하는 경우에도 또한 같다.

1-7-9. 1-7-7.에 따른 공동출자법인이 「조세특례제한법」 제104조의31에 따른 프로젝트금융투자회사인 경우 공공시행자는 공공시행자로서의 역할을 강화할 수 있도록 「조세특례제한법 시행령」 제104조의28제4항제2호에 따른 자산관리회사에의 출자 참여 여부를 검토하여야 한다.

1-7-10. 법 제11조의2제1항 및 제7항에 따른 총사업비 등의 구체적인 산정기준 및 적용방법은 다음과 같다.

(1) 총사업비는 2-8-15-2.(2)의 규정에 따라 산정한 사업비를 말한다.

(2) 개발이익 재투자에 관한 사항에 적용하는 개발이익은 도시개발사업의 총수익에서 총사업비를 뺀 금액으로 한다.

(3) 총수익은 개발계획의 내용에 따라 해당 개발사업의 결과로부터 발생하는 분양·임대·운영 등의 수익과 시행과정에서 발생하는 예측가능한 모든 수

익을 포함하며, 공동출자법인(공동출자법인의 출자자를 포함한다)이 직접 건축물을 건축하여 사용하거나 공급하려고 계획한 토지도 감정가격을 기준으로 총수익 산정에 포함한다.
(4) 협약에서 정한 수익배분에 관한 사항에 따라 민간참여자에게 배분하여야 하는 개발이익이 총사업비 중 공공시행자의 부담분을 제외한 비용에 협약에서 정한 민간참여자의 이윤율을 곱하여 산정한 금액을 초과할 경우 시행자는 그 초과분을 법 제53조의2제1항에서 정한 용도로 사용하여야 한다. 다만, 초과분 산정 시 법인세와 「개발이익 환수에 관한 법률」에 따른 개발부담금은 개발이익에서 제외하여 적용한다.
(5) 사업시행 과정에서 총사업비와 총수익이 변경되거나 사업준공을 하려는 경우 또는 법 제53조의2제2항에 따라 지정권자에게 도시개발사업의 회계에 관한 사항을 보고하는 경우 시행자는 지정권자와 협의를 거쳐 신뢰할 수 있는 객관적인 자료와 근거 등에 의하여 총사업비와 총수익을 재산정하여야 하며, 이 경우 시행자는 재산정한 결과를 협약 내용에 반영하여야 한다.

제2편 개발계획의 수립

제1장 개발구역의 명칭 등

2-1-1. 개발구역의 명칭은 해당 개발구역이 위치한 시·군·구 단위이하의 행정구역명을 중심으로 하여 시행자 및 해당 개발구역의 특성 등을 고려하여 다른 개발구역과 구별이 될 수 있도록 정하여야 한다.

2-1-2. 법 제11조제1항제5호부터 제10호까지의 규정에 해당하는 시행자는 2-1-1.의 계규정에 불구하고 특별한 사유가 있는 경우에는 행정구역명을 사용하지 아니할 수 있다.

2-1-3. 개발구역의 위치는 구역을 대표할 수 있는 소재지를 기재하되 시·도, 시·군·구, 읍·면·동, 리 및 대표번지를 기재한다.

2-1-4. 개발구역의 면적은 제곱미터로 표시하여야 한다.

2-1-5. 개발구역 지정의 필요성, 개발사업의 특성 및 효과 등 개발구역으로 지정해야 하는 당위성을 함축적으로 기술하여야 한다.

2-1-6. 개발계획의 명칭은 해당 개발구역의 명칭을 사용하여야 한다. 다만, 중복 또는 혼동방지 등 특별한 사유가 있는 경우에는 예외로 하되 그 사유를 명기하여야 한다.

2-1-7. 다음 지역에서는 도시개발구역 지정 후 개발계획을 수립할 수 있다.
 (1) 자연녹지지역
 (2) 생산녹지지역(생산녹지지역이 도시개발구역 지정면적의 100분의 30 이하인 경우에 한한다)
 (3) 도시지역외의 지역
 (4) 국토교통부장관이 국가균형발전을 위하여 관계 중앙행정기관의 장과 협의하여 도시개발구역으로 지정하고자 하는 지역(「국토의 계획 및 이용에 관한 법률」제6조제4호의 규정에 따른 자연환경보전지역을 제외한다)
 (5) 해당 도시개발구역에 포함되는 주거지역·상업지역·공업지역의 면적의 합계가 전체 도시개발구역 지정 면적의 100분의 30 이하인 지역

제2장 개발계획의 구성

2-2-1. 개발계획은 개발계획서, 관련도면 및 부속서류 등으로 구성한다.

2-2-2. 개발계획서는 법 제5조제1항, 영 제8조, 시행규칙 제9조 및 이 지침 별표 1, 별표 1의2에서 정하는 내용이 포함되어야 한다.다만, 규정된 내용에 대하여 해당사항이 없을 경우에는 해당 없다는 내용을 표기하고 그 구체적인 사유를 명기하여야 하며, 법령에 규정되지 아니한 내용에 대하여도 개발계획서에 수록하는 것이 타당하다고 판단되는 사항은 포함시킬 수 있다.

2-2-3. 2-2-2.에 따라 개발계획서를 작성할 때에 별표 1의2에 관한 내용은 별표 1의 각 항목에 포함하되, 해당 항목이 없으면 이를 새로이 추가하여 작성하여야 한다. 이 경우 별표 1의 내용에 포함하기 곤란하거나 녹색도시를 효율적으로 조성하기 위하여 필요한 경우에는 이를 따로 작성하여 개발계획서에 포함할 수 있으며 이때, 별표 1의 내용에 그 주요 사항을 정리·수록하여야 한다.

2-2-4. 개발계획의 관련도면에는 다음 도면을 첨부하여야 한다.
 (1) 개발계획평면도(축척 1/5,000 이상의 지형도)

(2) 산업시설의 유치업종별 배치계획도(축척 1/5,000 이상의 도면)

(3) 공동주택지 블록별 계획도(축척 1/5,000 이상의 도면)

(4) 영 제15조제1항제11호에 따른 도시·군관리계획의 수립 도면(축척 1/5,000 이상의 도면) 및 도시·군관리계획결정(변경)도(축척 1/5,000이상의 지형도)

(5) 사업시행지구를 분할하거나 분할 혼용방식으로 사업을 시행하는 경우 사업시행지구별 또는 사업방식별 구역계 표시도면(축척 1/5,000 이상의 지형도)

2-2-5. 관련도면 및 부속서류는2-2-2.부터 2-2-4까지에 따른 개발계획서 및 조서 또는 도면에 수록되지 아니한 관련도면과전산프로그램이나 설문분석자료 등 개발계획의 내용에 대한 근거나 이를 설명하는 부속서류와 별표 1의2 에 따른 평가서가 포함되어야 한다.

2-2-6. 〈 삭 제 〉

제3장   시행방식

2-3-1. 개발사업의 시행방식은 수용 또는 사용방식, 환지방식, 혼용방식으로 구분한다.

제4장   사업시행지구의 분할기준 등

2-4-1. 법 제5조제1항제3호 및 영 제43조제4항의 규정에 따라 다음과 같은 경우에는 개발구역을 2개 이상의 시행지구로 분할하여 시행할 수 있다.

(1) 개발구역의 면적이 대규모로서 단계별로 개발하는 것이 바람직한 경우

(2) 개발구역안에서 수 개의 환지계획구역으로 개발사업이 시행될 필요가 있는 경우

(3) 개발구역안에서 사업시행방식이 혼용되는 경우

2-4-2. 2-4-1.의 경우 각 시행지구의 지정 및 분할기준은 다음과 같다.

(1) 각 시행지구의 최소면적은 1만제곱미터 이상을 원칙으로 한다. 다만, 지정권자가 개발구역의 여건 등을 감안하여 불가피하다고 인정하는 경우에는 그러하지 아니하다.

(2) 시행지구를 분할하는 경계선의 설정은 제1편제3장제2절을 준용한다.

2-4-3. 사업시행지구를 분할하여 시행하는 경우에는 각 시행지구별 개발계획에 다음 내용이 포함되어야 한다.

(1) 시행지구 분할의 목적 또는 이유

(2) 면적

(3) 위치 및 시행지구 경계의 설정 사유

(4) 사업시행방식

(5) 사업시행기간

제5장   시행기간

2-5-1. 개발사업의 시행기간은 다음 기준에 따라 정하는 것을 원칙으로 한다. 이 경우 그 시기(始期) 및 종기(終期)를 정확히 알 수 없을 때에는 그 예정일을 기준으로 할 수 있다.

(1) 수용 또는 사용방식에 따른 개발사업의 시행기간은 개발구역 지정일부터 해당 사업의 공사완료공고일까지로 한다.

(2) 환지방식에 따른 개발사업의 시행기간은 실시계획인가일부터 해당 사업의 환지처분일까지로 한다.

(3) 혼용방식에 따른 개발사업의 시행기간은 개발구역 지정일부터 해당 사업의 환지처분일까지로 한다.

2-5-2. 2-5-1.의 시행기간을 정할 때에는 해당 사업의 시행면적·공사의 난이도 및 공사비의 규모, 공정계획표 등을 감안하여야 한다.

제6장   시행자

2-6-1. 시행자에 관한 사항에는 다음 사항이 포함되어야 한다.

(1) 인적사항

① 성명(법인인 경우는 그 명칭 및 대표자의 성명)

② 주소(법인인 경우는 주된 사무소의 소재지)

③ 생년월일(법인인 경우는 법인등록번호)

(2) 법 제11조제1항제11호의 규정에 따른 공동으로 설립한 법인의 경우에는 출자자의 구성 및 출자비율

2-6-2. 삭제 〈20·2·20〉

2-6-3. 영 제18조제4항제1호의 평균영업실적 및 영 제18조제5항제1호의 시공능력평

가액의 산정에 있어 2 이상의 자가 공동으로 사업을 시행하는 경우에는 공동시행자 각각의 평균영업실적 및 시공능력평가액을 합산한 금액으로 한다.

제7장 기초조사

2-7-1. 기초조사는 계획수립의 구체적인 방향과 내용을 정하는 역할을 하므로 자료의 신뢰성과 분석의 객관성이 충분히 유지되도록 한다.

2-7-2. 기초조사는 개발사업의 골격을 구성하는 데 필요한 사항을 중심으로 다음의 사항을 분석한다.
  (1) 주변지역 여건
  (2) 대상지역 현황
  (3) 관련계획 검토
  (4) 그 밖에 필요한 경우에는 현황분석의 일환으로 해당 개발구역 또는 주변지역의 주민을 대상으로 설문조사 등을 시행할 수 있다.

2-7-3. 기초조사는 다음에서 정하는 바에 따라 수행하도록 한다.
  (1) 분석대상이 되는 모든 현황자료는 신뢰성에 바탕을 두어야 하며 자료의 출처를 명기한다.
  (2) 기존 문헌이나 자료만으로는 현황을 정확하고 충분하게 파악할 수 없는 경우에는 현지조사 등을 통해 보완한다.
  (3) 현황분석은 기준년도의 현황에 대한 정태(靜態)분석과 아울러 시·공간(時·空間)상 변화과정을 밝힐 수 있는 동태(動態)분석을 시행한다.
  (4) 분석기준년도는 현재의 상황을 가장 정확하게 반영할 수 있도록 1년 이내를 기준으로 하고, 1년 이내의 자료수집 등이 어려운 경우 가능한 한 최근년도를 기준으로 정한다.
  (5) 분석방법은 다양한 기법을 병행하여 특정기법에 한정함에 따라 발생할 수 있는 편향과 왜곡을 방지한다.

2-7-4. 2-7-2.의 기초조사에 관한 주요 항목별 분석기준은 다음과 같다.
  (1) 주변지역 여건
    ① 주변지역 여건은 광역적 여건과 인근지역 여건으로 구분하여 분석한다.
    ② 광역적 여건은 해당 개발구역이 위치한 시·군·구의 전체적인 공간적 또는 사회·경제적 맥락 속에서 해당 개발사업이 차지하는 의미나 위상을 분석한다.
    ③ 인근지역 여건으로서 토지이용, 교통, 주요 기반시설 및 사회·경제적 여건을 검토하고 해당 개발사업과의 관계를 분석한다.
  (2) 대상지역 현황
    ① 대상지역의 현황분석은 해당 개발구역의 지리적·물적·사회적 및 경제적 특성에 대한 현황분석을 포함하도록 한다.
    ② 해당 개발구역 안에 문화재나 보전해야 할 생태계 또는 경관 등이 있을 경우에는 이를 정확히 기술한다.
  (3) 관련계획 검토
    ① 관련계획 검토는 해당 개발계획에 영향을 주는 국토종합계획, 광역도시계획, 도시·군기본계획 및 도시·군관리계획 등 상위계획과 도로 및 상·하수도계획 등 개별법에 따른 각종 계획의 검토를 포함하도록 한다.
    ② 관련계획 검토는 해당 내용을 단순 요약·나열하기보다는 해당 개발계획과의 관련성과 사업에 미치는 영향 등을 분석한다.

제8장 부문별 계획

제1절 목표 및 전략의 설정

2-8-1-1. 목표 및 전략의 설정은 다음의 사항을 준수한다.
  (1) 목표와 전략은 단순히 희망사항을 나열하여서는 아니되며 반드시 달성 가능한 내용을 담는다.
  (2) 목표와 전략은 추상적 표현을 배제하고 가급적 구체적으로 표현하여 계획과정의 다음 단계에서 실질적인 기준으로 활용될 수 있도록 한다.
  (3) 목표와 전략의 세부내용은 서로 같은 정도의 깊이와 폭으로 구성한다.
  (4) 목표와 전략의 세부내용은 상호간 중복을 피하여 설정하되 일관성이 유지되도록 한다.
  (5) 목표와 전략은 상호 긴밀하게 연계되어야 하고 동시에 계획과정의 다음 단계의 계획과 일관성이 유지되도록 한다.

2-8-1-2. 목표 및 전략은 다음의 설정기준에 따라 작성한다.
  (1) 목표
    ① 목표는 현황분석의 결과와 이해당사자의 의견, 정부 및 해당 지방자치단체의 정책방향 등을 종합적으로 고려하여 설정한다.

② 목표의 설정은 환경친화성, 삶의 질 향상 등 새로운 시대적 가치를 우선적으로 고려한다.

③ 목표의 세부항목에 대하여는 간략한 해설을 기재한다.

(2) 전략

① 전략은 목표를 현실적으로 실천하기 위한 최선의 수단을 중심으로 설정한다.

② 전략 설정시에는 목표와 전략간의 관계를 보여주는 도표를 첨부할 수 있다.

③ 전략의 세부항목에 대해서는 간략한 해설을 기재한다.

제2절 주요지표의 설정

2-8-2-1. 주요 지표는 다음 사항을 준수하여 설정한다.

(1) 주요 지표는 기 설정된 목표 및 전략과의 일관성이 유지되도록 한다.

(2) 주요 지표의 설정은 객관성을 입증할 수 있도록 가급적 다양한 방법론을 활용하여야 하며 사용한 방법론을 명기한다.

(3) 주요 지표는 단계별로 설정한다.

2-8-2-2. 주요 지표는 다음의 설정기준에 따라 작성한다.

(1) 사회경제지표

① 사회경제지표에는 인구의 규모·분포·구조 및 고용과 경제규모에 관한 기본적 내용을 분석하여 수록한다.

② 인구밀도의 설정은 기반시설과 주변지역의 여건을 고려하되 특별한 이유가 없는 한 초고밀화가 되지 않도록 한다.

③ 인구구조의 설정은 주변지역 여건과 해당 도시의 개발사업의 특성을 고려하되 특별한 이유가 없는 한 균형있는 구조가 이루어질 수 있도록 유의한다.

④ 고용 및 경제규모의 설정은 기반시설과 주변지역의 여건을 고려하되 해당 사업구역의 인구규모와 비교하여 가급적 사업구역 안에서 자족성을 가질 수 있도록 고려한다. 또한 주변지역 여건과 해당 개발사업의 특성을 고려하되, 특별한 이유가 없는 한 공간구조가 균형을 이루도록 유의한다.

(2) 시설지표

① 시설지표에는 도로, 상·하수도 등 주요 기반시설의 수요에 관한 기본적 내용을 분석하여 수록한다.

② 기반시설 수요예측에 사용되는 원단위의 설정은 환경친화적인 원단위가 되도록 유의한다.

(3) 환경지표

① 환경지표에서는 녹지율, 용적률 등 개발수준과 폐기물, 폐수 등 오염물질 배출에 관한 기본적 사항을 분석하여 수록한다.

② 환경지표를 설정함에 있어서는 각종 환경기준을 준수하여야 하고 환경친화적 개발이 될 수 있도록 유의한다.

제3절 공간구성의 기본골격

2-8-3-1. 공간구성의 기본골격은 다음의 사항을 준수하여 설정한다.

(1) 기본골격의 내용은 부문별 계획의 실질적인 지침이 될 수 있도록 구체적이어야 한다.

(2) 공간구성의 기본골격은 기본현황분석 결과, 목표·전략 및 주요지표 등 선행 연구결과와 일관성을 유지한다.

2-8-3-2. 공간구성은 다음의 계획기준에 따라 작성한다.

(1) 대안설정

① 대안은 최선안의 도출이 가능하도록 2개 이상을 만든다.

② 대안은 공간구조적 차원에서 대비될 수 있도록 상호 배타적인 내용으로 설정한다.

(2) 평가

① 평가는 정량적(定量的)·정성적(定性的) 방법을 적절히 활용하여 수행한다.

② 평가방법과 절차는 객관성을 확보하도록 한다.

(3) 공간구성의 기본골격

① 공간구성의 기본골격에서는 선정된 대안을 보다 구체화하여 공간구조의 기본요소인 주요 기능 또는 시설의 배치 및 이들 간의 동선체계에 관한 사항을 기술한다.

② 기본골격 설정시에는 개발에 따른 자연환경의 훼손이 최소화되도록 유의한다.

③ 단계별 개발이 필요한 경우에는 각 단계별로 기반시설 및 주민편의시설을 충족시킬 수 있도록 골격을 구성한다.

④ 혼용방식 및 2개 이상의 시행지구로 분할하여 시행하는 개발사업의 경우

주요 기능, 시설의 배치 및 동선체계는 시행지구별 특성과 여건을 우선적으로 감안하되 형평성과 전체적인 도시계획체계를 동시에 고려하여 균형있는 계획이 이루어지도록 한다.

제4절 인구수용계획

2-8-4-1. 인구수용계획의 수립원칙은 다음과 같다.
  (1) 인구수용계획은 광역도시계획 및 도시·군기본계획 등에 따른 도시지표와 해당 생활권의 인구배분계획 그리고 주변지역의 개발현황 및 장래 개발계획 등을 고려하여 작성한다.
  (2) 인구수용계획은 다른 부문계획에 선행하여 수립되어야 하며, 주거단지개발의 경우 주택지계획과 연계하여 계획한다.
  (3) 기존취락이나 상업·공장시설이 사업지구안에 혼재되어 있는 경우에는 인구수용계획에 이주 및 재정착 방안을 포함하도록 한다.

2-8-4-2. 인구수용계획은 다음의 수립기준에 따라 작성한다.
  (1) 인구규모 및 구조전망
    ① 인구계획을 위한 조사는 광역적 관점에서 지역의 인구성장률, 남녀구성비와 연령별 인구특성 등을 파악한다.
    ② 사업지구내 수용인구에 대해서는 예상인구구조 및 성비의 추정 등 사회·경제적 특성을 파악하여 반영한다.
    ③ 세부 토지용도별 인구추정은 사업목표연도까지 단계별로 제시한다.
  (2) 생활권 설정과 인구배분
    ① 생활권의 기본단위는 근린주구역으로 하되 동질적 공동체로서 개념이 강조되도록 생활권을 구분하고, 지역실정에 맞게 설정한다.
    ② 단위생활권은 주간선도로, 보조간선도로에 의해 구획하되, 생활권내 불필요한 통과교통이 배제되도록 계획하여 보행환경을 최대한 보호하도록 한다.
  (3) 밀도계획
    ① 해당 개발구역안의 단위지구별 밀도배분은 상위계획 등 관련자료의 분석을 토대로 환경수준, 소득구조 및 지역 여건, 공간구성의 특징, 도시경관과의 조화, 조경계획과의 적합성 및 인접 토지이용을 고려하여 수립한다.
    ② 용도별 밀도기준은 계획목표년도의 인구규모, 인구구조 및 시설이용인구 등을 기초로 하여 개발목표를 달성하기 위한 계획의 원칙과 상위계획에서 전제된 계획기준 등을 고려하여 적정한 개발밀도를 설정한다.
    ③ 토지용도 배분 및 주택건설용지 면적은 결정된 개발밀도에 따라 산출한다.
  (4) 주택계획
    ① 주거용지개발이 포함된 경우 주택건설용지는 단독주택용지 및 공동주택용지별로 계획인구를 산정하여야 하며 공동주택용지의 경우 블록별 인구수·세대수·주택규모 구분 및 용적률에 관한 계획을 수립하여야 한다. 이 경우 공동 주택의 평형은 세대당 전용면적 60제곱미터 이하, 60제곱미터 초과 85제곱미터 이하 및 85제곱미터 초과로 구분하여 적정하게 분포되도록 하고, 층수는 연립주택·저층아파트 및 고층아파트로 구분한다.
    ② 개발구역 면적이 10만제곱미터 이상으로서 공동주택용지를 계획하는 경우에는 공동 주택의 평형이 85제곱미터 이하인 주택건설용지가 60퍼센트 이상이 되도록 하여야 한다.
    ③ 다음의 어느 하나에 해당하는 경우에는 ① 및 ②의 기준을 적용하지 아니할 수 있다.
      ㉮ 개발구역의 면적이 10만제곱미터 미만인 경우
      ㉯ 환지방식의 경우
      ㉰ 주택보급율이 100퍼센트를 초과하는 시·도, 이 후 개발계획변경시 주택보급율이 변경되는 경우 주택보급율은 최초 개발계획에 따른다.

제5절 토지이용계획

2-8-5-1. 토지이용계획은 장래의 생산 및 소비 등 제반활동을 예측하고 이에 따른 공간수요를 추정하여 토지용도별로 적정하게 배치함으로서 토지의 효율적인 이용이 될 수 있도록 수립한다.

2-8-5-2. 토지이용계획의 수립원칙은 다음과 같다.
  (1) 토지이용계획은 안전성, 건강성, 편의성, 쾌적성, 경제성, 환경성 및 역사성 등을 고려하여 수립한다.
  (2) 토지이용계획은 주변지역과 연계되어 조화를 이룰 수 있도록 수립하여야 한다. 특히 주변지역의 관련계획 및 기존 시가지와의 연계 및 기능분담 방안을 검토한다.
  (3) 토지이용계획은 개발행위로 인한 환경훼손을 최소화하고 자연적·인위적 재해를 예방할 수 있도록 가급적 자연지형을 유지하는 친환경적인 개발이

되도록 한다.

2-8-5-3. 토지이용계획은 다음의 수립기준에 따라 작성한다.
　(1) 토지이용계획은 별표 2에서 정하고 있는 용도별 분류방법에 따라 수립한다. 다만, 해당 개발사업을 위하여 특별히 필요한 경우에는 별표 2에서 정한 분류기준 이외의 용도로 분류할 수 있다.
　(2) 용도별 면적
　　① 용도별 면적산정에 활용되는 원단위는 합리적인 근거가 있어야 하며, 용도별 배분면적 산정은 해당 개발사업의 특성이 부각될 수 있도록 배분한다.
　　② 용도별 면적배분은 사업특성에 따라 적정비율을 유지해야 하며, 단순히 사업성을 높이기 위해 특정용도의 비율을 과도하게 높여서는 안된다.
　(3) 용도별 입지배분
　　① 용도별 입지배분계획은 주변환경과 조화되고, 용도간의 기능적 연계가 가능하도록 수립한다.
　　② 주거용지는 단독주택용지, 준주거시설용지 및 공동주택용지로 구분한다. 이 경우 준주거시설용지란 「건축법 시행령」 별표1 제1호의 단독주택 및 제2호의 공동주택과 「국토의 계획 및 이용에 관한 법률 시행령」 별표7의 건축물을 제외한 건축물을 건축할 수 있는 용지를 말한다.
　　③ 단독주택용지, 준주거시설용지와 공동주택용지의 비율은 지역별로 다음의 기준에 따라 배분한다. 다만, 지정권자가 해당 지역의 여건을 고려하여 필요하다고 인정하는 경우에는 전체 주거용지의 30퍼센트 포인트의 범위내에서 그 배분비율을 가감하여 조정할 수 있다.
　　　㉮ 도시지역 : 단독주택용지·준주거시설용지 30퍼센트, 공동주택용지 70퍼센트
　　　㉯ 비도시지역 : 단독주택용지·준주거시설용지 50퍼센트, 공동주택용지 50퍼센트
　　④ 단독주택용지는 획지단위 또는 가구단위(블록형을 포함한다)로 계획한다.
　　⑤ 준주거시설용지, 상업용지 및 산업·관광·유통시설용지는 해당 기능을 충분히 발휘할 수 있도록 배치한다.
　　⑥ 공업용지는 공장입지에 따른 제반 공해가 주거단지에 악영향을 주지 않도록 풍향 및 유치업종 등을 고려하여 정한다.
　　⑦ 다음의 어느 하나에 해당하는 경우에는 ③의 기준을 적용하지 아니할 수 있다.

　　　㉮ 개발구역의 면적이 10만제곱미터 미만인 경우
　　　㉯ 환지방식의 경우
　　　㉰ 도시지역외에서 10만 제곱미터 이상 30만 제곱미터 미만 규모인 공동주택단지를 건설하는 경우
　　　㉱ 주택보급율이 100퍼센트를 초과하는 시·도, 이후 개발계획변경시 주택보급율이 변경되는 경우 주택보급율은 최초 개발계획에 따른다.
　　　㉲ 전원·관광휴양 등 기능을 가진 단지로 개발하기 위해 주거지역을 단독주택단지로 건설하는 경우
　　⑧ 공동주택용지에는 다음의 기준에 따라 임대주택건설용지(임대주택을 포함한다. 이하 같다)를 계획한다. 이 경우 지정권자는 해당 지역의 임대주택 수요분석 결과 필요한 경우에는 임대주택재고비율 및 사업방식 등을 고려하여 임대주택건설용지 계획을 5퍼센트 포인트의 범위내에서 조정할 수 있다.
　　　㉮ 수도권·광역시에서 법 제11조제1항제1호부터 제4호까지의 시행자 및 제11호에 해당하는 시행자(같은 항 제1호부터 제4호까지의 시행자가 50퍼센트를 초과하여 출자한 법인만 해당한다)가 도시개발사업을 시행하거나 법 제11조제1항제5호부터 제11호에 해당하는 시행자(같은 항 제1호부터 제4호까지의 시행자가 50퍼센트를 초과하여 출자한 법인은 제외한다)가 100만 제곱미터 이상 규모의 도시개발사업을 시행하는 경우 : 전용면적 85제곱미터이하의 임대주택건설용지(임대주택을 포함한다. 이하 ⑧에서 같다)를 공동주택용지(공동주택을 포함한다. 이하 ⑧에서 같다)의 25퍼센트 이상으로 계획. 이 경우, 국민임대주택건설용지(국민임대주택을 포함한다)와 영구임대주택건설용지(영구임대주택을 포함한다), 행복주택건설용지(행복주택을 포함한다) 및 통합공공임대주택용지(통합공공임대주택을 포함한다)를 합한 면적이 공동주택용지의 15퍼센트 이상이 되도록 계획한다.
　　　㉯ 수도권·광역시 지역에서 ㉮에 해당하지 않은 경우와 기타 지역의 경우 : 전용면적 85제곱미터 이하의 임대주택건설용지를 공동주택용지의 20퍼센트 이상 계획
　　　㉰ ㉮와 ㉯에도 불구하고 다음의 어느 하나에 해당하는 경우에는 임대주택건설용지를 계획하지 아니할 수 있다.
　　　　㉮ 도시개발구역 면적이 10만제곱미터 미만이거나 수용예정인구가 3천명 이하(도시개발구역 전부를 환지 방식으로 시행하는 경우에는 도시개

발구역 면적이 30만제곱미터 미만이거나 수용예정인구가 5천명 이하)인 경우
　(내) 도시개발사업으로 건설·공급되는 주거전용면적 60제곱미터 이하 공동주택의 수용예정인구가 도시개발구역 전체 수용예정인구의 100분의 40(수도권과 광역시 지역은 100분의 50) 이상인 경우
　(대) 임대주택 호수가 50세대 미만인 경우
(4) 가구(블록형을 포함한다) 및 획지의 분할
　① 가구(블록형을 포함한다) 및 획지의 분할은 1가구(블록형을 포함한다) 및 획지당 대지의 규모, 가구의 방위, 경사의 방향, 계절풍, 접근성 등을 고려하여 계획을 수립한다.
　② 준주거시설용지, 상업용지 및 산업·관광·유통시설용지안의 획지에 관한 계획은 다양한 업무 및 상업기능, 생산기능의 입지수요 등을 고려하여 수립한다.

제6절 교통처리계획

2-8-6-1. 교통처리계획은 이용자의 편의를 증진하고 전기·상·하수도·가스 등 기반시설의 공동수용 및 개발구역 안의 활동의 흐름에 미치는 영향 등을 고려하여 계획한다.

2-8-6-2. 교통처리계획의 수립원칙은 다음과 같다.
(1) 진입도로에 관한 계획, 개발구역안의 도로의 기능별 체계, 주차장, 버스정차대 및 환승시설 등에 관한 계획이 포함되어야 하며 교통처리시설이 보행자도로 및 자전거도로 등 특수가로와 연계되도록 한다.
(2) 토지이용계획과의 상관성을 고려하여 수립되어야 하며 교통분석(혹은 영향평가)결과를 반영하여 수립한다.

2-8-6-3. 교통처리계획은 다음의 수립기준에 따라 작성한다.
(1) 교통수요 예측 등
　① 교통특성분석, 첨두시 유·출입인구 및 발생교통량, 발생교통량의 가로별 배분, 본 사업으로 인한 유발교통량 등을 포함한다.
　② 교통처리계획에서는 주변지역과의 연계성 및 편리성을 감안하여 교통시설의 배치와 규모를 결정한다.

(2) 가로망계획
　① 가로의 분류, 기능별 구분, 가로망계획기준, 가로의 시설기준은 「국토의 계획 및 이용에 관한 법률」에 따른 도시·군계획시설의 결정·구조 및 설치에 관한규칙 및 가로망수립지침에 따라 계획한다.
　② 교통처리계획은 기능에 따른 가로의 구분과 이에 적합한 가로규모를 설정하고 체계적인 가로망이 구성되도록 한다.
(3) 주차장계획
　① 주차수요의 산정은 「주차장법 시행령」과 지방자치단체조례 등이 정하는 바에 따라 법정 주차대수를 산정하고 이를 기초로 주차수요를 예측한다.
　② 주차장계획은 보차(步車)분리의 동선계획이 파괴되지 않도록 설계하여야 하며 주거공간 내부로 소음, 배기가스 및 반사광 등 악영향이 최소화되도록 계획한다.
　③ 주간선도로, 보조간선도로, 집산도로에는 노상주차장을 설치하지 않도록 계획한다.
(4) 특수가로계획
　① 보행자전용도로는 노선주변의 이용행태 및 잠재력, 공간의 형태 등을 고려하여 배치한다.
　② 보행자들의 다양한 요구를 반영할 수 있는 공간과 시설을 설치하되, 보행자전용도로와 연접해 있는 공원, 소규모광장, 공연장, 휴식공간 또는 건축물의 전면공간과 연계시켜 일체화된 보행자 공간이 되도록 계획한다.
　③ 자전거도로는 대중교통수단으로서의 기능을 증진하기 위해 주통근·통학로와 연계되도록 자전거이용시설의·시설기준에 관한 규칙이 정하는 바에 따라 배치하는 등 대중교통수단과의 연계성을 확보하도록 한다.
(5) 환승시설계획 : 각 교통수단간의 원활한 연계운영이 가능하도록 환승시설 설치를 검토하여 교통이용자의 편의를 제공한다.
(6) 교통안전시설 : 교통의 원활한 흐름과 교통사고예방을 위하여 교통시설의 연계성, 안전성을 종합평가하여 교차로접속, 교통통제시설 및 교통안전시설이 충분히 확충하도록 한다.

제7절 환경보전계획

2-8-7-1. 환경보전계획은 개발구역을 환경적으로 건전하고 지속가능한 도시로 조성함으로써 개발구역안의 자연경관 보호와 시민의 건강을 증진하고 토지이용계획 및 교통처리계획 등과 원활한 연계를 이루도록 계획한다.

2-8-7-2. 환경보전계획의 수립원칙은 다음과 같다.

  (1) 환경성 검토는 생태적 순환법칙인 '에너지와 물질의 닫힌 순환체계'구축을 유도할 수 있는 항목을 원칙으로 하되, 주민의 건강과 쾌적성을 고려함과 동시에 사회적, 기술적 현실을 고려하여 설정한다.

  (2) 환경보전계획에는 개발구역 안의 보존지에 관한 사항 및 공원·녹지계획 등이 포함되도록 한다.

  (3) 기존의 지형, 지세 및 식생 등 기존의 환경현황을 조사함으로써 자연생태계 파괴를 최소화되도록 계획한다.

  (4) 공원·녹지체계는 이용자의 특성과 이용권을 고려하여 배치하며 이용자들의 접근에 장애가 되는 요소를 제거하고 다양한 교통수단에 따른 접근이 용이하도록 계획한다.

2-8-7-3. 환경보전계획은 다음의 수립기준에 따라 작성한다.

  (1) 보전대상의 설정 및 보전계획

    ① 개발구역 안에서 현 상태대로 보호할 필요성이 있는 지역 및 역사적 가치가 있는 지역 등 보전할 대상지역을 지정하여 별도의 보전계획을 수립할 수 있다.

    ② 개발구역 지정 후에도 보존할 필요성이 있는 경우에는 시행자는 이를 개발계획의 내용에 반영하여야 하며 필요한 변경절차를 이행하도록 한다.

  (2) 공원·녹지체계 구성계획

    ① 개발구역 안의 공원·녹지체계 구축은 서로 다른 특성들을 지닌 공원·녹지 등을 보행자전용도로 또는 녹도로 연결시켜 체계화함으로써 입주민들의 접근성 및 활용도를 높일 수 있도록 계획한다.

    ② 공원·녹지의 유형, 유치거리 및 규모, 녹지의 유형별 설치기준은 「도시공원 및 녹지 등에 관한 법률 시행규칙」 제6조 및 제1종·제2종 지구단위계획수립지침에 따른다.

    ③ 개발구역 안에 확보하여야 할 공원 또는 녹지의 면적은 「도시공원 및 녹지 등에 관한 법률 시행규칙」제5조에 따라 확보해야 한다.

  (3) 경관계획

    ① 경관계획은 개발사업의 경관영향요인을 추출하고 영향을 예측한 다음 저감방안 및 사후관리계획을 포함하도록 한다.

    ② 경관계획의 수립을 위하여 자연·인문·시각적 측면의 현황조사를 실시한다.

제8절 환경성 검토

2-8-8-1. 환경성검토는 환경정책기본법령의 환경성검토에 갈음하는 것으로서 개발사업이 환경에 미치는 영향을 검토하여 환경부하 요인을 사전에 해소하거나 최소화함으로써 개발과 환경을 조화시키기 위하여 실시하는 것이다. 다만, 환경정책기본법에 따른 "환경관리계획"이 수립된 도시는 그 내용을 개발구역 및 개발계획의 수립시 활용할 수 있다.

2-8-8-2. 환경성 검토는 개발구역을 녹지지역 또는 도시지역외의 지역에 지정하고자 하는 때에 실시하여야 한다. 다만,「환경정책기본법」에 따라 사전 환경성 검토를 실시한 경우에는 사전 환경성 검토서를 말한다.

2-8-8-3. 환경성 검토는 다음의 사항과 도시·군관리계획 수립지침의 환경성 검토 부분중 "평가기준 및 방법"을 준용하여 실시한다.

  (1) 환경성 검토를 위한 환경지표 및 평가기준의 설정은 객관적이어야 하며 지표의 특성에 따라 정량적 또는 정성적 평가 중 하나를 선택하거나 병행한다.

  (2) 개발사업이 기상(氣象)에 미치는 영향을 분석하여 에너지소비와 이로 인한 환경부하를 줄일 수 있는지 여부를 평가한다.

  (3) 정성적 평가의 주요 내용에는 입지선정 요인으로 대지의 일조, 바람 등 자연환경에 미치는 영향, 에너지 소비에 미치는 영향 및 화석에너지의 절감 가능성을 포함하도록 한다.

2-8-8-4. 환경성 검토서의 구성은 다음과 같다.

  (1) 개발사업의 개요 : 목적, 범위 및 내용에 대한 핵심적인 내용을 요약하여 기술하고 구체적인 내용은 개발계획서로 갈음한다.

  (2) 환경현황 조사·분석 : 조사항목별 조사·분석·평가의 내용 및 결과를 구체적으로 기술

  (3) 환경성 예측 및 저감방안 : 부분별로 작성

  (4) 종합평가 및 결론 : 환경성 검토 실시결과를 도표 또는 도면 등을 이용하여 간단·명료하게 정리

2-8-8-5. 환경성 검토결과에 대하여는 개발구역의 지정안 및 개발계획의 수립안에 반영하여야 한다.

제9절 방재계획

2-8-9-1. 방재계획은 개발구역 안에서 발생가능한 재해를 예방함으로써 개발구역 안의 주민의 안전을 도모하기 위하여 수립하는 계획을 말한다.

2-8-9-2. 방재계획의 수립원칙은 다음과 같다.
(1) 방재계획에는 개발구역 안에서 과거 20년간 발생한 주요재난의 종류와 발생빈도에 대한 조사가 포함되도록 한다.
(2) 국지적인 게릴라성 집중호우 피해가 급증하고 있는 추세임을 감안하여 우수유출량을 저감할 수 있는 방안을 검토하고 개발구역 안에서 중점적으로 방재시설을 설치할 필요가 있는 지역과 이를 위한 시설의 종류가 포함되어야 하며 시설 설치에 필요한 우선순위선정기준 및 시설설치 순위에 대한 근거를 밝혀야 한다.
(3) 방재시설 설치를 위한 재원조달계획 및 이의 집행순위를 (2)에서 정한 우선순위에 맞추어 계획한다.
(4) 방재계획의 수립에 따른 효과를 방재계획이 수립되지 않았을 경우와 비교한 경제적 분석을 한다.

2-8-9-3. 방재계획은 다음의 수립기준에 따라 작성한다.
(1) 주요 재난의 종류와 발생빈도
① 주요 재난이라 함은 수해 또는 화재 등으로 인해 전체 주민 중 5퍼센트 이상의 주민이 거주지로부터 이탈한 경우를 말하며 발생빈도는 10년을 단위로 발생하는 횟수를 말한다.
② 주요 재난이 발생했을 때 이에 대비할 수 있는 방재대책을 수립한다.
(2) 중점 대상지역 및 방재시설의 종류
① 중점 대상지역은 과거 5년간 2회 이상의 동일한 재난이 발생한 지역을 말하며 방재시설은 수해, 화재 등 주요 재난을 방지하기 위한 시설을 말한다.
② 중점 대상지역을 선정하고 여타 지역의 사례를 고려하여 재난에 따른 피해를 최소화하기 위한 적절한 시설을 제시하도록 한다.
(3) 방재시설의 설치계획 및 집행계획
① 방재시설의 설치계획은 주요 재난을 방지하기 위하여 설치하는 시설의 계획을 말하며 집행계획은 방재시설을 설치하기 위하여 필요한 재원의 조달 및 연차별 집행계획을 말한다.

② 도시개발사업 총사업비의 범위내에서 방재시설의 설치를 위해 집행가능한 재원을 충분히 확보하도록 한다.
(4) 방재시설의 설치에 따른 효과분석
방재시설의 설치에 따라 예상되는 효과를 분석하되 설치하지 않았을 경우와의 비교를 포함한다.

제10절 사전재해영향성검토

2-8-10-1. 사전재해영향성검토는 자연재해대책법령의 사전재해영향성검토에 갈음하는 것으로 개발사업이 재해에 미치는 영향을 검토하여 재해위험요인을 사전에 해소하거나 최소화함으로써 재해를 예방 및 저감시키기 위하여 실시하는 것이다.

2-8-10-2. 사전재해영향성 검토서의 구성은 다음과 같다.
(1) 개발사업의 목적·필요성·추진배경·추진절차 등 사업계획에 관한 내용
(2) 재해예방에 관한 사항
(3) 개발사업의 시행으로 인한 재해영향의 예측 및 저감대책에 관한 사항
(4) 「자연재해대책법 시행령」 제6조제2항의 규정에 따른 고시내용에 관한 검토사항

2-8-10-3. 사전재해영향성 검토결과에 대하여는 개발구역의 개발계획의 수립안에 반영하여야 한다.

제11절 기반시설계획

2-8-11-1. 기반시설은 주민의 삶의 질을 결정하는 중요한 시설이므로 설치하여야 하는 시설의 종류, 규모, 질적 수준 등이 개발의 목표에 부합되도록 계획을 수립한다.

2-8-11-2. 기반시설계획의 수립은 합목적성을 확보하기 위하여 다음의 기본원칙이 준수되어야 한다.
(1) 해당 개발구역의 수요에 따라 양적·질적 기준을 충족시켜야 하며 필요시 인접지역의 수요를 고려하도록 한다.
(2) 장래에 예상되는 여건의 변화를 고려하여 지속가능성 및 환경적합성을 확보하

도록 한다.
(3) 개발의 목표, 인구수용계획, 토지이용계획 및 교통처리계획 등 관련계획과 유기적으로 연계되어야 한다

2-8-11-3. 기반시설계획은 다음의 계획기준에 따라 작성한다.
(1) 소요시설의 유형은 개발구역의 기능, 개발규모 및 입지 등에 따라 해당 개발구역에서 필요로 하는 시설들이 포함되어야 하며 필요한 경우에는 인근지역의 수요를 고려하여 정할 수 있다.
(2) 기본방향의 설정은 장래 여건의 변화, 안전성 및 쾌적성 확보, 환경적 적합성 등을 고려하도록 한다.
(3) 수요 예측시에는 다음의 사항을 고려하여야 하며 이를 분석하는 데 활용하는 자료 및 기법은 신뢰성과 타당성이 있어야 한다.
① 해당 개발구역 및 기반시설의 이용권과 인근지역의 공급시설의 용량 및 질적 수준에 대한 현재 및 장래여건 분석
② 기반시설의 이용인구 특성 및 공급기준(원단위)의 장래 변화
③ 해당 개발구역 및 인근지역의 수요에 대한 적정한 공급수준
④ 장래 확장 또는 신설할 경우의 대처방안 등 향후 기반시설의 관리 및 환경오염에 관한 사항
(4) 기반시설의 설치계획에는 다음 사항을 고려한다
① 기반시설별 이용권을 고려하여 배치를 형평에 맞도록 하여야 한다. 기반시설의 이용권 설정은 위치적 거리뿐만 아니라 시간적 거리 및 접근용이성이 확보되도록 한다.
② 토지이용계획 및 교통처리계획과 유기적으로 연계되어야 하며 기반시설의 입지로 인한 활동인구의 증가, 토지이용의 변화 및 교통영향 등을 고려한다.
③ 대중교통수단 이용의 편리성이 확보되어야 하며 보행자도로, 자전거도로, 공원·녹지 등 오픈스페이스 체계와 유기적으로 연계되어야 한다. 또한, 장애인 및 노약자가 이용하기에 편리하도록 한다.
④ 주변 환경여건을 고려하여야 하며 해당 기반시설의 입지로 인한 환경적 영향을 예측하고 시설부지 내외에 걸쳐 토지이용밀도의 조정 및 완충지대의 설치 등 환경적 영향에 대한 대책을 수립한다.
⑤ 각종 재난에 대한 대처가 가능하도록 하고 인접지역의 재난에 대한 대처방안이 함께 고려되도록 한다.

2-8-11-4. 기반시설은 다음의 계획기준을 고려하여 작성한다.
(1) 도로
① 관련 계획과 유기적으로 연계되어야 하며 특히 교통처리계획과는 일관성을 유지하도록 한다.
② 보행자도로 및 자전거도로 등 녹색교통수단에 대해 적극적으로 고려한다.
③ 보행자도로 및 자전거도로이외의 도로 폭은 8미터 이상으로 계획함을 원칙으로 한다. 다만, 교통량이 적어 8미터 이상으로 하는 것이 불합리하다고 시장·군수 또는 구청장이 인정하는 경우에는 8미터 미만으로 계획할 수 있다.
④ 도로의 결정 및 설치기준은 도시·군계획시설의 결정·구조 및 설치에 관한 규칙·가로망수립지침 및 「도로법」 등 관계법령이 정하는 바에 따른다
(2) 주차장
① 주차장 수요예측은 장래의 교통수요에 대처할 수 있는 수준으로 한다.
② 주차장의 위치는 도로여건뿐만 아니라 토지이용 및 보행여건을 함께 고려하여 결정한다.
③ 주차장의 결정기준과 설치기준은 주차장법령 및 주차장설치조례 등 관계법령이 정하는 바에 따른다.
(3) 상·하수도, 전기공급설비
① 상·하수도, 전기공급설비는 해당 개발구역의 장래 수요 변화에 대처할 수 있는 수준으로 설치한다.
② 상·하수도, 전기공급설비의 계획은 해당 도시 또는 광역도시권의 수요 및 시설용량을 고려하도록 한다.
③ 상·하수도, 전기공급설비에 대한 계획기준은 도시 계획 시설의 결정·구조 및 설치에 관한 규칙 및 수도법, 하수도법 등 관계 법령이 정하는 바에 따른다.
④ 전기공급설비는 도시미관을 특별히 고려하여야 할 필요가 있는 지역에 대하여는 지중에 설치하도록 한다.
(4) 문화시설·도서관·보건의료시설·보육시설
① 문화시설은 공연장, 전시관 등 도시·군계획시설의 결정·구조 및 설치에 관한 규칙 제96조의 시설로서 지역의 문화발전과 문화증진을 위한 시설을 말한다.
② 문화시설 등은 해당 개발구역의 규모 및 수요 등을 고려하여 필요한 경

우에 계획하되, 장래의 수요변화에 대처할 수 있도록 한다.
③ 문화시설 등의 규모 및 배치는 해당 시설이 생활권의 중심시설로 활용되거나 생활권 중심시설과 연계되도록 계획한다.
④ 문화시설 등의 결정기준 및 설치기준은 도시·군계획시설의 결정·구조 및 설치에 관한 규칙, 「의료법」, 「사회복지사업법」 및 「도서관 및 독서진흥법」 등 관계 법령이 정하는 바에 따른다.

(5) 학교
① 초등학교와 중학교는 학생들의 보행권을 기준으로 배치한다.
② 학교를 신설 또는 증축 할 수 없는 부득이한 경우에는 인접지역의 학교시설을 활용하되, 학급당 학생 수, 학교당 학급 수 등 장래의 교육여건의 변화에 따른 해당 학교시설의 수용용량을 고려하여야 하며 통학시간거리가 과도하게 되지 않도록 한다.
③ 학교의 결정기준 및 설치기준은 도시·군계획시설의 결정·구조 및 설치에 관한 규칙, 「초중등교육법」 및 「고등교육법」 등이 정하는 바에 따른다.
④ 지정권자는 개발사업 및 교육여건 변화에 따른 적정 학교수요를 반영할 수 있도록 인접지역 학교시설 활용 가능 여부, 신설 또는 증축하여야 하는 학교의 수·규모·개교시기 등에 대하여 교육감의 의견을 들어야 한다.

(6) 공동구 등 지하매설물
① 개발계획에는 공동구에 수용되는 시설의 설치현황, 장기 수요예측 및 경제적 타당성과 주변시설물에 미치는 영향을 충분히 검토하여 반영한다.
② 해당 개발구역의 공동구계획은 인접지역 및 해당 시·군의 공동구계획과 연계되도록 한다.
③ 상·하수도, 전기·통신시설 등은 시설의 수용에 따른 안전성, 설치의 효율성 및 관리의 용이성 등을 고려하여 설치한다.
④ 공동구의 결정기준·구조 및 설치기준은 도시·군계획시설의 결정·구조 및 설치에 관한 규칙 등 관계법령 및 지하공동구 내진 설계기준 등이 정하는 바에 따른다.

(7) 초고속 정보통신망
① 정보화시대에 부응하기 위하여 개발사업이 시행되는 구역은 초고속 정보통신망의 설치타당성을 검토하고 이를 반영하여 계획을 수립한다.
② 초고속 정보통신망 계획기준 및 설치기준은 도시·군계획시설의 결정·구조 및 설치에 관한 규칙 및 「전기통신기본법」 등 관계법령이 정하는 바에 따른다.

③ 통신계획은 초고속 정보통신망계획에 따라 설치되도록 한다.

(8) 집단에너지 공급시설
① 환경보전 및 자원절약적 도시개발을 위하여 개발사업을 시행하는 구역은 집단에너지 공급시설의 설치 타당성을 검토하고 필요시 시설공급방안을 제시하여야 한다. 집단에너지 공급시설을 설치할 수 없을 경우 인접지역 또는 해당 시·군의 집단에너지 공급시설을 활용하는 방안을 모색하도록 한다.
② 집단에너지 공급시설의 계획기준은 도시·군계획시설의 결정·구조 및 설치에 관한 규칙 및 「집단에너지사업법」 등 관계법령이 정하는 바에 따른다.

(9) 기타 기반시설
① 자동차정류장 등 기타 기반시설은 해당 개발구역의 장래 수요 등을 고려하여 설치하여야 하며 계획기준 및 설치기준은 여객자동차운수사업법 등 관계법령이 정하는 바에 따른다.
② 주민의 편익과 복리증진 등을 위해 해당 개발구역의 장래 수요를 고려하여 해당 지자체의 조례 등에서 정하는 바에 따라 관련 기반시설 설치를 검토한다.

제12절 문화재보호계획

2-8-12-1. 문화재보호계획은 해당 개발구역 안에 분포하고 있는 문화재에 대하여 보존방안을 제시하고 토지이용계획 및 교통처리계획 등의 수립 방향을 제시하기 위한 계획을 말한다.

2-8-12-2. 문화재보호계획의 수립원칙은 다음과 같다.
(1) 문화재는 원형 그대로 보존하는 것을 원칙으로 한다.
(2) 문화재가 분포하는 경우 문화재의 보존을 위하여 토지이용이나 교통발생으로 인한 영향을 최소화하도록 개발계획을 수립하여야 한다.

2-8-12-3. 문화재보호계획은 다음의 수립기준에 따라 작성하여야 한다.
(1) 문화재 지표조사
① 문화재 지표조사는 문화재의 분포현황과 개발사업에 따른 직·간접적 영향에 대한 보존방안이 포함되어야 한다.

② 문화재 재표조사는 문화재청장이 문화재 지표조사기관으로 지정·고시한 전문조사기관이 담당하여 실시하여야 한다.
(2) 종합학술조사
① 종합학술조사는 전통문화의 양상과 자연환경, 역사적 배경에 대한 종합적인 조사와 기록을 포함하여야 한다.
② 종합학술조사는 330만제곱미터 이상의 신도시개발 등으로 자연부락의 해체가 발생하는 경우에 한하여 시행한다.
(3) 문화재보호계획
① 지정문화재를 포함하여 보존가치가 있는 문화재에 대하여는 별도의 보호계획을 제시하여야 한다.
② 개발구역 안에 매장문화재가 분포하고 있는 경우에는 이를 고려하여 토지이용계획 및 교통계획을 수립하고 문화재에 미치는 영향을 최소화하는 토지이용계획을 작성한다.
③ 문화재보호계획과 관련한 상세한 사항은 「문화재보호법」 등 관계법령이 정하는 바에 따른다.

제13절 도시개발구역밖에 기반시설 계획 등

2-8-13-1. 도시개발구역밖에 기반시설 설치부담계획은 다음의 계획내용 및 수립기준에 따라 작성한다.
(1) 시설의 위치, 시설내역 및 제원, 소요부지면적, 설치방법 등의 내용을 중심으로 작성한다.
(2) 시설 설치에 따른 비용의 추정은 2-8-15-2.(2)의 규정에 따른다.
(3) 시설의 소유 및 운영에 대한 계획의 수립. 다만, 해당 시설의 소유 및 운영에 대하여 이 법 또는 타 법에서 별도로 규정하고 있는 경우에는 그에 따른다.
(4) 설치비용에 대한 시행자 부담분의 결정은 전액부담과 일부부담으로 구분하고 일부부담인 경우에는 다음 항목에 대한 검토 또는 분석결과를 제시한다.
① 시행자를 포함하여 해당 기반시설을 설치하여야 하는 원인의 제공 여부 및 기여 정도
② 시행자를 포함하여 해당 기반시설의 설치로 인하여 편익을 받는 자가 있는지 여부 및 수혜 정도
③ 시설의 소유나 운영 또는 이용에 따라 발생하는 비용 및 수입의 추정
④ ①부터 ③까지를 종합하여 시행자 외의 자가 부담하여야 할 각각의 비율

을 산정하여 제시한다.
(5) 시행자 비용부담액의 부담 방법은 현금 또는 현금등가물에 따른 납부방법, 시설을 직접 설치하는 방법 또는 두 가지 방법을 혼합하는 방법 등으로 나누어 수립할 수 있다.
(6) 혼용방식 또는 2개 이상의 사업시행지구로 분할하여 개발사업을 시행하는 경우에는 분할된 지구별로 구분하여 비용부담계획을 제시한다.

2-8-13-2. 2-8-13-1.의 도시기반시설의 부담계획에 따라 대상지역에 대한 계획도(지형도 1/5,000)를 작성한다.

2-8-13-3. 다음의 경우는 도시·군기본계획을 변경하지 않고 개발계획을 수립할 수 있다.
(1) 용도지역 면적의 조정이 도시·군기본계획상 해당 지역의 용도별 소요면적 중 10퍼센트 범위 내에 해당하는 경우
(2) 「국토의 계획 및 이용에 관한 법률」에 따라 국토교통부장관이 정한 「도시·군관리계획수립지침」1-5-3-2.의 규정에 의해 도시·군기본계획을 변경하지 않고 도시·군관리계획을 결정(변경)할 수 있는 경우(1-5-3-2.(1)①·(3)②은 제외)

제14절 토지의 수용·사용 및 환지에 관한 계획

2-8-14-1. 토지의 수용·사용 및 환지에 관한 계획은 다음의 사항을 고려하여 수립한다.
(1) 관련자료의 구축 및 토지의 평가 등은 정확성과 신뢰성을 확보한다.
(2) 사업의 수익측면 뿐만 아니라 형평성도 함께 고려하도록 한다.

2-8-14-2. 토지의 수용·사용 및 환지에 관한 계획은 다음의 기준에 따라 작성한다.
(1) 수용 또는 사용의 방식은 토지세목별 현황 및 지장물 현황을, 환지방식에서는 개략적인 환지계획 및 평균부담률을 반드시 포함하도록 한다.
(2) 토지세목별 현황 및 지장물 현황은 관계법령이 정하는 바에 의해 분류하여 객관성과 합리성이 확보되도록 조사하고, 조사된 현황자료는 자료 관리 및 활용을 용이하게 한다.
(3) 사업시행방식(수용 및 사용, 환지방법)의 결정은 토지 등의 취득방법의 타

당성, 이해관계자의 의견 및 사업시행효과 등을 충분히 검토하여 정한다.
  (4) 존치하는 건축물 및 공작물의 처리계획은 존치의 필요성, 존치로 인한 사업시행상의 문제 및 고려사항, 존치 건축물 및 공작물의 활용방안 등을 검토하여야 한다.

2-8-14-3. 도시개발사업의 시행에 필요한 이주대책의 내용과 방법은 「공익사업을 위한 토지 등의 취득 및 보상에 관한 법률」 등이 정하는 범위 내에서 사업시행자가 따로 정하여 시행한다. 다만, 도시개발구역 지정권자가 투기억제를 위하여 필요하다고 인정되는 때에는 이주대책기준일을 별도로 정하여 공고할 수 있다.

2-8-14-4. 법 제5조제1항제14호의 규정에 따른 수용 또는 사용의 대상이 되는 토지·건축물 또는 토지에 정착한 물건과 이에 관한 소유권외의 권리, 광업권, 어업권, 물의 사용에 관한 관리의 세목 고시를 할 때에는 법 제11조제1항에 따라 시행자를 지정하여야 한다.

2-8-14-5. 영 제84조의2에서 규정한 존치시설의 요건에 대한 세부사항은 다음과 같다.
  (1) 영 제84조의2제1항제1호나목의 "도시개발구역의 토지이용계획상 받아들일 수 있을 것"이란 다음의 요건을 모두 충족하는 경우를 말한다.
    ① 해당 건축물 존치가 토지이용계획에서 수용 가능할 것
    ② 주거용 건축물을 집단적으로 존치하는 경우 토지이용계획에서 단독주택지로 계획 가능할 것
    ③ 해당 건축물이 주변지역 기반시설과 연계가 가능할 것
    ④ 해당 건축물을 존치하는 것이 토목·건축공사 등에 있어서 기술적으로 가능할 것
  (2) 영 제84조의2제1항제1호다목의 "해당 건축물 등을 존치하는 것이 공익상 또는 경제적으로 현저히 유익할 것"이란 다음의 어느 하나에 해당하는 경우를 말한다.
    ① 건축물의 관리 상태가 양호하고 그 건축물의 이전 보상액이 과다한 것으로 판단되어 사업비에 미치는 영향이 크다고 인정하는 경우
    ② 공공청사와 학교 및 「국토의 계획 및 이용에 관한 법률」 제2조에 따른 공공시설(관계법령에 따라 시설결정을 받고 이에 필요한 토지를 매수한 경우를 포함한다)인 경우
    ③ 문화재 지정 등 역사적 보존가치가 있는 건축물인 경우
    ④ 다수의 건축물이 집단화된 경우로서 공익상 또는 경제적으로 유익하고 사회적 가치가 있다고 인정하는 경우
    ⑤ 그 밖에 공익상 또는 경제적으로 현저히 유익하여 그 존치가 불가피하다고 인정되는 경우
  (3) 영 제84조의2제1항제1호라목의 "해당 건축물 등이 도시개발사업 준공 이후까지 장기간 활용될 것으로 예상될 것"이란 함은 도시개발구역지정을 위한 공람·공고일을 기준으로 「법인세법 시행규칙」 제15조제3항 「별표5」에 따른 내용연수의 2분의1 이상이 남아 있는 경우를 말한다. 다만, 잔존내용연수의 2분의1 미만이라도 건축물의 안전진단 실시결과 실제 잔존내용연수가 2분의1 이상인 경우를 포함한다.

제15절 재원조달 및 사업시행계획

2-8-15-1. 재원조달 및 사업시행계획은 다음 각 호의 사항을 고려하도록 한다.
  (1) 출자자의 재원조달이 가능하고 예정된 단계별 시행계획에 따라 사업이 완료될 수 있도록 현실적으로 달성 가능한 계획을 수립한다.
  (2) 비용부담 및 분담은 수익이나 권리의 정도를 감안하여 형평성 있게 조정한다.
  (3) 개발과정에서 민간의 참여 또는 의견수렴이 최대한 보장될 수 있도록 한다.

2-8-15-2. 재원조달 및 사업시행계획은 다음의 수립기준에 따라 작성한다.
  (1) 계획내용
    ① 사업비 산정
    ② 개발방식의 검토 및 재원분담 방안
    ③ 재원조달 계획
    ④ 연차별 자금투자계획
  (2) 사업비는 도시개발사업 과정에서 직·간접적으로 관련되어 투입되는 총비용으로 다음의 산정기준에 따라 산정한다.
    ① 용지비, 용지부담금, 이주대책비, 조성비, 기반시설설치비·부담금, 직접인건비, 일반관리비, 자본비용 및 그 밖의 비용으로 구분하여 산출한다.
    ② 구체적 세부항목과 산정기준은 별표 3에 따르되, 산정기준 시점, 물가상승률, 사업기간 및 적용금리 등 사업비 산정의 근거에 대하여 객관적인

자료와 기준을 제시하도록 한다.

(3) 개발방식은 시행자의 구성과 사업시행방식을 중심으로 하여 개발방식에 대한 법률적 검토 및 개발방식별 장단점, 개발방식의 대안 설정과 대안의 평가방법·평가요소의 설정, 대안평가 및 개발방식의 선정 등을 검토하되, 객관적이고 논리적 근거에 입각하여 최종 선택된 개발방식이 최선의 방안임을 나타낼 수 있도록 한다.

(4) 재원분담 방안은 (3)에서 선정된 개발방식에서 제시된 시행자의 특성을 감안하여 구성원별 역할분담, 재무특성 및 투자능력 등을 감안하여 수립한다.

(5) 재원조달계획은 다음과 같이 구분하여 수립·작성한다.

① 시행자 현황 : 해당 개발사업에 대한 실적 등을 기술한다.

② 시행자의 재무능력 : 해당연도(해당연도 자료가 없는 경우에는 직전연도) 재무상태(손익계산서 및 대차대조표)나 재정상태(결산서) 또는 재산상태(동산·부동산)를 나타낼 수 있는 자료. 다만, 법 제11조제1항제2호부터 제4호까지 또는 제7호부터 제10호까지의 규정에 해당하는 자가 출자자를 구성하고 있는 경우는 재무비율(수익성 비율·안정성 비율·활동성 비율·성장성 비율 등)을 나타낼 수 있는 자료를 추가하도록 한다.

③ 시행자 자금투입계획 : 총사업비를 자기자본 투자금(시행자가 2인 이상인 경우에는 각각 구분)과 차입금으로 구분하며 차입금은 차입조건 및 연도별 차입 규모를 상세히 기술하고 차입 가능성을 설명하는 자료를 첨부한다.

(6) 연차별 자금투자계획은 사업시행기간, 공종별 자금 소요, 위험에 대한 대비 및 자금 조달능력 등을 종합적으로 감안하여 수립한다.

2-8-15-3. 단계별 사업시행은 다음의 계획내용 및 수립기준에 따라 작성한다.

(1) 재원조달, 시행방식, 시행자 및 개발내용 등의 측면에서 사업을 단계별로 시행해야 하는 이유 또는 필요성을 설명한 자료

(2) 단계별 시행에 따른 효과와 문제점 및 개선방안

(3) 단계별 시행계획

2-8-15-4. 사업의 운영방안은 다음의 계획내용 및 수립기준에 따라 작성한다.

(1) 해당 개발사업으로 조성된 토지, 건축물 기타 시설에 대한 분양·임대 등의 운영에 관한 사항

(2) 관광단지 또는 산업단지 등이 포함된 경우에는 (1)의 운영에 관한 사항과 관련하여 입주자 유치 및 홍보전략 등을 검토한다.

(3) 도시개발사업을 수행할 조직의 구성에 관한 사항

(4) 유지관리계획은 시행기간 연기에 따른 관리 및 사업준공후 미사용 토지 및 시설물 등에 관한 유지관리 방안에 관한 사항

제16절 사업성 및 개발효과 검토

2-8-16-1. 사업성 및 개발효과에 관한 계획은 다음 원칙에 따라 수립한다.

(1) 객관적인 방법에 의하도록 하되 그렇지 못할 경우에는 논리적인 결과를 도출하도록 한다.

(2) 사업성 평가에 있어 비용과 편익으로 포함하는 항목의 구성은 균형있게 설정한다.

(3) 사업시행의 과정에서 일어날 수 있는 주요 변화요인에 대한 검토를 통하여 문제점을 사전에 예측하고 이에 대한 대처방안을 마련함으로써 사업의 안전성을 확보할 수 있도록 한다.

2-8-16-2. 사업타당성은 다음의 검토기준에 따라 검토·작성한다.

(1) 비용의 추정 : 2-8-15-2. (2)의 규정에 따라 산정한 사업비를 기준으로 한다.

(2) 수입의 추정 : 개발계획의 내용에 따라 해당 개발사업의 결과로부터 발생할 분양·임대·운영 등의 수입과 시행과 정에서 발생할 예측가능한 모든 수입을 포함함을 원칙으로 한다.

(3) 전제 조건의 설정 : 할인율, 분석기간, 사업시행일정, 연차별 투자 및 회수비율 등을 합리적으로 설정한다.

(4) 사업성 분석 : 사업성 분석은 비용편익(B/C)에 따른 방법, 현재가치(NPV)에 따른 방법, 내부수익률(IRR)에 따른 방법 등을 사용할 수 있으며 각 방법에 따른 결과를 종합적으로 평가한다.

(5) (4)에 따른 전제조건의 변화를 몇 가지로 구분 설정하고 각각의 민감도 분석을 수행하여 그 결과를 (4)의 사업성 분석의 결과와 비교 평가한다.

(6) 추정 재무제표의 작성 : 2-8-15-2. (2)의 규정에 따라 산정한 사업비가 500억원 이상인 경우에는 해당 개발사업에 대하여 기업회계기준에 따른 추정손익계산서, 추정대차대조표 및 추정현금흐름표를 작성한다. 다만, 시행자에 대하여 관련 법령상 재무제표에 대한 별도의 작성 기준이나 양식이 있는 경우에는 그에 따른다.

(7) 사업타당성은 재무적 타당성 외에 경제적 타당성 또는 기술적 타당성에 대하여도 검토할 수 있다.

2-8-16-3. 사업의 효과는 다음의 검토기준에 따라 작성한다.
   (1) 검토내용
      ① 지역경제 활성화에 미치는 영향
      ② 지역사회 발전에 미치는 영향
   (2) 해당 개발사업이 국가 또는 지역의 경제에 미치는 영향은 생산유발효과, 고용유발효과 및 재정증대효과의 측면으로 나누어 분석한다.
   (3) 지역사회 발전에 미치는 영향은 지역주민의 생산 및 소비생활 편리성의 증대의 측면, 지역주민 또는 지역사회의 공공의 이용에 제공되는 공간(시설 또는 토지)의 공급 측면 등에 대하여 그 영향의 정도를 검토한다.

제9장 녹색도시개발계획의 수립 및 평가

제1절 녹색도시개발계획의 수립

2-9-1-1. 제7장의 기초조사와 제8장의 부문별 계획 등에 따라 개발계획을 수립할 때에는 별표 1의2에서 정한 녹색도시개발에 관한 기준이 조화롭게 반영되어야 한다.

2-9-1-2. 지정권자는 법 제17조 및 법 제50조에 따라 실시계획 인가 또는 준공검사를 하는 때에는 별표 1의2에 따라 수립한 녹색개발계획이 적절하게 반영되었는지의 여부를 확인·점검하여야 한다. 개발계획 또는 실시계획을 변경하거나 법 제26조에 따라 조성토지 등의 공급계획을 제출받은 때에도 또한 같다.

제2절 녹색도시개발계획의 평가

2-9-2-1. 지정권자는 저탄소의 환경친화적인 도시개발사업을 유도하기 위하여 별표 1의2 제4장에서 정한 기준에 따라 녹색도시개발계획에 대한 평가를 실시할 수 있다. 이 경우 평가 결과를 검증하거나 평가를 효율적으로 수행하기 위하여 필요한 자료의 조사·분석 등을 관계 전문기관·단체 또는 전문가에 의뢰할 수 있다. 이 때, 그 비용은 지정권자가 부담하여야 한다.

2-9-2-2. 지정권자는 2-9-2-1에 따른 평가결과를 종합하여 녹색도시의 수준에 대한 등급을 부여하고 이를 적극적으로 활용하여 녹색도시개발사업이 촉진될 수 있도록 노력하여야 한다.

2-9-2-3. 2-9-2-2.에 따른 평가등급은 1등급부터 5등급까지로 구분하고, 3등급 이상을 우수등급으로 한다.

제3절 인센티브

2-9-3-1. 지정권자는 2-9-2-3에 따라 우수등급을 받은 녹색도시개발사업 시행자에 대하여 법에서 정하는 사항과 함께 이 지침에서 정하는 기준을 완화하는 방법 등으로 인센티브를 줄 수 있다. 이 경우 인센티브는 등급에 따라 차등을 두어야 한다.

2-9-3-2. 2-9-3-1.에 따라 이 지침에서 정하는 기준을 완화하여 인센티브를 줄 수 있는 범위는 다음과 같다.
   (1) 〈삭제〉
   (2) 2-8-4-2 (4)에서 정한 공동주택용지의 규모별 배분기준
   (3) 2-8-5-3 (3)에서 정한 주거용지 및 임대주택건설용지의 배분기준

2-9-3-3. 지정권자는 2-9-3-2.에서 정한 사항에 대하여 그 기준의 40퍼센트를 초과하지 않는 범위에서 인센티브의 세부 적용 기준을 우수등급별로 정하여 시행할 수 있다.

2-9-3-4. 지정권자는 2-9-3-1.에 따라 인센티브를 주는 경우에는 녹색도시개발에 대한 기여도 및 사업비용의 증가 정도와 관계 법률에 따른 의무적 이행기준의 초과 정도 및 인센티브의 중복 적용 등을 고려하여 적정하게 인센티브가 제공될 수 있도록 하여야 한다.

제3편 실시계획

제1장 사업의 명칭, 위치 및 면적 등

3-1-1. 사업의 명칭, 위치 및 면적은 2-1-6.의 규정에 따라 작성한다.

3-1-2. 사업기간은 2-5-1.의 규정에 따라 작성한다.

3-1-3. 시행자의 주소 및 성명은 2-6-1.의 규정에 따라 작성한다.

제2장 첨부도면 및 서류

3-2-1. 실시계획인가신청을 위한 첨부도면 및 서류는 다음과 같다.
(1) 위치도는 축척 1/25,000 또는 1/50,000이상의 도시·군관리계획총괄도 또는 지형도를 사용하여 개발구역 등을 표시하도록 한다.
(2) 토지관련서류에는 지적도 또는 임야도 등이 포함되어야 하며 토지 등을 수용하고자 할 때에는 수용할 토지 등의 소재지, 지번, 지목, 면적, 소유권 및 소유권외의 권리의 명세와 그 소유자 및 권리자의 성명, 주소를 기재한 서류를 첨부한다. 다만, 개발계획 수립시 제출한 서류의 내용변경이 없는 경우에는 그러하지 아니하다.
(3) 실시계획의 계획평면도는 축척 1/5,000이상의 지형도를 이용하여 개발계획에서 정한 내용을 표시한다.
(4) 다른 법률에 따른 허가·인가 등을 의제하는 경우에는 해당 법률에 따른 실시설계도를 첨부한다.
(5) 사업비 및 자금조달계획은 제2편제8장제15절의 규정에 따라 작성한다.
(6) 개발되는 토지 또는 시설물의 처분에 관한 계획서는 토지이용계획 및 공급조건에 적합하게 작성한다.
(7) 존치하고자 하는 기존 공장이나 건축물 등에 대하여는 대지조성공사, 우·오수처리 등의 지장여부를 판단하기 위한 존치대상 건축물 검토서, 별지 제1호서식의 존치대상 건축물조서 및 존치대상 건축물 현황도를 작성한다.
(8) 토지, 건물, 권리 등의 매수, 보상 및 이주대책에 관한 서류는 「공익사업을 위한 토지 등의 취득 및 보상에 관한 법률」등을 준용하여 작성한다.
(9) 공공시설물 및 토지 등의 무상귀속과 대체에 관한 계획서는 법 제66조의 규정에 따라 작성한다.
(10) 국가 또는 지방자치단체에 귀속될 공공시설의 산출내역서는 공공시설별로 구분하여 실시계획 작성 시점을 기준으로 비용을 산출하며, 시행자에게 귀속 또는 양도될 기존 공공시설의 평가서는 2 이상의 감정평가기관에 따른 평가액산정 등 객관적인 기준을 별도로 마련한 후 작성한다.
(11) 사업위탁 또는 신탁계획서는 법 제12조, 영 제26조부터 제28조까지 및 시행규칙 제18조 및 제19조의 규정에 따라 작성한다.
(12) 지구단위계획 결정에 필요한 관계서류 및 도면은 개발계획에서 정한 내용이 포함되어야 한다.
(13) 환경영향평가 등 각종 영향평가의 결과가 필요한 경우에는 실시계획인가 신청시 심의필증을 첨부한다.
(14) 환지방식으로 시행하는 경우에는 시행자별 규약, 시행규정, 조례, 부담율 계산서를 작성하여야 하며 부담율 계산서에는 다음 사항이 포함되어야 한다.
① 사업시행전·후 토지의 용도별, 지목별 면적비교표
② 용도별 체비지조서
③ 공공용지 조서
④ 부담율 계산서
⑤ 기타 필요한 사항
(15) 별표 1의2의 녹색도시 개발계획에서 정한 목표치 및 평가 등급 결정에 적용한 기준을 확인할 수 있는 서류나 도면 등

제4편 환지계획

제1장 환지계획의 일반적인 기준

4-1-1. 시행자가 환지계획을 작성하는 때에는 개발구역내의 기존시가화 지역, 기존 주택밀집지역, 전·답·대지·임야 등 지목별이용현황 및 공공시설이용도 등을 감안하여야 한다.

4-1-2. 개발구역의 규모가 크거나 주거지역·공업지역 또는 생활권이 다른 지역 등이 혼합된 개발구역인 경우 기타 사업시행의 난이도 등으로 인하여 일괄하여 환지처분이 곤란할 경우에는 규약, 정관 또는 시행규정에서 환지계획구역을 수 개의 지구로 분할하고 지구별로 환지계획을 수립할 수 있다.

4-1-3. 〈삭제〉

4-1-4. 환지계획수립을 위한 환지설계는 다음 원칙에 따른다.
(1) 환지단가
① 평면환지단가: 평면환지로 공급되는 종후 토지의 평가액 / 환지면적
② 입체환지단가: 입체환지로 공급되는 종후 구분건축물의 평가액 / 환지면적
(2) 환지면적: 종후 토지의 면적(입체환지인 경우에는 종후 구분건축물의 전유부분 면적을 말한다)

(3) 권리면적
 ① 평면환지: 권리가액/평면환지단가
 ② 입체환지: 권리가액/입체환지단가
(4) 청산금: (환지면적 - 권리면적) × 청산단가(환지처분 시점을 기준으로 재평가한 환지단가를 말한다)
(5) 정리전 가격은 실시계획인가시점(도시개발사업으로 인한 도시·군관리계획 결정, 변경결정 등을 반영하지 않은 사업 이전 상태)을 기준으로 하고 정리 후 가격은 환지처분시점을 기준으로 하여 정하되, 평가시기는 환지계획 수립 전에 하여야 한다.

4-1-5. 환지계획을 수립할 경우에는 법 제28조제1항에서 정하는 사항을 반드시 정하여야 하며 특히 동조동항제3호의 필지별과 권리별로 된 청산대상 토지명세를 작성함에 있어서는 법 제30조 및 제31조의 규정에 따른 환지제외 토지라도 권리면적은 정하여야 하고 체비지 명세를 작성함에 있어서는 4-7-1.의 규정에 따른 토지명세도 같이 작성하여야 한다.

4-1-6. 영 제62조제2항에서 "국토교통부장관이 정하는 바"란 기존 건축물이 없는 경우에 주거지역의 경우 150제곱미터 이상에서 500제곱미터 이하의 범위를 말한다.

제2장 환지계획의 특별기준

4-2-1. "다른 자리 환지"란 종전의 위치에서 벗어나 다른자리에 환지를 지정하는 것을 말한다.

4-2-2. 시행자는 다음 사항을 유의하여 환지계획을 수립하여야 한다.
 (1) 1필지의 대지는 반드시 도로 또는 통로에 접하도록 환지하여야 하며, 사업 시행으로 인하여 통로가 없는 대지가 발생되어서는 아니된다.
 (2) 사도 또는 기타 공공의 용도로 사실상 이용되고 있는 토지나 지목이 도로, 구거, 하천 등으로 되어 있는 사유의 토지에 대하여도 환지계획을 수립한다.

4-2-3. 환지계획에서 필요한 때에는 법 제32조에 의거하여 입체환지를 시행할 수 있으며 입체환지 기준은 다음과 같다.

(1) 입체환지는 환지할 목적으로 시행자가 직접 구역 내에 공동주택 또는 상가 등 집합건축물을 건축하는 경우에 적용한다.
(2) 무허가 건축물에 대하여는 입체환지를 지정할 수 없다. 다만, 건축허가를 받아 건축하였으나 등기를 하지 않은 건축물에 대하여는 입체환지 신청 전까지 「부동산 등기법」에 따른 등기부에 등재된 경우에 한하여 입체환지를 지정할 수 있다.
(3) 입체환지를 적용하는 경우에는 실시계획인가 시 관련 건축계획(건축허가 또는 주택사업승인 등)을 법 제19조 제1항에 따라 의제하여 인가를 받아야 하며, 건축규모 및 건축용도 등은 구역 내 입체환지의 수요 및 사업비 등을 고려하여 적정하게 결정하여야 한다.
(4)부터 (6)까지 〈삭제〉
(7) 입체환지의 일반적 기준은 다음과 같다.
 ① 입체환지를 위한 부지와 건축규모, 평면환지, 체비지 계획 등을 종합적으로 고려하여 사업의 원활한 시행 및 소유자에게 손익이 균형있게 배분되도록 한다.
 ② 입체환지의 신청기간이 만료된 이후에 그 접수된 내용을 기준으로 환지계획을 수립하여야 한다.
 ③ 및 ④ 〈삭제〉
 ⑤ 입체환지 신청을 접수한 결과 신청한 종전 토지나 건축물의 수가 입체환지로 조성되는 구분건축물(구분소유권)의 수에 현저히 미달되는 경우에는 개발계획 및 실시계획 등을 변경하여 입체환지를 시행하지 아니할 수 있다. 이 경우 취소여부에 대하여는 규약·정관 또는 시행규정으로 그 기준 및 관련 절차 등을 정하여야 한다.
(8) 법 제32조의3 제4항에서 국토교통부장관이 정하는 규모이상이란 입체환지를 신청하는 토지면적의 합이 영 제62조제1항에 따라 산정된 과소 토지 규모 이상으로서 제62조의2제1항에 따른 권리가액 이상인 경우를 말한다.

제3장 집단환지의 지정

4-3-1. 〈삭제〉

4-3-2. 시행자는 집단환지의 지정에 관하여 토지소유자가 신청할 수 있도록 환지계획 작성 전 60일 이상의 기간을 정하여 개발구역 안의 토지소유자에게 서면으로 통지하고 신청을 받아야 한다.

4-3-3. 시행자는 집단환지를 신청한 토지의 권리면적이 환지면적보다 많은 경우
에는 권리면적이 높은 순으로 집단환지 대상토지를 선정할 수 있다.

4-3-4. 시행자는 4-3-3.의 결과를 신청자에게 서면으로 통지한다.

4-3-5. 시행자는 집단환지의 사용 및 개발을 촉진하기위해 집단환지로 지정받은
토지소유자 다수가 요청하면 토지소유자 소집·시공사 및 매수자 알선 등
적극적인 지원을 하여야 한다.

제4장 토지의 부담률

4-4-1.부터 4-4-5.까지 〈삭제〉

제5장 환지계획의 변경

4-5-1. 시행자가 사업시행중 공공시설의 변경 또는 집단체비지의 책정 등으로 환지
계획을 변경하여야 할 필요가 있을 경우에는 즉시 환지계획을 변경한다.

4-5-2. 4-5-1.의 규정에 따라 환지계획을 변경하고자 할 경우에는 반드시 환지계
획 당시의 환지방법 및 환지기준에 따라야 한다. 다만, 시행지구의 변동
등으로 당초의 환지방법을 따를 수 없는 부득이한 사정이 있을 경우에는
예외로 할 수 있다.

4-5-3. 환지처분을 위한 확정측량 결과 환지계획을 변경할 사유가 발생하였을 때
에는 환지계획을 변경한 후 그 결과에 따라 환지처분한다.

제6장 체비지의 지정

4-6-1. "체비지"란 도시개발사업으로 인하여 발생하는 사업비용을 충당하기 위하
여 사업시행자가 취득하여 집행 또는 매각하는 토지를 말한다.

4-6-2. 시행자는 체비지를 주요 간선도로변 또는 대지의 제곱미터(㎡)당 단가가
높은 지역에 집중적으로 지정하여서는 아니된다.

4-6-3. 법 제34조제2항의 규정에 따른 집단체비지는 대지의 제곱미터(㎡)당 단가
가 비교적 낮은 지역에 지정하되, 「주택법」에 따른 국민주택건설용지 등

의 확보를 위하여 필요한 경우에는 체비지를 집단으로 지정할 수 있다.
이 경우 시행자는 부담률의 적정여부 및 공사계획을 고려하여야 하며 공
사비의 부족으로 인한 부실시공 또는 사업시행에 차질을 초래하여서는 아
니된다.

4-6-4. 4-6-3.의 규정에 의해 집단체비지를 지정할 때에는 시행자가 환지계획을
작성하기 이전에 시장·군수 또는 구청장과 사전 협의하여야 한다.

4-6-5. 법 제34조제2항의 규정에 따른 집단체비지는 체비지 면적의 70퍼센트 범
위내에서 지역여건에 따라 결정한다. 다만, 주거용지 배분 비율 등을 고려
하여 필요한 경우에는 체비지 면적의 20퍼센트의 범위내에서 추가로 결정
할 수 있다.

제7장 체비지의 관리 및 처분

4-7-1. 및 4-7-2. 〈삭제〉

4-7-3. 체비지의 관리·처분과 매각의 기준 등에 대하여는 규약·정관·시행규정
에 별도로 정하여야 한다. 이 경우 매각대금은 분할납부하게 할 수 있고
필요에 따라서는 거치기간을 둘 수 있다.

4-7-4. 체비지 매각대금의 분할납부에 따른 이자율은 일반시중은행 대출금리 이
하로 한다

4-7-5. 시행자는 체비지를 매각하거나 전매한 경우에는 관할 세무관서(세무서,
시·군·구청을 말한다)의 장에게 이를 통보하여야 한다.

제8장 환지예정지조서 등

4-8-1. 법 제35조의 규정에 따라 환지예정지를 지정하는 경우 환지예정지지정조
서는 별지 제3호서식에 따른다.

4-8-2. 시행자가 법 제40조의 규정에 따라 환지처분을 하고자 할 경우에는 각 필
지마다 환지면적 및 청산금의 내용이 포함되도록 하여야 하며 전체 사업
비용을 감안하여 청산금의 징수 또는 교부 잔액이 없도록 한다.

4-8-3. 법 제40조의 규정에 따라 환지처분을 하는 경우 환지처분조서는 별지 제4호서식과 같다.

4-8-4. 사업시행지구(환지계획구역)별로 환지계획을 수립할 경우에는 준공된 지구별로 환지처분할 수 있다.

제9장 청산금

4-9-1. 법 제46조의 규정에 따른 청산금의 징수 및 교부는 환지처분일로부터 1년 이내에 완료하여야 한다. 다만, 시행자가 필요하다고 인정하는 경우에는 기간을 정한 후 이자를 붙여 분할징수하거나 분할교부할 수 있다.

4-9-2. 청산금에 대하여 이자를 붙여 분할징수하거나 분할교부하는 경우의 이자율은 일반시중은행 대출금리이하로 한다.

4-9-3. 4-9-1.에 따른 청산금의 이자율 적용기준일은 청산금을 일시에 납부하는 때에는 납부고지일로 하고 분할납부를 하는 때에는 그 분할납부금의 납부일 현재로 한다.

제10장 등기

4-10-1. 시행자는 환지처분 이후 부동산등기법이 정하는 바에 따라 지체없이 관할 등기소에 등기를 신청 또는 촉탁하여야 한다. 다만, 청산금을 징수하지 못한 토지에 대하여는 그러하지 아니하다.

제11장 혼용방식에 따른 개발사업 시행

4-11-1. (1) 법 제21조 및 영 제43조제2항에 따라 사업시행지구를 분할하여 개발사업을 시행하는 경우의 환지구역에 대해서는 법 제28조부터 제49조까지의 규정을 적용하고, 구역분할을 하지 않고 수용 또는 사용의 방식과 환지방식을 혼용하여 개발사업을 시행하는 구역에는 법 제22조부터 제27조까지의 규정을 적용한다. 다만, 구역을 분할하지 않고 혼용방식으로 사업을 시행하는 구역내에서 환지대상으로 결정된 토지에 대해서는 법 제28조부터 제49조까지의 규정을 적용한다.
(2) 제1항 단서에 따라 환지방식을 준용할 경우 환지계획인가신청시 제출하는 서류중 작성할 수 없는 서류는 인허가권자의 허가를 받아 조정할 수 있다.

4-11-2. 사업시행지구를 분할하여 개발사업을 시행하는 경우에는 다음 사항에 유의하여 환지구역을 지정하여야 한다.
(1) 구역분할 방식의 환지구역 지정은 취락지구 등 집단취락지를 대상으로 한다. 이때 환지구역의 경계는 용도지역·지구 등의 경계, 도시기반시설 경계, 지형, 지세, 기타 지구경계를 명확히 할 수 있는 요인을 기준으로 설정하여야 한다.
(2) 환지구역은 수용 및 사용방식의 전체사업구역과 사업시행 단계를 달리할 수 있으며, 동일 사업자가 시행함을 원칙으로 한다.

4-11-3. 사업시행지구를 분할하지 않고 개발사업을 시행하는 경우에는 시행자와 토지소유자가 원하는 토지를 환지대상으로 할 수 있다.

4-11-4. 환지방식을 적용할 경우 4-11-1의 규정에 의하되, 다음 기준에 따라 이를 산정하여야 한다.
(1) 구역을 분할하여 시행하는 경우 환지구역내 기반시설을 포함한 사업비는 자체 체비지를 통하여 부담하고, 상하수도, 진입도로 등 도시개발구역외 기반시설에 대하여는 인구비율로 수용 및 사용방식의 전체사업지구와 기반시설 사업비를 분담하되, 동 사업의 환지에 따라 이전하는 인구수는 가산하지 아니한다. 다만, 산업 또는 복합용도 등 주택단지가 아닌 개발사업에서의 분담비율은 각 구역에서 유발되는 기반시설 수요량을 별도로 산정하여 분담하게 할 수 있다.
(2) 구역을 분할하지 아니하고 개발사업을 시행하는 경우 환지할 토지는 다른 자리환지 방식을 활용하여 한 곳에 통합하여 정하되, 불가피한 경우 개발계획에 따라 여러 곳에 통합하여 정할 수 있다. 또한, 주거용지로 환지할 토지는 토지소유자중 1가구에 한하여 1필지를 기준으로 하며 그 규모는 660제곱미터이내로 하되, 지정권자가 필요하다고 인정하는 경우 계획적 단지배치를 고려하여 그 규모를 따로 정할 수 있다. 다만, 부담률은 사업시행자와 주민들과의 협의하에 적정히 산정하여야 한다."

4-11-5. 환지계획시 과소토지는 환지대상지에서 제외하며, 가능한 한 증환지가 발생하지 아니하도록 환지계획을 수립하여야 한다.

제5편 토지공급 및 사후관리

제1장 조성토지의 공급

5-1-1. 시행자가 개발사업으로 조성된 토지·건축물 또는 공작물 등(이하 "조성토지 등"이라 한다)을 공급하는 경우에는 법 제26조의 규정에 따라 작성된 조성토지 등의 공급계획에 따라 공급한다.

5-1-2. 시행자가 조성토지 등을 공급하는 경우 개발계획 또는 지구단위계획에서 규정한 내용을 공고하여야 한다. 이 경우 도시계획법령 등에 따른 건축물의 금지 또는 제한하는 내용이 있는 경우에는 그 내용을 포함하여 공고한다.

5-1-3. 시행자는 분양안내서 및 매매계약서에 국토의 계획 및 이용에 관한 법령 등에 따른 건축물의 건축을 금지 또는 제한하는 내용이 있는 경우에는 이를 명기한다.

5-1-4. 조성토지의 공급가격은 감정가격을 기준으로 한다.

제2장 주거용지의 공급

5-2-1. 시행자가 주거용지를 공급하는 경우에는 개발계획에서 정한 가구 또는 획지별로 주택호수, 용적율과 임대주택지 또는 분양주택지 등 용도를 명시하여 공급한다.

5-2-2. 개발계획에 반영된 임대주택건설용지로 공급할 용지가 최초 공급공고일 후 6월 이내에 공급되지 않을 경우 시행자는 이를 국민주택규모의 분양주택건설용지로 공급할 수 있다. 다만, 법 제11조제1항제5호부터 제11호까지의 규정(같은 항 제1호부터 제4호까지의 규정에 해당하는 자가 50퍼센트를 초과하여 출자한 법인은 제외한다)에 해당하는 자가 시행인인 경우에는 2월이내에 공급되지 않을 경우 국민주택규모의 분양주택건설용지로 공급할 수 있다.

5-2-3. 주택건설사업계획 승인 또는 건축허가를 할 때에는 개발계획에서 정한 토지이용계획, 인구수용계획 및 지구단위계획 등에 따라 주택 등이 건설되도록 한다. 다만, 다음과 같은 경우에는 주택건설사업계획 승인권자 또는 건축허가권자가 도로, 상하수도, 학교 및 공원 등 기반시설의 설치현황을 고려하여 당초 계획된 용적률 및 공급가격을 변경하지 않는 범위 내에서 해당 변경사항을 허용하여 주택건설사업계획 승인 또는 건축허가를 할 수 있다.

(1) 당초 계획된 평형보다 작은 평형의 공동주택을 건설함에 따라 세대수가 증가하는 경우. 다만, 세대수 증가에 따라 증가되는 수용인구는 당초 인구수용계획의 10퍼센트를 초과할 수 없다.

(2) 당초 계획된 용적률 및 세대수를 초과하지 않는 범위 내에서 당초 계획된 평형보다 작은 평형의 공동주택을 건설하는 경우

(3) 확정측량단계에서 공급받은 용지가 축소되거나 건물의 배치, 설계 또는 시공상 불가피한 사유가 있어 세대수를 축소조정하는 경우

(4) 공급된 토지의 용도를 분양에서 임대로 변경하여 사용하고자 하는 경우. 다만, 공급가격은 변경할 수 없다.

5-2-4. 지정권자는 다음과 같은 경우에는 실시계획(지구단위계획을 포함한다)에도 불구하고 기반시설 설치기준 등을 고려하여 당초 계획된 면적보다 작은 면적으로 주택을 건설할 수 있도록 세대수 변경을 허용할 수 있다. 다만, 변경사항은 세대수에 한정되며 세대수 증가에 따라 증가되는 수용인구는 당초 인구수용계획의 10퍼센트를 초과할 수 없다.

(1) 수용 또는 사용방식 : 최초 공급공고일 이후 2개월이 경과하여도 매각되지 않은 토지 또는 시행자가 직접 사용할 토지에 대하여 시행자가 법 제26조에 따른 공급계획 변경을 요청한 경우

(2) 환지방식 : 환지계획수립 또는 변경과 병행하여 시행자가 공동주택 평형 변경을 요청한 경우

5-2-5. 시행자는 연약지반이 포함된 용지를 개발하여 공급하는 경우에는 다음 사항에 적합하게 하여야 한다.

(1) 용지조성공사 착수 전에 토질조사를 철저히 하고 필요한 경우 해당 토지의 특성에 맞게 용지조성고까지 지반안정 처리를 한다.

(2) 허용잔류침하량 이내로 지반안정 처리후 건축물의 건축 등이 이루어질 수 있도록 토지사용시기를 합리적으로 조정하도록 한다. 다만, 용지를 공급받는 자가 조기에 토지사용을 원하는 경우에는 공급받는 자가 직접 지반안정처리를 하는 조건으로 토지사용시기를 조정할 수 있다.

(3) 연약지반현황과 지반안정처리 주용내용 및 토지사용시 유의사항 등을 분양안내서에 명기하고 연약지반 분포도면·토질·심도·처리공법 및 허용잔류침하량 등 자세한 사항을 분양안내소에 비치하여 일반이 열람할 수 있도록 한다.
(4) (3)의 규정에 따른 연약지반현황과 지반안정처리 내용 등을 시장·군수등 관련 인허가 담당기관에 통보한다.

제3장 협의양도인 주택용지공급

5-3-1. 영 제57조제5항제3호 및 시행규칙 제23조제2항 별표 3 제1호 가목의 규정에 따라 수의계약으로 협의양도인에게 용지를 공급할 수 있는 토지의 면적기준은 다음과 같다.
 (1) 시행자에게 협의양도한 토지의 면적이 다음 기준에 적합한 경우
  ① 수도권지역(수도권정비계획법에 따른 수도권지역을 말한다) : 1천제곱미터 이상
  ② 수도권 이외의 지역 : 건축법시행령 제80조의 규정에 따른 대지의 분할제한 면적 이상
 (2) 협의양도한 토지가 지구경계로 분할된 경우로서 토지소유자의 요구에 따라 시행자가 지구외 잔여지를 매입한 때에는 지구외 토지를 합한 면적을 기준으로 한다.
 (3) 협의양도한 토지를 지분으로 공유하고 있는 경우에는 지분면적을 기준으로 한다. 다만, 공유자 전원이 지분을 시행자에게 협의양도한 경우에 한한다.
 (4) 협의양도한 토지가 수개의 필지인 경우에는 각 소유토지를 합한 면적(지분소유면적을 포함한다)을 기준으로 한다.

제4장 감정평가

5-4-1. 조성토지등의 공급가격은 「감정평가 및 감정평가사에 관한 법률」의 규정에 따라 설립인가를 받은 감정평가법인 또는 사무소개설등록을 한 감정평가사가 감정평가한 가격(이하 "감정가격"이라 한다)을 기준으로 결정한다. 다만, 환지방식의 경우에는 감정평가법인 또는 사무소개설등록을 한 2 이상의 감정평가사가 감정평가한 가격의 산술 평균한 가격을 기준으로 정할 수 있다.

5-4-2. 개발된 조성토지등을 경쟁입찰의 방법 또는 추첨의 방법으로 공급하고자 하는 때에는 그 입찰일 또는 추첨일로부터 10일 이전에 이를 공고하여야 한다. 다만, 긴급을 요하거나 재공고 하는 경우에는 5일 이전에 공고할 수 있다.

5-4-3. 경쟁입찰의 방법에 따라 조성토지등을 공급하는 경우에는 이를 공개하여 실시한다.

5-4-4. 입찰은 1인의 입찰로서도 성립한다.

5-4-5. 입찰은 매입신청자 전원이 동시에 실시함을 원칙으로 한다.

5-4-6. 낙찰자가 없을 때에는 입찰장소에서 회수의 제한없이 재입찰을 할 수 있다.

5-4-7. 낙찰해당금액과 동가의 입찰자가 2인 이상인 경우에는 즉시 추첨으로 그 낙찰자를 정한다.

5-4-8. 개찰은 공개하여 이를 행한다.

제5장 분양 추첨

5-5-1. 추첨의 방법에 따라 조성토지 등을 공급하는 경우에는 그 추첨은 공개하여 실시한다.

5-5-2. 추첨공고결과 경합이 없는 경우에는 추첨없이 그 신청자를 공급대상자로 결정할 수 있다.

5-5-3. 매입신청자중 공급 우선 순위자가 있을 때에는 공급 우선순위자에 대한 추첨을 먼저 한다.

제6장 수의계약 등

5-6-1. 2회 이상 경쟁입찰 또는 추첨을 한 결과 조성토지가 매각되지 아니할 경우에는 수의계약방법으로 공급할 수 있다. 다만, 다음과 같은 경우에는 다시 분양 등의 공고를 하여 경쟁입찰 또는 추첨의 방법으로 공급한다.
 (1) 공급가격의 재결정으로 공급가격이 하락하는 경우

(2) 공급대상자의 범위 및 제한요건이 완화되는 경우

(3) 대금납부조건 등이 연장 또는 완화되는 경우

(4) 공급하고자 하는 조성토지 등에 대한 용도 및 건축제한사항 등이 완화되는 경우

(5) 기타 재공고가 필요하다고 인정되는 경우

제7장 학교용지 등의 공급가격 기준

5-7-1. 학교용지 등의 공급가격 기준은 다음과 같다.

(1) 법 제27조 및 영 제58조제3항의 규정에 따라 조성토지에 대한 공급을 감정가격 이하로 공급하고자 할 경우 시행자는 실시계획에서 정한 사업기간 내에 조성원가 수준으로 공급한다. 다만, 해당 조성토지가 법 제21조의3에 따른 임대주택 건설용지에 해당하는 경우는 영 제43조의4에서 정한 인수가격 기준에 따른다.

(2) 법 제27조에 따라 지역특성화 사업 유치 등 도시개발사업의 활성화를 위하여 필요한 경우 시행자는 실시계획에서 정한 사업기간 내 사회복지시설, 학교 및 종합의료시설 등을 설치하기 위한 조성토지를 조성원가 이하로 공급할 수 있다.

(3) (1)과 (2)의 경우 조성원가는 별표 3의 기준에 따라 산정한 용지비, 용지부담금, 이주대책비, 조성비, 기반시설설치비·부담금, 직접인건비, 일반관리비, 자본비용 및 그 밖의 비용을 합산한 금액을 말한다.

5-7-2. 5-7-1.의 규정에 불구하고 이주대책에 따라 해당자에게 이주택지 등을 공급하는 경우에는 조성원가에서 도로·급수시설·배수시설 기타 공공시설 등 해당 지역의 여건에 따라 설치하는 생활기본시설의 설치비를 차감한 가격으로 공급한다.

5-7-3. 5-7-2.의 규정에 따른 생활기본시설의 설치비는 다음 산식에 따라 산정한다.

(1) 이주단지를 별도로 조성하는 경우 : 생활기본시설의 설치비 ÷ 이주단지 가처분면적 × 필지별 면적

(2) 사업지구안의 단독 주택지를 공급하는 경우 : 사업지구 전체 생활기본시설의 설치비 ÷ 사업지구 전체 가처분면적× 필지별 면적

제8장 준공검사 및 공고

5-8-1. 시행자(지정권자가 시행자인 경우를 제외한다. 이하 이 절에서 같다)가 개발사업의 공사를 완료한 때에는 공사완료보고서를 작성하여 지정권자의 준공검사를 받아야 하며 준공검사자는 해당 공사가 개발사업 실시계획에 따라 적정하게 시행되었는지의 여부를 확인한다.

5-8-2. 준공검사자는 5-8-1.의 규정에 따른 확인결과 해당 사업이 개발사업 실시계획대로 시행되었다고 인정할 경우에는 준공검사필증을 작성하여 시행자에게 교부하고 공사완료 공고를 한다.

5-8-3. 준공검사자는 5-8-2.의 규정에 따른 준공검사필증을 교부한 때에는 해당 시장·군수 또는 구청장에게 통보한다.

제9장 공공시설의 인계인수

5-9-1. 시행자는 인계인수할 공공시설에 대하여 사업준공 이전에 해당 시설 관리청에 합동검사를 요청하여야 하며 해당 관리청은 사업준공 30일 전까지 합동검사를 완료한다.

5-9-2. 공공시설에 대한 합동검사에서 나타난 하자에 대한 보수는 시행자가 하여야 하며 공공시설의 관리권을 인계인수한 이후에 발생하는 하자에 대한 유지보수는 해당 공공시설의 관리청이 한다.

5-9-3. 개발사업의 준공 전에 공용개시가 필요한 공공시설에 대하여는 「건축법」 및 「주택법」에 따른 주택·부대시설·복리시설 대지에 대한 사용검사실시 전까지 해당 시설의 관리청과 시행자가 합동검사하여 공용개시 여부를 결정하여야 하며 그 공공시설을 공용개시하는 때에 해당 관리청은 그 공공시설의 관리권을 인수한다. 다만, 정수장·배수지·가압장 등 별도의 관리조직을 필요로 하는 공공시설의 경우에는 그 시설의 관리에 관한 사항을 상호 협의하여 결정할 수 있다.

5-9-4. 시행자가 공공시설을 해당 시설의 관리청에 인계할 때에는 「국가를 당사자로 하는 계약에 관한 법률 시행규칙」 제72조의 규정에 따른 하자보수보증금을 이관하여 해당 시설의 관리청이 하자담보책임추급권(하자담보 책임기간

제10장 기반시설용지의 용도 재검토

5-10-1. 개발사업 준공 후 2년이 경과할 때까지「국토의 계획 및 이용에 관한 법률」제2조제6호에 따른 기반시설의 설치를 위한 용지를 매입하여야 할 기관이 매입하지 않을 경우 시행자는 시장·군수 또는 구청장에게 해당 토지의 용도변경을 요청할 수 있으며 시장·군수 또는 구청장은 용도변경에 따르는 기반시설 현황 및 주변지역에 미치는 영향 등을 검토하여 변경 여부를 정하여야 한다. 다만, 지정권자가 시행자인 경우에는 직접 변경여부를 정할 수 있다.

5-10-2.「국토의 계획 및 이용에 관한 법률」제2조제6호에 따른 기반시설의 설치를 위한 용지를 매입하여야 할 기관이 준공 전까지 해당 토지에 대한 매입 결정을 하지 않는 경우 시행자는 매입여부, 매입시기 등에 관한 매입계획을 해당 기관에 요청하여야 하며, 이 경우 매입계획을 요청받은 자는 요청일로부터 1개월 이내에 매입계획을 시행자에게 통지하여야 한다.

5-10-3. 실시계획에 반영된 학교용지를 매입하여야 할 기관이 학교신설 수요 감소 등을 사유로(인구수용계획 등 개발계획의 변경이 원인인 경우는 제외한다) 준공 전 매입을 포기하여 용도변경이 필요한 경우에는 다음이 정하는 바에 따른다.
 (1) 지정권자는 기반시설 현황 및 주변지역에 미치는 영향 등을 검토하여 해당 토지의 용도를 정하여야 하고 용도지역 또는 용도지구는 당초 지구단위계획의 내용을 유지함을 원칙으로 한다.
 (2) 학교용지의 용도변경으로 인하여 구역 내 추가적인 기반시설이 필요하다고 인정되는 경우 그 기반시설을 함께 반영하여야 한다.

제11장 순환용 주택의 공급

5-11-1. 영 제43조의2제1항에 따라 순환용 주택을 분양 또는 임대가 가능한 주택은 시행자가 도시개발구역 내·외에 직접 소유하거나 매입, 건설, 사용할 수 있는 주택을 말한다.

제6편 비용분담 등

제1장 타 지방자치 단체의 비용부담 원칙

6-1-1. 개발사업의 비용부담액은 설치될 기반시설의 총 용량에 대한 해당 기반시설의 설치로 인하여 이익을 받는 지방자치단체의 시설 유발용량의 비율을 해당 시설의 총 사업비에 곱한 금액으로 산출하되 다른 법률에서 비용부담액 산정기준이 있는 경우에는 그에 따라 부담액을 산정한다.

$$비용\ 부담액 = \frac{해당\ 지자체\ 유발용량}{해당\ 시설\ 총용량} \times 해당시설\ 총사업비$$

6-1-2. 해당시설의 총사업비는 별표3의 기준에 따라 산정한 용지비, 용지부담금, 이주대책비, 조성비, 기반시설설치비·부담금, 직접인건비, 일반관리비, 자본비용 및 그 밖의 비용을 합산한 금액을 말한다

제2장 유발용량의 산정

6-2-1. 제6편제1장의 유발용량중 도로, 철도 및 주차장 등「국토의 계획 및 이용에 관한 법률」제2조제6호가목의 교통시설에 대한 유발용량 산정은 교통영향평가지침에 의거하여 산출한다.

6-2-2. 6-2-1.의 규정에 불구하고 기반시설의 설치여건에 따라 지방자치 단체간 이용량을 명확히 구분하기 곤란한 상·하수도 또는 공동구 등 기반시설이나「국토의 계획 및 이용에 관한 법률」제2조제8호의 광역시설의 경우에는 이익을 받는 지방자치단체 이용인구 또는 이용 세대수 등에 따른 시설원단위에 따른 비율로 분담액을 설정할 수 있다.

6-2-3. 6-2-1. 및 6-2-2.에 의하여도 그 유발용량을 계량화할 수 없는 경우에는 비용을 부담시킬 자와 부담할 자의 협의에 의히거나 해당시설 관련 전문기관 등 제3의 평가기관의 평가에 따라 산출할 수 있다.

제3장 도시개발구역 밖의 기반시설 비용부담

6-3-1. 개발구역 밖에 설치하는 기반시설의 관리 또는 운영으로 인하여 이익을 받는 지방자치단체 또는 해당 공공시설의 관리자는 법 제58조제4항의 규정에 따라 그 시설의 설치비용을 부담하여야 한다.

6-3-2. 비용부담액의 산정 및 납부방식 등에 관한 사항은 법 제55조 및 영 제71조를 적용한다.

6-3-3. 6-3-2.에 따른 기반시설의 관리, 운영 등의 발생이익의 산정을 위하여 필요한 경우에는 회계법인 등 제3의 기관에 의뢰하여 산정할 수 있다.

제4장 폐기물처리시설 등 비용부담

6-4-1. 제6편제1장의 규정에 따른 부담원칙에 불구하고 기반시설 중 오·폐수처리시설, 폐기물처리시설, 공동묘지, 화장장 또는 전기·가스공급시설 등을 설치하는 경우에는 동 시설의 설치비용 외에 동 시설의 설치로 인한 녹지확보, 환경저감시설 설치, 인근 주민 이주대책 등 환경대책 및 주민지원을 위한 비용을 가산한 금액을 포함하여 분담하게 할 수 있다.

제7편 공사계약 및 감리

제1장 공사도급계약

7-1-1. 개발사업을 수용 또는 사용방식에 따라 법 제11조제1항제5호부터 제10호까지의 시행자 또는 동조동항제11호의 시행자중 제5호부터 제10호까지의 자를 포함하여 공동출자하여 설립한 법인에 해당하는 시행자가 시행하는 경우와 환지방식으로시행하는 때에는 다음 기준에 따라 공사도급계약을 실시한다.
  (1) 개발사업의 공사도급계약은 일반 공개경쟁입찰을 원칙으로 한다. 다만, 법 제11조제1항제9호에 해당하는 시행자로서 「건설산업기본법」 등 관계법령에 따라 시공능력을 갖춘 자는 직접 시공할 수 있다.
  (2) 공사의 입찰 및 계약방법 등은 규약·정관·시행규정 또는 회계규정에 상세히 규정하여야 하며 국가를당사자로하는계약에관한법령 및 예산회계관계법령을 준용할 수 있다.
  (3) 공사도급을 받고자 하는 자는 「건설산업 기본법」 등 관련 법령에 따른 적격자이어야 하며 시행자가 민간인 경우 도급계약서는 반드시 국토교통부가 제정한 민간건설공사 표준 도급 계약서를 사용한다.

제2장 건설기술용역업자의 선정

7-2-1. 시행자는 실시계획인가 요청시 건설기술 진흥법령에 적합한 건설기술용역업자를 선정하여, 법 제20조제1항에 따라 실시계획인가와 동시에 지정권자로부터 도시개발사업의 공사에 대한 감리를 할 자로 지정받도록 하여야 한다.

7-2-2. 시·도지사는 시행자가 선정한 건설기술용역업자의 건설기술자에 대하여 건설기술 진흥법령에 따른 의무이행을 다하도록 지도하며 필요한 경우에는 이를 지방자치단체의 조례로 시장·군수 또는 구청장에게 위임할 수 있다.

7-2-3. 감리업무는 국토교통부 제정 건설사업관리 업무지침서를 따라 시행한다.

7-2-4. 7-2-1.부터 7-2-3. 까지의 규정에 불구하고 「주택법」 제16조의 규정에 따른 주택건설사업계획 승인대상 및 「건축법」에 따른 건축물의 공사감리 대상인 공사에 관한 감리는 각각 주택법령 또는 건축법령이 정하는 바에 따른다.

제3장 공사비 등 지급

7-3-1. 용역비, 공사비(기성·준공금을 포함한다) 및 감리비 등은 현금으로 지급함을 원칙으로 한다. 다만, 다음과 같은 경우에는 공사비를 조성토지나 체비지로 현물(이하 "현물"이라 한다)지급할 수 있다.
  (1) 수용 또는 사용방식에서 법 제11조제11항에 따라 대행개발사업을 추진하는 경우
  (2) 환지방식에서 체비지의 매각부진 또는 국민주택 건설을 위하여 필요한 경우

7-3-2. 법 제11조제1항제5호부터 제10호까지의 시행자 또는 같은 조 같은 항제11호의 시행자중 제5호부터 제10호까지의 자를 포함하여 공동출자하여 설립한 법인에 해당하는 시행자가 7-3-1.(2)의 규정에 따라 공사비를 체비지로 현물 지급하고자 하는 경우에는 사전에 별지 제2호서식의 체비지확인서를 관할 시·도지사로부터 확인을 받아야 하며 필요한 경우에는 이를 지방자치단체의 조례로 시장·군수 또는 구청장에게 위임할 수 있다.

7-3-3. 시행자는 사업의 원활한 추진을 위하여 공사비(기성금 및 준공금 포함)를 지급하는 시기 및 방법에 대하여 공사도급계약서에 구체적으로 명시한다.

제8편 행정사항

8-1. (재검토기한) 국토교통부장관은 「훈령·예규 등의 발령 및 관리에 관한 규정」에 따라 이 고시에 대하여 2022년 7월 1일 기준으로 매3년이 되는 시점(매 3년째의 6월 30일까지를 말한다)마다 그 타당성을 검토하여 개선 등의 조치를 하여야 한다.

부   칙

① (시행일) 이 지침은 2009년 8월 21일 부터 시행한다.
② (종전사업의 경과조치) 종전의 도시개발업무지침(도시재생과-1274, 2009.6.29)은 동 지침이 시행한 날 폐지되며, 종전 지침에 따라 적용되는 도시개발사업은 동 지침의 규정에 따른다. 다만, 종전 지침의 부칙 규정에 관해서는 그 시행시기를 감안하여 동 지침에서 특별히 정하는 경우 외에는 종전의 부칙 규정을 따른다.

부   칙

① (시행일) 이 지침은 발령한 날부터 시행한다.

부   칙

①(시행일) 이 지침은 발령 후 6개월이 경과한 날부터 시행한다.
②(녹색도시개발계획의 적용례) 이 지침의 개정규정은 이 지침 시행 이후 최초로 도시개발구역의 지정을 제안하거나 요청하는 분부터 적용한다.

부   칙

①(시행일) 이 지침은 발령한 날부터 시행한다.
②(도시개발구역 지정기준 등에 관한 적용례) 1-2-1., 1-2-2., 1-2-5.는 이 지침 시행 이후 최초로 지정·고시하는 도시개발구역부터 적용한다.

부   칙

①(시행일) 이 지침은 공포한 날부터 시행한다.

부   칙 〈15·6·2〉

제1조(시행일) 이 지침은 발령한 날부터 시행한다.

부   칙 〈16·4·6〉

이 고시는 발령한 날부터 시행한다.

부   칙 〈16·11·25〉

제1조(시행일) 이 훈령은 발령한 날부터 시행한다.

부   칙 〈20·2·20〉

제1조(시행일) 이 훈령은 발령한 날부터 시행한다.
제2조(이주택지 공급에 관한 적용례) 5-7-2.의 개정규정은 이 지침 시행 이후 최초로 지정·고시하는 도시개발구역부터 적용한다.

부   칙 〈21·12·30〉

제1조(시행일) 이 훈령은 발령한 날부터 시행한다.
제2조(「기후위기 대응을 위한 탄소중립·녹색성장 기본법」에 관한 적용례) 1-1-1., 2-2-1, 3-4-1., 3-4-2.의 개정규정은 2021년 9월 24일 제정된 「기후위기 대응을 위한 탄소중립·녹색성장 기본법」의 시행일(2022.03.25.) 이후부터 적용한다.

부   칙 〈22·6·22〉

제1조(시행일) 이 훈령은 2022년 6월 22일부터 시행한다.
제2조(임대주택건설용지 계획에 관한 적용례) 2-8-5-3.의 개정규정은 이 지침 시행 이후 최초로 도시개발구역을 지정하는 경우부터 적용한다.
제3조(재원조달 및 사업시행계획 등에 관한 적용례) 2-8-15-2., 5-7-1., 6-1-2. 및 별표 3의 개정규정은 이 지침 시행 이후 최초로 도시개발구역을 지정하는 경우부터 적용한다.

부   칙 〈24·5·3〉

제1조(시행일) 이 훈령은 발령한 날부터 시행한다.

[별표1]

개발계획의 표준내용(2-2-2. 관련)

사업의 개요	사업의 명칭·목적·범위	명칭, 목적, 위치, 면적, 사업기간, 사업의 주요내용
	사업추진방식	시행자, 사업시행방식, 사업추진 절차
	계획수립 방법	계획의 주요내용, 계획수립 방법
기본구상	기초현황 분석	-주변지역 여건 -대상지역 현황 -관련계획 및 법률 검토
	목표 및 전략의 설정	목표, 전략
	주요지표의 설정	-사회 및 경제지표 -시설지표 -환경지표
	공간구성의 기본골격	-대안설정 -평가 -공간구성의 기본골격
부문별계획	인구수용계획	-인구규모 및 구조전망 -생활권 설정과 인구배분 -밀도계획 -주택배분계획
	토지이용계획	-용지분류 -용도별 면적산정 -용도별 입지배분 -가구 및 획지분할 -유치업종 및 배치계획(산업단지 개발의 경우)
	교통처리계획	-교통수요예측 - 환승시설계획 -가로망계획 - 교통안전시설계획 -주차장계획 -특수가로계획
	환경보전계획	-중점보전대상의 설정 및 보전계획 -공원·녹지체계 구성계획 -경관계획
	도시기반시설 계획	-교통시설 -도시공간시설 -유통·공급시설(초고속 통신망, 공동구 포함) -공공의 문화시설(교육시설 포함) -방재시설 -보건·위생시설 -구역외 도시기반시설 설치계획
	문화재계획	-문화재 조사 -종합학술조사 -문화재 보호계획
	도시·군관리계획 변경	-도시·군관리계획의 결정·변경
	토지수용·사용 및 환지계획	-토지 세목별 현황 -지장물 현황 -토지취득방법 -수용·사용 및 환지계획(방식) -존치 건축물 및 공작물 처리계획
	재원조달 및 사업시행계획	-재원조달계획 -단계별 사업시행계획 -구역외 도시기반시설 설치비용 부담계획 -사업의 운영방안
타당성 검토	사업 타당성 검토	-사업타당성 검토 -사업의 효과

주 : 개발사업의 성격 및 구역의 특성에 따라 표준내용항목의 일부를 가감하여 작성할 수 있음

[별표1의2] 〈개정 21·12·30〉

녹색도시개발 계획수립 및 평가기준

제1장 총 칙

1. 목 적

1-1-1. 이 기준은 「도시개발법」 제5조 및 「도시개발업무지침」에 따라 도시개발계획을 수립함에 있어 「기후위기 대응을 위한 탄소중립 녹색성장 기본법」에 따라 경제와 환경의 조화로운 발전을 구현하고 탄소중립 사회로의 이행과 녹색성장에 적합한 도시기반을 조성하기 위하여 필요한 사항을 정하는 것을 목적으로 한다.

1-1-2. 개발계획수립시 고려하여야 할 추진전략은 다음과 같다.
   (1) 녹색기술과 녹색산업을 새로운 성장동력으로 활용함으로써 국민경제의 발전을 도모한다.
   (2) 탄소중립 사회 구현을 통하여 국민의 삶의 질을 높이고 국제사회의 구성원으로서 책임을 실현한다.
   (3) 「국토의 계획 및 이용에 관한 법률」에서 정한「저탄소 녹색도시 조성을 위한 도시계획수립지침」에 따라 해당 지방자치단체에서 정한 목표를 실현한다.
   (4) 기후변화에 대응하고 탄소배출을 저감하며 흡수원을 확충할 수 있는 도시개발을 추구한다.
   (5) 구역지정을 제안할 때부터 도시·군기본계획에서 정한 개발축 및 거점 또는 대중교통 이용이 용이한 지역위주로 개발이 집중될 수 있도록 유도한다.
   (6) 개발의 용이성만을 고려한 도시외곽의 비지적(飛地:Leapfrogging)·기생적 난개발 및 이에 따른 자연환경 훼손을 최소화할 수 있도록 기존 시가지 내에서의 개발에 인구계획 우선배정 등 개발용량을 우선적으로 할당한다.
   (7) 이 기준에서 정한 녹색도시 조성기준을 충실히 반영하거나 그 이상으로 조성하는 녹색도시 개발사업에 대하여는 행정적·재정적 지원을 우선적으로 배려한다.

2. 정의

1-2-1. "녹색도시"란 압축형 도시공간구조, 복합토지이용, 대중교통과 녹색교통 중심의 교통체계, 신·재생에너지 활용 및 물·자원순환구조, 탄소흡수원의 확충 등을 통해 환경오염을 최소화 하고 탄소중립 사회로의 이행과 녹색성장을 위한 요소들을 갖춘 도시를 말한다.

1-2-2. "생태면적률"이란 공간계획 대상면적 중 빗물흡수 및 증발산, 동식물의 서식 등 '자연순환기능'을 가진 토양의 면적비를 말한다.

1-2-3. "자연지반"이란 암반층을 제외한 자연 상태의 토양층으로 구성되어 지하에 인공구조물이 없고, 빗물의 침투와 식물의 생장에 장애가 없는 원지반 또는 원지반에 자연상태로 보전되거나 인공적으로 조성한 녹지를 말한다.

1-2-4. "바람길"이란 도시외곽 또는 산림이나 하천을 통해 도시 내부로 흘러들어 오는 공기의 흐름을 원활하게 함으로써, 오염물질의 정체와 도시열섬현상을 완화시켜주는 바람의 통로를 말한다.

1-2-5. "녹지축" 이란 생물의 생태적 거점이 될 수 있는 녹지를 연결하는 선형의 녹지띠로서, 도시의 외곽 숲과 도시 안의 숲을 잇는 산림축과 하천을 잇는 하천축으로 구분된다.

3. 적용 범위

1-3-1. 이 기준은 「도시개발법」(이하 "법"이라 한다)에 따라 시행하는 도시개발사업에 적용한다. 다만, 다음에 해당하는 도시개발사업은 적용하지 아니할 수 있다.
   (1) 도시개발구역면적이 10만㎡이하
   (2) 도시개발구역에서 조성되는 도시·군계획시설면적이 구역면적의 70%를 초과하거나 도시·군계획시설 사업비가 전체 사업비의 70%를 초과하는 경우

1-3-2. 「도시개발업무지침」(이하 "지침"이라 한다) 제2편 제8장에 따라 개발계획을 수립할 때에는 이 기준에서 정한 사항을 반영하여야 하며, 지침과 이 기준 간에 상이하거나 상호 모순되는 내용이 있는 경우에는 이 기준을 우선 적용한다. 다만, 다른 법령에서 이 기준보다 강화된 기준으로 정한 경우에는 그에 따른다.

1-3-3. 이 기준에 규정되지 아니한 사항은 관련 법률의 규정을 적용한다.

4. 녹색도시 개발계획 수립원칙

1-4-1. 기후변화로 인한 환경위기와 자원위기에 대응하는 탄소중립 사회 구현을 위해 화석연료의 사용을 줄이고, 탄소배출 감축 및 흡수원 확충을 통해 탄소중립에 유리한 공간구조를 형성하며 자원의 순환을 통해 생태계의 효율성을 제고하는 것을 원칙으로 한다.

1-4-2. 탄소배출저감과 에너지 절감을 위해 도시숲의 조성, 바람길의 확보, 도시열섬현상 완화, 압축형 도시공간구조 조성 등을 토지이용계획에 포함해야 한다.

1-4-3. 교통계획 수립시 대중교통, 자전거, 보행 및 환경친화적 교통수단 등 녹색교통(이하 "녹색교통"이라 한다) 체계가 적용되도록 해야 한다.

1-4-4. 물과 폐기물 등 자원의 재활용과 순환에 대한 계획을 포함해야 한다.

1-4-5. 기후변화를 완화하고 쾌적한 도시환경을 확보하기 위해 온실가스 배출량을 최소화하도록 건물배치와 토지이용을 효율화하고, 쾌적한 공기를 유입시키며, 탄소흡수원을 확충할 수 있는 공간요소의 도입 계획을 포함해야 한다.

1-4-6. 개발구역 내 에너지 이용과 탄소배출 현황이 중·장기적으로 통합 관리될 수 있도록 도시통합운영센터(「국토의 계획 및 이용에 관한 법률 시행령」 제4조제3호에 따른 시설 등을 말한다)의 설치나 기존 도시통합운영센터와의 연계 여부를 검토하여야 한다.

5. 계획의 체계 및 역할

1-5-1. 녹색도시개발계획은 공원 및 녹지 부문, 도시공간구조 및 교통 부문, 자원과 에너지 이용 부문 등을 구성요소로 하여 다음과 같이 수립한다.
 (1) 공원 및 녹지 부문 : 도시 활동에서 발생하는 탄소흡수, 도시재해 방지, 열섬현상 완화, 생태계 회복 등의 기능을 수행하기 위한 공원과 녹지를 확보하는 계획을 수립한다.

 (2) 도시공간구조 및 교통 부문 : 압축형 도시공간구조 조성과 복합토지이용으로 교통분야 에너지 소비량을 줄이고, 대중교통의 활성화와 자전거, 보행 및 녹색교통을 확대하여 탄소 배출을 저감할 수 있는 계획을 수립한다.
 (3) 자원과 에너지 이용 부문 : 건축물의 에너지 관리계획, 신·재생에너지의 보급 및 확대, 자원의 순환 및 재활용을 통한 탄소배출 저감계획을 수립한다.

제2장 계획의 수립

1. 기초조사

2-1-1. 녹색도시 조성을 위한 현황조사는 「도시개발법 시행령」 제10조에 따른 기초조사 자료를 활용하여 실시하고 필요한 경우 추가적인 항목에 대한 조사를 할 수 있다. 이 경우 녹지와 하천의 분포 등을 고려하여 개발구역의 인접 지역 일부를 조사 대상에 포함할 수 있다.

2-1-2. 개발사업 중 환경영향평가 대상사업 또는 환경성검토서 작성 대상사업의 경우에는 환경영향평가서 또는 환경성검토서 작성시 조사한 자료를 활용하고, 도시·군기본계획 등 상위계획에서 해당 지방자치단체의 탄소배출현황, 배출량에 대한 장래예측 및 탄소저감계획이 수립된 경우에는 이를 적극적으로 계획에 반영하여야 한다.

2-1-3. 토지이용현황, 현존식생현황 등 환경현황을 도면화할 필요가 있을 경우 환경부에서 정한 「도시생태현황도(비오톱 지도) 작성 지침」을 준용하여 비오톱지도를 작성하여 계획에 활용할 수 있다.

2-1-4. 개발구역 내 신·재생에너지가 적극적으로 보급·활용될 수 있도록 구역과 인접한 지역에 연계 활용 가능한 신·재생에너지시설 설치현황을 조사 대상에 포함하여야 한다.

2. 계획의 목표 및 구성요소

2-2-1. 녹색도시 구현을 위한 계획의 목표는 「기후위기 대응을 위한 탄소중립·녹색성장 기본법」에 따른 국가 탄소중립 녹색성장 기본계획과 국가 기후위기 적응대책, 「에너지기본법」에 따른 국가에너지기본계획과 도시·군기본계획

등의 상위계획의 목표와 연계하여 공원 및 녹지 부문, 도시공간구조 및 교통 부문, 자원과 에너지 부문의 구성요소를 모두 포함하여 설정한다.

2-2-2. 계획 수립을 위한 주요 지표는 다음의 기준에 따라 설정한다.
(1) 공원 및 녹지 부문 지표 : 공원 및 녹지 부문 지표에는 자연지형을 최대한 활용하여, 도시민의 쾌적한 생활·업무공간의 조성에 기여하고 탄소흡수원을 확충하는 공원·녹지 체계를 구축하는 계획에 관한 내용이 포함되어야 한다.
(2) 도시공간구조 및 교통 부문 지표 : 도시공간구조 및 교통 부문 지표에는 공간의 효율적인 활용을 위한 복합용도개발 등의 토지이용계획, 대중교통과 자전거이용 활성화와 녹색교통, 도보이용의 편의를 고려한 교통처리계획 등에 관한 내용이 포함되어야 한다.
(3) 자원 및 에너지 이용 부문 지표 : 자원 및 에너지 이용 부문 지표에는 빗물이용 등의 물순환과 자원순환, 자원 및 폐기물의 재활용, 화석연료를 대체할 수 있는 신·재생에너지의 이용, 자원순환과 에너지 이용 계획 등에 관한 내용이 포함되어야 한다.
(4) 도시개발사업이 시행되는 해당 지방자치단체에 「저탄소 녹색도시 조성을 위한 도시계획수립지침」제4장에 따른 도시·군관리계획수립 기준이 마련되어있는 경우에는 우선적으로 그 내용을 지표설정 및 계획에 반영하여야 한다.
(5) 이 기준 및 관련 법규에서 제시되지 않았으나, 녹색도시 개발계획 수립을 위해 필요한 요소가 새롭게 발굴되었을 경우에는 이를 도시개발사업에 반영할 수 있는 별도의 수단을 강구하여야 한다.

제3장 녹색도시 조성을 위한 계획 기준

1. 공원 및 녹지 부문 계획

3-1-1. 공원·녹지 확보
(1) 도시의 공원과 녹지 및 도시숲은 산림과 하천을 유기적으로 연결하여 생물의 이동통로와 거점이 되어 생물다양성을 증진시키고, 주민의 여가와 휴식의 장소가 되며, 기상환경을 조절하여 도시열섬현상을 완화시키고, 도시 홍수, 침수 등 재해 방지, 피난과 방재의 역할을 수행한다. 또한 도시의 공원과 녹지 계획을 수립할 때에는 공원..녹지가 녹색도시 구현을 위한 계획요소 중 주요한 탄소흡수원 확충 수단임을 고려하여 온실가스 흡수 효과를 증진시킬 수 있도록 수립하여야 한다.

(2) 공원 및 공원시설의 설치는 이용자의 편의를 고려하여 생활권 공원은 「도시공원 및 녹지 등에 관한 법률 시행규칙」제6조에 따라 도보이용이 가능하도록 구성하고, 도시 전체에 균형 있게 배치하여 주민에게는 휴양과 오락의 장소를 제공하고, 도시의 재해방지 및 도시열섬현상, 대기오염 완화 등의 기능을 발휘할 수 있도록 계획한다.
(3) 개발사업 규모별 공원 확보 기준은 「도시공원 및 녹지 등에 관한 법률 시행규칙」제5조에 따른다.

3-1-2. 생태면적률
(1) 도시의 과도한 불투수포장면적은 도시열섬현상과 생물서식공간을 파괴하는 주된 원인이므로, 빗물의 토양 침투와 지하수 함양을 통해 생물서식공간을 확보하고 도시기상환경을 조절하도록 적정한 생태면적률이 반영되도록 개발계획을 수립한다.
(2) 생태면적률은 개발구역의 자연지반녹지, 토양 내 빗물침투, 생물서식조건을 종합적으로 검토할 수 있는 지표로, 도시개발구역의 생태면적률은 최소 20% 이상이 되어야 한다. 다만, 구역 면적이 100만 제곱미터 이상인 경우에는 생태면적률을 25%이상으로 한다.
(3) 빗물의 유출저감 및 저장, 동식물 서식처 마련, 미기후의 조절 등 도시환경의 개선을 위해 생태면적을 최대한 확보하되, 생태면적률의 산정은 다음 식과 표에 따른다.

$$생태면적률(\%) = \frac{\Sigma\ 토지용도별\ 생태면적}{개발구역\ 전체\ 면적} = \frac{\Sigma(공간유형별\ 면적 \times 가중치)}{개발구역\ 전체\ 면적} \times 100$$

※ 공간유형별 가중치 산정 기준

	공간 유형	가중치	설 명	사 례
1	자연지반녹지	1.0	자연지반이 손상되지 않은 녹지 식물상과 동물상의 개발 잠재력 보유	자연 상태의 지반을 가진 녹지
2	수공간(투수기능)	1.0	자연지반 기초 위에 조성되고, 투수기능을 가지는 수공간	투수기능을 가지는 생태연못 등
3	수공간(차수)	0.7	자연지반 기초위에 조성되고, 투수기능이 없는 수공간	바닥면이 차수 처리된 생태연못
4	인공지반녹지 〉90cm	0.7	토심이 90cm 이상인 인공지반 상부 녹지	지하주차장 상부, 지하실 상부 녹지
5	인공지반녹지 〈 90cm	0.5	토심이 90cm 이하인 인공지반 상부 녹지	지하주차장 상부, 지하실 상부 녹지

	공간 유형	가중치	설 명	사 례
6	옥상녹화 ≥ 20cm	0.6	토심이 20cm이상인 옥상녹화 시스템이 적용된 공간	혼합형 녹화옥상시스템 중량형 녹화옥상시스템
7	옥상녹화 < 20cm	0.5	토심이 20cm미만인 옥상녹화 시스템이 적용된 공간	저관리 경량형 옥상녹화 면
8	부분포장	0.5	자연지반 위에 조성되고 공기와 물이 투과되는 포장, 식물 생장 가능	잔디블록, 목판 또는 판석 부분포장
9	벽면녹화	0.4	창이 없는 벽면이나 옹벽(담장)의 녹화, 최대 10m 높이까지만 산정	벽면이나 옹벽녹화 공간
10	전면투수포장	0.3	공기와 물이 통과되는 전면투수 포장, 식물생장 불가능	자연지반위에 시공된 마사토, 자갈, 모래포장 등 투수성 전면포장
11	틈새투수포장	0.2	공기와 물이 통과되는 틈새를 확보한 포장	틈새를 가지는 바닥벽돌 포장, 사고석 틈새포장 등
12	침투시설연계면	0.2	지하수 함양을 위한 우수침투시설 또는 일시적 저류시설과 연계된 면	녹화가 되어 있지 않은 옥상 중 침투시설과 연계된 공간, 저류옥상
13	포장면	0.0	공기와 물이 투과하지 않는 포장, 식물생장이 없음	인터락킹 블록, 콘크리트, 아스팔트 포장, 불투수 기반에 시공된 투수 포장

비 고 : 지자체에서 상기 기준과 유사하게 생태면적률 적용기준을 별도로 정하여 활용하는 경우에는 그에 따라 생태면적을 산정할 수 있다.

3-1-3. 자연지반면적률

(1) 개발사업 시행 전의 기존 지형을 최대한 활용하여 자연경관이 우수하고 생태계의 가치가 높은 지역은 원형을 보전하거나 공원 및 녹지로 조성하고, 절성토를 최소화하여 토양 내 저장된 탄소의 배출을 줄일 수 있도록 계획한다.

(2) 기존 지형은 「환경정책기본법」에 따른 '사전환경성검토 업무 매뉴얼'에 따라 녹지자연도 7등급은 상대보전, 8등급 이상은 절대보전으로 하고, 생태자연도 2등급은 상대보전, 1등급은 절대보전으로 하며, 경사도 20도부터 30도미만까지는 상대보전, 30도 이상의 지역은 절대보전으로 하는 것을 원칙으로 한다.

(3) 이미 개발된 지역을 제외하고는 무분별한 지하 공간 개발로 인한 지하수위 하강의 피해를 줄이기 위해 빗물이 침투할 수 있고, 지하수위가 유지되어 식생 및 건물의 안정적인 기반이 되는 자연지반을 최대한 확보할 수 있도록 노력하여야 한다.

(4) 도시개발구역의 자연지반면적률은 최소 10% 이상이 되어야 한다. 다만, 구역 면적이 100만 제곱미터 이상인 경우에는 자연지반면적률을 15%이상으로 한다.

3-1-4. 녹지축

(1) 도시 생태계를 건강하게 유지하고 생물다양성을 확보하기 위해 산림축과 하천축을 연결하여 생태연결로가 단절되지 않도록 계획한다.

(2) 녹지축의 연결은 광역녹지축, 도시녹지축, 지구단위녹지축을 모두 고려하여 연결하고, 단절된 구간은 보행자전용도로, 녹도, 소공원 등을 조성하여 녹지축이 연결되도록 계획한다.

(3) 녹지축의 계획기준은 개발구역의 여건·밀도계획 등을 고려하여, 고밀복합 개발을 위한 공간이용의 효율성·개발계획의 사업성과 조화를 이룰 수 있도록 다음 계획기준을 합리적으로 조정하여 적용하여야 한다.

계 획 기 준		녹지축의 최소폭
광역녹지축의 적정규모와 연계성 확보	녹지거점 연결을 통한 주녹지축 설정	700m
	보조녹지거점 연결을 통한 녹지축 설정	300m
도시단위 녹지축의 적정규모와 연계성 확보	녹지거점 연결을 통한 주녹지축 설정	100m
	보조녹지거점 연결을 통한 녹지축 설정	30m
지구단위녹지축의 적정규모와 연계성 확보	녹지거점 연결을 통한 주녹지축 설정	15m
	보조녹지거점 연결을 통한 부녹지축 설정	5m

3-1-5. 하천보전

(1) 홍수 조절, 지하수 함양, 미기후 조절, 환경과 생태계의 보전, 경관 유지, 친수공간을 활용한 여가기능을 회복시키기 위해 하천이 갖는 자연성을 유지하고 생태계를 보전하고 복원하는 계획을 수립한다.

(2) 하천의 여울과 소, 우각호, 홍수터의 하도습지는 생물의 서식처 및 홍수 저류 공간으로 보존하도록 하고 식물성플랑크톤과 수생식물이 탄소흡수원의 기능을 유지할 수 있도록 하천의 보전과 복원을 계획한다.

(3) 수질오염으로 인해 주민의 건강이 저해되는 것을 예방하고, 하천 및 호소 등의 공공수역 수질 및 수생태계를 보전·관리하기 위해 「수질 및 수생태계 보전에 관한 법률」 제4조에 따라 해당 광역시장·도지사가 오염총량관리기본계획 및 오염총량관리시행계획을 수립 시 조사한 자료를 토대로 하천보전에 관한 계획을 수립한다.

3-1-6. 습지 및 생태·경관보전지역 등 보전
  (1) 도시의 미기후 조절, 홍수조절, 지하수 함양과 탄소저장고 기능을 담당할 수 있도록 늪, 갯벌, 저수지, 논, 연못 등 습지를 보전하는 계획을 수립한다.
  (2) 개발구역에 습지보호지역이나 생태·경관보전지역 등과 같이 보호대상지역으로 지정된 지역이 있을 경우에는 「습지보전법」 제13조와 「자연환경보전법」 제15조 등에 따라 건축물의 신축·증축 및 토지의 형질변경 등의 행위가 제한되며, 주변에서 개발행위를 계획할 때에는 개발행위가 습지보호지역이나 생태경관보전지역 등에 미치는 영향이 최소화할 수 있도록 저감방안을 수립해야 한다.

2. 도시공간구조 및 교통 부문 계획

3-2-1. 직장과 주거지의 근접성(이하 "직주근접"이라 한다)
  (1) 직장과 주거지역의 교통, 산업 등의 기능을 고려하여 공간구조를 계획하고 생활권을 설정한다.
  (2) 주거지에서 직장까지의 통근시간을 줄일 수 있는 방안을 마련하여 이를 계획에 반영하여야 한다.

3-2-2. 복합토지이용
  (1) 도시지역의 평면적 확산 방지와 토지이용의 효율 증진을 위해 대중교통 결절지를 중심으로 한 도보권의 고밀복합개발을 통해 상업, 업무, 문화, 주거등 복합기능의 토지이용을 극대화한다.

3-2-3. 대중교통 접근성
  (1) 대중교통을 쉽게 이용할 수 있도록 가급적 주거 및 근무지 등으로부터 도보권 이내에 대중교통시설을 배치하여 대중교통시설에 대한 접근성을 높인다.
  (2) 환승연계가 용이한 역세권과 대중교통망이 교차하는 대중교통 결절지를 중심으로 대중교통중심개발(TOD: Transit Oriented Development)이 실현될 수 있도록 계획한다.

3-2-4. 바람길
  (1) 도시열섬현상을 완화하기 위하여 개발구역과 연접한 기상대의 풍향자료를 활용하여 공기순환 저하로 인한 대기오염과 도시열섬현상의 악화를 피할 수 있도록 바람의 통로를 확보할 수 있는 공간 계획을 수립한다.
  (2) 쾌적한 도시 환경을 위해 계절별 주풍향을 파악하고, 바람이 원활하게 통할 수 있도록 건물의 높이와 도로의 위치를 계획하며, 개발구역면적이 300만㎡(4-1-2-1.(1))에 따른 2급지에 구역을 지정하는 경우, 100만㎡이상)이상인 경우에는 바람의 흐름에 대한 시뮬레이션을 시행하여 녹색도시개발계획에 반영하여야 한다.
  (3) 태풍이나 돌풍과 같은 강풍에 의한 영향이 예상되는 지역에는 방풍림을 조성하여 바람의 영향을 완화할 수 있도록 개발계획을 수립한다.
  (4) 개발구역으로 유입되는 찬바람이 생성되는 산림, 하천 등의 지역으로부터 바람의 흐름이 방해되지 않도록 공원·녹지 및 고층건물의 배치를 계획한다.

3-2-5. 대중교통 활성화
  (1) 탄소배출의 저감을 위해 대중교통수단의 분담률을 높일 수 있도록 간선급행버스체계와 노선버스중심의 지능형교통체계를 구축하는 등 대중교통 이용촉진 계획을 수립한다.
  (2) 대중교통 이용의 편의를 위해 유동인구가 집중되는 대형유통시설이나 역세권의 도로는 대중교통전용지구로 계획하는 것을 고려한다.
  (3) 상업, 업무시설이 밀집되어 있는 지역의 교통 혼잡을 줄이기 위해 버스전용차로제 등 통행속도 향상 방안을 마련하고, 광역으로 운행되는 전철이나 철도 등 친환경 교통수단간 환승체계를 보강하여 대중교통 이용편의를 고려한 교통체계를 구축한다.
  (4) 연계교통수단간의 거리를 최소화하고 대중교통 이용자에게 편의를 제공할 수 있도록 환승시설을 계획하고, 광역적인 대중교통 결절지를 포함하여 개발계획을 수립하는 경우에는 복합환승센터 설치를 계획한다.
  (5) 「대중교통의 육성 및 이용촉진에 관한 법률 시행령」 제10조에 따라 대중교통시설에 관한 사항을 반영하여 계획을 수립하되 개발계획으로 인해 유발되는 교통수요에 대처한 대중교통운행체계의 구축 및 대중교통시설의 입지 등 시설기준은 같은 법 시행령 제9조에 따른다.

3-2-6. 자전거 활성화
  (1) 탄소배출이 없는 비동력 교통수단인 자전거의 이용을 촉진하기 위해 국가 및 지자체의 목표에 맞춰 기본적으로 교통수단분담률을 향상시킬 수 있도록, 자전거 수요를 추정하여 자전거도로나 자전거주차장 등 자전거이용시설의 규모를 고려한 계획을 수립한다.
  (2) 자전거 이용자의 편의를 위해 자전거도로가 대중교통과 연계되도록 하며 환승시설 등에 자전거주차장을 설치하는 등의 계획을 적극 고려한다.

(3) 자전거도로가 통근, 통학, 업무 등의 목적을 위해 이용될 수 있도록 자전거 도로네트워크를 구축하되, 구체적인 설치기준 등은「자전거 이용시설의 구조·시설 기준에 관한 규칙」에 따라 계획한다.

3-2-7. 녹색교통 활성화

(1) 녹색교통의 활성화를 위해 중장거리 교통수요를 담당하는 철도, 경전철, 간선급행버스 등을 도입·연계하는 방안을 수립한다.

(2) 대중교통 접근성을 촉진하고 온실가스 배출을 최소화하기 위해 대중교통시설에 도보나 자전거를 이용한 접근이 최적화되도록 교통체계를 계획한다.

(3) 수송부문 탄소배출량의 감소를 도모할 수 있는 환경친화적 자동차의 활성화를 위해 「환경친화적 자동차의 개발 및 보급 촉진에 관한 법률」 제11조의2에서 규정하는 환경친화적 자동차의 충전시설 및 전용주차구역 등을 일반 사업장, 거리, 건물 및 주택, 공중이용시설, 공공 주차장 등에 설치하는 것을 고려한다.

3-2-8. 주차장

(1) 지상주차공간을 조성할 때는 우수침투 및 저류가 가능한 투수 포장 또는 투수블록, 식생블록 등을 이용하여, 도시열섬현상 완화, 생물서식공간 확보, 빗물침투 등이 가능하도록 노력하여야 한다.

(2) 주차면을 제외한 주통행로와 그 외 지역은 식생포장을 하거나 녹지대를 두어 그늘을 형성하는 등 복사열의 발생을 줄일 수 있도록 계획한다.

(3) 주차장 건물을 조성할 때에는 가급적 주차장의 외벽이나 옥상을 녹화하여 미기후조절과 탄소흡수의 기능을 할 수 있도록 계획하고, 주차장 건물의 지붕에 태양열 발전시설(집열판) 설치를 고려한다.

3-2-9. 보행자로

(1) 자동차 이용을 줄이고 도보 이용을 활성화하여 탄소배출을 저감시킴으로써 쾌적하고 안전한 보행환경을 조성하는 계획을 수립한다.

(2) 안전하고 쾌적한 보행을 위해 「도로의 구조·시설 기준에 관한 규칙」 제16조에 따라 최소 2m이상의 보도 유효폭을 확보하고 안전펜스보다는 산울타리를 조성하며, 대중교통시설과의 연계를 고려하여 도로 환경을 보행자 중심으로 계획한다. 다만, 보차(步車)혼용도로를 계획하는 경우에는 자동차의 이용이 최대한 제한될 수 있도록 도로의 선형이나 보행시설물 등을 계획한다. 이때 차량속도저감시설의 설치로 인해 소음과 대기오염 발생이 증가되지 않도록 하여야 한다.

(3) 도시의 중심부에는 가급적 보행자전용지구를 지정하고, 보행자전용지구는 문화, 상업, 주거시설 등의 이용이 원활하도록 이용자편의 위주로 계획하고, 보행자의 보행권을 존중하고 걷고 싶은 욕구를 해소할 수 있도록 보행환경을 조성한다.

(4) 지정권자는 자전거도로, 보행자로, 버스전용차로, 친환경 도로 등의 조성을 위해 단순히 도로의 폭을 넓히는 계획은 가급적 지양하고, 차로의 개수나 폭을 줄이는 방법(차로 다이어트)등을 통해 공간을 확보할 수 있도록 노력하여야 한다. 특히, 도심에서 일반승용차 편의위주의 계획을 가급적 배제하고 대중교통의 이용성과 효율성에 최우선적인 교통계획의 목표를 두어야 한다.

3. 자원 및 에너지 이용 부문 계획

3-3-1. 빗물관리시설

(1) 도시개발사업으로 인해 불투수면적이 증가함에 따라 빗물이 하수도나 지표면을 통해 하천으로 바로 유입되어 지하수 함양이 저하되고 수자원확보가 어려워지며, 도시열섬현상을 가중시키는 등의 문제점이 발생하므로 이를 개선하기 위해 개발구역에 대한 물순환 환경을 회복시키는 빗물관리계획을 수립하여야 하며, 빗물관리시설은 빗물의 이용, 침투 및 저류시설로 구분하여 계획한다.

(2) 도시홍수 등 재해대비와 수자원의 절약 및 순환을 위해, 종합운동장, 실내체육관 및 공공청사를 신축할 때에는 「물의 재이용 촉진 및 지원에 관한 법률」제8조에 따라 빗물이용시설을 설치하여야 한다.

(3) 빗물침투시설과 저류시설 등의 우수유출저감시설은 「자연재해대책법 시행령」제16조에 따라 공원, 녹지, 야외공연장, 주차장, 광장, 학교 운동장, 도로 등의 공공시설과 일정규모 이상의 민간건축물에 설치하여야 한다.

(4) 빗물저류시설은 빗물의 유출을 최소화할 수 있어야 하며, 건축물의 지붕이나 옥상, 지하공간, 주차장, 조경공간 등을 활용하여 설치한다. 빗물저류시설은 하수도의 빗물배제계획을 고려하여 시설규모를 산정한다.

(5) 빗물집수장소는 건물의 지붕이나 옥상 등 빗물의 집수가 가능한 불투수면에 설치하되, 토사 등 오염물질의 유입을 방지하는 조치를 취하고, 집수된 빗물을 소방용수, 조경용수, 청소용수, 화장실용수, 운동장 살수용수 등으로 이용할 수 있도록 용도와 필요량에 맞게 설치장소와 방법을 정한다. 이 경우 저장시설의 용량은 「물의 재이용 촉진 및 지원에 관한 법률 시행규칙」 제4조에 따른다.

3-3-2. 중수도시설
(1) 수돗물의 소비량을 줄이고 하수의 발생량을 감소시켜 수질보전을 도모하고, 장래 물 부족과 기후변화에 따른 가뭄에 대비하기 위해 물의 재이용을 계획에 반영하여야 한다.
(2) 수자원의 효율적인 이용을 위해 「물의 재이용 촉진 및 지원에 관한 법률」에 따라 물 사용량의 10% 이상을 재이용할 수 있도록 중수도를 설치·운영하여야 한다.
(3) 물 사용량의 10% 이상을 공공하수도관리청이 공급하는 하·폐수처리수 재처리수를 이용하는 경우에는 중수를 이용한 것으로 본다.
(4) 중수로 시설은 「물의 재이용 촉진 및 지원에 관한 법률」 시행령 제11조, 같은 법 시행규칙 제6조 및 제7조에 따른 중수도 설치 및 사용수량의 산정기준에 따라 설치하며, 개발사업의 규모와 여건에 맞는 개별순환방식, 지역순환방식, 광역순환방식으로 설치할 수 있다.

3-3-3. 폐기물 재활용
(1) 폐기물의 발생을 억제하고 폐기물을 재활용하여 자원순환이 친환경적으로 이행될 수 있도록 재활용, 재사용, 재생이용, 에너지 회수 등의 폐기물 처리 방안을 계획한다.
(2) 시행자는 개발사업에서 발생할 건설폐기물의 처리에 관한 사항은 「건설폐기물의 재활용촉진에 관한 법률」에 따라 폐기물의 종류별 발생예상량, 분리배출 계획, 재활용 계획 등을 조사하여 그 결과를 토대로 폐기물 처리계획서를 작성하여 특별자치도지사 또는 시장·군수·구청장에게 신고하여야 한다.
(3) 지정권자는 「자원순환기본법」 제12조에 따른 해당 시·도의 자원순환시행계획을 활용하고, 「자원의 절약과 재활용촉진에 관한 법률」 제11조에 따라 개발사업 시행에 앞서 자원순환을 촉진할 수 있도록 폐기물 등의 자원순환에 관한 계획을 수립하여야 한다.

3-3-4. 집단에너지 공급시설
(1) 연료의 사용량을 절감시킴으로써 대기오염물질 및 이산화탄소의 발생을 줄이고 연료의 다원화로 석유의존도를 감소시키고 미활용에너지의 활용을 증대시키기 위해 집단에너지 공급 시설 도입을 계획한다.
(2) 에너지 이용효율을 향상하고 에너지 사용량을 절감하기 위해 집단에너지 공급시설을 도입할 때에는 「집단에너지사업법 시행령」 제5조에 따라 관계 행정기관과 공급타당성을 협의 후 지역냉난방사업 등을 시행할 수 있다.

3-3-5. 신·재생에너지
(1) 화석연료의 고갈과 화석연료 사용으로 인한 온실가스의 배출 및 기후변화 등에 대처하기 위해 수소에너지 등 신에너지와 태양에너지, 풍력 등 재생에너지를 포함한 「신에너지 및 재생에너지 개발·이용·보급 촉진법」에 따른 신·재생에너지 설비(생산, 운송, 활용, 발전 등의 시설 포함)의 설치와 에너지이용 합리화를 통한 탄소 배출 감소방안을 계획에 반영한다.
(2) 「에너지이용 합리화법 시행령」 제20조에 따라 연간 일정량 이상의 연료 및 열 또는 전력을 사용하는 시설을 설치하려는 공공사업주관자는 에너지 수요예측 및 공급계획, 에너지이용의 합리화를 통한 이산화탄소의 배출감소방안 등이 포함된 에너지사용계획을 같은 법 시행령 제21조에 따라 수립하고 관계 행정기관에게 제출하여야 한다.
(3) 「신에너지 및 재생에너지 개발·이용·보급 촉진법 시행령」 제16조에 따른 신·재생에너지 설비 설치의무기관은 같은 법 시행령 제17조에 따른 신·재생에너지 설비 설치계획서를 건축허가 신청 전에 관계 행정기관에 제출한 후 받은 검토결과를 반영하여 신·재생에너지 설비를 설치하여야 한다.
(4) 지정권자 또는 시행자는 토지공급을 할 때에 건축물 설계 시 건축물의 예상 에너지사용량의 일정비율 이상을 신·재생에너지를 사용하기 위해 「신에너지 및 재생에너지 개발·이용·보급 촉진법」 제12조제2항에 따라 신·재생에너지 설비를 의무적으로 설치하도록 할 수 있으며, 지정권자는 같은 법 시행령 제15조에 따라 신·재생에너지의 공급의무 비율을 산정하여 계획에 반영하여야 한다. 이 경우 건축물의 예상 에너지사용량의 산정기준 및 산정방법 등은 「신·재생에너지 설비의 지원 등에 관한 규정」의 별표2 따른다.

3-3-6. 녹색건축물
(1) 건축물의 합리적인 에너지 관리를 통해 자원과 에너지 비용을 절약하여 에너지 위기에 대비하고 탄소배출량을 줄임으로써 쾌적하고 건강한 생활환경을 조성할 수 있도록 녹색건축물의 건설을 계획하여야 한다.
(2) 건축물의 에너지 관련 시설을 계획할 때에는 「주택건설기준 등에 관한 규정」 제64조 및 「에너지절약형 친환경주택의 건설기준」에 따라 주택의 총 에너지사용량 또는 총 이산화탄소배출량을 절감할 수 있는 에너지절약형 친환경 주택으로 건설하여야 한다.
(3) 에너지 효율이 높은 건축물의 건축을 확대하고, 효율적으로 에너지를 관리하기 위하여 시행자는 「녹색건축물 조성 지원법」에 따른 공동주택과 업무용 건

축물의 난방, 냉방, 급탕, 조명에너지 등의 에너지 절감 평가를 통해 에너지 절감률에 따른 등급을 부여받는 에너지 효율등급 인증을 신청할 수 있다.

(4) 「녹색건축물 조성 지원법 시행령」제11조의3에 따라 공공건물 등 대상건축물은 의무적으로 녹색건축 인증을 받아야 하며, 지정권자는 개발계획단계에서 개발구역의 일정 면적 이상 건축물이 친환경건축물 인증을 받도록 목표치를 설정하여 개발계획에 반영하도록 노력하여야 한다.

* 녹색건축물 인증등급별 점수기준

구분		최우수 (그린1등급)	우수 (그린2등급)	우량 (그린3등급)	일반 (그린4등급)
신축	주거용 건축물	74점 이상	66점 이상	58점 이상	50점 이상
	단독 주택	74점 이상	66점 이상	58점 이상	50점 이상
	비주거용 건축물	80점 이상	70점 이상	60점 이상	50점 이상
기존	주거용 건축물	69점 이상	61점 이상	53점 이상	45점 이상
	비주거용 건축물	75점 이상	65점 이상	55점 이상	45점 이상
그린 리모델링	주거용 건축물	69점 이상	61점 이상	53점 이상	45점 이상
	비주거용 건축물	75점 이상	65점 이상	55점 이상	45점 이상

〈비고〉
복합건축물이 주거와 비주거로 구성되었을 경우에는 바닥면적의 과반 이상을 차지하는 용도의 인증등급별 점수기준을 따른다.

* 「녹색건축 인증 기준(국토교통부)」제3조제8항 및 별표10에 따른 인증등급별 점수 기준

4. 탄소배출저감계획 수립

3-4-1. 지정권자는 필요한 경우 「저탄소 녹색도시 조성을 위한 도시계획수립지침」에 따라 해당 지방자치단체의 온실가스 감축목표와 목표연도가 설정되어 있는 경우에는 이를 바탕으로 해당 사업의 탄소배출량 목표를 합리적으로 설정할 수 있다. 다만, 감축목표 등이 설정되어 있지 아니한 경우에는 「기후위기 대응을 위한 탄소중립·녹색성장 기본법」및 관련 계획에 따른 중장기 국가 온실가스 감축 목표 또는 지역별 중장기 온실가스 감축 목표를

대안으로 활용할 수 있다.

3-4-2. 3-4-1.에 따라 탄소배출량 목표를 산정할 때에는 「저탄소 녹색도시 조성을 위한 도시계획수립지침」제3장에 따라 해당 지방자치단체에서 정한 방법 및 탄소배출 원단위 등을 적용하여야 한다. 해당 지방자치단체에서 정한 기준이 없을 때에는 다음의 기준 또는 자료를 활용하여 탄소배출량을 개략적으로 산정할 수 있다.

(1) 한국환경공단의 지자체 온실가스 배출량 산정 지침
(2) 「기후위기 대응을 위한 탄소중립·녹색성장 기본법」제36조 및 해당 법 시행령에 따라 마련된 지자체 온실가스 정보 분석·검증·작성 방법
(3) IPCC(Intergovernmental Panel on Climate Change, 기후변화에 관한 정부 간 협의체)의 온실가스 인벤토리 산정 지침(2006 Guideline 및 2019 개정판 등 최신자료)
(4) 건축물 에너지 소요량이 최소화될 수 있도록 「녹색건축물 조성 지원법」제2조제4호에 따른 제로에너지건축물이 특화된 단지 조성방안을 개발계획(필요 시 지구단위계획 포함)에 반영하도록 노력하여야 한다.

제4장 녹색도시 조성을 위한 평가 및 적용 기준

1. 녹색도시 평가기준

4-1-1. 녹색도시 평가기준은 탄소흡수와 탄소저감으로 크게 구분하여 평가하고, 평가의 세부범주 및 평가항목은 다음과 같다.

부문	범주	평가항목
탄소흡수	공원녹지	공원녹지비(比)
		생태면적률
		자연지반면적률
탄소저감	토지이용	직주근접
	교통	대중교통 활성화
		자전거 이용 활성화
		녹색대중교통
	친환경건축물	친환경건축물 인증
	에너지	신·재생에너지 이용
	자원순환	빗물이용
		중수이용

4-1-2 항목별 평가방법

4-1-2-1. 탄소흡수 분야
(1) 공원녹지율
　공원녹지율은「도시공원 및 녹지 등에 관한 법률 시행규칙」제5조 별표2에 따라 도시개발사업에 적용하는 기준을 확보기준으로 적용하며, 평가기준은 다음과 같다. 이 경우 평가점수가 1점 미만인 경우에는 0점으로 처리한다.

$$\text{공원녹지 확보비(比)} = \frac{\text{개발구역 내 도시·군계획시설로 결정되는 도시공원 및 녹지 면적}}{\text{확보기준}}$$

점 수		1.0 ~ 5.0 점
공원녹지 확보비 (比)	1급지	{공원녹지확보비(比) + (공원녹지확보비(比) - 1) × 3} = 점수 예 : 공원녹지확보비(比)가 1인 경우 : (1.0) = 1점 　　공원녹지확보비(比)가 1.5인 경우 : (1.5 + 0.5 × 3) = 3점 　　공원녹지확보비(比)가 2인 경우 : (2.0 + 1.0 × 3) = 5점 ※ 공원녹지확보비(比)가 2를 초과할 경우 5점으로 산정함
	2급지	{공원녹지확보비(比) + (공원녹지확보비(比) - 1) × 7} = 점수 예 : 공원녹지확보비(比)가 1인 경우 : (1.0) = 1점 　　공원녹지확보비(比)가 1.25인 경우 : (1.25 + 0.25 × 7) = 3점 　　공원녹지확보비(比)가 1.50인 경우 : (1.5 + 0.5 × 7) = 5점 ※ 공원녹지확보비(比)가 1.50를 초과일 경우는 5점으로 산정함

* 1급지 : 구역지정 전 용도지역이 2급지를 제외한 경우(이하 같다)
* 2급지 : 구역지정 전 용도지역 중 주거·상업·공업지역이 구역면적의 80% 이상인 경우로서 도시·군기본계획상 도심·부도심·지역(지구)중심 등 개발거점이나 개발축상에 위치한 경우(이하 같다)

(2) 생태면적률
　생태면적률은 계획대상지 전체를 대상으로 3-1-2에 따라 산정하고 다음과 같은 평가기준으로 평가한다. 이 경우 평가점수가 1점 미만인 경우에는 0점으로 처리한다.

$$\text{생태면적률(\%)} = \frac{\Sigma \text{ 토지용도별 생태면적}}{(\text{개발구역 전체면적})} \times 100$$

* 토지용도별 생태면적 : 토지이용계획을 기준으로 구역의 모든 토지 각각의 토지용도별(또는 가구나 획지 단위) 면적을 기준으로 생태면적을 산정한다. 단, 개발계획도서만으로 산정이 곤란한 토지는 실시계획수립시 적용하도록 토지용도별 목표치를 부여하고 이를 합산한 면적으로 산정한다.
* 목표치(면적, 비율, 기준 등 이 기준에서 항목별로 정한 단위)는 획지나 가구별로 정하기보다 가급적 총량적으로 정하고 향후 지구단위계획수립시 시행자가 적정하게 배분할 수 있도록 한다.(이하 같다)
- 목표치의 산정 예시 :
　개발계획에서 전체 공동주택용지의 생태면적 목표치를 30%로 부여하였다면, 실시계획인가시 지구단위계획에서 각 각의 공동주택용지의 평균 생태면적율이 30%이상이 되도록 적정하게 배분하여 획지별로 할당량을 구체적으로 부여하고 이를 조성하도록 명기하여야 한다. 각 획지별 건축허가시에는 3-1-2에 따라 산정한 생태면적이 기준 이상이 되는지 확인하여야 한다.

점 수		1.0 ~ 5.0 점
생태 면적률	1급지	{생태면적률/100 + (생태면적률/100 - 0.3)} × 10 - 2 = 점수 예) 생태면적률 30%일 경우 : (0.3 × 10) - 2 = 1점 　　생태면적률 40%일 경우 : (0.4+0.1)×10 - 2 = 3점 　　생태면적률 50%일 경우 : (0.5+0.2)×10 - 2 = 5점 ※ 50% 이상일 경우는 5점으로 산정
	2급지	{생태면적률/100 + (생태면적률/100 - 0.2)} × 10 - 1 = 점수 예) 생태면적률 20%일 경우 : (0.2 × 10) - 1 = 1점 　　생태면적률 30%일 경우 : (0.3+0.1)×10 - 1 = 3점 　　생태면적률 40%일 경우 : (0.4+0.2)×10 - 1 = 5점 ※ 40% 이상일 경우는 5점으로 산정

(3) 자연지반면적률
　자연지반면적률은 토지이용계획을 기준으로 산정한다. 다만, 개발계획도서만으로 정확한 산정이 곤란한 용지는 실시계획수립시 적용하도록 정한 자연지반 목표치를 합산한 면적으로 산정한다. 자연지반면적률의 평가점수는 다음 식을 이용하여 산정한다. 이 경우 평가점수가 1점 미만인 경우에는 0점으로 처리한다.

$$\text{자연지반면적률(\%)} = \frac{\text{자연지반면적}}{(\text{개발구역 전체면적})} \times 100$$

점 수		1.0 ~ 5.0 점
자연 지반 면적률	1급지	{자연지반면적률/100 + (자연지반면적률/100-0.2)×3}×10-1 = 점수 예) 자연지반면적률 20%일 경우 : (0.2 × 10) - 1 = 1점 　　　자연지반면적률 25%일 경우 : (0.25+0.05×3)×10 - 1 = 3점 　　　자연지반면적률 30%일 경우 : (0.3+0.1×3)×10 - 1 = 5점 　※ 30% 이상일 경우는 5점으로 산정
	2급지	{자연지반면적률/100-(자연지반면적률/100-0.1)×0.6}×100-9 = 점수 예) 자연지반면적률 10%일 경우 : (0.1 × 100) - 9 = 1점 　　　자연지반면적률 15%일 경우 : (0.15-0.05×0.6)×100 - 9 = 3점 　　　자연지반면적률 20%일 경우 : (0.2-0.1×0.6)×10 - 9 = 5점 　※ 20% 이상일 경우는 5점으로 산정

4-1-2-2. 탄소저감 분야

(1) 직주근접

직주근접 평가는 개발구역의 중심지에서 개발구역이 위치한 지역의 중핵도
시 중심지까지 대중교통을 이용한 편도 통근 시간 또는 통근거리로 평가한
다. 다만, 구체적 통근시간 또는 통근거리를 산정한 근거가 제시되지 않은
계획은　평가에서 제외한다. 평가점수는 통근거리 또는 시간을 기준으로
하되, 평가점수가 1점 미만인 경우에는 0점으로 처리한다.

* 개발구역의 중심지 : 구역의 청사(시청, 구청, 군청, 읍사무소)를 기준으로
한다. 청사가 없는 경우는 대중교통 결절지 중에서 지정권자가 적정하게
위치를 정한다.
* 중핵도시 : 아래 표에서 정하는 기준에 따라 지정권자가 선정한다.

개발구역 위치	중핵도시	비 고
수도권	서울특별시, 인천광역시, 인구 50만이상인 도시로서 거주민 기준 취 업인구보다 근무지기준 취업인구가 많은 시	해당 도시 내에 위치하는 경우에 는 해당 도시를 중핵도시로 본다. (취업인구는 통계 청의 최근 연도 경제활동인구 조 사 자료 기준)
지방권	광역시, 도청소재지, 인구 50만이상인 시, 인 구10만이상인 도시로서 거주민 기준 취업인 구보다 근무지기준 취업인구가 많은 시	

* 중핵도시의 중심지 : 해당 시의 중심청사(시청, 도청). 다만 서울시, 광역시의
경우에는 도심 또는 부도심에 있는 중심청사(구청 등)을 대상으로 한다. 도심
또는 부도심에 중심청사가 없는 경우는 중심상업지역과 같이 시민들이 가장
집중되는 장소를 기준으로 한다.

점수		1.0 ~ 5.0 점
편도 통근 시간 또는 통근 거리		{통근시간(분) -(통근시간(분) - 20)×1.1} - 15 = 점수 예) 편도통근시간 20분일 경우 : (20) - 15 = 5점 　　　편도통근시간 40분일 경우 : (40 - 20×1.1) - 15 = 3점 　　　편도통근시간 60분일 경우 : (60 - 40×1.1) - 15 = 1점 　※ 60분 초과일 경우는 점수를 산정하지 아니함 　　　20분 이내의 경우는 5점으로 산정
		{통근거리(km) -(통근거리(km) - 10)×1.1} - 5 = 점수 예) 편도통근거리 10km일 경우 : (10) - 5 = 5점 　　　편도통근거리 30km일 경우 : (30 - 20×1.1) - 5 = 3점 　　　편도통근거리 50km일 경우 : (50 - 40×1.1) - 5 = 1점 　※ 50km 초과일 경우는 점수를 산정하지 아니함 　　　10km 이내의 경우는 5점으로 산정

* 편도통근시간 : 평일 첨두시간에 대중교통 이용시 통상적인 통근시간(환
승을 포함하여 최단시간 산정. 출·퇴근시간이 다를 경우 평균시간)
* 통근거리 : 편도통근시간 산정시 적용한 통근경로 거리의 합

(2) 대중교통 활성화

대중교통활성화는 토지이용계획에 따라 대중교통영향권 각각의 토지용도별
또는 가구나 획지별로 산정한 개발밀도를 기준으로 아래 산식에 따라 집중
도와 복합도의 평가결과를 합산하여 산정한다. 단, 토지용도별 개발밀도 산
정이 곤란한 용지에 대하여는 실시계획수립시 적용하도록 정한 목표치를
기준으로 평가한다. 평가점수는 집중도의 경우 0.1일 때 최소 0.7점, 0.7 이
상일 경우 3.5점으로 한다. 집중도 0.1 미만의 경우에는 점수를 산정하지 아
니한다. 복합도의 경우 0.1 일 때 0.3점, 0.5 이상일 경우 1.5점으로 한다. 복
합도 0.1 미만의 경우에는 점수를 산정하지 아니한다.

* 대중교통영향권 : 다음 중 어느 하나에 해당하는 지역으로서　지정권자가
합리적으로 설정할 것(이 경우 철도역, 경전철역, BRT버스정류장은 관계
법령에 따라 기본계획 등의 행정계획이 최종 확정되어 해당 도시개발사업
의 준공예정일 이전까지 설치가 가능한 시설인 경우에는 포함한다.

① 철도역(국철, 지하철)으로부터 최단 도보거리 400M이내
② 경전철역·BRT버스정류장으로부터 최단 도보거리 300M이내
③ 준주거지역(구역면적이 30만㎡이하인 경우에 한함)·일반상업지역 또는 중심상업지역

* 최단도보거리 : 도로(보도폭이 2M이상인 경우에 한함)·보행자전용도로 또는 녹도로 이동 가능한 최단거리

* 집중도 = $\frac{\text{대중교통영향권 내의 } \sum(\text{개발밀도} \times \text{획지면적})}{\text{개발구역 전체의 } \sum(\text{개발밀도} \times \text{획지면적})}$

* 복합도 = $\frac{\sum(\text{주거외용도 개발밀도} \times \text{획지면적})}{\sum(\text{개발밀도} \times \text{획지면적})}$

 - 단, 복합도는 대중교통영향권 내에서만 산정함

* 개발밀도는 개발계획 또는 실시계획에서 정한 해당 획지의 용적률임.

점 수	0.7 ~ 3.5점(5점의 70% 반영)
집중도	{집중도 + (집중도-0.1)×3.7} + 0.6 = 점수 예) 집중도가 0.1일 경우 : (0.1+0×3.7) + 0.6 = 0.7점 　　집중도가 0.5일 경우 : (0.5+0.4×3.7) + 0.6 = 2.58=2.6점 　　집중도가 0.7일 경우 : (0.7+0.6×3.7) + 0.6 = 3.5점 ※ 집중도가 0.7 이상일 경우는 3.5점으로 산정

점 수	0.3 ~ 1.5점(5점의 30% 반영)
복합도	{복합도 + (복합도-0.1)×2} + 0.2 = 점수 예) 복합도가 0.1일 경우 : (0.1+0×2) + 0.2 = 0.3점 　　복합도가 0.3일 경우 : (0.3+0.2×2) + 0.2 = 0.9점 　　복합도가 0.5일 경우 : (0.5+0.4×2) + 0.2 = 1.5점 ※ 복합도가 0.5 이상일 경우는 1.5점으로 산정

(3) 자전거 이용 활성화

자전거 이용 활성화는 간선도로, 보조간선도로, 집산도로의 총 길이대비 구역에 설치되는 자전거도로길이를 기준으로 아래 산식에 따라 산정한다. 자전거도로의 길이는 자전거전용도로, 자전거·보행자 겸용도로를 포함한 총 길이로 산정한다. 이 때 자전거도로는 양방향·일방향 설치구분 없이 길이를 산정하되, 도로양측에 설치되는 경우에는 각각을 산정대상으로 한다. 이 경우 평가점수가 1점 미만인 경우에는 0점으로 처리한다.

* 자전거도로연장비(比) = $\frac{\text{자전거도로 길이}}{\text{집산도로 기능 이상 도로의 길이}}$

점수	1.0 ~ 5.0 점
자전거도로 연장비 (比)	자전거도로연장비(比)×10 - 3 = 점수 예) 자전거도로연장비(比)가 0.4일 경우 　　: (0.4 × 10) - 3 = 1점 　　자전거도로연장비(比)가 0.8일 경우 　　: (0.8 × 10) - 3 = 5점 ※ 0.8 이상일 경우는 5점으로 산정

(4) 녹색교통 활성화

녹색교통에 대한 평가는 개발계획에서 수립된 다음 시설의 설치 및 도입여부를 기준으로 평가한다.
① 간선급행버스(BRT) 시스템
② 자동궤도차(AGT) 등 경전철, 전철 또는 국철의 역사
③ 전기자동차, 태양광자동차, 하이브리드자동차, 수소전기자동차 등 환경친화적 자동차의 충전시설 또는 바이오연료 충전소
④ 버스전용차로
⑤ 복합환승센터

* 버스전용차로 : 시내버스(마을버스제외)노선으로 계획된 도로 길이의 50%이상 계획하는 경우에만 해당한다.

* 위 시설에 대하여 해당 도시개발사업으로 직접 계획하는 것 외에도 다른 사업계획에 따라 별도로 설치하거나 도입하는 시행계획(실시계획, 집행계획 등)이 확정되어 그 시설의 이용을 반영하여 개발계획을 수립한 경우에는 도입한 것으로 본다.

* 위 ①, ②, ⑤의 시설이 구역 외에 설치·계획(기존 시설 포함)되는 경우 구역 경계로부터 노보로 접근이 가능한 거리이내인 경우에는 도입한 것으로 본다.

점 수	3	4	5
녹색교통 도입여부	1가지	2가지	3가지 이상

(5) 녹색건축 인증

녹색건축 인증은 개발구역에 건축되는 건축물 중 녹색건축 인증을 받을 계

획인 건축물의 범위를 기준으로 평가한다. 인증 대상으로 계획한 건축물은 지구단위계획을 통해 녹색건축 인증을 실현할 수 있는 계획을 구체적으로 명시해야한다. 단, 개발계획단계에서는 인증대상 건물의 목표치를 설정하고 이를 평가한다.

점 수	구 분	1	2	3	4	5
친환경 건축물 적용범위	공공 건축물	모두 인증	모두 3등급 이상 인증	모두 2등급 이상 인증	모두 1등급 이상 인증	모두 1등급 이상 인증
	공동 주택등	-	-	모두 인증	모두 3등급 이상 인증	모두 2등급 이상 인증
	기타 건축물	-	-	-	-	모두 인증

* 공공건축물 : 업무시설·학교시설·판매시설·숙박시설로서 건축연면적 합이 1만㎡이상인 건축물 및 공공청사로서 건축연면적 3천㎡이상인 건축물
* 공동주택 등 : 세대수가 20호이상인 공동주택 또는 이와 복합하여 건축되는 건축물
* 기타건축물 : 공공건축물 및 공동주택 등 이외의 건축물 중 연면적 1,000㎡이상 건축물

(6) 신·재생에너지 이용

신·재생에너지이용은 개발구역 전체 건축물의 총에너지 사용량을 기준으로 산정한다. 에너지 사용량 추정은 건축물의 용도 및 연면적과 건축면적을 기준으로 한다. 신·재생에너지 사용비율의 산정은 개발계획도서에서 추정한 에너지사용계획(또는 목표치)을 기준으로 한다. 건축물에 대한 신·재생에너지 사용비율은 지구단위계획수립시 가구나 획지별로 구체적으로 명시해야한다. 단, 개발계획단계에서는 목표치를 설정하고 이를 기준으로 평가한다. 평가점수가 1점 미만인 경우에는 0점으로 처리한다.

$$* \text{신·재생에너지 이용비}(比) = \frac{\text{개발구역 전체 건축물의 신·재생에너지 계획이용량}}{\text{개발구역 전체 건축물 총에너지 추정사용량}}$$

* 에너지 사용량 추정을 위한 건축물의 연면적과 건축면적은 아래와 같다.
  - 건축물의 연면적 : 획지(가구)면적 × 지구단위계획에서 정한 용적률
  - 건축물의 건축면적 : 획지(가구)면적 × 지구단위계획에서 정한 건폐율

점 수	1.0 ~ 5.0 점
건축물 신·재생 에너지 사용비(比)	{사용비(比) - (사용비(比) - 0.02)×0.5}×100 - 1 = 점수 예) 사용비(比)가 0.02일 경우 : (0.02)×100 - 1 = 1점 사용비(比)가 0.06일 경우 : (0.06 - 0.04×0.5)×100 - 1 = 3점 사용비(比)가 0.1일 경우 : (0.1 - 0.08×0.5)×100 - 1 = 5점 ※ 사용비(比)가 0.1 이상일 경우는 5점으로 산정

(7) 빗물이용

빗물이용시설은 개발구역의 총 대지면적(지구단위계획에서 용적률이 부여되는 획지 또는 가구면적을 말한다) 대비 이용시설의 총 계획용량(저류용량)을 기준으로 평가한다. 이 때, 빗물저류량의 산정은 개발계획도서에서 정한 시설설치 계획 또는 목표치를 기준으로 한다. 계획도서에는 빗물이용계획을 구체적으로 명시해야한다. 기반시설로서 설치하는 시설 이외에 건축물에 대한 빗물이용시설의 설치 유무 및 용량의 설정은 지구단위계획에서 획지별로 명시하여야 한다. 단, 개발계획단계에서는 목표치를 설정하고 이를 평가한다.

점 수	1	2	3	4	5
대지면적(㎡)당 저수조 또는 저류지 용량	0.005㎡ 이상 0.0075㎡ 미만	0.0075㎡ 이상 0.01㎡ 미만	0.01㎡ 이상 0.015㎡ 미만	0.015㎡ 이상 0.02㎡ 미만	0.02㎡ 이상

(8) 중수이용

중수이용은 개발구역 전체의 물 사용량을 기준으로 재이용되는 물의 용량을 산정하여 평가한다. 중수이용량의 개발계획도서에서 정한 시설설치 계획 또는 기준(목표치)을 기준으로 산정한다. 계획도서에는 중수이용시설계획을 구체적으로 명시해야한다. 중수이용시설의 설치는 원칙적으로 개발구역 전체를 대상으로 하되, 설치 유무 및 용량의 설정은 지구단위계획으로 정한다. 건축물에 대한 중수이용비율 및 시설설치기준은 지구단위계획 수립시 획지별로 구체적으로 명시해야 한다. 단, 개발계획단계에서는 목표치를 설정하고 이를 평가한다. 이 경우 물사용량의 일부를 하·폐수처리수

재처리수로 공급받는 경우에는 재처리수 이용량을 중수이용량에 포함하여 계산할 수 있다. 평가점수가 1점 미만인 경우에는 0점으로 처리한다.

* 중수이용비(比) = $\dfrac{\text{개발구역 전체 중수 계획 이용량}}{\text{개발구역 전체 물 계획 사용량}}$

* 기반시설로서 중수도 공동사용을 위한 순환시설이 설치되는 경우에는 이용비(比)에 상관없이 5점을 부여한다.

점 수	1.0 ~ 5.0 점
중수이용비(比)	{중수이용비(比) - (중수이용비(比)- 0.1)×0.6}×100 - 9 = 점수 예) 중수이용비(比)가 0.1일 경우 : (0.1)×100 - 9 = 1점 중수이용비(比)가 0.15일 경우 : (0.15 - 0.05×0.6)×100 - 9 = 3점 중수이용비(比)가 0.2일 경우 : (0.2 - 0.1×0.6)×100 - 9 = 5점 ※ 중수이용비(比)가 0.2 이상일 경우는 5점으로 산정

4-1-3 평가 점수 산정

4-1-3-1. 탄소흡수 분야

탄소흡수분야 평가점수는 다음과 같이 3개 분야에 대해 평가항목별 가중치에 따라 산정한다.

평가지표	평가점수	가중치	만 점
공원녹지(比)	1.0 ~ 5.0	4	20.0
생태면적률	1.0 ~ 5.0	4	20.0
자연지반면적률	1.0 ~ 5.0	2	10.0
소 계			50.0

* 단, 평가점수의 합은 소수점 둘째자리에서 반올림한다.

4-1-3-2. 탄소저감 분야

탄소저감 분야 평가점수는 다음과 같이 8개 분야에 대해 평가항목별 가중치에 따라 산정한다.

평가지표	평가점수	가중치	만 점
직주근접	1.0 ~ 5.0	3	15.0
대중교통활성화	0.3 ~ 5.0	2	10.0
자전거 이용 활성화	1.0 ~ 5.0	1	5.0
녹색교통 활성화	3.0 ~ 5.0	0.5	2.5
녹색건축 인증	1.0 ~ 5.0	2	10.0
신·재생에너지 이용	1.0 ~ 5.0	0.5	2.5
빗물이용	1.0 ~ 5.0	0.5	2.5
중수이용	1.0 ~ 5.0	0.5	2.5
소 계			50.0

* 단, 평가점수의 합은 소수점 둘째자리에서 반올림한다.

4-1-3-3. 정성적 평가

지정권자는 정량적 지표 외에 개발계획에서 반영된 녹색도시조성에 대한 전반적인 내용 및 도입기능·시설의 수준·구역특성 등을 종합적으로 고려하여 다음과 같이 평가점수를 추가적으로 부여할 수 있다. 정성적 평가는 4-1-3-1 및 4-1-3-2에 따른 정량평가를 제외한 다음 항목 등에 대한 계획을 평가하는 것으로 한다. 정성적 평가점수의 총점은 정량적 평가점수의 5%를 초과할 수 없다. 이 경우 정성적 평가 총점이 100점을 초과하는 경우에는 합계총점을 100점으로 한다.

(1) 녹지축 연결 계획
생태통로, 녹도, 연결녹지, 소공원 등 녹지축 단절 구간 연결을 위한 대책 마련 등

(2) 하천보전
개발구역의 하천, 수하천, 계류 등 자연형 하천 조성, 복개하천 **복원** 계획 등

(3) 습지보전지역, 생태경관보전지역 등의 보호
개발구역에 위치한 보전지역 보호를 위한 완충녹지 계획 수립 등

(4) 바람길
바람길 조성을 위해 바람통로 시뮬레이션 후 단지 및 건축물 배치 계획 수립 등

(5) 주차장

공공청사, 공동주택 등의 주차장 설계시 투수포장, 식재를 통한 그늘 조성, 태양광 발전 시설 설치 등의 계획 등

(6) 보행자로

보행자의 안전하고 쾌적한 보행환경을 위한 쇼핑, 오락, 문화, 관광, 만남의 중심거리 및 역세권 등에 보행자전용지구 계획 수립 등

(7) 폐기물 재활용

개발과정에서 발생되는 건설폐기물 활용 계획 수립, 개발구역 폐기물 재활용센터 설치 계획 수립 등

(8) 집단에너지 공급시설

지역 냉난방사업 가능한 집단에너지 공급시설 도입계획 수립 등

(9) 건축물 에너지관리

「녹색건축물 조성 지원법」에 따라 에너지효율등급 1등급 인증을 받아야 하는 연면적 3천㎡ 이상의 공공청사 외에 「녹색건축물 조성 지원법 시행령」 제12조제1항에 따른 에너지효율등급 인증 및 제로에너지건축물 인증대상 건축물에 대한 인증 계획 수립 등

(10) 그 밖에 관련법령에서 권장하거나 지정권자가 추천하는 방법으로 저탄소·녹색도시 개발계획을 수립하여 사업에 반영하는 사항 등

  * 정성적 평가 점수 부여 예시

정량적 평가 총점이 70점으로 평가된 상황에서, 정성적 평가점수를 부여할 수 있는 최고점은 70 × 1.05 = 73.5 ⇒ 3.5점임

4-1-3-4. 평가등급

평가등급은 정량적 평가점수와 정성적 평가점수를 합산하여 다음과 같이 결정한다.

등 급 구 분	기 준
녹색도시 1등급	90점 초과
녹색도시 2등급	80점 초과 ~ 90점
녹색도시 3등급	70점 초과 ~ 80점
녹색도시 4등급	60점 초과 ~ 70점
녹색도시 5등급	50점 초과 ~ 60점

2. 녹색도시 평가등급의 적용 및 활용

4-2-1. 지정권자는 녹색도시 개발을 촉진하기 위하여 이 기준에 따른 평가결과가 5등급 이상이 되도록 개발계획을 수립할 수 있다. 이 경우 지정권자는 법 제3조제4항에 따라 구역 지정을 요청하거나 법 제11조제5항에 따라 구역 지정을 제안하는 자(이하 "시행예정자"라 한다)에게 4-2-6에 따라 자체평가한 결과가 4등급 이상이 되도록 권고할 수 있다.

4-2-2. 지정권자는 4-2-1에 따라 평가를 실시하는 경우 도심지 내 재정비를 통한 고밀복합개발, 관광단지 조성, 체육시설설치, 대규모 단일 건축물의 건축 등 특수한 목적의 사업으로서 지정권자가 이 기준에 따른 평가가 적정하지 않다고 판단하는 경우에는 도시계획위원회 위원 중 관련분야 위원 등 전문가의 자문을 거쳐 4-1-3-1 및 4-1-3-2의 개별 지표별 가중치를 50% 이내에서 가감하여 평가할 수 있다. 이 경우 전체 가중치의 합은 변경이 없어야 한다.

4-2-3. 지정권자는 이 기준에 따라 평가를 실시하여 시행자에게 인센티브를 주고자 하는 경우 개발계획도서를 기준으로 정확히 평가할 수 없는 지표는 개략적인 적용계획 및 목표치를 설정하고 이를 근거로 평가하되, 실시계획인가시 그 반영여부를 반드시 확인하여야 한다. 이 경우 건축물 등 개발사업 이후에 건축주나 사용자가 이행하여야 하는 사항에 대하여는 지구단위계획에 명시하여야 하며, 시행자는 조성토지 공급시 공급계약서에 그 사실을 기재하고 공급받는 자에게 충분히 설명하여야 한다.

4-2-4. 이 기준에서 적용한 지표이외의 새로운 저탄소·녹색관련 기술이나 개발방법을 적용하는 등의 사유로 관련 평가지표를 신설하여 평가에 반영할 필요가 있다고 인정되는 경우, 지정권자는 도시계획위원회의 자문을 거쳐 평가지표를 신설할 수 있다. 이 경우 적용기준 및 평가방법(가중치 조정)은 해당 관할 구역에 동일하게 적용하며 그 평가기준을 공보에 공고하여야 한다.

4-2-5. 지정권자는 이 기준에 따라 평가를 실시한 경우 영 제15조에 따라 구역지정 또는 개발계획수립을 고시할 때에는 그 내용에 평가결과(등급)를 포함

하고 별첨 '녹색도시 개발계획 평가총괄표'와 함께 세부 평가내용 및 목표치를 개발계획서에 첨부하여야 한다. 다만, 법 제4조제1항 단서에 따라 개발계획을 별도로 수립하는 경우에는 구역지정시 개발계획수립에서 준수하여야 할 평가등급을 고시하여야 한다.

4-2-6. 제4장에 따라 녹색도시 개발계획에 대한 평가등급 또는 인센티브를 받고자 하는 시행예정자가 구역 지정을 제안하거나 요청하는 경우에는 별첨 '녹색도시 개발계획 평가총괄표'를 활용한 자체평가서를 작성하여 규칙 제5조 및 제15조에 따라 제출하는 개발계획서에 이를 첨부하여야 한다.

4-2-7. 이 기준에 따라 평가 또는 인센티브를 받은 이후 개발계획 또는 실시계획을 변경할 때에는 변경된 계획을 토대로 제4장에 따른 재평가를 실시하여야 하며, 이 경우 평가결과는 최초 평가등급 이상을 유지하여야 한다.

4-2-8. 개발계획 또는 실시계획인가(지구단위계획인가로 의제된 경우를 포함한다)내용에 제4장에 따른 평가내용이 반영된 경우, 건축허가권자나 개발행위허가권자는 도시개발구역에서 건축행위 등 관련 인·허가할 때 지구단위계획의 내용대로 건축행위 등이 이루어질 수 있도록 건축계획이나 도면을 확인하여야 한다.

(별첨)

녹색도시 개발계획 평가총괄표

구역명 :   도시개발구역, (   )급지   작성일: 년 월 일

부문	평가 항목	계획 또는 목표치		평점 ⓐ	가중치 ⓑ	환산점수 (ⓐ×ⓑ)
1. 탄소흡수	공원녹지확보비(比)				4	
	생태면적률	(%)			4	
	자연지반면적률	(%)			2	
	탄소흡수 부문평가 합계(만점: 50점)					
2. 탄소저감	직주근접	(시간)			3	
		(km)				
	대중교통 활성화	집중도			2	
		복합도				
		소계				
	자전거 활성화				1	
	녹색교통 활성화	(유형수)			0.5	
	녹색건축물 비율				2	
	신·재생에너지 이용				0.5	
	빗물이용	(㎥)			0.5	
	중수이용				0.5	
3. 기타*						
탄소저감 부문평가 합계(만점: 50점)						
정량 평가 합계(탄소흡수 + 탄소저감, 만점: 100점)						

	평가 항목	반영여부	평가
4. 정성평가	녹지축 연결 계획		
	하천보전		
	습지보전지역, 생태경관보전지역 등의 보호		
	바람길		
	친환경 주차장 등		
	보행자로		
	폐기물 재활용		
	집단에너지 공급시설		
	건축물 에너지관리		
	기타		
정성평가 합계(항목 당 0.01로 산정하고 최고 0.05를 초과할 수 없다)			
최종 평점(정량평가 합계 × [1+정성평가 합계])			
평 가 등 급		등 급	

※ 첨부: 지표별 세부산정근거   작성자: (서명 또는 인)

※ 평가서 작성 요령

○ 정량평가의 경우

1) 「녹색도시 개발계획수립기준」(이하 "기준"이라 한다) 4-1-2에 따라 평가항목 별로 점수를 산정한다.

2) 탄소흡수 점수의 합과 탄소저감 점수의 합을 각각의 난에 적고, 이 두 값을 더하여 정량평가 합계 난에 적는다.

3) 3. 기타* 는 기준 4-2-3에 따라 별도로 정한 지표를 추가하여 평가한다. 이 경우 첨부에 평가근거를 명기하여야 한다. 이 경우 총점이 100점을 초과 할 수 는 없다.

4) 기준 4-2-1의 단서에 따라 가중치를 조정한 경우에는 조정한 가중치를 적용한다.

○ 정성평가의 경우

1) 정성평가를 할 경우에는 개발계획(또는 실시계획)에 반영되는 항목의 반영여 부를 (○, ×)로 표기하고, 반영된 항목 하나에 0.01로 적는다.

2) 정성평가의 합은 0.05를 초과하지 않는다. 이 경우 정성평가와 정량평가를 합 한 총 점수는 100점을 초과할 수 없다.

3) 기타항목은 지정권자가 요구 또는 국가·지자체에서 권장하는 친환경 기준이 나 기술을 적용하는 경우에 적용수준을 검토하여 평가한다.

○ 첨부물 작성요령

1) 지표별로 산정내역 및 근거를 작성하되, 필요한 경우 관련 도면이나 규정 또 는 산정사유를 상세히 작성하여야 한다.

2) 작성자가 평가서 작성을 위해 외부전문가의 자문이나 전문기관에 평가의뢰 등 을 수행한 내용이 있으면 이를 첨부하여야 한다.

○ 기 타

1) 급지는 구역지정전의 현황을 기준으로 기준 4-1-2-1(1)에 따라 확정한다.

2) 작성자는 개발계획 결정 또는 실시계획인가를 하는 때에는 지정권자(담당공무 원)이며, 제안이나 개발계획 또는 실시계획인가 신청시에는 제안자나 시행자 (대표자 명의로 작성 및 인감날인)이다.

3) 본 평가서는 개발계획수립 및 결정시 작성하여야한다. 다만, 실시계획인가시 이행확인을 위한 목적으로 반드시 재평가하여야 한다.

[별표2]

토지용도분류(2-8-5-3관련)

1차분류	2차분류	3차분류
주거용지	- 공동주택용지 - 단독주택용지 - 준주거시설용지	- 아파트, 연립, 다세대
상업용지	- 중심상업, 일반상업, 근린상업, 유통상업	
산업시설용지		
관광시설용지		
유통시설용지		
도시기반시설용지	- 국토의계획및이용에관한법률 제2조제6호에 게기한 시설 도로, 철도, 항만, 공항, 주차장, 자동차정류장, 궤도, 삭도, 운하, 자동차 및 건설기계검사시설, 자동차 및 건설기계운전학원, 광장, 공원, 녹지, 유원지, 공공공지, 유통업무설비, 수도·전기·가스·열공급설비, 공동구, 시장, 유류저장 및 송유설비, 학교, 운동장, 공공청사, 문화체육시설, 도서관·연구시설, 사회복지시설, 공공직업훈련시설, 청소년수련시설, 하천, 유수지, 저수지, 방화설비·방풍설비· 방수설비·사방설비·방조설비, 화장장, 공동묘지, 납골시설·장례식장·도축장·도축장·종합의료시설, 하수도·폐기물처리시설·수질오염방지시설·폐차장	
기타시설용지	- 종교 의료시설, 체육시설, 위험물저장 및 처리시설, 공공용시설 등	

[별표3] 〈개정 22 · 6 · 22〉

사업비(조성원가) 표준항목 및 산정 (2-8-15-2. 및 5-7-1.관련)

1. 사업비(조성원가)의 표준항목

항 목	세 부 항 목
용지비	-토지매입비 -지장물 보상비(건물·입목 등) -권리 보상비(영업권·광업권 등) -취득세, 재산세, 종합부동산세 등 용지세제 -보상 관련 용역비·조사비·등기비 -사업시행과 관련한 임차비용 등 그 밖의 부대비용
용지부담금	-농지보전부담금, 대체산림자원조성비, 대체초지조성비 등
이주대책비	-이주대책에 소요된 비용 및 손실액
조성비	-부지조성 등 제반 공사비 -문화재 조사 및 발굴비 -설계비, 측량비, 시공감리비 -조성 관련 용역비 및 그 밖의 부대비용
기반시설설치비 ·부담금	-개발구역에 필요한 도로, 상·하수처리 관련시설 등 기반시설설치비 -광역교통시설부담금, 생태보전협력금, 하수도시설원인자부담금, 폐기물처리시설설치부담금 등
직접인건비	-도시개발사업 현장에서 개발사업을 직접 수행하거나 지원하는 직원의 인건비
일반관리비	-직접인건비를 제외한 인건비·임차료·연구개발비·훈련비·판매비 ·그 밖에 사업시행과 관련한 일반관리에 소요된 비용
자본비용	-사업비의 조달에 소요되는 비용
그 밖의 비용	-건설공사 보험료 -천재지변으로 발생하는 피해액 등

주 : 1. 사업의 특성에 따라 분류 기준을 세분하거나 항목의 삭제가 발생한 경우에는 그 사유를 명기할 것
  2. 항목별 세부산출 내역은 부속서류에 포함할 것
  3. 5-7-1.에 따른 조성원가는 아래의 기준에 따라 산정한다.
    가. 입체환지 또는 매각용 건축물을 시행자가 직접 건축하는 경우에는 해당 건축비용은 제외하여 조성원가를 산정한다.
    나. 환지방식의 경우 토지매입비는 구역 내 토지(무상귀속 받은 토지는 제외)의 정리 전 평가가격으로 한다.

2. 사업비(조성원가)의 세부 산정기준

가. 용지비

용지비는 해당 도시개발사업에 따른 용지매수와 관련된 직접비로서 용지매입비, 지장물 등 보상비, 영업·영농·축산·어업 등에 관한 권리보상비, 취득세, 재산세 및 종합부동산세 등 용지세제, 보상관련 용역비, 조사비, 등기비, 사업시행과 관련하여 집행한 임차비용 등 제반 부대비용을 포함하여 산정하며, 용지매입비 산정 시 수용 또는 사용방식인 경우는 「공익사업을 위한 토지등의 취득 및 보상에 관한 법률」의 규정에 따른 평가액에 의할 수 있다(단, 환지방식의 경우 토지매입비란 국공유지 매입 등 실토지매입비를 말한다).

나. 용지부담금

용지부담금은 해당 도시개발사업의 토지 등의 취득과 관련하여 용지의 형질변경 등을 원인으로 법령에 따라 부과되는 농지보전부담금, 대체산림자원조성비, 대체초지조성비 등 각종 부담금을 포함하여 산정한다.

다. 이주대책비

이주대책비는 이주정착금 등 이주대책에 소요된 비용 및 손실액을 산정한다.

라. 조성비

조성비는 해당 도시개발사업의 조성에 소요되는 직접비로서 부지조성 등 제반 공사비, 문화재 조사 및 발굴비, 설계비, 측량비, 시공감리비, 조성관련 용역비 및 기타 부대비용을 포함하여 다음의 기준에 따라 산정한다. 다만, 해당 조성비용을 부담한 자가 따로 있을 경우에는 산정에서 제외한다.

1) 공사비의 경우 「국가를 당사자로 하는 계약에 관한 법률 시행령」 제9조의 규정에 따른 예정가격 결정기준과 정부표준 품셈 및 단가(정부고시가격이 있는 경우에는 그 가격을 말한다)에 의한다.
2) 조사·설계비의 경우 「엔지니어링산업 진흥법」 제31조제2항의 규정에 따른 엔지니어링 사업대가의 기준에 의한다.

마. 기반시설설치비·부담금

기반시설설치비·부담금은 해당 도시개발사업에 필요한 도로, 상·하수처리 관련시설, 에너지·통신시설 등 기반시설설치 소요비용, 각종 부담금(타 법령이나 인·허가조건에 의하여 국가 또는 지방자치단체에 납부하는 광역교통시설부담금, 생태보전협력금, 하수도시설원인자부담금, 폐기물처리시설설치부담금 등 각종 부담금 포함) 및 기타 부대비용을 포함하여 산정한다. 다만, 기반시설설치비·부담금은 개발계획 및 실시계획에 근거하여야 하며, 해당 공사비 부담자가 따로 있는 경우는 기반시설설치비·부담금 산정에 포함하지 않는다.

바. 직접인건비

직접인건비는 해당 도시개발사업 현장에서 개발사업을 직접 수행하는 직원의 인건비로서 다음의 산식에 의하여 산정한다.

1) 직접인건비 = 해당 도시개발사업의 투입비(용지비+용지부담금+이주대책비+조성비+기반시설설치비·부담금) × 직접인건비율

2) 직접인건비율 = 최근 3년간 조성사업 관련부서 인건비의 연평균액/최근 3년간 직접비 중 (용지비+용지부담금+이주대책비+조성비+기반시설설치비·부담금)의 연평균액. 단, 인건비 연평균액은 해당연도 손익계산서 제조원가부문의 직접인건비 금액을 기준으로 산정한다.

3) 직접인건비율은 100분의2를 초과할 수 없다.

4) 당해 도시개발사업 시행을 위하여 신설된 시행자의 경우 2)에 따른 직접인건비율 산정 시 당해 사업에 관련된 실제 집행비를 추정하여 산정할 수 있으며, 지정권자는 유사한 규모 및 사업 특성을 가지는 타 사업의 직접인건비율을 고려하여 해당 도시개발사업의 직접인건비율에 대한 적정성을 검토할 수 있다.

5) 4)에도 불구하고 해당 도시개발사업의 투입비(용지비+용지부담금+이주대책비+조성비+기반시설설치비·부담금) 대비 조성사업 관련부서 인건비는 100분의2를 초과할 수 없다.

사. 일반관리비

일반관리비는 인건비·임차료·연구개발비·훈련비·판매비·그 밖에 사업시행과 관련한 일반관리에 소요된 비용으로, 직접인건비에 포함된 금액은 제외하고 다음의 산식에 의해서 산정한다.

1) 일반관리비 = 해당 도시개발사업의 직접비(용지비+용지부담금+이주대책비+조성비+기반시설설치비·부담금+직접인건비) × 일반관리비율

2) 일반관리비율 = 최근 3년간 일반관리비 집행액의 연평균액/최근 3년간 직접비(용지비+용지부담금+이주대책비+조성비+기반시설설치비·부담금+직접인건비)의 연평균액. 단, 일반관리비 집행액의 연평균액은 해당연도 손익계산서상 판매비와 관리비 금액을 기준으로 산정하며, 일반관리비 집행액은 손익계산서상 판매비와 관리비 금액과 일치해야 한다.

3) 당해 도시개발사업 시행을 위하여 신설된 시행자의 경우 2)에 따른 일반관리비율 산정 시 당해 사업에 관련된 실제 집행비를 추정하여 산정할 수 있으며, 지정권자는 유사한 규모 및 사업 특성을 가지는 타 사업의 일반관리비율을 고려하여 해당 도시개발사업의 일반관리비율에 대한 적정성을 검토할 수 있다.

4) 3)에도 불구하고 일반관리비율은 「국가를 당사자로 하는 계약에 관한 법률 시행규칙」 제8조제1항제1호의 비율과 직전 3개년 산정 비율의 평균을 초과할 수 없다.

아. 자본비용 산정

자본비용은 도시개발사업을 시행하는데 필요한 사업비의 조달에 소요되는 비용으로 다음과 같이 산정한다.

1) 자본비용 = 순투입액의 누적액 × 자본비용률

2) 순투입액의 누적액은 자본비용 산정기간 동안 매기간별(매월 또는 매분기별) 해당 도시개발사업에 대한 투입(예상)액에서 회수(예상)액을 차감한 순투입금액을 자본비용 산정기간 동안 누적한 금액임

3) 자본비용률 = 자기자본비용률 + 타인자본비용률

4) 자기자본비용률 = 5년만기 국고채 이자율 × 최근 5년간 총자본분의 자기자본 비율 평균

5) 타인자본비용률 = (최근 5년간 차입이자의 연평균액/최근 5년간 타인자본 금액의 연평균액) × 최근 5년간 총자본분의 타인자본 비율 평균
   ※ 총자본(금액) = 자기자본(금액) + 타인자본(금액)

6) 자본비용 산정기간은 조성사업 착수일(보상계획 공고일)로부터 조성사업 준공일까지로 한다.

7) 순투입액은 연복리를 적용하여 산정하며, 자기자본은 납입자본금과 자본잉여금 및 이익잉여금의 합계액으로 하며, 타인자본은 회계상 부채가 아니라 금융비용을 부담하는 부채만으로 산정한다.
8) 당해 도시개발사업 시행을 위하여 신설된 시행자의 경우 3)에 따른 자본비용률 산정 시 당해 사업에 관련된 실제 집행비를 추정하여 산정할 수 있으며, 지정권자는 유사한 규모 및 사업 특성을 가지는 타 사업의 자본비용률을 고려하여 해당 도시개발사업의 자본비용률에 대한 적정성을 검토할 수 있다.

자. 그 밖의 비용 산정

그 밖의 비용은 「산업재해보상보험법」에 따른 보험료, 천재지변으로 인하여 발생하는 피해액을 더한 금액으로 다음의 산식에 의해서 산정한다.
1) 그 밖의 비용 = 해당 도시개발사업의 직접비 (용지비+용지부담금+이주대책비+조성비+기반시설설치비·부담금+직접인건비) × 그 밖의 비용률
2) 그 밖의 비용률 = 최근 3년간 그 밖의 비용 집행액의 연평균액/최근 3년간 직접비(용지비+용지부담금+이주대책비+조성비+기반시설설치비·부담금+직접인건비)의 연평균액
3) 그 밖의 비용 산정 시에는 일반관리비 등과 이중 계산되지 않도록 해야 한다.
4) 당해 도시개발사업 시행을 위하여 신설된 시행자의 경우 2)에 따른 그 밖의 비용률 산정 시 당해 사업에 관련된 실제 집행비를 추정하여 산정할 수 있으며, 지정권자는 유사한 규모 및 사업 특성을 가지는 타 사업의 그 밖의 비용률을 고려하여 해당 도시개발사업의 그 밖의 비용률에 대한 적정성을 검토할 수 있다.

[별지 제1호서식]

존치대상건축물 조서(3-2-1. 관련)

일련번호	건축물의 부지					건축물					비고
	소재지	지번	지목	지적		구조	용도	건축면적		소유자	
				공부	건부지			공부	현황		
											토지와 건물의 소유자가 다른 경우 및 제3의 권리설정여부 등 기재

첨부 : 1/1,200 지적도에 건물개황을 표시한 도면

[별지 제2호서식]

체비지 확인서 (7-3-2. 관련)

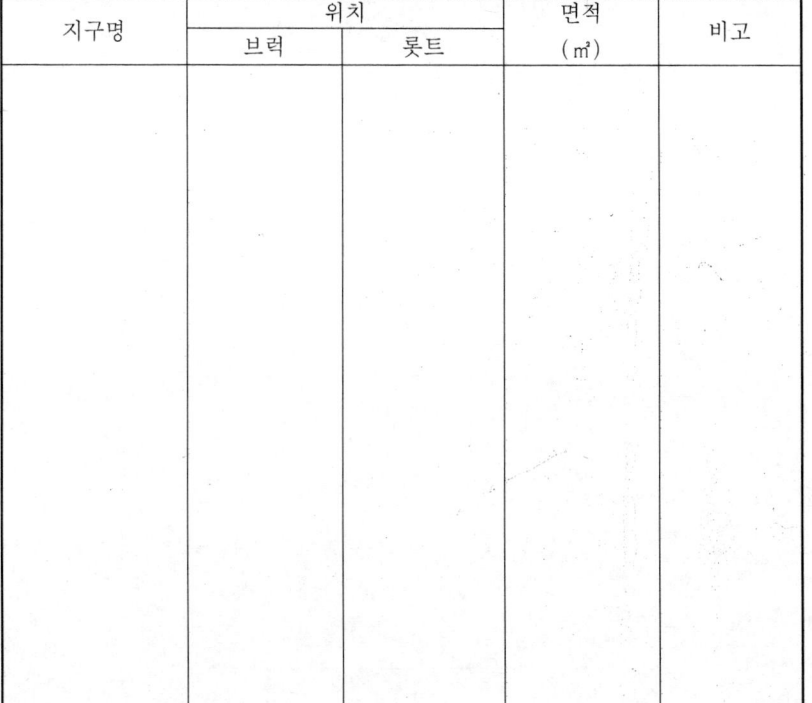

지구명	위치		면적 (㎡)	비고
	브럭	롯트		

위 토지는 도시개발법 제28조의 규정에 따라 환지계획으로 정한 ○○도시개발사업의 체비지임을 확인함.

200 년   월   일

신청인 :   (인)

확인자 : ○○시장(군수)   (인)

첨부 : 1/1,200 지적도에 건물개황을 표시한 도면

[별지 제3호서식]   환지예정지조서 (4-8-1. 관련)

순 번			주 소						성 명			생년월일			
종 전 토 지 의 표 시									환 지 예 정 지						비고
동	지번	지목	토지대장면적(㎡)	편입면적(㎡)	가산 면적(㎡)	기준 면적(㎡)	감보 면적(㎡)	감보율(%)	브럭	롯트	권리 면적(㎡)	환지 면적(㎡)	과도 면적(㎡)	부족 면적(㎡)	

[별지 제4호서식]   환지처분조서 (4-8-3. 관련)

순 번				주 소						성 명			생년월일							
환지예정지	브럭	롯트																		
종 전 토 지 의 표 시									환 지 의 표 시				청 산 내 역						비 고
동	지번	지목	토지대장면적(㎡)	편입면적(㎡)	가산면적(㎡)	기준면적(㎡)	감보면적(㎡)	감보율(%)	동	지번	지목	환지면적(㎡)	권리면적(㎡)	과도면적(㎡)	부족면적(㎡)	㎡당토지가격(원)	청산금액(원)			
																	징수	교부		

도시·군기본계획수립지침

도시·군기본계획수립지침 목차

제1장 총 칙 ··· 363
　제1절 지침의 목적 ·· 363
　제2절 도시·군기본계획의 의의 ································ 363
　제3절 지위와 성격 ·· 364

제2장 도시·군기본계획의 수립범위 ······················ 364
　제1절 계획수립 대상 ·· 364
　제2절 목표년도 ·· 364
　제3절 계획구역의 설정 ·· 365

제3장 도시·군기본계획의 내용과 작성원칙 ········ 365
　제1절 도시·군기본계획의 내용 ································ 365
　제2절 계획수립의 기본원칙 ······································ 366
　제3절 계획 작성시 유의사항 ···································· 367

제4장 부문별 계획 수립기준 ···································· 367
　제1절 지역의 특성과 현황 ·· 367
　제2절 계획의 목표와 지표설정 ································ 368
　제3절 공간구조의 설정 ·· 370
　제4절 토지이용계획 ·· 372
　제5절 기반시설 ·· 374
　제6절 도심 및 주거환경 ·· 376
　제7절 환경의 보전과 관리 ·· 377
　제8절 경관 및 미관 ·· 379
　제9절 공원·녹지 ·· 380
　제10절 방재·방범 및 안전 ······································ 381
　제11절 경제·산업·사회·문화의 개발 및 진흥 ···· 382
　제12절 계획의 실행 ·· 383
　제13절 생활권 계획 ·· 383

제5장 도시·군기본계획 수립절차 ·························· 384
　제1절 도시·군기본계획의 입안 ································ 384
　제2절 주민참여 제고 ·· 385
　제3절 도시·군기본계획의 승인신청 ························ 385
　제4절 도시·군기본계획의 승인 ································ 386

제6장 행정사항 ·· 386

부　　칙 ·· 386

도시·군기본계획수립지침
[제명 개정 12·8·21]

```
제정 2009· 8·24 국토해양부훈령 제 409호
개정 2010· 6·30 국토해양부훈령 제 602호
     2011· 1·12 국토해양부훈령 제 672호
     2011· 5·27 국토해양부훈령 제 708호
     2011·12·15 국토해양부훈령 제 770호
     2012· 8·21 국토해양부훈령 제 872호
     2013· 4·15 국토교통부훈령 제  45호
     2014·10·31 국토교통부훈령 제 445호
     2015· 7· 7 국토교통부훈령 제 552호
     2015· 8·13 국토교통부훈령 제 569호
     2017· 6·27 국토교통부훈령 제 900호
     2018· 7·19 국토교통부훈령 제1050호
     2018·12·21 국토교통부훈령 제1133호
     2021·12·30 국토교통부훈령 제1470호
     2023· 7·18 국토교통부훈령 제1636호
     2023·12·28 국토교통부훈령 제1694호
```

제1장 총 칙

제1절 지침의 목적

1-1-1. 이 지침은 국토의계획및이용에관한법률(이하 "법"이라 한다) 제19조제3항 및 동법시행령(이하 "영"이라 한다) 제16조에 따라 도시·군기본계획의 수립기준을 정하는 데 그 목적이 있다.

제2절 도시·군기본계획의 의의

1-2-1. 도시·군기본계획은 국토의 한정된 자원을 효율적이고 합리적으로 활용하여 주민의 삶의 질을 향상시키고, 특별시·광역시·시·군(이하 "시·군"이라 한다)을 환경적으로 건전하고 지속가능하게 발전시킬 수 있는 정책방향을 제시함과 동시에 장기적으로 시·군이 공간적으로 발전하여야 할 구조적 틀을 제시하는 종합계획이다.

1-2-2. (지속가능성) 도시·군기본계획을 수립하는 목적은 궁극적으로 국토의 이용·개발과 보전을 위한 국토관리의 지속가능성을 담보하는데 있다. 특히, 인구 감소가 도시에 미치는 영향을 파악하여 부문별 계획 수립시 반영하여야 한다. 이를 위하여 국토계획평가를 계획 입안시부터 충실히 시행하여야 한다.

1-2-3. (환경·경제·사회의 통합적 접근) 도시·군기본계획은 지속가능한 국토관리를 위해 국토의 이용·개발과 보전에 있어 환경, 경제, 사회적 측면의 세 가지 영향을 통합적이고 균형있게 고려하여야 하며 환경적, 경제적, 사회적 이해관계를 공간적 차원에서 종합, 조정하는 역할을 담당하여야 한다.

1-2-4. (환경적 측면) 환경적 측면에서 지속가능한 국토관리를 추구하기 위해 도시·군기본계획은 도시의 급속한 성장과 외연적 확산에 따른 자연환경의 훼손과 대기·수질·토양 등의 오염발생을 사전적으로 방지하는 역할을 담당하여야 한다. 탄소중립 사회로의 이행 및 녹색성장에 적극 대응하기 위하여, 탄소감축에 유리한 공간구조를 형성하고, 화석연료 사용 억제 및 신재생에너지의 사용을 촉진하여 에너지전환을 추구하며, 도시 내 탄소흡수원을 확충하고, 재해취약성을 저감하는데 주력하여야 한다.

1-2-5. (경제적 측면) 지속가능한 국토관리는 경제발전과 함께 이루어져야 한다. 이를 위해 도시·군기본계획은 지역의 고용 창출을 위한 물리적 기반을 조성함으로써 기업에게 다양한 비즈니스 기회를 제공하는 한편, 지역민의 거주성을 제고하여 지역상권을 활성화하는 등 도시재생과 지역경제의 활성화를 도모하여야 한다. 나아가 4차 산업혁명에 따른 새로운 기술변화를 적용한 스마트도시기반시설을 확충하고, 산업구조 변화에 유연하게 대응할 수 있는 토지이용체계를 구축하여야 한다. 이와 함께 자원이용의 경제적 효율성을 추구하여 비용효과적인 도시개발을 지향함으로써 개발과 보존의 조화를 이루면서 탄소중립 사회로의 이행과 녹색성장을 달성하여야 한다.

1-2-6. (사회적 측면) 지속가능한 개발을 위해 도시·군기본계획은 지역사회의 다양한 이해관계를 충분하게 수렴, 반영함으로써 사회적 형평성을 제고하는 한편, 사회적 갈등을 줄이고 통합을 이루는 사회적 자본의 증진에 기여하여

야 한다. 이를 위해 도시·군기본계획은 저소득층, 노약자, 장애인 등 사회적 약자가 경제적, 신체적 이유 등으로 주거권과 이동성을 비롯하여 주민으로서의 기본적인 활동에 제약을 받지 않도록 저렴한 주택과 대중교통을 공급하고, 어디서든 의료·복지·문화 등에 격차없는 삶의 질을 보장받을 수 있도록 교육·의료·복지시설 등 생활인프라를 확충하는데 주력하여야 한다. 이와 함께 지역사회의 사회·경제·문화적 다양성을 존중하는 포용적 발전을 추구하고 범죄예방, 재해방지 등 사회안전망을 확충하는데 힘써야 한다.

제3절 지위와 성격

1-3-1. (도시·군기본계획의 지위) 국토종합계획, 도종합계획, 광역도시계획 등 상위계획의 내용을 수용하여 시·군이 지향하여야 할 바람직한 미래상을 제시하고, 정책계획과 전략계획을 실현할 수 있는 도시·군관리계획의 지침적 계획으로서의 위상을 갖는다. 따라서, 다른 법률에 의해 수립하는 각 부문별 계획이나 지침 등은 시·군의 가장 상위계획인 도시·군기본계획을 따라야 한다.

1-3-2. (종합계획) 지속가능한 국토관리를 위해서는 경제·산업, 주택, 교통·기반시설, 환경·에너지, 사회·문화·복지 등 각 분야에서 수립한 부문별 정책 및 계획 등이 서로 조화를 이루어야 한다. 도시·군기본계획은 부문별 정책과 계획 등의 환경적, 경제적, 사회적 영향을 통합적이고 균형있게 조정·보완하여, 이를 공간적 차원에서 지속가능한 국토관리를 위한 정책과 전략으로 구체화하여야 한다.

1-3-3. (정책계획, 전략계획) 도시·군기본계획은 공간구성에 관한 정책계획 또는 전략계획의 성격을 동시에 가져야 한다. 공간구성에 관한 정책계획은 자치단체의 국토이용·개발과 보전에 관한 '정책을 계획하는 것'을 의미하며, 전략계획은 자치단체가 이의 실현을 위해 행정역량을 선택적으로 집중해야 할 전략을 수립하는 것을 의미한다. 도시·군기본계획은 해당 시·군의 발전을 위한 공간적 정책 목표와 이를 달성하기 위한 국토이용·개발과 보전에 관한 전략 또는 정책적 우선순위를 기술하여야 한다.

1-3-4. (특정주제 중심의 계획) 도시·군기본계획은 공간구성에 관한 정책 목표 및 전략 또는 정책적 우선순위에 따라 계획 과제 또는 특정주제를 발굴,

제시하고, 이를 중심으로 계획을 수립할 수 있다.

1-3-5. (계획 내용의 다양성) 도시·군기본계획은 도시 고유의 특성에 따라 다양한 계획 과제 또는 특정주제를 중심으로 그 내용을 다양하게 구성할 수 있다.

1-3-6. (계획 내용의 유연성) 도시·군기본계획은 정책계획 또는 전략계획으로서 공간계획의 유연성을 충분히 확보하여야 한다. 따라서, 계획구역내 각 지역별로 입지와 토지이용의 원칙과 기준 등을 기술하거나 개념도 수준의 도면으로 표현함으로써 도시·군관리계획(지구단위계획 포함) 차원에서 구체적인 상황과 여건에 따라 탄력적으로 조정할 수 있는 여지를 남겨두어야 한다.

1-3-7. (최상위 공간계획) 도시·군기본계획은 공간구조 및 입지와 토지이용에 관한 한 부문별 정책이나 계획 등에 우선한다. 즉, 도시·군기본계획은 각 분야의 부문별 정책과 계획 등을 공간구조 및 입지와 토지이용을 통해 통합·조정하는 역할을 수행하여야 하며, 부문별 정책이나 계획 등에 따라 개별적으로 입지나 토지이용이 변경되어서는 아니된다.

제2장 도시·군기본계획의 수립범위

제1절 계획수립 대상

2-1-1. 수립대상
특별시, 광역시, 특별자치시, 특별자치도, 시·군(광역시안에 있는 군을 제외한다, 이하 시·군)

2-1-2. 다음 시·군은 도시·군기본계획을 수립하지 아니할 수 있다.
(1) 수도권정비계획법 제2조제1호에 따른 수도권에 속하지 아니하고 광역시와 경계를 같이하지 아니한 시·군으로서, 계획수립 기준연도 현재 인구 10만명 이하인 시·군
(2) 관할구역 전부에 대하여 광역도시계획이 수립되어 있는 시·군으로서 당해 광역도시계획에 도시·군기본계획에 포함되어야 할 사항이 모두 포함되어 있는 시·군

제2절 목표년도

2-2-1. 계획수립시점으로부터 20년을 기준으로 하되, 연도의 끝자리는 0 또는 5

년으로 한다.(예 : 2020년, 2025년)

2-2-2. 시장·군수는 5년마다 목표연도 계획인구의 적정성, 기후변화에 의한 재해 취약 요인 등 도시·군기본계획의 타당성을 전반적으로 재검토하여 이를 정비하고, 도시여건의 급격한 변화 등 불가피한 사유로 인하여 내용의 일부 조정이 필요한 경우에는 도시·군기본계획을 변경할 수 있다. 이 경우 시·군의 공간구조나 지표의 변경을 수반하여 목표연도가 달라질 때에는 별도로 도시·군기본계획을 수립하고, 그렇지 않을 경우에는 변경 수립하는 것을 원칙으로 한다.

제3절 계획구역의 설정

2-3-1. 시·군 관할구역 단위로 계획을 수립하는 것을 원칙으로 한다.

2-3-2. 시장·군수는 지역여건상 필요하다고 인정되는 경우 인접한 시·군의 관할구역 전부 또는 일부를 포함하여 계획할 수 있다. 이 경우 미리 인접한 시장·군수와 협의하여야 한다.

제3장 도시·군기본계획의 내용과 작성원칙

제1절 도시·군기본계획의 내용

3-1-1. 도시·군기본계획을 효율적이고 합리적으로 수립하기 위하여 다음의 부문별 내용이 포함되어야 한다.
 (1) 지역의 특성과 현황
 (2) 계획의 목표와 지표의 설정 (계획의 방향·목표·지표 설정)
 (3) 공간구조의 설정 (개발축 및 녹지축의 설정, 생활권 설정 및 인구배분)
 (4) 토지이용계획 (토지의 수요예측 및 용도배분, 용도지역 관리방안 및 비시가화지역 성장관리계획)
 (5) 기반시설 (교통, 물류체계, 정보통신, 기타 기반시설계획 등)
 (6) 도심 및 주거환경 (시가지정비, 주거환경계획 및 정비)
 (7) 기후변화 대응 및 환경의 보전과 관리
 (8) 경관 및 미관
 (9) 공원·녹지
 ⑽ 방재·안전 및 범죄예방
 ⑾ 경제·산업·사회·문화의 개발 및 진흥 (고용, 산업, 복지 등)
 ⑿ 계획의 실행 (재정확충 및 재원조달, 단계별 추진전략)

3-1-2. 시·군에서 도시·군기본계획을 수립하는 경우 토지이용, 기반시설, 도심 및 주거환경, 경제·산업 분야 등에 대해서 해당 지자체의 인구 추세, 도시 위상 등 도시유형에 따라 차별화하여 수립할 수 있다.

 (1) 인구 추세에 따른 유형은 성장형, 성숙·안정형, 감소형으로 구분하고 분류기준은 아래와 같다.
  ① 성장형은 수립 또는 정비할 도시·군기본계획의 기준연도부터 직전 5년간 통계청 인구가 5퍼센트 이상 증가하였거나 향후 5년간 5퍼센트 이상 증가가 예상되는 시·군
  ② 성숙·안정형은 수립 또는 정비할 도시·군기본계획의 기준연도부터 직전 5년간 통계청 인구가 5퍼센트 미만 증가 또는 감소하였거나 향후 5년간 5퍼센트 미만 증가 또는 감소가 예상되는 시·군
  ③ 감소형은 수립 또는 정비할 도시·군기본계획의 기준연도부터 직전 5년간 통계청 인구가 5퍼센트 이상 감소하였거나 향후 5년간 5퍼센트 이상 감소가 예상되는 시·군

 (2) 도시 위상에 따른 유형은 거점도시, 강소도시, 자립도시로 구분하고 분류기준은 아래와 같다.
  ① 거점도시는 특별시·광역시·특별자치시·특별자치도 또는 인구 50만명 이상의 도시이거나 광역자치단체 도청소재지로써 주변 도시에 대한 지역 거점이나 수위도시 역할을 수행하는 도시
  ② 강소도시는 인구 10만명 이상 50만명 미만의 도시로써 도시 자체적으로 독자성을 가지며, 주변 소도시에 대한 지원 기능을 수행하는 도시
  ③ 자립도시는 인구 10만명 미만의 도시로써 도시 자체적으로 자족성을 갖지 못하고, 도시 자체의 기능 보완이나 주변 도시와의 연계를 통해 자족성을 갖는 도시

3-1-3. 도시 위상별 도시·군기본계획 수립기준은 (별첨 6)과 같으며, 특별시장·광역시장·특별자치시장·도지사·특별자치도지사(이하 "시·도지사"라 한다)는 관할 구역의 특성을 고려하여 수립기준을 조정하거나 별도의 기준을 마련할 수 있다.

제2절 계획수립의 기본원칙

3-2-1. 계획의 종합성 제고

(1) 토지이용·교통·환경 등 물적 공간구조와 경제·사회, 행정·재정 등 비물적 분야를 포함한다.

(2) 부문별 기초조사결과를 토대로 장래의 전망을 예측하여 전체의 구상이 창의적이 되게 하고, 시행의 과정과 여건변화에 탄력적으로 대응할 수 있도록 포괄적이며 개략적으로 수립한다.

3-2-2. 관련계획간의 연계와 조화

(1) 국토종합계획·광역도시계획 등 상위계획의 내용을 수용하고, 도시·군관리계획·지구단위계획 등 하위계획의 수립을 고려한다. 다만, 법 제48조제1항에 따른 도시·군계획시설결정의 실효에 대비하여 불가피하게 미리 도시·군계획시설결정을 해제한 경우에는 상위계획의 내용을 탄력적으로 수용할 수 있다.

(2) 도시·군관리계획을 수립할 때 토지용도 분류의 지침이 되도록 용도지역의 지정에 필요한 기준을 제시한다.

(3) 다른 법령에 의한 계획이 있는 경우에는 이를 반영할 수 있다.

3-2-3. 기후변화 대응 및 환경친화적 계획 수립

(1) 정주공간으로서 환경적으로 건전하고 지속가능한 국토이용 및 관리가 이루어질 수 있도록 자연환경·경관·생태계·녹지공간 등의 정비·개량·보호 및 확충과 도시간의 연담화 방지 및 환경오염 예방에 주력하여 계획한다.

(2) 국민소득의 향상, 산업의 발달 등으로 각종 자원의 수요가 점차 증대되므로 한계자원인 토지·물·에너지의 소비를 최소화하거나 효율적으로 이용될 수 있도록 계획한다.

(3) 개발제한구역이 해제되는 지역은 녹지가 단절되지 않고 벨트형태를 유지하고 주변의 자연환경과 조화를 이루어 친환경적 개발과 관리가 되도록 한다.

(4) 녹지축·생태계·우량농지, 임상이 양호한 임야, 양호한 자연환경과 수변지역 등 환경적으로 보전가치가 높고 경관이 뛰어난 지역은 보전하도록 한다.

(5) 공유수면에 대하여는 항만·어항 등의 개발과 공유수면의 매립 및 보전에 대한 방향과 기준을 제시하여야 한다.

(6) 단지등의 개발로 초기강우시 비점오염 물질의 유출량이 증가되지 않도록 하거나 수계에 미치는 영향을 최소화하는 개발방향과 기준을 제시하여야 한다.

(7) 하천축의 발전잠재력을 진단하고 보전·복원·친수지구 등 하천환경 특성을 고려하여, 하천축과 녹지축을 연계하는 도시공간구조 개편방향과 하천주변지역의 토지이용 방향을 제시한다.

(8) 기후위기 대응과 탄소중립 사회로의 이행을 위하여 도시의 온실가스 배출 및 흡수 특성과 관계된 다양한 요소를 공간적으로 진단하고, 도시의 탄소중립 달성을 위한 공간구조 개편, 토지이용 방향 등 부문별 계획 수립 시 구체적 탄소중립방안을 제시하여야 한다.

(9) 생산·교통 등 도시 내의 화석연료 사용을 억제하는 방안을 마련하고, 신재생에너지 활용 및 에너지자립을 촉진하기 위한 기반시설 확충과 관리방향을 제시한다.

(10) 산림지, 농경지, 초지, 습지, 연안, 공원 및 녹지 등의 도시 내 탄소흡수원과 건물 등 인공구조물을 활용한 탄소흡수 및 탄소포집을 포함하여 도시의 탄소흡수 능력을 보전·확대하기 위한 계획 및 관리방향을 제시한다.

(11) 기후변화에 따른 재해취약성 분석을 통해 도시의 다양한 재해위험을 파악하여 부문별 계획 수립시 반영하고, 재해취약성 저감 및 회복력 증진 방안을 제시하여야 한다.

(12) 도시의 쾌적성과 건강성 확보를 위한 바람길 분석 및 조성 등 도심 열섬현상을 완화할 수 있도록 계획한다.

(13) 연안의 이용상황·침식상태 등을 감안하여 연안지역의 훼손을 최소화하고 보전할 수 있도록 연안관리방향을 제시한다.

(14) 법 제20조제2항에 따른 토지의 적성에 대한 평가(이하 "토지적성평가"라 한다)를 통해 비시가화지역을 보다 체계적으로 관리할 수 있도록 공간구조를 설정한다.

3-2-4. 계획의 차등화·단계화

(1) 도시의 규모, 도시유형, 지형, 지리적 여건, 산업 구조 등에 따라 인구밀도, 토지이용의 특성 및 주변 환경 등을 종합적으로 고려하여 지역에 특화된 사항을 중심으로 계획내용에 반영하고, 기반시설의 배치계획, 토지용도 등은 인근 지역과 연계·활용될 수 있도록 한다.

(2) 각 부문별계획은 목표년도 및 단계별 최종년도로 작성하고 인구 및 주변환경의 변화에 따라 탄력적으로 도시·군관리계획에 반영될 수 있도록 한다.

3-2-5. 계획의 통일성 및 일관성 유지

　　각 항목별 계획은 법 제19조제1항제1호에 따른 도시·군기본계획의 방향에 부합하고 도시·군기본계획의 목표를 달성할 수 있는 방안을 제시함으로써 도시·군기본계획의 통일성과 일관성을 유지한다.

제3절 계획 작성시 유의사항

3-3-1. 도시·군기본계획의 작성시 다음 항목에 적합하여야 한다.
　(1) 내용항목의 누락이 없을 것(변경 수립시에는 해당부분만 계획수립할 수 있음)
　(2) 상위계획의 수용
　(3) 계획논리와 합리성 확보
　(4) 현황자료의 신빙성 확보
　　① 자료출처 명시
　　② 통계자료는 가능한 최신자료를 사용하며 장단기로 구별하여 적절하게 사용
　(5) 적정한 계획기법 적용
　(6) 시설입지의 적정성 확보
　(7) 계획의 일관성 확보

3-3-2. 성과물의 작성
　(1) 모든 계획서 및 도면 등의 성과물은 일반인이 알기 쉽고 도시·군관리계획 수립에 혼란이 없도록 계획의 내용과 용어사용이 분명하여야 한다.
　(2) 도시·군기본계획서는 계획서와 자료집으로 구분하고 기초조사 자료 및 결과·대안분석·의견수렴 결과 등으로 구분 작성한다.
　(3) 생활권 계획 및 법 제19조제1항제8에 따른 경관에 관한 사항에 대해서는 계획의 이해도를 높이기 위해 필요한 경우 도시·군기본계획도서의 별책으로 작성할 수 있다.

3-3-3. 특정주제별 계획
　(1) 도시·군기본계획은 지방자치단체의 특정한 주제별로 계획할 수 있으며, 이 경우 각 주제별로 지역별 여건을 반영한 특성있는 계획을 수립하여야 한다.
　(2) 특정주제별 계획은 기초조사 결과에 입각하여 지방자치단체의 특성과 계획 수립의 목적에 부합하는 항목을 선택적으로 추출·취합하고, 이에 따른 계획과제 또는 특정주제를 발굴하여 이를 중심으로 수립하되, 법 제19조제1항에 따른 정책방향이 특정주제별로 담겨야 한다.
　(3) 특정주제별로 계획을 수립하는 경우 법 제19조제1항에 따른 정책방향이 모두 포함되었는지를 확인할 수 있는 체크리스트를 작성하여 자료집에 수록한다.

3-3-4. 도시·군기본계획의 정비
　(1) 도시·군기본계획은 공동체의 합의이며 주민들과의 약속이므로 도시여건의 급격한 변화등 불가피한 사유가 없는 한 변경하지 않도록 하여야 한다.
　(2) 도시·군기본계획을 정비할 때에는 종전의 도시·군기본계획의 내용중 수정이 필요한 부분만을 발췌하여 보완함으로써 계획의 연속성이 유지되도록 한다.
　(3) 재수립시에는 기존 도시·군기본계획의 추진실적을 평가하고 그 결과를 반영한다.

제4장 부문별 계획 수립기준

제1절 지역의 특성과 현황

4-1-1. 도시·군기본계획은 시·군의 장기적인 종합계획이며 미래상을 제시하는 가장 중요한 계획이다. 따라서 구체적인 계획을 수립하기 이전에 시·군이 가지고 있는 문제점과 잠재력 등 시·군의 특성과 현황을 먼저 파악하여야 한다.

4-1-2. 기초조사 자료를 토대로 다음의 내용을 파악하여야 한다.
　(1) 당해 시·군이 국토공간에서 차지하는 위치 및 지리적·역사적·문화적 특성
　(2) 당해 시·군의 개발 연혁, 인구·경제·자연환경·생활환경 및 사회개발의 현황
　(3) 당해 시·군이 지니고 있는 각 분야별 문제점과 이용·개발·보전 가능한 자원의 발전 잠재력
　(4) 시·군의 경제·사회·환경 등의 세력권
　(5) 당해 시·군의 재해발생 구조와 재해위험 요소
　(6) 당해 시·군의 범죄 취약성에 대한 물리적 환경 및 사회적 특성
　(7) 당해 시·군의 인구구성 및 사회계층구조 변화에 따른 저출산·고령화 추이
　(8) 당해 시·군의 온실가스 배출·흡수량 현황

4-1-3. 당해 지역의 특성분석은 다음과 같은 방법을 따른다.

① 당해 지역의 특성은 기초자료 조사결과 및 설문조사의 결과를 토대로 분석한다.

② 국토종합계획·광역도시계획 등 상위계획 및 관련계획에서 본 당해 시·군의 특성 및 기능을 현재의 상황을 토대로 분석한다.

③ 저소득층, 고령자, 외국인 등을 고려하는 포용적인 정책이 확대 될 수 있도록 지역의 특성을 분석하여, 계획의 원칙과 방향 등을 포함한다.

제2절 계획의 목표와 지표설정

4-2-1. 시·군의 대내외적인 여건변화를 분석하고 정책이슈를 도출한다.

4-2-2. 국토의 미래상과 지역내에서의 위치 및 역할 등을 고려하여 시·군의 미래상을 전망한다.

4-2-3. 시·군의 미래상을 달성하기 위한 기본목표 및 실천전략의 대강을 정리한다. 이때 공무원·전문가 등을 대상으로 타당성에 관한 의견조사를 실시할 수 있다.

4-2-4. 지표설정은 목표년도를 기준으로 하고 5개년 단위로 계획단계를 구분한다.

4-2-5. 인　구

(1) 총인구는 상주인구와 주간활동인구로 나누어 설정할 수 있으며, 주야간인구 및 가구(세대)의 현황을 분석하여 최근 10년간의 인구증가 추세와 관련 상위계획상의 지표, 가용토지자원과 인구수용능력, 환경용량 등을 고려하여 목표연도 및 단계별 최종연도의 인구지표를 적정규모로 정한다. 이 경우 국토종합계획, 시·도종합계획, 수도권정비계획, 광역도시계획 등 상위계획상 인구지표와 통계청의 인구추계치를 활용하여야 하며, 목표연도 인구추계치는 특별한 사유가 없는 한 해당 시·군의 도종합계획 상 인구지표와 통계청 인구추계치의 105퍼센트 이하로 하여야 한다. 다만, 성장형의 경우에는 승인권자가 판단하여 110퍼센트 이하로 할 수 있다.

(2) 상주인구추정은 다음의 두가지 방법((㉮+㉯)에서 산정된 인구추계 결과를 합산하여 추정하며, 원칙적으로 "㉮모형에 의한 방법"을 기본으로 하며 "㉯사회적 증가분에 의한 추정방법"은 보조적 수단으로 활용한다.

㉮ 모형에 의한 추정방법(기본적 방법)

① 통계청 장래인구를 권장

• 통계청 장래인구를 사용할 경우 공청회 개최일 기준 최신 자료를 사용하여야 한다.

② 추세연장법

• 함수들과 시계열기간에 대하여 적합도 검증을 반드시 실시하여 최적 함수식을 선정하여야 한다. 이 때 가장 신뢰도가 높은 상위 3개의 함수식에 의한 추계치를 산술평균하여 인구추계를 한다. 추세연장법에 의해 인구를 추계할 시는 "사회적 증가분에 의한 추정방법"을 보조적 수단으로 활용할 수 없다.

㉯ 사회적증가분에 의한 추정방법(보조적 수단)

• 사회적증가는 택지개발, 산업단지개발, 주택건설사업 승인과 같은 개발사업으로 인한 인구의 증가를 말하며, 개발사업 이외에 엑스포 등의 행사 또는 고속철도역사 건설이나 항만개발 등을 통한 유발인구는 개발사업이 존재할 경우 이로 인하여 늘어나는 인구와 중복될 가능성이 크므로 따로 계상하지 않는다. 다만, 동일한 생활권에서 산업단지 개발과 주거단지 개발이 동시에 이루어지는 경우 이중 하나의 외부유입률을 선택하여 사용해야 한다.

• 인구의 유입량을 결정함에 있어 그 지역의 과거사례나 유사한 특성을 가지는 인근 지역의 사례를 반영하여 비교유추하여 실제로 유발가능한 '가능유발인구'를 결정한다.

• 사회적 증가분은 아래의 식에 의하여 결정된다.

• 사회적 증가분 = (가능유발인구 - 추계에 의한 자연증가분) × 계수 (단, 계수는 1 미만으로서 가능유발인구에 포함되는 기존 인구 등을 고려하여 정한다)

• 사회적 증가에 반영할 토지개발사업은 도시·군기본계획의 도시계획위원회 심의 상정 전에 그 사업이 실시계획인가·승인(또는 그에 준하는 승인이나 인가를 얻은 경우를 포함)를 얻은 경우와 지구단위계획 결정 후 개별법에 의한 승인, 허가를 얻은 경우만 반영한다. 단 도시계획위원회 심의를 거쳐 인정하는 개발사업의 경우에는 실시계획인가·승인 이전 단계이더라도 해당 사업을 포함할 수 있다.

• 개발 사업이 없는 경우, 인구의 유입량을 결정함에 있어 순유입률(전입-전출)을 적용하여 객관적인 외부유입률 추이를 반영한다. 주거단지

개발사업은 해당 시·군에서 최근 5년간 준공된 주거단지의 주민등록 전입현황을 토대로 외부유입률을 산정하고, 산업단지 개발사업의 외부 유입률은 산업단지통계의 고용현황에 제시된 외지인비율을 활용하거나 산업단지 종사자 설문조사를 통해 산정한다. 또한 그 근거로는 어디에서 인구가 유입될 것인지에 대하여 유출지역별로 해당 유출지역의 인구변화추세에 비추어 타당성있는 수치를 제시하도록 한다.
- 이상과 같이 결정된 인구예측은 불완전성을 감안하여, 각 부문계획 수립시 ±10퍼센트내에서 해당 계획의 성격에 따라 탄력성을 줄 수 있도록 한다.

(다) 시·도지사는 관할 구역의 특성을 반영한 객관적인 계획수립을 위하여 관할 구역(관할 시·군을 포함한다)에 대하여 사회적 증가인구 산정을 위한 인정 가능한 개발사업의 종류와 인구유발 계수, 외부유입률 등을 마련하여 운영할 수 있다.

(3) 기타 고려사항
① 산출된 인구지표가 상위계획상의 지표와 상이할 경우 각 지표간 신뢰도를 검토하고 그 내용을 구체적으로 명시한다.
② 인구의 사회적 증가율이 최근 5년간의 인구증가율을 상회할 경우, 인구이동이 예상되는 인근 지역의 도시·군기본계획이나 도계획 등과도 비교하여 주변으로부터의 인구이동 가능성을 입증하여야 한다.(필요한 경우에는 이에 대하여 해당 지역의 의견을 첨부)
③ 주간활동인구는 상주인구를 기준으로 추정하되, 주변시·군으로의 통근·통학자, 관광객, 군인 등 비상주인구의 영향력을 감안하여 이를 주간활동인구에 합산할 수 있다. 다만 과도한 주간활동인구 추정으로 과다하게 기반시설이 계획되지 않도록 합리적인 수준에서 추정하고, 통계자료나 교통·통신 데이터 등 근거자료를 제시한다.
④ 성별, 연령별, 산업별, 직업별, 소득별 인구구조에 대한 목표년도 및 단계별 최종년도의 지표를 예측한다.
⑤ 인구지표예측은 각 부문별 계획과 연계하여 환류조정(feedback)할 수 있도록 하며, 특히 생활권별 인구배분계획과 밀접한 연계를 통하여 설정하여야 한다.
⑥ 인구추정을 상주인구와 주간활동인구로 나누어 설정하였을 경우, 각 부문별 계획의 특성에 따라 상주인구 또는 주간활동인구를 사용하여 계획을 수립할 수 있다.

(4) 시·도지사는 4-2-5.(1)부터 (3)까지에 따라 추정된 시·군의 인구계획을 광역적 차원에서 인구증가율이나 지역균형개발 등을 고려하여 조정할 수 있으며, 도시·군기본계획 재수립 시 당초 도시·군기본계획의 단계별 최종연도 목표인구를 90%이상을 달성하지 못한 시·군의 경우 달성하지 못한 인구에 대해서는 일몰제를 적용하며 목표인구를 초과한 시·군의 경우에는 적정 비율로 상향 조정할 수 있다.

(5) 국토교통부장관은 인구계획의 적정성을 제고하기 위해 도시대상평가 등에 단계별 최종연도 목표인구 달성율 등을 반영하여 평가하고 정부재정지원 등에 있어서 우선적 지원의 근거로서 활용할 수 있다.

4-2-6. 경제
(1) 경제규모 (지역총생산 : GRP)
① 지역총생산(GRP)은 1년간 발생한 부가가치의 총액으로서, 이에 관한 과거의 상황을 분석하고 목표년도 및 단계별 최종년도의 지표를 예측한다.
② 지표설정에 있어 고려되어야 할 사항
- 과거 지역총생산의 변화경향과 연평균 성장률
- 국민총생산(GNP)에서 점하는 비율(비중)
- 상위계획에서 부여받은 지표

(2) 산업구조
① 산업별 생산 : 각 산업에 대한 과거의 상황을 분석하고, 장래 성장전망과 전국에서의 비중을 고려하여 산업별로 목표년도 및 단계별 최종년도의 지표를 설정한다.
② 고용 : 시·군의 경제적 활동에 있어 도시성장에 기여하는 기반활동(basic activities) 즉, 시·군외 외부지역으로부터 화폐를 유입시키는 일체의 생산 및 서비스 활동으로서 고용자(구조, 생산성 포함)의 현황을 분석하고 목표년도 및 단계별 최종년도의 생산액과 고용자수를 예측한다.

(3) 소 득
① 주민소득에 대한 과거의 연속적 통계가 있는 경우에는 이를 기초로 하여 예측하고 통계가 없는 경우에는 지역총생산(GRP)에 의하여 구한다.
② 인구 1인당 총생산과 실질소득을 구하고 소득계층간의 분포를 구한다.

(소득금액을 계층화하거나 소득분포의 비율별로 인구구성을 설정한다)

(4) 소비구조 : 소비구조 지표는 건전한 가계지출을 유치할 수 있도록 주민생활의 구조를 파악하기 위한 것으로서, 과거의 추세와 주민소득의 증가경향 및 소비형태의 변화 등을 고려하여 설정한다.

(5) 재정 : 총재정규모, 회계별, 세입원별, 세출구조별 과거의 상황을 분석하고, 목표년도 및 단계별 최종년도의 재정규모를 예측한다.

4-2-7. 환경지표는 주민의 생활수준을 나타내는 것으로 목표년도 및 단계별 최종년도의 지표를 발전단계에 따라 예측한다.

(1) 생활환경은 1차적 기본요소로 주택(소유, 유형, 규모, 1인당 주거연상면적), 상하수도, 에너지, 교통, 정보통신, 대기질·수질·폐기물처리 등 환경 등에 관한 지표

(2) 복지환경은 2차적 필요요소로 의료시설, 교육문화시설, 사회복지시설 등에 관한 지표

(3) 여가환경은 3차적 선택요소로 체육시설, 공원, 녹지, 유원지 등에 관한 지표

4-2-8. 온실가스 감축 목표

(1) 목표 설정

①온실가스 감축 목표는 해당 시·군의 연도별·부문별 온실가스 배출·흡수 현황 분석을 바탕으로 설정하도록 하며, 온실가스 배출 총량을 기준으로 한다.

② 온실가스 감축 목표 제시는 도시·군기본계획 목표 연도까지의 5년 단위로 제시하며, 계획 수립 시점의 최신 자료를 바탕으로 한 현행 순배출량 대비 감축 비율과 절대 감축량을 제시하여야 한다. 이 때 현행 순배출량은 계획 수립 시점 최신 자료 기준 단년도에서 최근 5년 이하 기간의 평균을 기준으로 할 수 있다.

③『기후위기 대응을 위한 탄소중립·녹색성장 기본법』에 따른 시·도계획 및 시·군·구 계획을 수립한 경우 계획에서 제시된 온실가스 감축목표와 정합성을 고려할 수 있다.

(2) 온실가스 배출·흡수 현황 분석

① 기초조사 시 해당 시·군의 연도별 직·간접적 온실가스 배출·흡수량을 부문별로 수집하여 현황을 분석하여야 하며, 해당 시·군에서 구축가능한 최신 자료 기준 최근 5년 간의 온실가스 배출·흡수량을 파악하고 순배출량을 파악하여야 한다.

② 온실가스 배출·감축 현황 파악을 위한 부문은 국가 온실가스 감축목표(NDC) 상의 부문 중 도시·군기본계획과의 연계성이 높은 9대 부문(전환, 산업, 건물, 수송, 농축수산, 폐기물, 수소, 흡수원, 이산화탄소 포집 및 활용·저장)으로 구분하여 조사하는 것이 권장되며 지역의 관련 자료 구축 및 수집 여건에 따라 상세 정도를 달리하여 조사할 수 있다.

③ 온실가스 배출·흡수 현황 파악 시에는 위 기준을 만족하는 타 법정 계획에 의해 구축된 자료가 있을 경우 이를 준용할 수 있으며 가능한 한 최신 자료를 활용하여야 한다.

④ 도시·군기본계획을 위한 온실가스·배출 흡수 현황 파악을 위해『기후위기 대응을 위한 탄소중립·녹색성장 기본법』제36조 및 해당 법 시행령에 따라 마련되는 기준, IPCC Guidelines for National Greenhouse Gas Inventories 등 국제표준을 준용하되, 기준이 존재하지 않는 등 불가피한 경우 해당 시·군이 자율적으로 정할 수 있다.

제3절 공간구조의 설정

4-3-1. 공간구조의 설정

(1) 공간구조의 진단

① 시가지면적 변화추이 및 주요 교통축의 변화추이, 지역별 중심지 구조(단핵구조, 다핵구조)와 도시성장형태(확산, 축소, 정체) 등을 분석하여 공간구조를 진단한다.

② 산업 및 기능, 토지이용분포 등을 고려하여 기존 공간구조의 문제점을 종합적으로 분석한다.

(2) 공간구조개편방향

① 당해 시·군 및 주변 시·군의 지형·개발상태·환경오염 등 여건과 목표년도의 개발지표에 의한 중심지체계를 설정하고, 토지이용계획, 교통계획, 기타 도시·군기본계획의 근간이 되는 사항을 대상으로 하여 2개안 이상의 기본골격안을 구상한다. 이 때 인구가 감소하는 성숙·안정형과 감소형의 시·군은 가급적 콤팩트-네트워크 도시가 구현되기 위한 공간구조를 목표로 하여야 하며, 이를 위하여 시·도지사는 관할 구역 또는 시·군에 적합

② 대안별로 개발축·보전축을 설정하고 성장주축과 부축 등을 설정하여, 개발축별 핵심기능을 부여하고 기능강화를 위한 전략을 제시한다.
③ 보전축은 지역내 충분한 녹지공간 확보와 생태적 건전성 제고를 위하여 녹지축, 수변축, 농업생산축, 생태축 등 다양한 형태로 배치하고 이들을 연결하여 네트워크화한다.
④ 각 안에 대한 지표, 개발전략, 기본골격 등의 차이점을 명시한 후 계획의 합리성, 경제적 타당성, 적정성, 환경성 등에 대한 장·단점을 비교·분석하고 최종안의 선택사유를 제시한다.
⑤ 개발과 보전이 조화되는 공간구조 설정을 위하여 토지적성평가 결과를 활용하여 계획의 합리성과 효율성을 제고한다.
⑥ 온실가스 감축 목표 달성을 위한 방향으로 도시공간구조를 설정한다
⑦ 화석연료 소비 최소화, 신재생에너지 도입에 유리한 공간구조 개편 방향을 제시한다.
⑧ 보전축이 아닌 지역에서도 도시숲, 공원, 녹지, 건물 녹화 등 온실가스 흡수원을 확대해야 하며, 이 때 기존 주요 공원·녹지 등과의 접근성 개선, 건물 등 인공구조물을 활용한 입체적 녹화 등을 고려한다.
⑨ 기후변화에 따라 대형화·다양화되고 있는 재해에 효율적으로 대응하기 위하여 일반적인 방재대책(하천, 하수도, 펌프장 등)과 함께 도시의 토지이용, 기반시설 등을 활용한 도시계획적 대책을 제시한다.
⑩ 도시공간구조의 기후위기 대응력 강화를 위하여 도시 내 온실가스 배출·흡수 현황지도, 건물 에너지수요 지도, 바람길 지도, 교통에 따른 연료 사용 관련 지도, 미기후 지도, 흡수원 분포 지도 등을 자율적으로 구축·활용하여 도시 내 탄소 감축·흡수가 최적화 되도록 공간구조개편에 적용하는 것이 권장되며, 지역의 관련 자료구축 및 수집 여건에 따라 상세정도를 달리하여 반영할 수 있다.

4-3-2. 생활권 설정 및 인구배분계획
(1) 생활권설정
① 시·군의 발전과정, 개발축, 도시기능 및 토지이용의 특성, 주거의 특성, 자연환경 및 생활환경 여건 등 지역특성별로 위계에 따른 생활권을 설정한다.
② 생활권은 시·군의 여건에 따라 위계별로 구분할 수 있으며, 하나의 생활권은 계획의 적정규모가 될 수 있도록 설정한다.
③ 생활권의 경계는 생활서비스의 공간적 제공범위와 물리적·사회문화적 공간의 동질성, 인접 시·군과의 관계 및 각종 자료 취득의 용이성 등을 고려하여 정한다.
④ 인접 시·군을 포함한 생활권을 설정하고자 하는 경우에는 해당 지자체와 협의하여야 한다.

(2) 인구배분계획
① 생활권별 인구·가구분포현황 및 인구밀도 변화요인을 분석하여 목표연도의 계획인구(상주인구, 주간인구, 인구구조 등)를 생활권별로 추정하고 단계별 인구배분계획을 수립한다. 다만, 도시여건의 급격한 변화등 불가피한 사유(기 승인된 주택건설사업의 변경이 인구계획 변경을 불가피하게 수반하는 경우를 포함한다)가 있으면 인구배분계획 총량을 유지하면서 시·도도시계획위원회 심의를 거쳐 생활권별(서울특별시·광역시의 경우 대생활권을 기준으로 한다)·단계별 인구배분계획을 조정할 수 있으며, 아래의 경우에는 시·도도시계획위원회의 심의를 거치지 아니할 수 있다.
  • 생활권별 인구배분계획의 30퍼센트 범위내에서 생활권간 조정(조정되는 생활권 중 계획인구가 가장 적은 생활권을 기준으로 한다)
② 생활권별로 인구증감추세, 재개발·재건축, 개발가능지(미개발지나 저개발지) 등을 고려한 적정인구밀도를 계획하여 그에 따라 인구배분계획을 수립한다. 이 때 인구증감추세, 인구밀도 현황, 재개발·재건축, 개발가능지(미개발지나 저개발지), 중심지와의 거리, 개발축 등을 고려하여 생활권의 중심기능을 담당하는 소생활권과 주변부 소생활권의 인구밀도를 달리하고, 시가화구역 및 비시가화구역에 대한 인구배분계획을 수립한다.
③ 생활권별 인구밀도계획시 학교, 상·하수도, 도로 등 기반시설을 고려하여 수용가능한 인구배분계획이 될 수 있도록 한다.
④ 인구배분계획은 토지이용계획, 교통계획, 산업개발계획, 환경계획 등과 연계되고 지역여건을 고려하여 생활권별로 수립한다.
⑤ ①에도 불구하고 중앙행정기관의 장이 다른 법률에 따라 추진하는 국가산업단지 등 각종 개발사업이 도시·군기본계획에 반영되지 않은 경우에

는 목표연도 총량범위에서 인구배분계획을 조정하고, 단계별·생활권별 배분계획을 적용하지 아니한다.

⑥ 인구배분계획에 반영된 인구 중 사업계획의 지연, 취소 등으로 인하여 목표연도내에 사업목적 달성이 불가능하다고 판단되는 인구에 대하여는 시·도도시계획위원회의 심의를 거쳐 다른 사업에 배분할 수 있다.

⑦ ①,⑤ 또는 ⑥에 따라 인구배분계획을 조정한 경우에는 도시·군기본계획을 변경하거나 재수립할 때에 동 조정내용을 반영하여야 한다.

⑧ 역세권 등에는 다양한 용도의 기능을 복합할 수 있도록 생활권별 인구배분계획을 추가로 반영할 수 있다.

제4절 토지이용계획

4-4-1. 토지이용의 기본원칙 및 현황분석

(1) 토지이용현황을 분석하고 토지적성평가 결과를 활용하여 기개발지, 개발가능지, 개발억제지, 개발불가능지로 구분하여 장래 토지이용을 예측한다.

(2) 기개발지는 비효율적인 토지이용 발생지역과 도시기능의 왜곡지역을 조사·분석하고, 발생원인과 문제점을 판단하여 기존 토지이용계획을 변경할 필요가 있는 곳을 선별한다.

(3) 도시지역 등에 위치한 개발가능토지는 단계별로 시차를 두어 개발되도록 할 것

(4) 시가지 외곽에서는 난개발의 발생지역과 신규 개발 잠재력이 큰 지역을 현장조사하여 파악한다.

(5) 하천 주변지역은 보전과 개발의 조화를 원칙으로 하여 토지이용을 예측한다. 다만, 하천 주변지역 개발이 하천에 미치는 영향을 최소화하는 개발방향과 기준을 제시한다.

(6) 승인권자는 인접 도시간, 지역간 연담화 방지와 광역적 토지이용 관리를 위하여 시·군의 합리적인 토지이용 방침을 제시하고 조정할 수 있다.

(7) 시·군의 온실가스 감축 목표와 토지용도별 온실가스 배출량을 고려하여 탄소중립 달성을 위한 적정 규모와 용도의 토지수요를 예측함으로써 지속가능하고 탄소중립적인 토지이용 방침을 제시한다.

(8) 재해위험 해소를 위해 재해취약성분석 결과를 고려한 토지이용계획을 수립하여야 한다.

4-4-2. 용도별 수요량 산출

(1) 주거용지

① 인구예측에 근거하여 미래 주택 및 토지수요를 산정한 후, 기성 시가지의 주거면적과 비교하여 신규로 확보하여야 할 주거용지를 산출한다. 이때 개발밀도는 용적률 150퍼센트를 기준으로 하여 필요한 면적을 산출한다.

② 신규 주거용지의 개발물량은 기성 시가지 또는 기존취락내 나지, 나대지 등 미개발지나 저개발지를 최대한 고려하고 재개발·재건축, 도시재생 등을 예상하여 최소화하도록 한다.

(2) 상업용지

① 미래 인구규모 및 도시특성에 따라 적정한 상업용지의 수요를 판단한다.

② 기존 시가지에서 이미 상업기능으로 바뀌고 있는 타 용도지역 등을 파악하고, 상업용지가 도시내에서 적정하게 분포되어 있는지를 판단한다.

③ 도시지역에서는 상업용지의 수요, 타용도지역의 전환, 적정한 분포 등을 감안하고, 비도시지역에서는 유통 및 관광·휴양 등의 수요를 판단하여 신규로 필요한 상업용지의 면적을 산정한다.

(3) 공업용지

① 시·군 및 상위계획의 산업정책에 입각하여 필요한 공업용지의 수요를 판단한다.

② 도시지역내에서는 새로운 신규토지를 확보하기 보다는 기존에 확보된 공업용지중 저개발 또는 미개발된 곳을 최대한 활용하고 효율적·압축적인 토지이용이 될 수 있도록 한다.

③ 비도시지역에서의 공업용지는 비도시지역 지구단위계획으로 확보할 수 있는 일정규모 이상의 토지로 농공단지 등에 필요한 토지를 판단하여 산정한다.

(4) 고려사항

① 토지자원을 효율적이고 절약적으로 이용할 수 있도록 가용토지 공급량을 고려하여 계획한다.

② 각 용지별 토지수요량은 인구 및 사업계획 등을 고려하여 합리적인 수급계획이 수립될 수 있도록 한다.

③ 인구배분계획, 교통계획, 산업개발계획, 주거환경계획, 사회개발계획, 공원녹지계획, 환경보전계획 등 각 부문별계획의 상호관계를 고려한다.

④ 용도별 토지수요는 도시지역과 비도시지역으로 구분하여 계획하고 생활권별 및 단계별로 제시한다.
⑤ 용도별 토지수요를 추정할 경우 아래의 기준에 따라 조정할 수 있다.
㉮ 국가산업단지 등 국가정책사업에 따라 필요한 용도별 토지수요를 별도로 고려할 수 있다.
㉯ 성숙·안정형 도시는 산업단지, 농공단지, 물류단지 등 지역발전을 위한 공업용지를 별도로 고려할 수 있다.
㉰ 감소형 도시는 ㉯에 따른 공업용지와 도시개발사업, 관광단지 등 관할구역내 국지적 토지수요를 별도로 고려할 수 있다.
㉱ ㉯와 ㉰에 따라 별도로 고려된 토지수요는 콤팩트-네트워크 도시 공간구조를 위한 성장유도선 등 계획적 관리 방안을 마련하여 적합한 입지에 배분하여야 한다.

4-4-3. 용도구분 및 관리
(1) 목표연도 토지수요를 추정하여 산정된 면적을 기준으로 시가화예정용지, 시가화용지, 보전용지로 토지이용을 계획하며, 시가화예정용지 및 보전용지 설정 시에는 토지적성평가 결과를 활용한다.
(2) 시가화용지
① 시가화용지는 현재 시가화가 형성된 기개발지로서 기존 토지이용을 변경할 필요가 있을 때 정비하는 토지로서 주거용지·상업용지·공업용지·관리용지로 구분하여 계획하고, 면적은 계획수립 기준연도의 주거용지·상업용지·공업용지·관리용지로 하여 위치별로 표시한다. 다만, 목표연도의 추정된 시가화용지(주거용지·상업용지·공업용지)가 도시·군기본계획 기준연도의 주거지역·상업지역·공업지역(도시·군관리계획으로 결정된 지역에 한하다) 면적보다 감소한 시·군은 추정된 토지수요에도 불구하고 주거지역·상업지역·공업지역을 시가화용지로 배분할 수 있으며, 이 때 해당 시·군은 시가화용지의 계획적 관리방안을 제시하여야 한다.
② 대상지역
㉮ 도시지역내 주거지역, 상업지역, 공업지역
㉯ 택지개발예정지구, 국가·일반·도시첨단산업단지 및 농공단지, 전원개발사업구역
㉰ 도시공원 중 어린이공원, 근린공원
㉱ 계획관리지역 중 비도시지역 지구단위계획이 구역으로 지정된 지역 (관리용지로 계획)
③ 시가화용지에 대하여는 기반시설의 용량과 주변지역의 여건을 고려하여 도시경관을 유지하고 친환경적인 도시환경을 조성할 수 있도록 정비 및 관리방향을 제시한다.
④ 개발 밀도가 높은 용도지역으로 변경(up-zoning)할 경우에는 지구단위계획수립을 수반하여 용도를 변경한다.
(3) 시가화예정용지
① 성숙·안정형과 감소형의 경우 사업계획이 지연·취소 등으로 인하여 목표연도내에 사업목적이 달성이 불가능하다고 판단되는 경우 재검토하여 과도한 개발계획이 되지 않도록 한다.
② 시가화예정용지는 당해 도시의 발전에 대비하여 개발축과 개발가능지를 중심으로 시가화에 필요한 개발공간을 확보하기 위한 용지이며, 장래 계획적으로 정비 또는 개발할 수 있도록 각종 도시적 서비스의 질적·양적 기준을 제시한다.
③ 시가화예정용지는 목표연도의 인구규모 등 도시지표를 달성하는 데 필요한 토지수요량에 따라 목표연도 및 단계별 총량과 주용도로 계획하고, 그 위치는 표시하지 않으며, 향후 시가화용지 중 관리용지로 전환될 시가화예정용지는 주거용지·상업용지·공업용지로 전환할 수 없다.
④ 시가화예정용지는 주변지역의 개발상황, 도시기반시설의 현황, 수용인구 및 수요, 적정밀도 등을 고려하여 지역별 또는 생활권별로 배분한다.
⑤ 시가화예정용지의 세부용도 및 구체적인 위치는 다음 각호의 기준에 따라 도시·군관리계획의 결정(변경)을 통해 정하도록 하여야 한다.
㉮ 상위계획의 개발계획과 조화를 이루고 개발의 타당성이 인정되는 경우 지정
㉯ 인구변동과 개발수요가 해당 단계에 도달한 때 지정
㉰ 도시지역의 자연녹지지역과 관리지역의 계획관리지역 및 개발진흥지구 중 개발계획이 미수립된 지역에 우선 지정토록 하되, 그 외의 지역에 대해서도 도시의 장래 성장방향 및 도시와 주변지역의 전반적인 토지이용상황에 비추어 볼 때 시가화가 필요한 지역에 지정

㉪ 재해취약성 분석 결과 재해 발생 우려가 적은 곳에 지정
　　⑥ 시가화예정용지를 개발 용도지역으로 부여하기 위해서는 지구단위계획
　　　을 수반토록 하여 도시의 무질서한 개발을 방지하고 토지의 계획적 이용
　　　·개발이 될 수 있도록 하여야 한다.
　(4) 보전용지
　　① 보전용지는 토지의 효율적 이용과 지역의 환경보전·안보 및 시가지의
　　　무질서한 확산을 방지하여 양호한 도시환경을 조성하도록 개발억제지 및
　　　개발불가능지와 개발가능지 중 보전하거나 개발을 유보하여야 할 지역으
　　　로 한다.
　　② 대상지역
　　　㉮ 도시지역의 개발제한구역·도시자연공원구역·보전녹지지역·생산녹
　　　　지지역 및 자연녹지지역중 시가화예정용지를 제외한 지역
　　　㉯ 농림지역·자연환경보전지역·보전관리지역·생산관리지역 및 계획관
　　　　리지역 중 시가화예정용지를 제외한 지역
　　　㉰ 도시공원(어린이공원과 근린공원을 제외한다)
　　　㉱ 문화재보호구역, 상수원의 수질보전 및 수원함양상 필요한 지역, 호소
　　　　와 하천구역 및 수변지역
　　③ 상습수해지역 등 재해가 빈발하는 지역과 하천 하류지역의 수해를 유발
　　　할 가능성이 있는 상류지역은 원칙적으로 보전용지로 지정하되, 시가화예
　　　정용지로 설정하고자 하는 경우에는 당해 지역에 유수되는 우수의 흡수율
　　　을 높이기 위하여 녹지비율을 강화하는 등 방재 대책을 미리 수립한다.
　　④ 쾌적한 환경을 조성하고 도시의 건전하고 지속가능한 발전을 위하여 적
　　　정량의 보전용지가 확보될 수 있도록 계획한다.
　　⑤ 도시 내·외의 녹지체계 연결이 필요한 지역이나 도시확산과 연담화 방
　　　지를 위하여 필요한 지역 등은 원칙적으로 보전용지로 계획한다.
　(5) 토지이용계획도
　　① 토지이용계획도는 토지이용계획 중 시가화용지 및 보전용지를 표시하
　　　고, 시가화용지는 주거용지·상업용지·공업용지·관리용지로 구분하며,
　　　필요한 경우 성장유도선 등 계획적 관리방안을 표현할 수 있다.
　　② 토지이용계획의 각 용지는 개략적인 범위 및 위치만을 표시하되, 격자
　　　로 표시할 수 있다.

4-4-4. 관리지역의 세분 기본방향
　① 관리지역은 국토이용관리법상 준농림지역과 준도시지역을 포함하며, 이
　　를 세분하기 위한 기본방향을 설정한다.
　② 도시·군관리계획과 동시에 수립하는 경우에는 토지적성평가 결과를
　　활용할 수 있다.
　③ 관리지역을 세분하기 위하여 지역의 정책방향에 따라 추가적으로 고려하
　　여야 할 사항을 제시한다. 이 경우 지역의 장기발전계획과 공간구조 계획
　　을 실현하기 위하여 정책적으로 반드시 필요한 경우 등 특별한 사유가 있
　　는 경우를 제외하고 토지적성평가결과에 의한 토지등급에 따라야 한다.

4-4-5. 개발제한구역의 조정
　(1) 개발제한구역 중 보전가치가 높은 지역은 보전용지로 계획한다.
　(2) 개발제한구역 중 보전가치가 낮은 지역은 토지수요를 감안하여 일시에 무
　　질서하게 개발되지 않도록 단계적 개발을 계획한다.
　(3) 해제지역은 원칙적으로 저층·저밀도로 계획하고 기존 시가지와의 기능분
　　담·교통·녹지·경관 등이 연계되도록 개발계획을 수립한다.
　(4) 해제지역은 주변의 토지이용현황과 조화되도록 친환경적으로 계획한다.
　(5) 개발제한구역이 부분 해제되는 도시권에서는 도시·군기본계획의 내용 중
　　개발제한구역의 조정에 관한 사항은 광역도시계획수립지침이 정하는 바에
　　따라 계획을 수립하도록 하며, 조정내용에 대하여는 사전에 국토교통부장관
　　과 협의 및 그 협의 결과를 반영하여야 한다.

4-4-6. 비시가화지역 성장관리계획
　　비시가화지역의 난개발 방지 및 합리적인 성장관리를 위하여 비시가화지역
　　의 성장관리계획의 수립 및 운영 방향을 제시한다.

제5절 기반시설

4-5-1. 교통계획
　(1) 기본원칙
　　① 목표년도 및 단계별 최종년도의 교통량을 추정하고 교통수단별·지역별
　　　배분계획을 수립하여 기능별 도로의 배치 및 규모에 대한 원칙을 제시하
　　　되, 도시·군관리계획 수립시 지침이 될 수 있도록 한다.
　　② 당해 시·군의 공간구조와 교통특성 및 인접도시와의 연계 등을 충분히

검토하여 광역교통 및 도시교통의 총체적 교통체계를 구상한 후 계획을 수립한다.
③ 국도·지방도 등 지역간 연결도로 및 시·군내 주간선도로는 통과기능을 유지하도록 하고 도심지에 교통량을 집중시키지 않도록 계획한다.
④ 도시교통은 토지이용계획과의 상관관계를 고려하여 계획함으로써 불필요한 교통량 발생을 최소화한다.
⑤ 교통계획은 각종 차량 및 교통시설에 의한 온실가스 과다 배출, 대기오염, 소음, 진동, 경관 저해, 자연생태계 단절 등의 문제가 없도록 계획한다.
⑥ 교통량 추정과 교통수단별·지역별 배분계획 수립 시 가능한 차종별 연료 및 온실가스 배출계수 등을 함께 고려하여 도시 내 교통으로 인한 온실가스 배출이 최소화되도록 한다.
⑦ 온실가스 배출과 에너지 소비를 저감하기 위하여 대중교통, 자전거, 보행 및 친환경 녹색교통 수단 확대를 추구한다.
⑧ 첨부된 교통계획수립보고서 항목에 따라 별도 계획서를 작성하고 그 요지를 본 보고서에 수록한다. (별첨 4 참조)
(2) 주요 교통시설로의 접근성 제고
① 철도(지하철 포함), 경전철, 공항, 주차장, 환승시설, 자동차정류장 등은 지구내 도로교통 및 지구내에 배치하는 기반시설과 연계되도록 한다.
② 교통시설들은 환승시간을 단축할 수 있도록 계획하고, 이용자의 편익증진과 온실가스 배출 및 에너지 사용량 감축을 위하여 여러 기능이 복합적으로 발휘될 수 있도록 계획을 수립한다.
③ 대중교통시설은 보행접근이 용이하도록 보행네트워크와 연계하여 배치토록 계획한다.
④ 친환경 자동차 등 녹색교통 수단이 기존 교통 네트워크와 원활히 연계되고 활성화 되도록 녹색교통시설 배치 방안을 제시한다.

4-5-2. 물류계획
(1) 각 생활권과 개발대상지역을 상호 유기적으로 연계시킬 수 있는 물류 및 교통계획을 수립한다.
(2) 물류시설의 체계적인 확충 및 정비를 적극적으로 고려하도록 하고, 시·군내 대규모 개발사업 등에 물류시설도 고려하며 복합기능형 물류시설의 확충을 도모한다.

(3) 생산·유통·판매·폐기 등 물류활동 전반에서 온실가스 감축이 가능한 녹색물류 체계를 계획한다.

4-5-3. 정보·통신계획
(1) 고도정보화 시대에 대비하여 주민이 정보통신의 혜택을 균형있게 누릴 수 있도록 정보수요를 예측하여 아래 사항을 고려하여 정보체계를 구상하고 정보망 구축 및 정보의 활용방향을 구상한다.
① 이러한 도시정보시스템을 도시·군계획·도시개발과 연계할 수 있도록 구상한다.
② 정보시스템을 주민생활 및 기업활동과 연계하여 활용할 수 있는 방안을 함께 계획한다.
(2) 도시·군계획과 도시민의 삶에 영향을 미치는 국가적인 정보화 사업을 반영한다.

4-5-4. 스마트도시계획
(1) 토지이용·교통·환경·행정·재정 등 도시관리 현황 및 정보통신 관련 현황 등을 종합적으로 고려하여 계획에 반영한다.
(2) 계획내용은 강점·약점·기회·위협요소 등의 종합분석을 통해 전체 구상이 현실에 기반을 두면서도 미래 지향적이어야 한다.
(3) 신기술 적용 가능성 등 향후 여건변화에 탄력적으로 대응하도록 포괄적으로 계획을 수립한다.
(4) 스마트도시계획은 스마트도시종합계획의 내용을 반영하여야하며 스마트도시건설사업 실시계획에 방향성을 제시하여야 한다.
(5) 스마트도시건설의 기본방향과 계획의 목표 및 추진전략, 스마트도시기반시설 및 서비스 등 계획의 전반에 있어서 지방자치단체, 관계행정기관, 관련 전문가 뿐만 아니라 주민의 의사가 충분히 반영될 수 있도록 계획한다. 특히 스마트도시서비스 제공의 우선순위 선정에 있어서 주민의 불편사항 및 향후 개선에 관한 의견 등을 충분히 반영한다.
(6) 계획내용의 단계별 추진
① 계획내용의 상세정도는 단계별로 차등화 할 수 있다.
② 부문별 추진방안을 고려해서 단계별로 계획에 반영한다.
(7) 스마트도시계획의 실행을 위한 추진체계, 관계행정기관 간 역할분담 및 협

력방안, 재원의 조달 및 운용방안을 마련한다.

4-5-5. 상·하수도

(1) 생활용수와 공업용수로 구분하여 계획하되, 급수인구, 급수량 및 급수율, 공업용수 공급량을 예측하여 용수공급계획과 사용절약계획 및 시설계획을 수립한다.

(2) 예측되는 개발사업이 있는 경우는 이를 고려하여 급수량, 오수량을 산정하고 단계별로 시설계획을 수립한다.

(3) 생활하수, 산업폐수 및 분뇨의 배출량을 예측하고, 하수 및 폐수처리방안을 강구한다.

4-5-6. 성숙·안정형의 경우 기존 시설을 정비·개량하고 장기미집행 시설의 해제를 검토하여 과도한 시설계획이 되지 않도록 한다.

4-5-7. 기반시설은 재해취약 특성을 고려하여 배치하도록 한다.

제6절 도심 및 주거환경

4-6-1. 도시재생계획

(1) 도시재생의 목적

도시재생은 경제성장이 안정화되고 인구성장이 정체·감소하는 등 사회·경제적 여건 변화에 대응하여 도시의 경제·사회·문화적 활력 을 회복하고 도시관리의 효율성을 높일 수 있도록 이미 도심지역 등에 투입된 토지와 기반시설을 재활용·정비하여 에너지·자원절약형의 압축적 도시구조(compact city)를 형성하고, 산업 등 주요기능의 재배치, 새로운 기능의 도입·창출, 자원의 효율적인 배분, 공동체 활성화 등을 통해 도시의 자생적 성장기반을 확충하는 등 주민의 삶의 질 향상에 기여함을 목적으로 한다.

(2) 고려요소

도시재생을 위해 다음과 같은 기반시설, 대중교통 및 보행, 역사·문화자원, 거주성 등의 요소를 고려하여야 한다.

① (기반시설) 기존 도심지역의 노후한 기반시설을 정비하는 등 도시의 핵심역량 강화 및 기업활동을 지원하고, 압축적 도시공간 활용에 지장을 주지 않도록 물리적 환경여건을 개선하여야 한다.

② (대중교통 및 보행) 도심지역에 활동인구(유동인구)가 증가하고 체류시간이 증대하도록 인간중심적이고 쾌적한 도심환경을 조성하여 도심상권의 활성화를 도모하여야 한다. 이를 위해 대중교통과 보행 중심의 개발(TOD; Transit-Oriented Development)을 통해 유동인구가 많은 역세권 등을 복합적이고 입체적으로 정비함으로써 보행권내에서 다양한 쇼핑·여가·문화활동이 이루어질 수 있도록 한다. 또한 보행의 안전성과 편리성이 증대되도록 가급적 자동차 통행을 배제하고, 보행의 연속성과 즐거움을 제공하기 위해 업무용 건물을 비롯한 도심지역내 건물의 저층부에는 상업·문화공간을 배치하도록 한다.

③ (역사·문화자원) 기존 도심지역은 도시민의 다양한 추억과 향수가 어려 있는 곳으로, 지역 고유의 역사·문화자원을 적극적으로 발굴하고 문화여가공간으로 보전, 활용함으로써 도시 정체성과 장소성을 제고하여 집객력을 높여야 하며 재래시장이나 전통상가 역시 생활문화자원으로 활용하도록 한다

④ (거주성) 야간시간대의 도심 공동화를 방지하고 직주근접을 통해 교통비용을 줄이기 위해 도심지역에도 일정 부분 거주성(livability)을 확보할 수 있도록 토지이용을 복합하여 다양한 형태의 주거기능을 수용할 수 있는 도심형 생활공간을 제공함으로써 정주인구의 회귀를 유도하도록 한다.

(3) 수립대상

성숙·안정형 도시의 경우 도시재생계획을 수립하여야 한다. 성장형 도시는 자치단체장이 해당 지역의 여건상 도시재생계획이 필요하다고 판단할 경우 선택적으로 수립할 수 있다.

(4) 수립방향

① 도시재생전략계획의 방향을 제시해 줄 수 있도록 구도심과 도시내 쇠퇴지역 등의 기능을 증진 시키고 지역공동체를 복원하여 자생적 도시재생을 위한 기반을 마련할 수 있는 전략이나 정책방향을 제시하여야 한다.

② 도시쇠퇴지역에 대해서는 도시·군기본계획(공간계획이나 토지이용계획, 기반시설 계획)에서 종상향 또는 기반시설 우선 설치 등 인센티브 방향을 제시하고, 공간계획에 대한 방향을 제시하여야 한다.

(5) 도시재생계획의 내용

① 도시쇠퇴 현황

② 도시재생에 대한 지자체의 정책방향

③ 도시재생사업 중 도시·군기본계획과의 연관사업 및 정책 제시
④ 도시재생활성화지역의 지정 및 도시재생기반시설의 설치, 정비 또는 개량에 관한 방향성 제시
⑤ 활성화지역 우선순위, 활성화지역의 지정 등에 대한 도시골격과 발전축 도시공간구조, 기반시설 등을 고려한 방향성 제시
⑥ 도시·군기본계획 현황조사를 통해 성장이 멈추었다고 보이거나 공동화 현상이 일어나고 있다고 보이는 지역에 대해 사업체감소 추이, 건축물 노후도 등을 추가적으로 조사한다.(도시·군관리계획의 데이터를 활용하거나 도시·군관리계획에서 조사토록 할 수 있다.)

4-6-2. 도심 및 시가지 정비

(1) 지역특성을 고려한 시가지정비방안에 대한 목표와 전략을 제시한다.
(2) 농촌지역을 포함하는 시·군의 경우 도시와 농촌간의 상호 유기적인 균형발전을 위한 방안을 제시한다.
　① 도시지역의 경우 재개발·재건축 및 역세권개발, 신·구 시가지간의 균형발전, 탄소중립 사회로의 이행 등에 대한 개발방향을 설정한다.
　　㉮ 구도심활성화를 위한 개발전략 및 실천수단을 강구한다.
　　㉯ 구시가지내 주거지역의 부족한 기반시설을 확보하기 위한 개발전략 및 실천수단을 강구한다.
　　㉰ 구시가지내 온실가스 감축을 위한 그린 리모델링, 녹색건축물의 확대, 그린인프라 확충 등을 위한 개발전략 및 실천수단을 강구한다.
　　㉱ 신시가지에 대한 개발계획이 있는 경우 해당 지역 내에서 탄소중립이 달성될 수 있도록 개발전략과 실천수단을 강구한다.
　② 비도시지역의 경우 취락의 정비 및 도시와의 유기적인 네트워크 개발, 탄소흡수원 확충 등 탄소중립 기여에 대한 기본방향을 설정한다.

4-6-3. 주거환경계획

(1) 당해 시·군의 토지이용 및 가용토지 등 시·군의 여건과 사회·경제적 요인을 고려한 최저 주거기준을 도입하고, 저소득층 주거수준 향상을 위한 대책을 마련한다.
(2) 주거환경의 조성시에는 소규모 지구별로 편의·문화·교육공간을 배려하는 등 지구내 커뮤니티 형성에 기여하도록 한다.
(3) 주택의 규모·밀도·형태는 지역특성과 주변경관을 고려하여 다양하게 배치하며, 대단위 주거단지에는 주거환경과 문화를 갖춘 주민공동체로서의 기능을 할 수 있는 방안을 제시한다.
(4) 주택의 에너지효율성과 자원순환, 신재생에너지 도입 잠재력 등을 고려하여 기후위기 대응을 위한 주거환경을 구축하고 온실가스를 감축할 수 있는 방안을 제시한다.
(5) 주택공급방안
　① 인구계획과 인구배분·밀도계획 및 개발가능지, 최저주거, 주거복지, 주택유형 등을 고려하여 주택공급의 기본방향을 제시한다.
　② 기존 주변지역의 주택유형별 온실가스 배출 현황을 조사하고, 제로에너지건축 등 주택 에너지 효율화, 주택 주변부 식재 등과 같은 주택 내 탄소흡수원 확충 방안 등 탄소중립 지향형 주택공급 방안을 제시하는 것이 권장되며, 지역의 특성에 따라 해당 내용의 수립 여부 및 상세 정도를 달리하여 수립할 수 있다.

제7절 환경의 보전과 관리

4-7-1. 기본방향

(1) 지속적인 발전 및 탄소중립도시로의 전환을 위하여 환경보전계획의 목표와 전략을 수립한다.
(2) 환경보전계획은 최근 5년 이상의 주요 환경현황을 조사·분석하고, 부문별 계획과 연계하여 장래의 환경변화를 예측한 후 이를 토대로 분야별 대책을 수립한다.
(3) 환경대책은 사전오염방지를 원칙으로 하고, 자연·대기·수질환경과 환경기초시설 등 오염의 원인과 문제점을 분석하여 해소방안을 마련한다.
(4) 기존의 환경기초시설의 현황 및 문제점을 파악하여 환경기초시설의 확충방향을 수립한다.
(5) 단지개발시 불투수층을 최대한 감소시켜 초기강우시 비점오염 물질의 발생을 억제시키고 발생된 비점오염 물질은 하천에 유입되기 전에 이를 차단·관리하는 방안을 수립하여야 한다.

4-7-2. 탄소중립도시 조성

(1) 정부의 기후위기 대응을 위한 탄소중립 달성 및 녹색성장을 위한 정책목표에

부합되도록 하며, 국가탄소중립 녹색성장 기본계획 및 국가에너지기본계획 등 관련 국가계획과 연계되도록 한다.

(2) 탄소중립 실현을 위한 공간구조, 교통체계, 환경의 보전과 관리, 에너지 및 공원·녹지 등 도시·군계획 각 부문을 체계적이고 포괄적으로 접근하여 수립한다

(3) 온실가스 감축과 자원절약형 개발 및 관리를 위하여 한계자원인 토지, 화석연료 등의 소비를 최소화하고 이들을 효율적으로 이용할 수 있는 방안을 계획한다.

(4) 화석연료를 대체할 수 있는 다양한 신·재생에너지원을 확보할 수 있는 잠재력을 분석·반영하고, 에너지 절감을 위한 신·재생에너지 등 환경친화적 에너지의 공급 및 사용을 위한 대책을 수립한다.

(5) 기후변화 완화 및 적응을 위하여 지역의 지리적, 사회·경제여건 등 지역의 특성을 반영하여 수립하며, 지역의 특성에 따라 계획의 수립 여부 및 계획의 상세 정도를 달리하여 수립할 수 있다.

(6) 탄소중립도시 조성 계획 방안

① 탄소중립도시 조성을 위하여 계획 지표에서 제시한 연도별 온실가스 감축 목표에 따라 탄소중립 도시 조성 계획 방안을 수립하여야 한다.

② 감축 목표 달성을 위하여 필요한 감축 수단(흡수·포집 수단을 포함한다.)을 제시한다.

③ 감축수단 중 타부문 계획과 긴밀한 연계가 필요한 부분에 대해서는 타부문 계획 내용을 준용할 수 있다.

④ 감축수단은 가능한 한 예상 감축량을 명시하여 야 하며, 감축수단 별 감축량을 합산하여 감축목표를 달성할 수 있도록 계획하고, 감축수단을 공간적으로 배치하는 계획을 제시하는 것이 권장되나, 지역의 자료 구축 및 수집 여건에 따라 제시 여부 및 상세 정도를 달리하여 반영할 수 있다.

⑤ 지자체 탄소중립 녹색성장 기본계획, 지역에너지계획 등 유관 계획이 있을 경우, 해당 계획 내용을 언급하거나 준용할 수 있으며 해당 계획들과 일관성을 갖춰야 한다.

4-7-3. 환경친화적 개발의 유도

(1) 개발사업이 탄소중립에 기여하고 친환경적으로 이루어질 수 있도록 사업유형에 따른 온실가스 감축 대책과 자연환경보전 전략 등을 제시한다.

(2) 개발이 예상되는 곳에 하천·공원·수림대 등이 있는 경우에는 이의 보전은 물론 개발대상지까지도 이와 연계하여 비오톱(biotop) 조성 및 미기후환경 보전 방안을 마련한다.

(3) 비시가화지역에는 환경림의 조성 등을 통하여 산림자원을 증진시키고, 시가지내에서는 도시녹화사업과 공원녹지 확대사업을 추진하여 녹화량을 제고하며, 기존 도심의 업무지역에는 옥상조경과 벽면녹화 등 도심녹지를 확충할 수 있는 방안을 마련한다.

(4) 도심을 관통하는 하천은 생태계가 유지될 수 있도록 복개하지 아니함을 원칙으로 하고, 하천정비가 필요한 때에는 친자연형의 공법으로 정비하되 수변지역의 개발 및 오염물질이 유입되지 않도록 대책을 강구한다.

4-7-4. 대기환경 및 수환경의 보전

(1) 청정연료 및 저유황유 보급 확대, 저공해 자동차 보급, 집단에너지공급시설 설치 등 오염물질의 배출을 저감하기 위한 전략을 강구한다.

(2) 계획대상지내의 소음·진동·악취 등 주거환경 악화요인에 대한 대책방안을 제시한다.

(3) 계획대상지내의 하천·호소·연안 및 상수원에 대한 수질보전대책방안을 제시한다.

(4) 도시 내에 대기환경 쾌적성을 높이고 수환경과 연계하여 열섬 현상을 완화하도록 계획하며, 대기오염물질 및 온실가스 저감을 위한 옥상·벽면 녹화 및 관련 시설 설치 등의 대책방안을 제시한다.

4-7-5. 폐기물

① 시·군에서 발생하는 생활폐기물과 사업장폐기물의 배출량을 예측하여 처리계획을 수립하되, 폐기물의 감량화, 재이용 및 재활용 방안을 강구한다.

② 폐기물의 소각처리와 매립을 최소화하고 폐기물 처리에 드는 에너지를 감축하며 자원순환을 유도하도록 온실가스 감축을 위한 대책방안을 제시한다.

4-7-6. 에너지

(1) 온실가스 감축 목표 및 지역 에너지 수요, 신·재생에너지 공급 비중을 고려하여 에너지원 별 공급방안을 강구한다.

(2) 집단에너지 공급시설 건설시 폐열 활용 등 효율적인 에너지 활용방안을 강

구하며, 화석연료 기반 에너지 공급시설을 건설할 경우 대기오염물질 및 온실가스 감축을 위한 방안을 강구한다.
(3) 해당 시·군에 수소에너지 등 신에너지를 위한 에너지 공급체계 전환 관련 계획이 있을 경우 관련 기반시설 구축 내용을 수록할 수 있으며, 에너지 공급계획 및 온실가스 감축 목표 달성에 반영할 수 있다.
(4) 자발적인 에너지 사용 감축 유도를 위하여 도시 내 에너지 수요와 공급 현황을 파악하고 시민에게 해당 정보를 제공하는 방안을 고려할 수 있다. 단, 지역의 자료 구축 여건을 고려하여 조사 및 방안 제시 여부 및 상세 정도를 달리하여 제시할 수 있다.

제8절 경관 및 미관

4-8-1. 기본원칙
(1) 경관계획은 도시미관의 향상뿐만 아니라 주민의 생활환경 개선과 삶의 질 향상, 지역의 공공성 과 어메니티 제고 등을 목표로 하여 종합적인 관점에서 수립되어야 한다.
(2) 경관계획은 자연, 역사·문화, 주민의 생활상 등 지역의 고유한 특성과 요구를 고려하여 정체성·독창성이 확보되도록 수립하여야 한다.
(3) 경관계획은 장기적인 관점에서 도시 전체의 경관미래상을 제시하며, 단기적으로는 이에 부합하는 경관의 보존·관리 및 형성을 위한 계획방향을 지역 여건에 따라 선택적으로 제시하여야 한다.
(4) 경관계획은 경관법에 의한 경관계획 등 관련 계획과 상호 연계하여 정합성을 갖도록 수립하여야 한다.

4-8-2. 경관계획의 성격
(1) 경관계획은 시·군 관할구역의 경관의 보호 및 형성을 위하여 수립하는 계획으로서, 당해 지역의 이미지 개선, 경쟁력 증진 및 정체성 확보를 위한 구체적인 경관가이드라인을 제시하는 것을 목적으로 한다.
(2) 경관계획은 토지이용계획, 주거환경계획 등 다른 부문과 밀접하게 연관되어 있으므로, 도시·군기본계획의 다른 부문과 연계 검토하여 수립하여야 한다.
(3) 경관계획은 도시·군관리계획·지구단위계획 등 하위계획과 각종 개발사업의 지침이 되며, 개발행위허가시에 주요자료로 활용될 수 있다.

4-8-3. 경관계획의 구성 및 수립기준
(1) 현황분석 : 시·군 전체의 경관현황 및 경관과 관련한 기존 도시·군계획 내용의 조사·분석
① 시·군 전체의 경관적 이미지와 특징을 분석하고 지역별 경관유형을 구분한다. (대상지 성격에 따라 자연, 수변, 역사·문화, 농산어촌, 시가지 등으로, 위치에 따라 도심부, 외곽부, 비도시지역 등으로, 개발유무에 따라 기성시가지와 미개발지, 토지이용상태에 따라 주거지, 상업지, 공업지 등으로 다양한 유형별로 구분할 수 있다)
② 경관관리가 잘된 지역과 잘못 관리되고 있는 지역을 구분하여 평가한다.(필요한 경우 외국사례와 비교도 가능하다)
③ 경관과 관련한 도시·군계획현황 및 조례현황을 조사하여 경관에 미치는 영향·효과 등을 검토한다.
(2) 기본구상 : 계획의 목표 및 전략 설정
① 시·군의 정체성을 고려하고 미래상을 감안하여 시·군 전체의 경관 이미지를 설정하고 이에 기초하여 지역별로 경관 이미지를 설정한다
② 도시지역과 비도시지역의 경관차별화, 경관구조(경관권역·경관축·경관거점)의 설정 등 경관형성 전략을 제시한다.
③ 기본구상의 표현은 다이아그램 형식 등 개략적으로 하며, 이미지 스케치를 활용한다.
(3) 경관관리대상지역 : 경관관리가 필요한 지역으로 경관권역, 경관축, 경관거점을 포함하거나 그 일부에 설정할 수 있으며 중첩하여 설정할 수도 있다.
① 보전대상지로는 역사·문화자원이 남아있는 지역, 우수한 자연림이나 민감한 자연생태계가 보전된 지역, 도시의 대표적인 수변, 상징적인 건물이나 구조물 등으로 보전·유지가 필요한 지역 등이 된다.
② 개선대상지로는 도심부, 도시진입부, 주요간선도로변 등에서 경관이 특징적이지 못하거나 무질서한 건물입지·간판 등으로 경관개선이 필요한 곳, 비도시지역으로서 개발수요가 높아 난개발이 우려되는 지역 등이 된다.
③ 경관관리대상지역의 보전 및 개선이 필요한 경관요소를 선정하여 경관관리방향과 보전 및 개선 전략을 수립한다.
(4) 경관관리구상도면
① 1/25,000부터 1/50,000까지의 축척으로 작성한다.(필요한 경우 대축척으

로 작성할 수 있다.)

② 지역별 경관유형, 경관관리대상지역, 경관요소, 경관구조(경관권역 · 경관축 · 경관거점) 등을 파악할 수 있도록 한다.

제9절 공원 · 녹지

4-9-1. 기본원칙

(1) 계획의 종합성 제고

① 지역 및 광역적 자연생태환경, 경관, 사회 · 문화 · 역사 등 환경을 종합적으로 고려하여 합리적인 계획안을 도출한다.

② 부문별 기초조사 결과를 토대로 미래의 도시환경의 전망을 예측하여 도시내 공원녹지의 전체 구상이 창의적이 되게 하고, 시행과정과 여건변화에 탄력적으로 대응할 수 있도록 포괄적으로 수립한다.

(2) 환경친화적이며 지속가능한 계획의 수립

① 환경적으로 건전하고 탄소중립에 기여하며 지속가능한 도시환경이 이루어질 수 있도록 자연환경 · 경관 · 생태계 · 녹지공간 등의 확충 · 정비 · 개량 · 보호에 주력하여 계획한다.

② 녹지축 · 생태계 · 우량농지, 임상이 양호한 임야, 양호한 자연환경과 수변지역 등 환경적으로 보전가치가 높고 경관이 뛰어난 지역은 보전하도록 한다.

③ 온실가스 감축 목표 달성과 연계하여 공원 · 녹지의 온실가스 흡수량을 설정하고, 이를 달성할 수 있도록 공원 · 녹지 확보 계획을 수립할 수 있으며 지역의 자료 구축 및 수집 여건에 따라 반영 여부 및 상세정도를 달리할 수 있다.

(3) 계획의 차등화 · 단계화

① 계획의 상세정도는 인구밀도, 토지이용, 주변환경의 특성, 중요도 등을 고려하여 차등화 한다.

② 각 부문별 계획은 목표연도 및 단계별 최종년도로 작성하고, 인구 및 주변환경의 변화에 따라 탄력적으로 공원녹지의 조성 및 관리계획에 반영될 수 있도록 한다.

(4) 형평성과 다양성의 원칙

① 공원녹지의 공간적 배분과 질적 수준에 있어 지역간, 세대간, 계층간 형평성을 유지한다.

② 도시의 공간적 다양성과 계층간의 다양성을 존중하고, 지역 고유의 특성에 기반을 둔 다양한 도시환경을 조성한다.

(5) 공원 · 녹지계획은 도시공원 및 녹지 등에 관한 법률에 의한 공원녹지기본계획 등 관련 계획과 상호 연계하여 정합성을 갖도록 수립하여야 한다.

4-9-2. 계획의 방향

(1) 도시개발축, 기존 공원녹지 및 주변환경과 연계되도록 시 · 군 전체에 대한 녹지체계를 구상한다.

① 공원 · 녹지의 위계를 생활권, 지구의 단위로 구분 설정하고 그 체계를 구상한다.

② 생활권별로 공원 · 녹지가 균형있게 배분되도록 공원이 부족한 생활권에 녹지를 우선적으로 배치한다.

(2) 공원 · 녹지체계는 선(線)과 면(面)의 2개 유형이 상호 조화되도록 구상한다.

(3) 시 · 군공간구조의 변화에 따라 공원 · 녹지체계도 변화되므로, 광역계획권 및 생활권의 공간구조와 연계되도록 공원 · 녹지체계를 구상한다.

① 도심지의 공장 · 학교 · 공공시설 등의 이전적지에 대하여는 가급적 일정 비율의 공원 등을 확보하여 녹지공간으로 제공할 수 있도록 계획한다.

② 도시의 외곽지역과 연계한 지역거점 공원의 효율화를 위하여 도시내 녹지확충방안을 강구한다.

(4) 공원 또는 녹지대는 단지내의 비점오염물질 발생을 줄이거나 발생된 비점오염 물질의 외부 유출을 저감할 수 있는 시설이 되도록 위치 및 규모를 고려하여 계획하여야 한다.

(5) 공원 및 녹지에 식재되는 수목의 종류는 지역의 생태 여건과 온실가스 흡수 효과 등을 고려하여 결정하도록 하고, 도심 바람통로 및 미기후와 연계하여 열섬현상을 완화할 수 있도록 입지 및 조성을 계획하는 방안을 강구한다.

4-9-3. 공원 · 녹지체계 형성

(1) 해안 · 하천 등 수변공간과 개발제한구역 · 공원 등 녹지를 종합적으로 활용하는 녹지체계를 구상한다.

① 도시자연공원구역과 개발제한구역 등 도시권 전체의 녹지를 활용하여 환상(環狀)의 녹지체계(green-network)를 구상한다.

② 해안·하천·지천은 수변 녹지축으로 조성하고, 도시자연공원구역·근린공원과 상호 연계되도록 녹지체계를 구상한다.
(2) 녹지체계가 단절된 경우에는 이를 복원하고 주요 녹지를 연결하는 선형녹지축 등을 조성하는 등 녹지체계가 연계되도록 하여야 하며, 주민들의 공원·녹지에 대한 접근도를 제고하도록 한다.
(3) 해안·하천·지천 등은 홍수예방 등 방재기능 수행을 고려하여 수변공간으로서의 이용성을 검토한다.
① 구릉지·산림에 대하여는 산사태 예방 등 방재기능을 고려하여 최소한의 개발과 최대한의 보전 전략을 추진하도록 한다.
② 수변공간 및 도시지역 내부의 녹지는 방재기능도 동시에 고려하여 검토되어야 한다.
(4) 생활권별로 공원·녹지분포와 이용현황을 분석하고 공원·녹지의 지표를 설정한다.
① 공원·녹지의 규모·분포와 이용권·접근성·연계성 및 미조성 공원·녹지시설 현황 등을 분석한다.
② 계획된 공원·녹지시설의 조성비율과 온실가스 감축 목표에 따른 탄소 흡수량을 고려하여 1인당 조성공원면적, 도시전체의 공원·녹지비율 등 목표년도의 공원·녹지지표를 제시한다.
(5) 시·군내 주요공원과 여가·위락공간을 도시권 전체에 적절히 배치하여 주민의 이용도와 접근성을 제고한다.
① 개발제한구역·녹지와 해안·하천 등 수변공간을 종합적으로 활용하여 쾌적한 도시환경을 조성하도록 계획한다.
② 훼손된 녹지를 회복하고 생태계를 복구하는 전략을 추진하고 다양한 여가공간을 개발할 수 있는 방안을 마련한다.
(6) 도시를 둘러싼 환상의 공원·녹지는 스카이라인(skyline)을 형성하는 주요 요소이므로 이의 정비 및 복원을 통하여 도시경관의 질을 제고하도록 한다.

4-9-4. 공원·녹지시설의 설치
(1) 공원계획
① 공원계획은 규모·위치·기능과 녹지체계에 따라 합리적으로 배치한다.
② 기존공원(어린이공원은 제외)은 특별한 사유가 없는 한 계획에 포함한다.
③ 공원의 위치·규모 및 기능의 배분은 주민의 이용권(利用圈), 이용형태에 따라 목표년도 및 단계별 최종년도의 인구규모 및 인구 배분계획에 따라 정하되 근린공원 위주로 한다.
④ 각 도시의 상징이 될 수 있는 중앙공원의 개발계획을 생활권별로 선정하여 구체적으로 수립한다.
(2) 시설녹지계획
① 산업공해의 차단 또는 완화와 재해발생시의 피난지대로 필요한 완충녹지를 계획한다.
② 철도·고속도로 등 주요 교통시설에서 발생할 공해의 방지·완화와 사고위험의 방지를 위하여 필요한 지역에 완충녹지를 계획한다.
③ 지역의 자연적 환경을 보전하거나 향상시키기 위하여 필요한 지역에는 토지이용현황을 고려하여 경관녹지계획을 수립한다.
(3) 유원지계획
① 유원지계획은 도시내 오픈스페이스의 확보, 도시환경의 미화, 주민의 여가공간 자연환경 보전 등의 효과를 거양할 수 있도록 녹지체계에 따라 결정한다.
② 기존 유원지는 특별한 사유가 없는 한 계획에 포함한다.
③ 유원지의 위치·규모는 기능 및 성격에 적합하도록 정하되, 접근이 용이하도록 주변 교통시설과 연계하여 계획한다.
(4) 공원·녹지에 신재생에너지 발전 및 에너지 저장 등 온실가스 감축 활동과 연계된 시설 및 설비를 설치하는 계획을 수립할 경우 해당 공원·녹지의 경관과 생태, 접근성 및 이용성에 영향을 미치지 않도록 계획한다.

제10절 방재·방범 및 안전

4-10-1. 지역 주민이 항상 안심하고 생활할 수 있도록 각종 재해나 범죄의 위험으로부터 안전한 환경을 조성하고, 특히 기후변화, 고령화, 다문화, 정보화 등 도시환경의 여건변화로 인한 재해·범죄의 취약성에 대응할 수 있도록 한다.

4-10-2. 안전한 생활환경 조성을 위해 기성시가지에 존재하고 있는 재해위험요소와 범죄유발위험요소를 정비하고, 신규 도시개발 지역에서는 새로운 위험요소가 발생하지 않도록 하여야 한다.

4-10-3. 방수·방화·방조·방풍 등 재해방지 계획과 피해발생을 대비한 방재계획을 수립한다. 이 경우 「도시기후변화 재해취약성분석 및 활용에 관한 지

침」에 따라 실시한 재해취약성분석 결과 및 「재난 및 안전관리 기본법」 제24조제1항에 따른 시·도안전관리계획, 같은 법 제25조제1항에 따른 시·군·구안전관리계획과 「자연재해대책법」 제16조제1항에 따른 시·군 자연재해저감 종합계획을 충분히 고려하여 수립하여야 한다.

4-10-4. 기반시설 및 토지이용체계는 지역방호에 능동적이고 비상시의 피해를 극소화하도록 계획한다.

4-10-5. 상습침수지역 등 재해가 빈발하는 지역에 대하여는 가급적 개발을 억제한다.
 (1) 상습침수지역을 개발할 때에는 집중호우에 의한 배수유역에서 충분한 우수를 저류할 수 있는 유수지를 확보하거나 충분한 녹지를 확보하여 도시내 담수능력을 배양하도록 하는 등 재해에 대한 예방대책을 수립한다.
 (2) 재해가 빈발하는 도시는 (1)의 재해예방대책을 구체적으로 제시하여야 한다.

4-10-6. 연안침식이 진행중이거나 우려되는 지역, 「자연재해대책법」 제12조에 따라 자연재해위험개선지구로 지정된 지역 등은 원칙적으로 시가화예정용지 대상지역에서 제외하되, 불가피하게 시가화예정용지로 지정하고자 하는 경우에는 해수면 상승, 연안침식, 지형적인 여건에 따른 영향 등을 종합적으로 고려하여 방재대책을 수립하여야 한다.

4-10-7. 재해방지 계획과 방재계획은 재해취약성분석 결과에 의한 취약등급과 재해 유형에 따른 부문별 대책(토지이용·기반시설·건축물 등)을 구체적으로 수립하여야 한다.
 (1) 재해취약성분석에 의한 재해취약성 1등급, 2등급 지역을 우선으로 검토하고, 폭우, 폭염, 폭설, 가뭄, 강풍, 해수면 상승 등 재해 유형별 방재대책을 수립한다.
 (2) 토지이용, 기반시설, 건축물 등 부문별 방재대책은 다음 각호의 내용이 포함되도록 계획한다.
   ① 재해 예방 및 피해를 흡수하기 위한 공간구조, 용도 배치, 입지 제한 등의 토지이용 대책
   ② 재해 예방 및 피해확산 방지를 위하여 방재시설 설치 및 도로, 공공시설, 공원 등의 방재기능 강화를 위한 기반시설 대책

③ 재해 피해 최소화를 위한 건축구조, 설비 규제 등의 건축물 대책
④ 기타 지역 특성을 고려하여 입안권자가 필요하다고 인정하는 부문별 대책

4-10-8. 방재계획은 재해취약성분석 검증기관(국토연구원) 등에 자문을 실시하고, 도시·군기본계획(안)에 반영 후 법 제22조제1항 및 제22조의2제2항에 따른 관계 행정기관의 장과 협의를 요청하여야 한다.

제11절 경제·산업·사회·문화의 개발 및 진흥

4-11-1. 경제·산업 관련 계획
 (1) 지역내 산업의 특성 반영
   각 산업별 전망을 토대로, 성장형은 산업의 육성·발전 내용을 중심으로 전략과 계획을 수립하고, 성숙·안정형은 지역 내 산업 구조의 재편·정비·발전 내용을 중심으로 전략과 계획을 수립한다.
 (2) 농림수산업 발전계획
   당해 시·군의 농림수산업에 대한 의존도 및 경쟁력에 따라 발전계획을 수립한다.
 (3) 광공업 발전계획
   ① 당해 시·군의 특성과 입지인자를 고려하여 주력 업종을 선정하고, 이에 따른 발전방안을 강구한다.
   ② 산업기능이 쇠퇴하거나 무질서하게 공장이 입주한 공업지역, 주거환경을 침해하고 있는 공업지역 등 정비가 필요한 지역에 대해서는 정비기본방향을 제시한다.
 (4) 사회간접자본 및 서비스업 발전계획
   ① 도시세력권내의 유통구조체계를 고려하여 도심·부도심 및 유통업무시설에 관한 입지계획을 수립하고 각각의 기능이 체계있게 발휘될 수 있도록 한다.
   ② 시·군의 경제 활성화를 위한 비즈니스 환경을 조성할 수 있는 발전계획을 수립한다.
   ③ 시·군의 관광산업을 육성할 수 있는 계획을 수립한다.
 (5) 특화산업 및 첨단산업의 발전방향 제시
   ① 부존자원 및 기존 산업구조 등을 고려한 비교 우위성을 살려 성장의 기반이 될 수 있는 특화산업과 기반산업을 선정하여 육성할 수 있도록 한다.

② 당해 시·군의 인적·물적 가용자원을 고려하여 지역의 잠재력을 최대한 발휘할 수 있는 첨단산업의 육성·발전방향을 수립한다.
③ 첨단산업의 기술집약도·기술혁신도를 높이고 신규고용 및 부가가치의 창출효과가 극대화되도록 계획한다.
④ 첨단산업을 효율적으로 육성할 수 있도록 지역내 교육·연구기관과의 연계방안을 모색한다.

4-11-2. 역사·사회·문화 개발계획
(1) 의료보건
의료복지 및 의료시설에 관한 계획을 수립한다.
(2) 사회복지
① 계획인구와 시·군의 재정 기타 제반여건을 감안하여 탁아소, 유아원, 양로원, 모자보건 및 보건시설, 심신장애인 수용시설, 노인복지시설, 직업훈련원 등 시설의 공급방향을 설정한다.
② 모든 시설에 장애인 및 노약자가 쉽고 편리하게 이용할 수 있도록 지침을 제시한다.
(3) 교육
① 취학대상인구를 예측하고 생활권계획에 따라 이를 수용할 수 있는 각종 교육시설계획을 수립한다.
② 대학은 광역계획권의 인구를 감안하여 계획한다.
③ 교육인구의 추정은 교육부의 장기교육정책을 고려한다.
(4) 문화·체육
주민의 정서함양과 건강 및 여가선용을 위하여 또는 시·군의 문화성을 향상시키기 위하여 인구계획에 따라 도서관·시민회관·생활과학관·극장·체육관·운동장 등에 관한 계획을 수립한다.
(5) 문화재·역사유적
역사문화자원의 체계적인 보호·보존을 위해 지역 내 문화재 및 역사유적 등을 발굴, 보존, 관리할 수 있는 계획을 수립한다.

제12절 계획의 실행

4-12-1. 재정수요를 추정하고 세입원칙, 조달방법과 투자우선원칙을 정한다. 이 경우, 1단계 집행계획에 포함되는 사항은 지방재정계획에 반영되도록 노력하여야 한다.

4-12-2. 제3섹터의 참여에 의한 자본 및 민간자본을 유치하는 등 재원계획을 마련한다.

4-12-3. 주요사업 및 장기적이고 대규모 사업은 투자우선원칙에 따라 사업계획을 수립한다.

4-12-4. 시·군의 재정계획과 연계하여 목표연도까지 공급가능한 기반시설 물량 등을 계획한다.

4-12-5. 시·군의 부단체장은 다른 법률에 따른 계획과 지침 등이 상위계획인 도시·군기본계획에 적합하게 수립·시행될 수 있도록 기본계획 정책모니터링을 실시하고 집행상황을 점검할 수 있는 체계를 구성하여야 한다.

제13절 생활권 계획

4-13-1. 생활권의 구분
(1) 생활권의 구분은 도시의 규모에 따라 달라 질수 있으며, 일상 또는 근린(소)생활권, 권역(대)생활권으로 구분할 수 있다.
(2) 일상생활권은 주민의 일상생활활동(통학, 사교모임, 근린공공서비스, 장보기 등)이 이루어지는 정도로써 동, 읍, 면이 1개 이상인 규모로 볼 수 있으며 특광역시, 대도시, 일반 시·군 모두 적용 가능한 생활권이다.
(3) 권역생활권은 자치구(구), 군이 1개 이상으로, 특광역시, 대도시에 적용가능한 생활권이다.
(4) 모든 자치단체가 위계적으로 생활권을 권역, 일상생활권으로 의무적으로 구분해야 하는 것은 아니며, 필요한 지역에만 생활권을 설정할 수도 있다.

4-13-2. 생활권계획의 성격 및 범위
(1) 생활권계획은 부문별 계획의 하나로서, 전체 도시·군기본계획의 내용을 생활권별로 상세화한 계획이다.
(2) 공간적 범위는 주민들의 일상적인 생활 및 생산활동(통근, 통학, 여가, 친교, 쇼핑, 업무 등)이 이루어지는 범위로 한다.
(3) 지역의 생산 및 생활환경 개선과제와 관리방향을 제시하는 계획이다.
(4) 생활권계획은 모든 자치단체가 수립하는 것은 아니며, 지역의 생활권 단위

로 계획 수립이 필요하다고 인정하는 경우에 작성할 수 있다.

4-13-3. 작성 원칙

(1) 생활권 계획을 수립하는 경우 주민의사를 충분히 반영한 주민참여 생활권 계획을 수립할 수 있다. 생활권 계획을 수립하는 경우 기초조사, 주민참여단 과제 도출, 생활권 발전비전 및 공간구상, 생활권 계획지표 생활권 및 발전 전략, 주요 생활인프라 배치전략 등을 포함하여야 한다.

(2) 일상생활권계획

① 중심지 및 주거지관리, 대중교통, 가로환경, 경관 및 미관, 생활인프라시 설, 지역특화시설, 계층별(영유아, 노인, 여성)필요시설, 생활안전, 지역문 화교육 및 역사보전 관련 분야 등에 생활권의 발전 전략에 대한 내용을 포함한다.

② 용도지역지구, 지구단위계획구역, 마을만들기대상지역, 도시계획시설 등 과 관련된 지자체의 정책 방향도 포함할 수 있다.

(3) 권역생활권계획

① 중심지 및 주거지관리, 간선교통, 경관 및 미관, 지역의 균형발전, 광역 기반시설, 고용 및 경제기반, 범죄예방, 권역문화 및 교육, 역사보전, 권 역특화 등에 대한 지자체의 발전 전략을 포함한다.

② 도시·군관리계획의 방향을 제시할 수 있는 내용도 포함할 수 있다.

③ 권역생활권의 중심지 체계 및 기반시설 등에 영향을 줄 수 있는 대규모 이전 적지, 유휴지, 나대지 등을 개발하는 경우 그 개발방향을 설정하는 내용을 포함할 수도 있다.

제5장 도시·군기본계획 수립절차

제1절 도시·군기본계획의 입안

5-1-1. 도시·군기본계획의 입안권자는 특별시장·광역시장·시장 또는 군수(이 하 "시장·군수"라 한다)로 하되, 인접 시·군의 관할구역을 포함할 경우 에는 당해 시장·군수와 협의하여야 한다.

5-1-2. 위 협의가 이루어지지 않을 경우에는 다음 각호의 구분에 의하여 조정할 수 있다. 다만, 국토교통부장관이 조정하고자 할 경우에는 조정 전에 행정 안전부장관과 협의하여야 한다.

(1) 조정 대상구역이 같은 도의 행정구역안에 있는 경우에는 당해 시장·군수 의 요청에 의하여 관할 도지사가 조정

(2) 조정 대상구역이 2 이상의 도(특별시·광역시를 포함한다)의 행정구역에 걸치는 경우에는 관할 도지사(특별시장 또는 광역시장)의 요청에 의하여 국 토교통부장관이 조정

5-1-3. 도시·군기본계획 입안은 계획의 종합성과 집행성을 확보하기 위하여 도 시·군계획부서 및 기획·예산·집행부서간의 긴밀한 협의에 의하여 추진 하고 인구·기반시설 공급능력·재정자립도를 연동하여 계획하여야 한다.

5-1-4. 도시·군기본계획 입안은 시·군의 게시판 및 인터넷 등 홍보를 통하여 주민에게 알게하여 주민이 참여할 수 있게 하여야 한다.

5-1-5. 각 유관기관 및 관련부서는 개별 법률에 따라 수립되는 계획들과 도시· 군기본계획과의 연계성을 사전검토하기 위하여 협의하여야 한다.

5-1-6. 도시·군기본계획은 당해 시·군의 자연적·사회적·경제적 조사와 5년 안에 시행이 예정되는 개발사업 등 계획 기술상 필요한 형태적·사실적 조 사를 실시하고, 국토계획평가와 기후변화 재해취약성 분석, 토지적성평가를 수행한 후 수립한다.

5-1-7. 도시·군기본계획 수립을 위한 기초조사 시 다음의 어느 하나에 해당하는 경우에는 토지적성평가 또는 재해취약성분석을 하지 아니할 수 있다. 다만, 해당 시·군의 여건 변화가 크게 발생한 경우에는 시장·군수는 5년 이내 에도 토지적성평가 또는 재해취약성분석을 실시할 수 있다.

(1) 토지적성평가를 실시하지 아니할 수 있는 경우

① 도시·군기본계획 입안일부터 5년 이내에 토지적성평가를 실시한 경우

② 다른 법률에 따른 지역·지구 등의 지정이나 개발계획 수립 등으로 인 하여 도시·군기본계획의 변경이 필요한 경우

(2) 재해취약성분석을 실시하지 아니할 수 있는 경우

① 도시·군기본계획 입안일부터 5년 이내에 재해취약성분석을 실시한 경우

② 다른 법률에 따른 지역·지구 등의 지정이나 개발계획 수립 등으로 인 하여 도시·군기본계획의 변경이 필요한 경우

5-1-8. 이 지침 3-3-3.에 따라 특정주제별로 계획을 수립하는 경우 입안권자는

법 제19조제1항에 따른 정책방향에 대한 검토 여부를 판단할 수 있는 체크리스트를 제시하여야 한다.

제2절 주민참여 제고

5-2-1. 기본원칙
 (1) 지속가능한 발전을 실현하고 효과적인 도시·군기본계획을 수립하기 위해서는 도시·군기본계획의 전 과정에서 많은 지역주민들이 참여할 수 있는 기회가 주어져야 한다.
 (2) 도시·군기본계획 수립시 주민참여가 활발하게 이루어질 수 있도록 입안권자와 지방자치단체는 최대한의 지원을 해야 한다. 또한 도시·군기본계획의 입안권자는 계획수립시 주민의 의견을 최대한 반영할 수 있도록 하여야 한다.
 (3) 주민참여를 제고하기 위하여 계획의 도서와 보고서는 일반 주민들이 쉽게 이해할 수 있도록 작성되어야 한다.

5-2-2. 계획의 입안전 참여
 입안권자는 도시·군기본계획에 주민의사가 충분히 반영될 수 있도록 계획을 입안하기 전에 미리 주민간담회 등을 통하여 주민의견을 수렴하고, 계획의 방향, 주민참여의 과정과 필요성 등을 설명하여 참여를 유도해야 한다. 필요시 주민참여 생활권계획을 수립하고 계획수립과정에 주민대표 등이 직접 참여할 수 있도록 주민참여단 구성, 도시대학 운영 등 계획수립체계를 마련할 수 있다.

5-2-3. 의견청취
 도시·군기본계획을 수립하는 경우에는 법에 따라 관계 시장·군수, 지방의회, 관계행정기관 등의 의견을 듣고 필요한 경우 이를 계획에 반영하여야 한다.

5-2-4. 공청회
 도시·군기본계획을 수립하는 경우 입안권자는 도시·군계획 분야 전문가와 주민대표 및 관계기관이 참석한 공청회를 개최하여 의견을 청취한다.
 (1) 입안권자가 공청회를 개최하고자 할 때에는 공청회 개최예정일 14일전까지 다음 사항을 게시판에 게시하고, 당해 지방을 주된 보급지역으로 하는 일간신문에 1회 이상 공고하여야 한다.

  ① 공청회 개최 목적
  ② 공청회 개최 예정일시 및 장소
  ③ 계획(안)의 개요
  ④ 기타 필요한 사항
 (2) 공청회 개최 결과 제출된 의견은 면밀히 검토하여 제안된 의견이 타당하다고 인정될 때에는 이를 계획(안)에 반영한다.
 (3) 공청회 등의 개최 결과 제안된 의견은 조치결과, 미조치 사유 등 의견청취 결과 요지를 승인신청시 첨부한다.

5-2-5. 설문조사 및 주민공모
 (1) 입안권자는 계획수립에 필요하다고 인정되는 경우에는 주민의식에 대한 설문조사 등을 실시할 수 있다.
 (2) 시장·군수는 계획의 공감대 형성을 위해 필요한 경우 주민공모를 통해 도시·군계획에 대한 다양한 내용을 수렴하여 계획에 반영할 수 있다.

5-2-6. 입안권자와 승인권자는 계획의 수립과 실행의 모든 과정에서 주민상호간 또는 이해관계자 등의 갈등이 발생하지 않도록 대책을 강구하고 갈등의 조정과 해소에 필요한 협의 및 관리체계를 구축하여야 한다.

제3절 도시·군기본계획의 승인신청

5-3-1. 특별시장 또는 광역시장은 도시·군기본계획을 수립하거나 변경하려면 관계행정기관의 장(국토교통부장관 포함)과 협의한 후 지방도시계획위원회 심의를 거쳐야 한다.

5-3-2. 시장·군수(특별시장·광역시장을 제외한다)는 입안된 도시·군기본계획(안)을 당해 도시계획위원회의 자문을 받고 관할 도지사에게 제출한다.

5-3-3. 법 제21조제2항에 따라 지방의회가 의견을 제시할 때에는 인구지표 및 이와 연계된 토지이용계획의 적정성과 당해 시·군의 예산확보 및 재원조달의 타당성 여부에 대한 검증의견을 포함하되, 입안된 도시·군기본계획(안)의 내용이 비현실적인 경우에는 그에 대한 조정을 권고할 수 있다.

5-3-4. 승인신청서류
 (1) 도시·군기본계획 승인신청 공문

(2) 공청회시 도시·군기본계획보고서(안) 및 구상도(안), 공청회 개최 결과, 지방의회 의견청취, 지방도시계획위원회 자문과 관계 지방행정기관과의 협의에 대한 조치내용 각 1부

(3) 도시·군기본계획(안) 50부

(4) 기초조사 자료 및 계획수립을 위한 산출근거에 관한 자료집 10부

(5) 최근 도시·군관리계획도 5부

(6) 토지적성평가 결과 보고서 및 도면 각 5부

(7) 재해취약성분석 결과 보고서 및 도면 각 5부

제4절 도시·군기본계획의 승인

5-4-1. 시·도지사는 신청된 도시·군기본계획(안)을 관계 행정기관과의 협의 및 지방도시계획위원회의 심의를 거쳐 승인한다. 필요한 경우 도시·군계획에 관한 전문기관의 자문을 거칠 수 있다.

5-4-2. 시·도지사는 승인된 도시·군기본계획을 시장·군수에게 송부한다.

5-4-3. 신청된 도시·군기본계획(안)에 대하여 이의가 있을 때는 조정·보완하여 승인한다.

5-4-4. 시장·군수는 시·도지사로부터 도시·군기본계획을 승인받은 때에는 지체 없이 이를 공고하고 일반인에게 열람시켜야 하며, 승인된 도시·군기본계획 골격을 토대로 내용의 보완과 설명도의 삽입 등으로 기본계획서를 보완한 후, 시·도지사의 사전검토를 거쳐 최종 도시·군기본계획서를 색도 인쇄한다.

5-4-5. 시장·군수는 최종 보고서를 국토교통부장관 및 유관기관에 제출하여야 한다.

5-4-6. 최종 도시·군기본계획서 작성시에는 도시·군관리계획 또는 이와 관련된 계획을 입안하고 집행할 때 좀더 깊이있게 이해하도록 하기 위하여 다음 사항을 자료집에 포함하여 제출한다.

(1) (작성기간) 도시·군기본계획 입안 최초 구상부터 최종 도시·군기본계획서 작성시까지

(2) (수록대상) 작성기간 중에 있었던 최초구상, 용역의 발주 및 집행 관계기관과의 협의, 각종 위원회의 회의, 공청회 또는 주민 의견청취(열람), 관계법규

지침, 질의회신 등 당해 시·군의 도시·군기본계획 수립과 관련되는 사항

(3) (수록내용) 일시, 장소, 관계기관명, 관계자 직·성명, 회의내용, 주민의견 및 각종 의견에 대한 조치결과(미조치 사유 포함), 관계법규, 지침(발췌), 질의회신(발췌) 등을 일정별 내용상의 성질별로 구분 수록

제6장 행정사항

6-1. (재검토기한) 국토교통부장관은 이 훈령에 대하여 「훈령·예규 등의 발령 및 관리에 관한 규정」에 따라 2023년 7월 1일 기준으로 매 3년이 되는 시점(매 3년째의 6월 30일까지를 말한다)마다 그 타당성을 검토하여 개선 등의 조치를 하여야 한다.

6-2. (적용 특례) 「국토의 계획 및 이용에 관한 법률」 제127조에 따른 시범도시의 지정 및 그에 따른 시범도시사업이나 「국가연구개발혁신법」 제2조에 따른 국가연구개발사업에서 연구개발과제 성과 달성을 위하여 실증이 필요한 경우에는 국토교통부장관과 협의 후 법령의 범위 안에서 지침의 일부를 적용하지 않을 수 있다.

부   칙 〈09·8·24〉

1. (시행일) 이 지침은 발령한 날부터 시행한다.

2. (재검토 기한) 「훈령·예규 등의 발령 및 관리에 관한 규정」(대통령훈령 제248호)에 따라 이 훈령을 발령한 후의 법령이나 현실 여건의 변화 등을 검토하여 개정 등의 조치를 하는 기한은 2012년 8월 23일까지로 한다.

3. (일반적 경과조치) 이 지침 시행 당시 종전의 지침에 의하여 결정된 도시기본계획은 이 지침에 의하여 결정된 것으로 본다.

4. (시가화 예정용지에 관한 경과조치) 이 지침 시행 당시 수립된 도시기본계획상 시가화예정용지의 위치가 표시된 경우에는 본 지침 5-4-3.(3), 별첨2 및 별첨3의 규정에 따라 조정된 것으로 본다.

다만, 종전의 지침에 의하여 수립된 도시기본계획에서 시가화예정용지의 위치가 표시된 지역을 우선하여 개발할 수 있다.

5. (다른 지침의 폐지) 이 지침 시행과 동시에 종전의 도시기본계획수립지침은 폐지한다.

　　　　　　　부　　　　칙 〈10 · 6 · 30〉

이 지침은 발령한 날부터 시행한다.

　　　　　　　부　　　　칙 〈11 · 1 · 12〉

이 지침은 발령한 날부터 시행한다.

　　　　　　　부　　　　칙 〈11 · 5 · 27〉

이 지침은 발령한 날부터 시행한다.

　　　　　　　부　　　　칙 〈11 · 12 · 15〉

제1조(시행일) 이 지침은 2012년 7월 1일부터 시행한다.
제2조(적용례) 이 지침은 시행일 이후 최초로 도시기본계획을 수립하는 분부터 적용한다.

　　　　　　　부　　　　칙 〈12 · 8 · 21〉

제1조(시행일) 이 지침은 2012년 8월 24일부터 시행한다.
제2조(적용례) 이 지침은 시행일 이후 최초로 도시 · 군기본계획을 수립하는 분부터 적용한다.
제3조(재검토 기한) 「훈령 · 예규 등의 발령 및 관리에 관한 규정」(대통령훈령 제248호)에 따라 이 훈령을 발령한 후의 법령이나 현실 여건의 변화 등을 검토하여 개정 등의 조치를 하는 기한은 2015년 8월 23까지로 한다.
제4조(일반적 경과조치) 이 지침 시행 당시 종전의 지침에 의하여 결정된 도시기본계획은 이 지침에 의하여 결정된 것으로 본다.
제5조(다른 지침의 폐지) 이 지침 시행과 동시에 종전의 도시기본계획수립지침은 폐지한다.

　　　　　　　부　　　　칙 〈13 · 4 · 15〉

이 훈령은 발령한 날부터 시행한다.

　　　　　　　부　　　　칙 〈14 · 10 · 31〉

제1조(시행일) 이 지침은 2015년 1월 1일부터 시행한다.
제2조(적용례) 이 지침은 해당 지방자치단체가 필요하다고 판단하는 경우 시행일 이전이라도 적용할 수 있다.

　　　　　　　부　　　　칙 〈15 · 7 · 7〉

제1조(시행일) 이 지침은 2015년 7월 7일부터 시행한다.
제2조(적용례) 이 지침의 개정규정은 시행일 이후 수립하는 도시 · 군기본계획부터 적용한다.

　　　　　　　부　　　　칙 〈15 · 8 · 13〉

제1조(시행일) 이 훈령은 발령한 날부터 시행한다.
제2조(재검토기한) 국토교통부장관은 「훈령 · 예규 등의 발령 및 관리에 관한 규정」에 따라 이 훈령에 대하여 2016년 1월 1일을 기준으로 매 3년이 되는 시점(매 3년째의 12월 31일까지를 말한다)마다 그 타당성을 검토하여 개선 등의 조치를 하여야 한다.

　　　　　　　부　　　　칙 〈17 · 6 · 27〉

제1조(시행일) 이 지침은 발령한 날부터 시행한다.
제2조(인구지표 설정에 관한 적용례) 4-2-5.의 개정규정은 이 지침 시행일 이후 도시 · 군기본계획 수립을 위한 기초조사를 실시하는 경우부터 적용한다.

　　　　　　　부　　　　칙 〈18 · 7 · 19〉

제1조(시행일) 이 훈령은 발령한 날부터 시행한다.
제2조(재검토기한) 국토교통부장관은 「훈령 · 예규 등의 발령 및 관리에 관한 규정」(대통령 훈령 334호)에 따라 이에 대하여 2018년 7월 1일을 기준으로 매 3년이 되는 시점(매 3년째의 6월 30일까지를 말한다)마다 그 타당성을 검토하여 개선 등의 조치를 하여야 한다.

　　　　　　　부　　　　칙 〈18 · 12 · 21〉

제1조(시행일) 이 지침은 발령한 날부터 시행한다.
제2조(인구지표 설정에 관한 적용례) 4-2-5.(1) 및 4-3-2(2)②의 개정규정은 이

지침 시행일 이후 도시·군기본계획 수립을 위한 기초조사를 실시하는 경우부터 적용하며, 기초조사 항목은 2019년 2월 22일에, 별첨2-2-사는 2018년 12월 27일부터 시행한다.

부   칙 〈21 · 12 · 30〉

제1조(시행일) 이 지침은 발령한 날부터 시행한다.
제2조(온실가스 배출·흡수 현황 및 감축 목표 설정에 관한 적용례) 4-1-2(8) 및 4-2-8의 개정규정은 이 지침 시행일 이후 도시·군기본계획 수립을 위한 기초조사를 실시하는 경우부터 적용한다.

부   칙 〈23 · 7 · 18〉

제1조(시행일) 이 훈령은 발령한 날부터 시행한다.
제2조(방재 및 안전부문 계획수립기준 적용례) 이 훈령의 개정규정은 시행일 이후 법 제22조 및 제22조의2에 따라 관계 행정기관의 장과 협의하는 도시·군기본계획부터 적용한다.

부   칙 〈23 · 12 · 28〉

제1조(시행일) 이 훈령은 발령한 날부터 시행한다.
제2조(도시·군기본계획 수립에 관한 경과조치) 이 훈령 시행일 이전 법 제20조에 따른 공청회를 거친 경우는 종전의 규정에 의한다. 다만, 개정규정이 종전의 규정에 비하여 완화된 경우에는 개정규정을 적용할 수 있다.

[별표]

기초조사 세부항목 및 조사내용

대항목	세부항목	조사내용	비고
자연환경	지형 및 경사도	고도분석, 경사도분석	기존 지형도
	지질, 토양	지질도, 토양도	기존 지질도
	자원	지하자원, 수자원, 임상자원	지질도, GIS 데이타
	지하수	지하수용량, 개발현황, 지하수질, 지하수오염	기존자료
	수리/수문/수질	수계분석, 하천별 수량, 수변여건	기존자료
	기후	기온, 강수량, 일조, 주풍방향, 풍속, 안개일수	기상청 자료
	풍수해 기록, 가능성	과거 100년간 풍수해 기록	기상청 자료
	지진 기록, 가능성	인근지역 과거 100년간 지진발생 기록	기상청 자료
	생태/식생	국토환경성평가지도, 생태자연도, 생태적 민감지역, 수림대, 보호식물, 비오톱	국토환경성평가지도, 생태자연도, 현지조사
	동식물 서식지	동식물 집단서식지, 주요 야생동물, 이동경로	현지조사, 기존자료
	녹지현황	녹지 현황도, 녹지 현황조서	
	환경계획 및 정책	국가환경종합계획 및 시책, 국제적 환경 관련 협약, 조약, 규범 등	환경부 자료, 기존자료
인문환경	시·군의 역사	시·군의 기원, 성장과정, 발전연혁	기존자료
	행정	행정구역변천도, 도시·군계획구역변천도, 행정조직, 행정동·법정동 경계도	기존자료
	문화재, 전통건물 등	지정문화재, 전통양식 건축물, 역사적 건축물, 역시적 장소 및 가로, 관광현황도	기존자료, 현지조사
	기타 문화자원	유·무형의 문화자원, 마을 신앙 및 상징물	기존자료, 현지조사
	각종 관련계획	상위계획, 관련계획상의 관련부분	기존자료
토지이용	용도별 면적, 분포	용도지역·용도지구·용도구역별 현황도, 면적, 각종 지구, 구역 분포도 및 조서, 도시·군계획의 변천도 및 조서	기존자료
	토지의 소유	국·공유지, 사유지 구분도 및 조서	기존자료
	지가	공시지가 분포도 및 조서(지역별 비교), 지가의 시계열적 변화 현황도, 시가와호가	기존자료, 현장조사
	지목별 면적, 분포	지목별 분포도 및 조서, 면적	기존자료
	농업진흥구역	농업진흥구역의 면적 및 분포도 및 조서	기존자료
	임상	보전임지, 공익임지 분포도 및 조서	기존자료, 현장조사
	시가화 동향	지난 10년간의 용도지역 분포, 면적변화 모습, 시가화용지내 전·답·임 등 미이용지 현황도 및 조서	기존자료
	주거용지 조사	시가화용지내 주거용도 입지 현황도 및 조서	기존자료
	상업환경조사	상업시설 입지 현황도, 중심시가지 현황도 및 조서	기존자료
	공장적지 지정현황	공장적지 지정현황도 및 조서	기존자료
	GIS 구축내용	토지이용 및 건축물에 대한 시군의 GIS 자료	기존자료
	주요 개발사업	10만㎡이상의 기 허가된 개발사업 정부가 추진하는 주요 개발사업	자료조사
	재해위험요소	재해위험 지역의 판단, 재해발생 현황도, 방재관련 현황도, 해저드 맵(긴급대피경로도)	기존자료, 현지조사
	미기후 환경 변화 요소	바람길 유동분석 및 열섬현상 분석	기존자료, 현지조사
인구	인구총수의 변화	과거 20년간의 인구추이	기존자료
	인구밀도	계획대상구역 전체 또는 지구별 인구밀도, 시가화밀도 분포도	기존자료
	인구의 구성	연령별 인구, 성별인구, 노령인구, 장애인	기존자료
	주야간 인구	주간 거주인구, 활동인구의 구분	기존자료
	산업별 인구	1, 2, 3차산업별 인구, 주요 특화산업인구 고용현황, 고용유형별 인구, 고용연령별 인구	기존자료
	가구	가구수 변화, 보통가구, 단독가구	기존자료
	생활권별 인구	행정구역단위별 인구상황	기존자료
	인구이동현황	전출, 전입인구의 현황 및 변동추세	기존자료

대항목	세부항목	조사내용	비고
주거	주택수	유형별, 규모별 주택수	기존자료
	주택보급률	무주택가구, 주택보급율 변동추이	기존자료
	주거수준	평균 주택규모, 인당 주거상면적	자료조사
	임대주택	임대주택 유형별 주택수, 사업계획	기존자료
	주택공급	재건축, 재개발, 주거환경개선사업 등의 사업대상지, 공급규모	자료조사
경제	지역총생산	지역총생산	기존자료
	산업	산업별 매출총액, 사업체수, 종사자수	기존자료
	특화산업	시·군 대표산업, 성장산업과 쇠퇴산업	자료조사
	경제활동인구	경제활동인구	기존자료
	기업체	산업별·규모별 업체수와 종사자수	기존자료
교통시설	도로	도로기능별 총연장, 도로율, 주요노선	기존자료
	철도	철도연장, 노선, 철도역	기존자료
	항만	화물 처리능력, 선좌수, 화물유형	기존자료
	공항	게이트 수, 소음권, 연간 이용객, 처리화물	기존자료
	버스터미널	시외버스터미널, 고속버스터이널, 버스하차장	기존자료
	교통량	도시내교통, 지역교통, 출퇴근 교통, 교통수단별 분담, 기종점 교통량, 여객교통, 화물교통	자료조사, 기존자료
유통·공급시설	상수도	상수원(댐, 대·중규모저수지 등), 상수공급량과 공급율, 상수시설	기존자료
	전기	전력생산, 소비, 고압선루트, 전력선지중화	기존자료
	통신	전화공급, 광케이블보급	기존자료
	가스공급	가스공급량, 저장소	기존자료
	열원공급	지역난방 보급면적 등	기존자료
공공·문화체육시설	교육문화시설	각급 학교, 박물관, 공공도서관, 공연장, 종합운동장, 시민회관	기존자료
	복지시설	아동, 여성, 노인, 장애인 보호시설	기존자료
	공공청사	행정관리시설 등 공용의 청사	기존자료
공간시설	공원/유원지	공원유형별 및 유원지 위치, 면적	기존자료
	녹지	시설녹지의 위치, 성격	기존자료, 현장조사

대항목	세부항목	조사내용	비고
환경기초시설	광장/공공공지	광장 및 공공공지의 위치, 개소, 면적	기존자료, 현장조사
	대기오염	지역별 대기오염 물질별 오염정도, 오염원	현장조사
	소음/진동/악취	주요 거주지 주야간 소음 및 진동정도, 공장지대 악취정도	현장조사
	수질오염	하천의 수질	현장조사
	토양오염	토양오염의 유형	현장조사
	폐수의 발생	생활하수 및 산업폐수로 구분하여 발생량, 처리능력, 하수배관, 하수구거 등	기존자료, 현장조사
	쓰레기/폐기물처리	생활폐기물 및 산업폐기물로 구분하여 발생현황, 처리시설의 위치 및 처리능력	기존자료
보건위생시설	화장장/납골시설	화장장/납골당의 위치, 용량	기존자료
	공동묘지	공동묘지의 수량 및 위치, 면적	기존자료
	도축장	도축장 위치, 처리능력	기존자료
	의료시설	종합병원, 보건소, 병상수, 특수병원	기존자료
방재시설	하천/유수지/저수지	위치 및 수량	기존자료, 현장조사
	방화/방수/방풍/사방/방조설비	설비의 위치 및 개소	기존자료, 현장조사
재정	재정자립도	재정자립도 추이	기존자료
	지방세수입	재산세, 기타 지방세	기존자료
	지방채발행	발행, 지급	기존자료
	재산세	변동추이	기존자료
	교부금	교부금 현황	기존자료

[별첨 1]

1. 도시·군기본계획서의 규격 및 작성기준
   가. 용지규격은 A4(210mm×297mm)로 하고, 인쇄는 양면으로 한다.
   나. 계획서의 표지는 시·군별로 자율적으로 하고, 좌철로 한다.
   다. 내용은 누구나 알기 쉽게 작성한다.
   라. 계획서는 계획내용을 함축적으로 표현하도록 한다.
   마. 각 부문별 계획내용은 목표년도 및 단계별 최종년도로 구분하여 나타낸다.
   바. 계획서의 내용은 가급적 도표와 그림을 삽입하여 홍보효과를 높일 수 있도록 작성한다.
   사. 각 계획내용이 시간의 흐름에 따라 시·군의 변천과 목표년도의 시·군모습이 상상될 수 있도록 한다.
   아. 자료집은 계획서외에 별도의 책자와 CD로 제출한다.
   자. 계획서의 표지는 다음과 같다.

○○○○년○○<u>도시기본계획</u>	· 최종 목표년도 표시
	· 시·군명 표시(행정구역의 명칭이 군인 경우 "○○군기본계획"으로 표시)
○○○○.○○	· 승인되기 전의 계획서에는 끝에 "(안)" 표시
	· 계획수립 연도 및 월 표시
○ ○ 시(군)	· 시·군명 표시

2. 기초조사의 내용과 방법
   가. 목적
   1-1. 법 제20조(도시·군기본계획의 수립을 위한 기초조사 및 공청회)에 따라 기초조사의 내용, 조사 및 분석방법, 결과의 관리 등에 관하여 필요한 사항을 규정하는 것을 목적으로 한다.
   1-2. 도시·군기본계획 수립을 위한 기초조사는 특별한 규정이 없는 한 도시·군기본계획을 포함하여 광역도시계획·도시·군관리계획·지구단위계획의 입안시 해당지역 및 주변의 특성을 파악하기 위한 기초자료의 축척 및 분석에 목적을 둔다.

   나. 기본원칙
   2-1. 도시·군기본계획의 수립권자는 계획의 입안을 위하여 시·군의 인구·산업의 현황, 토지의 이용상황, 기타 필요한 사항을 조사하거나 측량하여야 한다. 다만, 도시·군기본계획을 수립하지 않는 시·군의 경우에는 도시·군관리계획을 입안할 때 기초조사를 실시한다.
   2-2. 기초조사는 광역도시계획, 도시·군기본계획, 도시·군관리계획, 지구단위계획에서도 사용할 수 있도록 상세정도를 깊이 있게 하고, 측량(항공측량 포함)과 함께 이를 별도 실시할 수 있다.
   2-3. 기초조사의 성과는 해당 시·군의 도시·군기본계획 수립뿐만 아니라 인접 시·군의 도시·군계획과 광역도시계획 수립의 기본자료로 활용될 수 있도록 한다.
   2-4. 계획수립을 위하여 인접한 시·군의 일부지역에 대하여 기초조사가 필요한 경우에는 조사를 실시할 수 있다.
   2-5. 도시·군기본계획은 반드시 기초조사의 결과를 바탕으로 수립하고 계획안 심의에 적정한 기초조사 결과 자료를 첨부하여야 한다.
   2-6. 기초조사는 다음의 목적을 수행하기 위하여 실시된다는 점에 유의하여야 한다.
   (1) 당해 시·군이 차지하는 위치와 역할에 대한 이해 및 현안과제의 도출, 재해 취약지역 분석
   (2) 당해 시·군의 발전과정과 현재의 모든 기능을 파악하고 이해
   (3) 당해 시·군의 당면과제를 파악하고 원인과 해결방안을 모색
   (4) 당해 시·군내 지역 상호간의 관계와 전체의 구조를 이해

(5) 위 사항을 시계열적으로 분석하여 장래 변화를 예측

(6) 조사자료의 지속적인 축적

2-7. 토지적성평가를 실시하기 위하여 필요한 방법·절차 및 그 밖에 필요한 사항은 토지의 적성평가에 관한 지침에 따른다.

2-8. 재해취약성분석을 실시하기 위하여 필요한 방법·절차 및 그 밖에 필요한 사항은 국토교통부장관이 시달한 재해취약성분석 기준에 따른다.

다. 조사항목

3-1. 기초조사는 도시·군기본계획의 수립과 운용에 실질적인 도움이 되고 도시의 미래상을 반영한 도시·군계획이 수립될 수 있도록 인구 동향이나 시가지의 현황 등 필요한 항목을 조사하여야 한다.

3-2. 도시·군기본계획에서는 〈별표〉에서 열거한 대항목과 세부항목 전체를 조사하여야 한다. 다만, 시·군의 특성에 따라서 조사항목을 가감하거나 추가적인 별도 조사를 실시할 수 있다.

3-3. 조사내용은 지형·지질·수문·기후·자원 등과 같은 자연환경과 인구·사회·문화·교통·산업경제·토지이용 등과 같은 인문환경으로 구별할 수 있다

3-4. 시·군의 내부환경과 도시세력권, 연결교통망, 인구유입(활동인구)과 같은 주변지역과의 관계도 조사하여야 한다.

3-5. 자연환경·토지이용·기반시설 등과 같은 정적사항과 함께 인구집중·교통량·기능간의 연계 등 동적사항도 조사·분석하여야 한다.

라. 조사방법

4-1. 기초조사는 각종 문헌이나 통계자료의 수집, 현지답사 등의 방법을 고루 활용하되, 문헌이나 각종 통계자료를 조사한 후 현지답사, 주민인식조사 등을 통하여 현지확인 및 검증함으로써 신뢰도를 높이도록 한다.

4-2. 다른 법령의 규정 또는 공공기관에 의하여 이미 조사된 공식적인 자료가 있을 때에는 이를 활용할 수 있다. 이 경우 1년 이내의 자료를 수집하는 것을 원칙으로 하고, 1년 이내의 자료 수집이 어려울 경우 가장 최근의 자료를 사용하도록 한다.

4-3. 미래 변화를 예측하는데 필요한 통계자료는 가능한 한 최근 10년간 이상의 것을 사용하며, 현황자료의 신빙성을 확보할 수 있도록 자료출처를 명시한다.

4-4. 기초조사는 전산화된 자료를 충분히 활용하도록 하고, 토지이용규제기본법 제12조에 근거한 「국토이용정보체계」 및 국가공간정보에관한법률 제17조에 근거한 「국가공간정보통합체계」 등 기존에 구축된 데이터를 활용하도록 한다.

4-5. 도시의 공간구조, 용도지역 배분, 도심·부도심의 형성 등과 같은 전체적 파악뿐만 아니라 문화재·보호림·기암괴석의 분포상황, 연안의 침식상황 등 개별적 사항까지 조사하여야 한다.

4-6. 수집된 자료는 시각적 효과를 높이기 위하여 필요한 경우 도표형태로 변환하거나 대표성 있는 수치를 구하여 정리한다.

마. 자료분석 및 조사결과의 관리

5-1. 기초조사결과는 과거부터의 추이·현황·향후전망 등을 쉽게 파악할 수 있도록 분석하여 광역도시계획·도시·군기본계획·도시·군관리계획을 수립하는데 활용할 수 있도록 하여야 한다.

5-2. 도시·군기본계획을 수립 또는 변경할 때에는 기초조사를 바탕으로 한 데이터를 반드시 첨부하여야 한다. 조사결과를 계획에 활용하는 경우에는 자료출처 및 분석내용이 포함되어야 한다.

5-3. 인구·토지이용·건물이용 및 동향 등의 자료는 과거 추세를 시계열적으로 파악하는 분석과정을 거쳐야 하며, 그 결과는 계획 활용시 이해도를 높일 수 있게 종합적으로 관리하여야 한다.

5-4. 기초조사 결과는 계획수립 과정에서 쉽게 이용할 수 있는 형태로 저장·관리하고, 체계적이고 지속적으로 관리하여야 한다.

5-5. 기초조사 자료는 정보의 공유와 체계적인 관리를 위해서 지도정보의 GIS화를 목표로 시스템 구축과 과거 데이터의 정리를 진행하여야 한다. 이 경우 자료의 관리는 도시계획정보체계(UPIS)를 기반으로 하되, 목적에 따라 국가공간계획지원체계(KOPSS) 등을 활용한 집계, 분석을 실시할 수 있다.

5-6. 시·도지사 또는 시장·군수는 도시·군계획에 관한 주민의 참여를 촉진시키기 위해 기초조사의 데이터와 집계 및 해석 결과에 대한 정보를 주민에게 용이하게 제공할 수 있도록 하여야 한다.

[별첨 2]

2. 도시기본구상도 작성기준

가. 개념
   장래 구상을 이해할 수 있는 범위의 개념적 형태를 표시

나. 도면축척
   (1) 대상지역의 면적에 따라 1/50,000, 1/25,000 중 선별하여 사용하되, 지형이 표시되지 않는 도면을 사용한다.
   (2) 도면 1매에 계획구역 전체가 표시되지 않을 경우에는 적정 축척을 사용한다.
   (3) 각 부문별 구상도의 축척은 도시기본구상도와 일치시킨다.

다. 경계표시
   기준연도의 행정구역 다만, 인접 시·군의 관할구역을 포함하는 경우에는 별도의 도시·군기본계획구역을 표시한다.

라. 공간구조
   (1) 도시의 발전 방향을 고려하여 개발축 및 녹지축, 생활권 등으로 구분하되, 지자체 여건에 맞게 달리 정할 수 있으며, 필요시 연접 시·군을 포함할 수 있다.
   (2) 공간구조는 자유로운 방식으로 표현하되, 일반인이 알기 쉽게 작성한다.

마. 기반시설계획
   (1) 각종 시설계획의 내용을 계통적으로 알 수 있도록 표시한다.
   (2) 시설의 표시범위는 도시·군관리계획상 시설에 구애받지 아니하고, 기본계획내용의 중요도에 기준을 두어 기반시설의 근간이 될 수 있는 주요 시설만 표시한다.
   (3) 각종 시설의 형태와 규모로 보아 위치표시 대상은 원형 또는 구형내에 상징적 기호나 문자를 삽입하고 대규모 시설은 개략적인 형태를 나타낸다.

바. 특기사항
   도시기본구상도 좌측하단에 다음 내용의 특기사항을 표기하여야 한다.
   『본 도시기본구상도는 토지이용구분의 경계 및 시설의 위치·형태·규모 등을 개념적으로 표시한 것으로서 개별토지의 구체적 토지이용계획과는 직접적인 관련이 없음』

[별첨 3]

3. 공원·녹지체계 기본구상도

가. 개념
   기본구상도와는 별도로 작성되고 쓰여지는 도면으로 기본구상도 내용중 특히 공원·녹지체계를 계통별·시설별로 파악하기 위하여 작성하는 도면이다.

나. 내용
   (1) 공원·녹지에 대한 용도와 시설뿐 아니라 이에 직접적인 영향을 줄 수 있는 주요 토지용도 배분이나 시설들이 포함된다.
   (2) 공원 녹지체계를 설명하기 위하여 필요한 사항을 포함할 수 있다.
   (3) 표현되어야 할 내용은 다음과 같다.
      ① 자연환경 : 하천, 호, 소
      ② 토지이용 : 시가화용지, 보전용지등 2개용지. 시가화용지의 경우 주거·상업·공업·관리용지로 구분. 다만, 4-4-3.(3) ③의 규정에 따라 시가화예정용지는 기본구상도에 그 위치를 표시하지 아니하되, 보전용지로 표시된 부분에 포함되어 있는 것으로 본다.
      ③ 도시시설 : 공원(도시공원, 도시자연공원구역, 자연공원), 유원지, 녹지, 기타 공원·녹지체계의 구성상 필요한 보행자전용도로, 자전거전용도로, 경관도로 등

다. 도면축척 : 1/50,000, 1/25,000

라. 공원·녹지체계 기본구상도의 표시방법
   (1) 자연환경(하천, 호, 소), 토지이용 등을 표시한다.
   (2) 공원·녹지 및 유원지의 위치는 개략 표시하고, 이를 거점으로 하는 시·군내 녹지네트워크체계를 표시한다.
      ① 표현방식은 자유롭게 하되, 공원·녹지 등 오픈스페이스를 중심으로 보행자전용도로, 자전거전용도로, 경관도로 등을 이용한 네트워크가 형성될 수 있도록 개념적으로 표시한다.
   (3) 기타 지역여건에 따라 필요한 사항을 표시한다.

[별첨 4]

4. 교통계획도

가. 개념

기본계획도와는 별도로 작성·사용되는 도면으로서, 기본구상도 내용중 특히 교통체계를 계통 및 교통시설별로 파악하기 위하여 작성하는 도면이다.

나. 용도지역과 주요 기반시설을 표시한다.

(1) 가로망계획수립에관한지침에 따른 기간도로(고속국도·일반국도·지방도) 및 보조간선도로 이상의 도로를 이 지침에 따라 규모별로 표시한다.

(2) 고속국도·일반국도 및 지방도는 도로법에 의한 도로의 명칭 및 노선번호를 명기하고, 간선도로와 중복되는 경우에는 식별할 수 있도록 표시한다.

다. 도면축척 : 1/25,000, 1/50,000

라. 기타 필요한 경우 도시기본구상도에 준하여 표시한다.

마. 교통계획수립보고서 항목은 다음과 같다.

보고서 항목	주 요 고 려 사 항
1. 서론 가. 목적 나. 범위 다. 계획수립방법	- 계획의 공간적, 시간적 내용적 범위를 설정
2. 도시·군기본계획 개요 가. 계획구역 나. 공간구조 다. 토지이용계획 라. 주요시설계획 등	
3. 교통시설현황분석 가. 교통시설계획 및 시설설치	- 도시·군계획상의 기능별 도로, 철도, 교통광장, 주차장 등 교통시설계획의 현황 및 개설현황과 문제점을 분석한다. (도로율, 도로연장, 밀도, 교차로구조등)
나. 교통처리	- 도시내 교통의 특성과 교통소통현황 및 교통소통상의 애로원인을 기능별 가로망 구조, 교통

보고서 항목	주 요 고 려 사 항
	시설의 공급, 구조적 결함, 토지이용의 패턴 등을 체계적으로 분석하고 장래를 전망한다. - 특히 간선도로에 대하여는 간선도로 기능유지에 장애되는 요소를 구체적으로 분석한다.
다. 교통수단별 운영	- 버스, 지하철 등의 운영실태와 이에 따른 도시·군계획상의 과제를 분석한다.
라. 기타	- 기타 교통시설의 현황과 문제점을 분석한다.
4. 교통시설계획 가. 교통계획지표설정	- 지하철, 도로 등 교통시설별 교통분담, 서비스수준, 교통시설 등의 지표를 설정한다.
나. 간선도로망 계획	- 지역간 및 당해 시·군내 지역간을 연결하는 간선도로망 체계를 구성한다. - 지역간 도로는 시가지를 우회 처리하도록 계획하고 가로망구조는 가급적 순환도로망 체계를 구성하도록 한다.
다. 기능별 가로망계획	- 기능별 도로의 배치 및 규모에 대한 원칙을 제시하되, 도시·군계획수립시 지침이 될 수 있도록 특성화시킨다. - 역세권 등 도시내 지역별 도로배치 및 규모 등에 관한 도로계획수립지침을 제시한다. - 보행자전용도로, 자전거전용도로는 도시내 녹지체계와 관련하여 계획한다.
라. 도로교차지점계획	- 간선도로의 교차지점에 대한 구조 등 교통처리방안을 제시한다.
마. 기타 교통시설계획	- 철도(지하철 포함), 경전철, 공항, 주차장, 환승시설, 자동차정류장 등 교통시설에 관한 계획 또는 계획수립방향을 제시한다.
5. 교통시설 운영계획 가. 간선도로망 기능유지	- 도로구조, 교차로 구조개선, 도로변 토지이용규제방안 등 간선도로의 기능유지를 위한 도시·군계획상 대책방안을 제시한다.
나. 대중교통수단	- TSM 대상시설 및 운영방향을 제시한다. - 버스, 지하철, 택시, 경전철 등 운영방향 및 이에 따른 도시·군계획상의 고려사항을 제시한다.

[별첨 5]

5. 각종 현황도 작성기준

가. 작성기준
  (1) 현황도는 지형(표고)현황도, 토지이용현황도, 주요시설현황도, 인구밀도 분포현황도를 작성한다.
  (2) 도면표시는 정확을 요하지 아니하고 분포상태를 파악할 수 있는 정도로 표시한다.
  (3) 기본도면(원도)은 국립지리원이 발행하는 1/25,000의 지형도 또는 수치지도를 사용하고, 조사된 현황은 기본도면에 직접 표시하거나 투사지를 사용하여 동일위치에 중복(overlap)시킬 수 있다.

나. 표시방법
  (1) 지형(표고) 표시방법

등고선(m)	색 상
0 - 50	밝은 노랑기미의 녹색(light yellowist green 10GY, 8/6)
50 - 70	밝은 노랑(light yellow 5Ym 9/6)
70 - 100	샛노랑(vivid yellow 5Y, 8.5/14)
100 - 200	연노랑 기미의 주황(moderate yellowish orange 10YR, 7/8)
200 - 300	어두운 주황(dark orange 5YR, 5/10)
300 - 400	어두운 다홍(moderate reddish brown 10R 3/8)
400 - 500	어두운 회보라(dusky purple 5p 3/2)
500 이상	어두운 파랑(dark blue, 5B 2/4)

  (2) 토지이용현황

이 용 구 분	색 상
택지(시가지·취라지)	분홍(moderate pink 5R, 8/6)
전	녹색(strong green 5G, 5/8)
초야, 목야	샛노랑(vivid yellow 5Y, 8.5/14)
답	무색(N 9.5)
산림	밝은 파랑(light blue 10B, 6/8)
하천, 호, 소	파랑(strong blue 10B 4/10)
비행장, 연병장 등	연주황(Moderate orange 5YR, 7/8)
저습지, 황무지 등	어두운 주황(dark orange 5YR, 5/10)
사적, 명승, 온천 등	남색(strong blush purple 10PB 3/10)

  (3) 주요시설 현황

구분	표시방법	비고
교통통신시설	색상 : 검정(NI) 표시구분 : 기능에 따라 ○내에 기호를 표시한다.	도로(고속국도, 국도, 주요지방도, 기타 25m이상의 도로) 철도, 고속철도, 버스터미널, 주요통신시설
상업건축물	색상 : 빨강(5R 4/14) 표시구분 : 위치표시로 하되 기능에 따라 ○내에 기호를 표시한다.	도매시장, 백화점, 호텔, 극장 등
공업건축물	색상 : 남색(5PB 3/10) 표시기분 : 집단지는 지역으로 표시한다.	공장, 저탄장, 공해방지시설 등
공공건축물	색상 : 밝은 파랑(5b, 6/8) 표시기분 : 위치표시로 하되 기능에 따라 ○내에 기호를 표시한다.	정부 또는 지방자치단체 청사, 경찰서, 박물관, 시민회관, 법원, 병원 등
경 승 지	색상 : 밝은 녹색(5g, 7/6) 표시기분 : 위치표시로 하되 기능에 따라 ○내에 기호를 표시한다.	고적, 명승, 천연기념물, 경관지, 문화재 등

  (4) 인구밀도 분포 현황

인/ha	색 상
301 이상	우중충한 빨강(moderate reddish brown 5R, 4/8)
300 - 251	분홍(Modcrate pink 5R, 8/6)
250 - 201	보라(strong purple 5P, 5/10)
200 - 151	밝은 파랑(light blue 5B, 6/8)
150 - 101	어두운 녹색기미의 노랑(moderate olive 10Y, 4/4)
100 - 51	연노랑 기미의 녹색(moderate yellowish green 10GY, 6/6)
50 - 31	밝은 노랑기미의 녹색(light yellowish green 10GY, 8/6)
30 - 0	흰색(white N, 9.5)

다. 현황 조서의 작성

(1) 표고별, 토지이용(지목)별 현황조서를 작성한다.

(2) 토지를 기개발지역, 개발중인 지역, 개발가능지역, 개발불능지역으로 구분하여, 동 지역내 토지이용(지목별) 현황을 분석한 조서를 작성한다. 이는 토지이용계획과의 관계를 파악할 수 있도록 작성되어야 한다.

[별첨 6]

6. 도시 위상별 도시·군기본계획 수립기준

구분	거점도시	강소도시	자립도시
대상도시	•특별자치시, 광역자치단체 도청소재지와 인구 50만 이상 도시	•인구 50만 미만 10만 이상의 도시	•인구 10만 미만의 도시
도시 위상	•주변 도시에 대한 거점지역이나 수위도시 역할을 수행하는 도시	•도시 독자성을 가지며, 주변 도시에 지원 기능을 수행하는 도시	•도시의 기능 보완이나 주변 도시와 연계가 필요한 도시
도시정책 방향	•도시발전을 유도하고 외곽지역의 난개발 방지를 위한 도시성장관리 병행	•도시발전 유도에 중점을 두며, 필요시 도시성장관리 병행	•도시의 과소화 방지에 중점을 두며, 주변도시와 연계 병행
도시공간 구조	•다핵 도시공간구조를 유도하여 도시 내 균형발전 도모	•도시 여건에 따라 다핵 또는 단핵 도시공간구조 설정	•도시 여건에 따라 단핵 도시공간구조 유도
토지이용 계획	•밀도 관리를 통한 토지이용계획 수립	•밀도 관리를 통한 토지이용계획 수립	•집약적 토지이용 및 생활서비스시설의 거점화 유도
	•도시 외곽지역의 개발을 억제하되 필요시 계획적 개발 허용	•도시 외곽지역의 개발을 억제하되 필요시 계획적 개발 허용	•성장유도선 설정 등 도시확산 방지
경제·산업 계획	•신산업 등 경제·산업 육성 중심으로 전략계획 수립	•쇠퇴산업 재편 및 정비 방향 중심의 전략계획 수립	•필요시 산업구조 재편 및 정비 방향 제시
공원·녹지 계획	•장기미집행공원의 적극적 해소 추진	•장기미집행공원의 적극적 해소 추진	•장기미집행공원의 적극적 해소 추진
	•공원 확보가 어려운 경우 생태면적률 향상 도모		
경관계획	•새롭게 형성되는 경관형성계획에 중점	•경관보전, 훼손경관 복원 등 경관관리계획에 중점	•경관보전, 훼손경관 복원 등 경관관리계획에 중점

※ 해당 기준은 시·도지사가 지자체 여건에 맞게 조정하거나 별도의 기준을 마련하여 운영할 수 있다.

도시 기후변화 재해취약성분석 및 활용에 관한 지침

도시 기후변화 재해취약성분석 및 활용에 관한 지침 목차

제1장 총 칙 ·· 401
    제1절 지침의 목적 ··· 401
    제2절 법적근거 ·· 401
    제3절 재해취약성분석의 의의 및 적용 ······················· 401

제2장 재해취약성분석의 일반원칙 ······································ 402
    제1절 분석주체 및 분석단위 ······································· 402
    제2절 분석의 시기 및 절차 ··· 403
    제3절 분석지표 및 조사방법 ······································· 403

제3장 재해취약성 분석의 실시 ·· 405
    제1절 사전준비 ·· 405
    제2절 분석수행 및 검증 ·· 405
    제3절 분석결과 확정 ·· 407

제4장 재해취약성분석 결과 활용 및 지원체계 ················· 408
    제1절 재해취약성분석 결과의 활용 ···························· 408
    제2절 재해취약성분석 정보관리 및 지원체계 ············ 409

제5장 기타 사항 ·· 410

부 칙 ·· 410

도시 기후변화 재해취약성분석 및 활용에 관한 지침
[제명 개정 2016·5·11]

제정 국토교통부훈령 제 707호 2016·5·11
개정 국토교통부훈령 제 852호 2017·5·26
국토교통부훈령 제 956호 2018·1·2
국토교통부훈령 제1704호 2024·1·19

제1장 총 칙

제1절 지침의 목적

이 지침은 「국토의 계획 및 이용에 관한 법률」 제20조제2항 및 제27조제3항에 따라 도시·군기본계획을 수립·변경하거나 도시·군관리계획을 입안하는 경우 도시 기후변화에 따른 재해 취약성에 관한 분석(이하 "재해취약성분석"이라 한다)을 실시하고 그 결과를 활용하기 위하여 필요한 방법·절차 및 그 밖에 필요한 사항을 정하는 데 그 목적이 있다.

제2절 법적근거

「국토의 계획 및 이용에 관한 법률」(이하 "법"이라 한다) 제20조, 제27조, 같은 법 시행령(이하 "영"이라 한다) 제16조의2, 제21조

제3절 재해취약성분석의 의의 및 적용

1-3-1. 재해취약성분석의 의의

재해취약성분석은 기후변화에 따라 대형화·다양화되고 있는 재해에 효율적으로 대응하기 위하여 기존의 전통적인 방재대책과 함께 도시의 토지이용, 기반시설 등을 고려하여 재해취약지역을 분석하고 그 결과를 토대로 실효성 있는 재해저감 대책을 마련함으로써 도시·군기본계획을 수립·변경하거나 도시·군관리계획을 입안하는 경우 등 재해예방형 도시계획 수립 시에 체계적인 판단 근거를 제공하기 위해 실시하는 기초조사이다.

1-3-2. 재해취약성분석의 대상범위

재해취약성분석은 특별시·광역시·특별자치시·특별자치도·시 또는 군(이하 "시·군"이라 한다)이 도시·군기본계획을 수립·변경하거나 도시·군관리계획을 입안하는 경우에 활용하며, 「재난 및 안전관리 기본법」 제60조에 따른 특별재난지역(재해취약성 분석이 가능한 6개 재해유형에 한함. 이하 "대규모 재해발생지역"이라 한다.) 또는 해당 시·군이 필요하다고 인정하는 지역에 실효성 있는 재해저감대책을 수립하는 경우에 실시할 수 있다.

1-3-3. 재해취약성분석 결과의 활용 범위
(1) 재해취약성분석은 도시·군기본계획을 수립·변경하는 경우에 해당 시·군의 재해취약지역을 사전에 판단하여 재해예방형 도시계획 수립을 위한 기초자료로 활용한다.
(2) 재해취약성분석 결과는 다음의 도시·군관리계획을 입안하는 경우 재해예방을 위한 계획 수립의 기초자료로 활용한다.
　가. 용도지역·용도지구의 지정 또는 변경에 관한 계획
　나. 도시·군계획시설의 설치·정비 또는 개량에 관한 계획
　다. 도시개발사업 또는 정비사업에 관한 계획
　라. 지구단위계획구역의 지정 또는 변경에 관한 계획 및 지구단위계획
　마. 기타 방재지구 가이드라인에 따른 토지이용, 기반시설, 건축물 등의 재해저감대책 수립
(3) 대규모 재해발생지역 등에 재해저감대책 수립을 위한 기초자료로 활용할 수 있다.
(4) 재해취약성분석 결과에 따라 재해예방형 도시계획 수립과 재해저감대책을 수립할 경우에는 기후변화 및 도시화로 대형화되는 자연재해에 대비하여 도시의 지속 가능성을 강화하기 위해 재해 예방·대비·대응·복구가 포함된 도시복원력 개념을 감안하여 수립한다.

1-3-4. 도시·군기본계획 수립·변경 시 재해취약성분석 실시 예외대상
(1) 도시·군기본계획을 수립·변경하는 경우 법 제20조제2항에 따라 기초조사 내용에 재해취약성분석을 포함하여야 한다.
(2) 다음의 어느 하나에 해당하는 경우에는 재해취약성분석을 다시 실시하지 아니하고 그 분석결과를 활용하여 도시·군기본계획을 수립·변경할 수 있다.
　가. 도시·군기본계획 수립·변경로부터 5년 이내에 재해취약성분석을 실시한 경우

나. 다른 법률에 따른 지역·지구 등의 지정이나 개발계획 수립 등으로 인하여 도시·군기본계획의 변경이 필요한 경우

(3) (2)의 경우라도 특별시장·광역시장·특별자치시장·특별자치도지사·시장 또는 군수(이하"시행주체"라 한다)가 해당 시·군의 여건이 크게 변화되어 재해취약성 분석이 필요하다고 인정되면 실시할 수 있다.

1-3-5. 도시·군관리계획 입안 시 재해취약성분석 실시 제외대상

(1) 도시·군관리계획을 입안하는 경우 법 제27조제3항에 따라 기초조사 내용에 재해취약성분석을 포함하여야 한다.

(2) 도시·군관리계획 입안일로부터 5년 이내에 재해취약성분석을 실시한 경우 그 분석결과를 활용하여 입안할 수 있다.

(3) 다음의 어느 하나에 해당하는 경우에는 재해취약성분석을 실시하지 아니하고 도시·군관리계획을 입안할 수 있다.

　가. 해당 지구단위계획구역이 도심지(상업지역과 상업지역에 연접한 지역을 말한다)에 위치하는 경우

　나. 해당 지구단위계획구역안의 나대지 면적이 구역면적의 2퍼센트에 미달하는 경우

　다. 해당 지구단위계획구역 또는 도시·군계획시설 부지가 다른 법률에 따라 지역·지구 등으로 지정되거나 개발계획이 수립된 경우

　라. 해당 지구단위계획구역의 지정목적이 해당 구역을 정비 또는 관리하고자 하는 경우로서 지구단위계획의 내용에 너비 12미터 이상 도로의 설치계획이 없는 경우

　마. 해당 도시·군계획시설의 결정을 해제하려는 경우(부분해제를 포함한다)

　바. 기존의 용도지구를 폐지하고 지구단위계획을 수립 또는 변경하여 그 용도지구에서의 건축물이나 그 밖의 시설의 용도·종류 및 규모 등의 제한을 그대로 지구단위계획으로 대체하려는 경우

　사. 다음의 어느 하나에 해당하는 경우(방재지구의 지정·변경은 제외한다)

　　① 주거지역·상업지역·공업지역 또는 계획관리지역의 그 밖의 용도지역으로의 변경(계획관리지역을 자연녹지지역으로 변경하는 경우는 제외한다)

　　② 주거지역·상업지역·공업지역 또는 계획관리지역 외의 용도지역 상호간의 변경(자연녹지지역으로 변경하는 경우는 제외한다)

　　③ 용도지구·용도구역의 지정 또는 변경(개발진흥지구의 지정 또는 확대지정은 제외한다)

　　④ 영 제55조제1항 각 호에 따른 용도지역별 개발행위규모에 해당하는 기반시설의 설치

　　⑤ 기반시설 중 도로·철도·궤도·수도·가스등 선형으로 된 교통시설 및 공급시설의 설치(도시지역에서 설치하는 것은 제외한다)

　아. 기반시설 중 공간시설(녹지·공공공지에 한정한다)의 설치

　자. 도시·군관리계획의 변경사항 중 경미한 사항에 해당하는 경우

(4) (2),(3)의 경우라도 시행주체가 해당 시·군의 여건이 크게 변화되어 재해취약성분석이 필요하다고 인정되면 실시할 수 있다.

제2장 재해취약성분석의 일반원칙

제1절 분석주체 및 분석단위

2-1-1. 재해취약성 분석주체

(1) 시행주체는 관할 구역에 대하여 재해취약성분석을 시행하거나 전문용역기관을 통하여 재해취약성분석을 수행한다.

(2) 시행주체 외의 자가 도시·군관리계획 입안 또는 입안제안을 위해 요청하는 경우 (1)에 따른 재해취약성분석 결과를 제공하여야 한다.

(3) 시행주체는 (1)에 따른 전문용역기관이 도시·군기본계획 수립·변경 및 도시·군관리계획 입안을 위한 재해취약성분석을 대행하게 할 수 있다. 이 경우 최근 3년 이내에 재해취약성분석 제도의 이해 및 실무수행에 대하여 「정부출연연구기관 등의 설립·운영 및 육성에 관한 법률」제8조에 따라 설립된 연구기관인 국토연구원에서 주최한 교육을 이수받은 기술 인력이 참여하여야 한다.

2-1-2. 재해취약성 분석단위

재해취약성분석은 도시·군기본계획 수립·변경 또는 도시·군관리계획 입안이 되는 시점부터 가장 최근 해당 시·군의 인구센서스 집계구(폭우재해는 해당 시·군 인구데이터의 100m 격자)로 분석함을 원칙으로 한다. 다만, 해수면상승 취약성분석은 해안선으로부터 1킬로미터 이내에 포함되는 해당 시·군의 인구센서스 집계구로 한정한다.

제2절 분석의 시기 및 절차

2-2-1. 재해취약성 분석시기

재해취약성분석은 도시·군기본계획 수립·변경 또는 도시·군관리계획 입안 전 기초조사 단계에서 실시하며, 대규모 재해발생지역 등의 경우에는 재해저감대책 수립 전에 실시한다.

2-2-2. 재해취약성 분석절차

재해취약성분석은 <그림 2-1>의 절차에 따라 수행하되, 각 절차별로 수행할 사항은 다음과 같다.

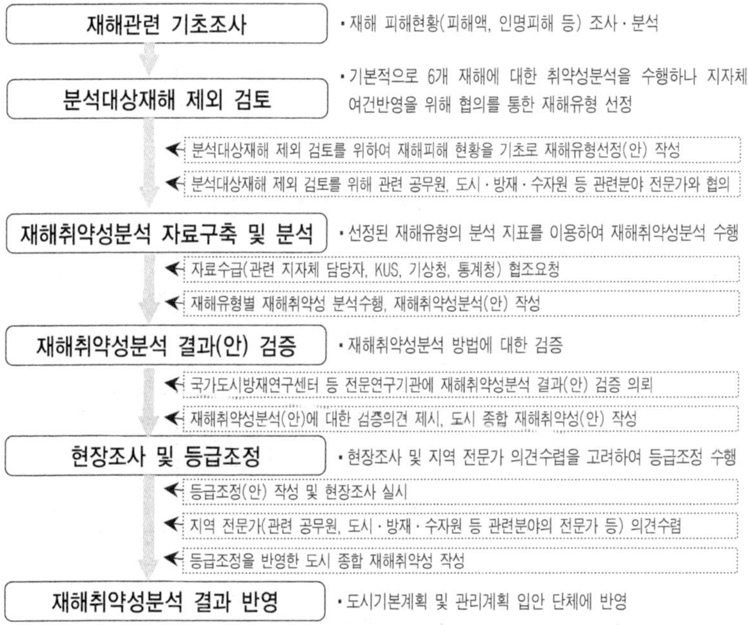

```
┌─────────────────────┐
│  재해관련 기초조사   │ ● 재해 피해현황(피해액, 인명피해 등) 조사·분석
└──────────┬──────────┘
           ▼
┌─────────────────────┐
│  분석대상재해 제외 검토 │ ● 기본적으로 6개 재해에 대한 취약성분석을 수행하나 지자체
└──────────┬──────────┘    여건반영을 위해 협의를 통한 재해유형 선정
           │  ◄ 분석대상재해 제외 검토를 위하여 재해피해 현황을 기초로 재해유형선정(안) 작성
           │  ◄ 분석대상재해 제외 검토를 위해 관련 공무원, 도시·방재·수자원 등 관련분야 전문가와 협의
           ▼
┌─────────────────────┐
│ 재해취약성분석 자료구축 및 분석 │ ● 선정된 재해유형의 분석 지표를 이용하여 재해취약성분석 수행
└──────────┬──────────┘
           │  ◄ 자료수급(관련 지자체 담당자, KUS, 기상청, 통계청) 협조요청
           │  ◄ 재해유형별 재해취약성 분석수행, 재해취약성분석(안) 작성
           ▼
┌─────────────────────┐
│ 재해취약성분석 결과(안) 검증 │ ● 재해취약성분석 방법에 대한 검증
└──────────┬──────────┘
           │  ◄ 국가도시방재연구센터 등 전문연구기관에 재해취약성분석 결과(안) 검증 의뢰
           │  ◄ 재해취약성분석(안)에 대한 검증의견 제시, 도시 종합 재해취약성(안) 작성
           ▼
┌─────────────────────┐
│  현장조사 및 등급조정 │ ● 현장조사 및 지역 전문가 의견수렴을 고려하여 등급조정 수행
└──────────┬──────────┘
           │  ◄ 등급조정(안) 작성 및 현장조사 실시
           │  ◄ 지역 전문가(관련 공무원, 도시·방재·수자원 등 관련분야의 전문가 등) 의견수렴
           │  ◄ 등급조정을 반영한 도시 종합 재해취약성 작성
           ▼
┌─────────────────────┐
│ 재해취약성분석 결과 반영 │ ● 도시기본계획 및 관리계획 입안 단체에 반영
└─────────────────────┘
```

<그림 2-1> 재해취약성분석의 절차

(1) 재해관련 기초조사에서는 발생재해 유형과 피해액, 인명피해 등 지방자치단체의 재해 피해현황을 조사 분석한다.

(2) 분석대상에서 제외할 재해의 검토절차는 [별표 1]에 따르며, 재해현황분석, 지역 전문가의 의견수렴을 통해 기후변화에 따라 재해취약성 증가가 예상되지 않는 재해유형을 결정한다(단, 폭우재해는 제외한다).

(3) 재해취약성 자료 구축 및 분석에서는 선정된 재해유형의 분석지표를 [별표 2]에 따라 구축하고, 매뉴얼에 따라 분석하여 재해취약성분석 결과(안)을 작성한다.

(4) 재해취약성분석 결과(안)을 작성 후 전문연구기관에 재해취약성분석 결과(안)에 대한 검증을 의뢰한다.

　가. 검증기관에서는 3-2-5.(1)의 내용을 검증하고 검증의견을 제출한다.
　나. 시행주체는 재해취약성분석 검증기관으로부터 받은 검증의견을 반영하여 최종 분석결과를 확정하고 도시종합재해취약성(안)을 작성한다.

(5) 현장조사 및 등급조정에서는 재해취약성분석 결과에 따라 작성된 도시종합재해취약성(안)을 바탕으로 현장조사와 지역 전문가 등의 의견수렴을 종합적으로 고려하여 최종 도시 종합 재해취약성을 작성한다.

(6) 시행주체는 재해취약성분석 결과를 도시·군기본계획 또는 도시·군관리계획에 반영 하여야 한다.

제3절 분석지표 및 조사방법

2-3-1. 분석지표의 종류

재해에 안전한 도시조성을 위하여 재해취약지역에 대한 물리적 특성과 공간적 입지 특성을 평가하기 위하여 <표 2-1>의 분석지표를 사용한다.

<표 2-1> 재해취약성 분석지표

〈기후노출 및 도시민감도 분석지표(폭우)〉

구 분	폭 우
현재 기후노출	・연평균 80mm/일 이상 강수일수 ・연평균 시간최다강수량 ・연평균 1일최다강수량 ・연평균 5일최다강수량 ・연평균 3시간 누적 강우량 90mm 이상 또는 12시간 누적 강우량 180mm 이상 일수

도시 기후변화 재해취약성분석 및 활용에 관한 지침 404

구 분		폭 우
현재 도시 민감도	잠재 취약지역	· 최근 10년간 피해지역 · 주요 하천변 저지대 · 상대적 저지대 · 자연재해저감 종합계획[주]의 위험지구, 자연재해위험개선지구 　및 방재지구 · 산사태취약지역
	도시 취약구성 요소	· 65세 이상 노인 및 13세 이하 어린이 인구수 · 인구밀도 · 시가화지역 면적 · 지하도로 면적 · 노후 단독주택 및 반지하주택 면적
미래 기후노출		· 미래 연평균 80mm/일 이상 강수일수 · 미래 연중 강수일수로 나누어진 연 총강수량 · 미래 연평균 1일최다강수량 · 미래 연평균 5일최다강수량 · 미래 일강수량이 기준기간의 사위 90퍼센타일 보다 많은 날의 　연중일수
미래 도시 민감도	잠재 취약지역	· 최근 10년간 피해지역 · 주요 하천변 저지대 · 상대적 저지대 · 자연재해저감 종합계획[주]의 위험지구, 자연재해위험개선지구 　및 방재지구 · 산사태취약지역
	도시 취약구성 요소	· 65세 이상 노인 및 13세 이하 어린이 인구수(인구변화율 반영) · 인구밀도(인구변화율 반영) · 시가화지역 면적 · 지하도로 면적 · 노후 단독주택 및 반지하주택 면적(미래전망 반영)

주1. 자연재해저감 종합계획이 수립되지 않은 지방자치단체는 제외

〈기후노출 및 도시민감도 분석지표(폭우 외)〉

구분			폭염	폭설	가뭄	강풍	해수면상승[주2]
현재 기후노출			· 연평균 일최고 기온 33℃ 이상 일수 · 연평균 열대야 (일최저기온 25 ℃ 이상) 일수	· 연평균 최고 적설량 · 연평균 적설량 · 연평균 5cm 이상 적설일수	· 연평균 일최고기온 · 연평균 최대무강수 지속일수	· 연평균 일최대 풍속 14m/s 이상 일수 · 연평균 순간 풍속 20m/s 이상 일수	· 연평균 조위 상승률 · 연평균 해수온 상승률
현재 도시 민감도	잠재 취약 지역		· 주거불량지역	· 최근 10년간 피해 지역 · 급경사지역 · 상습설해지역 · 자연재해위험 개선지구	· 최근 10년간 피해 지역 · 광역 및 지방 상수도 미급수 지역 · 상습가뭄재해 지역	· 최근 10년간 피해 지역 · 해안변 500m 지역 · 상습설해지역 · 자연재해저감 종합계획[주1]의 위험지구	· 최근 10년간 피해 지역 · 해안변 10m(日) 이하 저지대지역 · 해일위험지구 및 자연재해저감 종 합계획[주1]의 위험 지구 · 연안침식관리구역
	도시 취약 구성 요소	시민	· 65세 이상 노인 및 5세 미만 어 린이 인구수 · 독거노인수 · 저소득층 인구수	· 65세 이상 노인 및 5세 미만 어 린이 인구수	· 광역 및 지방 상수도 미급수 인구수	· 65세 이상 노인 및 5세 미만 어 린이 인구수	· 65세 이상 노인 및 5세 미만 어 린이 인구수
		도시 기반 시설	· 도로면적	· 도로면적 · 고가도로 및 입 체 교차로 면적 · 철도면적 · 공항면적	—	· 항만면적 · 공항면적 · 전기공급설비 면적 · 방송통신시설 면적	· 도로면적 · 항만면적 · 수질오염 방지시 설 면적
		건축물	· 단독주택 건축물 내 지붕구조(콘 크리트 슬라브, 슬레이트)	· 단독주택 건축 물 내 지붕구 조(판넬, 슬레 이트, 경량철 골구조) · 비닐하우스 면적 · 축사면적	—	· 대형건축물 면적 · 대형광고물 면적	· 단독주택 및 반지하주택 면적
미래 기후 노출			· 연평균 일최고 기온 33℃ 이상 일수 · 연평균 열대야 (일최저기온 25 ℃ 이상) 일수	· 연평균 적설량	· 연평균 일최고기온 · 연평균 최대무강수 지속일수	· 연평균 일최대 풍속 14m/s 이상 일수	· 연평균 해수온 상승률
미래 도시민감도			· 최근 10년간 시가화지역 · 최근 10년간 인구증가수 · 개발사업 진행·예정지구				

주1. 자연재해저감 종합계획이 수립되지 않은 지방자치단체는 제외
주2. 해수면상승 분석 시에는 연안육역의 1km이내 격지에 한정하여 분석

2-3-2. 분석지표의 조사방법

분석지표는 한국토지정보시스템(KLIS)에 구축된 전산자료 또는 지자체에서 구축하고 있는 재해 관련 자료와 각 행정기관이 작성하여 제공하고 있는 공간정보도면 등을 활용하여 [별표 2]의 조사방법에 따라 구축한다.

제3장 재해취약성 분석의 실시

제1절 사전준비

3-1-1. 피해현황 및 재해특성 분석
(1) 재해취약성분석을 수행하기 전 재해유형 선정을 위해 재해별 피해지점, 피해액, 인명피해(사망, 부상) 등 지방자치단체 피해현황 조사(최근 10년 이상)와 재해특성 분석, 연도별 재해 추이분석 등을 통해 지방자치단체의 재해발생 특성을 파악한다.
(2) 재해피해액 등의 자료가 없는 재해에 대해서는 기상특보 발효 횟수, 운반 및 제한급수 등 간접지표 자료를 활용하여 재해현황 조사 및 재해특성 분석을 수행한다.

3-1-2. 분석 제외대상 재해유형 결정
(1) 재해취약성분석 제외대상 재해유형은 [별표 1]의 절차에 따라 지방자치단체 재해 피해현황 분석 결과, 지역의 지역 전문가(도시·방재·수자원·기상 등 관련 분야의 담당 공무원 1인 및 전문가 2인, 지역주민 2인 등) 5인 이상의 의견수렴을 통해 지방자치단체의 분석 제외대상 재해유형을 결정한다.
(2) 다만 모든 지방자치단체는 폭우재해를 분석대상 재해로 선정하여야 하며, 해안을 포함하는 지방자치단체에서는 해수면상승을 분석대상 재해로 반드시 포함하여야 한다.

3-1-3. 분석지표 데이터 구축
(1) 분석지표는 국토교통부에서 제공하는 최근의 재해취약성분석 매뉴얼을 참고하여 GIS 분석이 가능한 공간정보 형식으로 구축한다.
(2) 기초자료를 구축하기 불가능하거나 지역특성상 [별표 2]의 지표를 사용하는 것이 곤란하거나 그 지표를 사용하는 것이 비합리적이라고 판단되는 경우에는 국토연구원 등 전문연구기관의 자문을 거쳐 이를 대체하는 별도의 지표를 신설 및 사용할 수 있다.

제2절 분석수행 및 검증

3-2-1. 재해취약성분석의 구조
(1) 현재 기후노출은 인근지역의 유인관측소와 무인관측소의 기상관측 자료를 활용하여 현재의 기후적 요소에 의한 영향 정도를 분석한다.
(2) 현재 도시민감도는 잠재취약지역과 도시취약구성요소로 구분하여 분석한다.
(3) 미래기후노출은 기후변화 시나리오에 의한 전망치를 활용하여 미래의 기후적 요소에 의한 영향을 분석한다.
(4) 미래 도시민감도는 기후변화 재해에 대한 도시민감도 전망을 분석한다.
(5) 재해취약성분석의 구조는 〈그림 3-1〉과 같다.

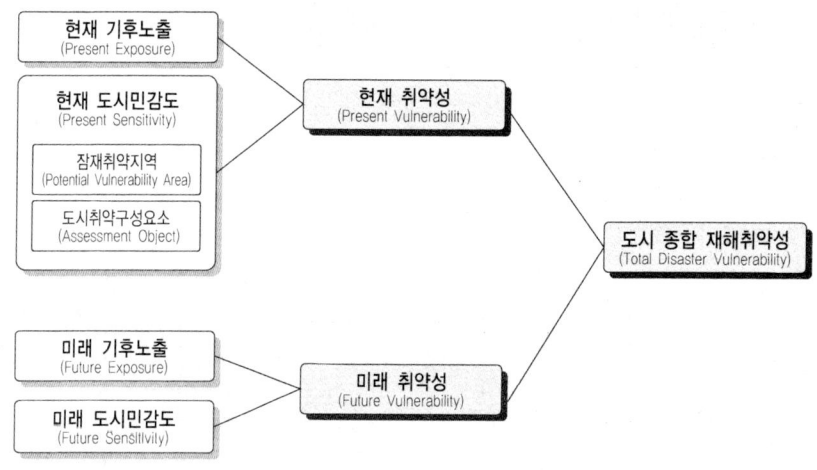

〈그림 3-1〉 재해취약성분석의 구조

3-2-2. 분석등급의 부여
(1) 측정 단위가 서로 다른 분석지표 간 직접적인 비교를 위해 분석지표를 정규분포에 의한 Z-score법을 이용하여 계산한 후 표준화지수로 변환하여 각 지역의 값을 산출한다.

[분석지표 표준화 공식]

Z-score	표준화지수
$z_i = \dfrac{X_i - X_{mean}}{X_{Std}}$ z_i : 구역별 i의 Z-score X_i : 구역별 i의 분석지표 X 측정치 X_{mean} : 전체 구역별 분석지표 X 평균 X_{Std} : 전체 구역별 분석지표 X 표준편차	$Z\text{-}score_{Normal} = a \cdot z\text{-}score + b$ $a = \dfrac{1}{(Z\text{-}score_{max}) - (Z\text{-}score_{min})}$ $b = \dfrac{- Z\text{-}score_{min}}{(Z\text{-}score_{max}) - (Z\text{-}score_{min})}$ $Z\text{-}score_{Normal}$: 구역별 i의 표준화지수 $Z\text{-}score_{max}$: 전체 구역의 Z-score 중 최대값 $Z\text{-}score_{min}$: 전체 구역의 Z-score 중 최소값

※ Z-score : 정규분포에 의한 Z-score법을 이용하여 계산한 값으로, 표준편차를 단위로 보았을 때 측정치가 평균에서 얼마만큼 일탈하였는지 알 수 있음
※ 표준화지수 : 음수부터 양수의 범위를 가지는 Z-score를 다시 0과 1 사이의 수치로 변환한 값

(2) 분석지표별 표준화지수를 취약성분석 구조에 따라 계산하여 현재 기후노출, 현재 도시민감도, 미래 기후노출, 미래 도시민감도의 점수를 산정한다.

※ 현재기후노출점수는 재해유형에 따른 기후자료를 각각 표준화 점수로 변환한 뒤 평균하여 도출한다.

▶ 현재기후노출점수 = $\dfrac{(\text{연평균80mm/일표준화지수} + \text{연평균시간최대강수량표준화지수})}{2}$

※ 현재도시민감도점수는 잠재취약지역 표준화점수와 도시취약구성요소 표준화점수를 평균하여 도출한다.

▶ 현재도시민감도점수 = $\dfrac{\text{잠재취약지역표준화지수} + \text{도시취약구성요소표준화지수}}{2}$

※ 미래기후노출점수는 재해유형에 따라 미래기후시나리오 자료를 이용하여 집계구별 기후노출자료를 구축하고, 표준화 점수로 변환하여 도출한다.

※ 미래도시민감도점수는 집계구별 10년간 순인구증가 표준화점수, 최근 10년간 시가화지역 표준화점수, 개발사업 진행 및 예정지구 표준화점수를 평균하여 도출한다.

▶ 미래도시민감도점수 =
$\dfrac{\text{10년간시가화지역표준화지수} + \text{순인구증가표준화지수} + \text{개발사업진행및예정지구표준화점수}}{3}$

---

(3) 현재 기후노출, 현재 도시민감도, 미래 기후노출, 미래 도시민감도 등 분석 구조에 따라 도출된 점수를 기준으로 GIS 프로그램의 등급구간 분류방법인

자연적 구분법(jenks의 최적화방법)을 활용하여 취약성분석 값을 I-IV등급(I등급이 가장 취약)으로 구분하여 부여한다.

[Jenks의 최적화 방법 절차]

① 전체 자료집단의 평균값(   )을 산출하고, 각 관측치의 평균으로부터 분산정도를 계산
② 등급구간 설정 후, 각 등급구간의 평균(   )을 산출하고, 각 등급구간에 속한 관측치들이 구간 평균으로부터의 분산정도를 산출한 후 전체 분산의 합을 계산
③ GVF의 값 산출
④ 등급구간을 변화시켜 SDCM을 구하여 GVF값이 1에 근접하는 최대값이 될 때의 구간이 최적화된 등급구간임.

※ 자연적 구분법(Jenks 최적화 방법) : GVF(Goodness of Variance Fit)은 등급평균으로부터 편차의 제곱의 합이 최소가 되는 지점을 찾아 그룹화하는 방법으로, 그룹 내에서는 동질성을 각 그룹 간에는 이질성을 최대화하는 것임

(4) 현재 취약성 분석은 자연적구분법에 의해 도출된 현재 기후노출 등급과 현재 도시민감도 등급을 매트릭스를 이용하여 도출하며, 미래 취약성분석은 미래 기후노출 등급과 미래 도시민감도 등급을 매트릭스를 이용하여 도출한다.

[취약성 등급 매트릭스]

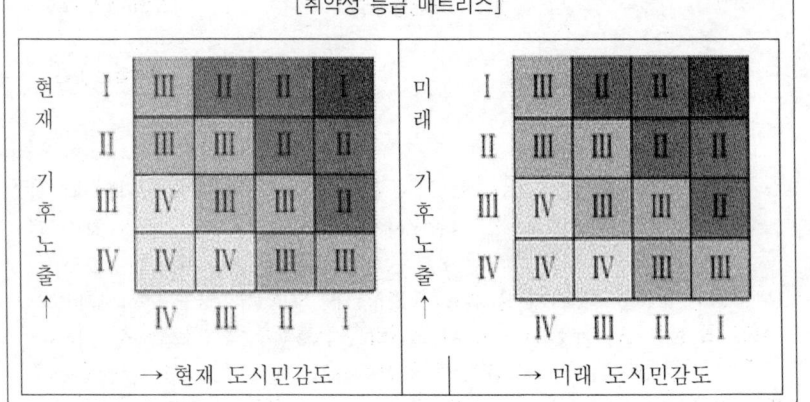

(5) (2)부터 (4)까지에도 불구하고, 폭우 분석등급 부여 시에는 분석지표별 자료를 각각 분석지표별 표준화지수로 변환한 후 합산하여 현재 기후노출, 현재

도시민감도, 미래 기후노출, 미래 도시민감도 점수를 산정하고, 산정된 점수를 기준으로 GIS 프로그램의 등급구간 분류방법인 자연적 구분법(Jenks의 최적화방법)을 활용하여 취약성분석 값을 I-IV등급(I등급이 가장 취약)으로 구분하여 부여한다.

> ※ 현재 기후노출 점수와 미래 기후노출 점수는 기후자료를 각각 표준화 점수로 변환한 뒤 합하여 도출한다.
> ※ 현재 도시민감도 점수와 미래 도시민감도 점수는 지표별 자료를 각각 표준화 점수로 변환한 뒤 합하여 도출한다.
> ※ 현재 재해취약성 점수는 현재 기후노출 점수와 현재 도시민감도 점수를 합하고, 미래 재해취약성 점수는 미래 기후노출 점수와 미래 도시민감도 점수를 합하여 도출한다.

(6) 폭우 분석등급 부여 시에는 시행주체가 필요하다고 인정하는 경우 지역 전문가 10인 이상(도시·방재·수자원·기상 등 관련 분야의 담당 공무원 2인 및 전문가 8인 등)의 의견을 수렴하여 분석지표별 가중치를 정하고 계산된 분석지표별 표준화지수에 분석지표별 가중치를 곱하여 현재 기후노출, 현재 도시민감도, 미래 기후노출, 미래 도시민감도의 점수를 산정할 수 있다.

3-2-3. 도시 종합 재해취약성(안) 작성

재해취약성분석은 [별표 3]을 참고하여 국토교통부에서 제공하는 최근 재해취약성분석 매뉴얼에 따라 현재 취약성 등급과 미래 취약성 등급을 중첩하여 도시종합재해취약성(안)을 작성하되, 둘 중 높은 등급을 반영한다. 다만, 폭우 등급은 현재 취약성 점수와 미래 취약성 점수를 합산하여 도시 종합재해취약성 점수를 작성하고, GIS 프로그램의 등급구간 분류방법인 자연적 구분법(Jenks의 최적화방법)을 활용하여 취약성분석 값을 I-IV등급(I등급이 가장 취약)으로 구분하여 부여한다.

3-2-4. 재해취약성분석 결과의 검증

(1) 시행주체는 재해취약성분석을 효율적으로 실시하고 재해취약성분석 결과의 타당성을 확보하기 위하여 검증시기 및 절차에 대하여 사전에 국토연구원 등 검증기관과 협의하여 재해취약성분석 결과의 검증을 의뢰하여야 하며, 검증기관으로부터 통보받은 검증의견을 분석결과에 반영하여야 한다.

3-2-5. 검증의 내용

(1) 시행주체는 재해취약성분석 결과의 검증을 의뢰한 경우 검증기관과 협의하여 검증이 필요한 사항을 결정하되, 다음의 내용을 포함할 수 있다.
   가. 재해취약성분석 기초자료의 신뢰성
   나. 기초자료의 가공 및 분석과정의 적정성
   다. 분석등급 결과의 적정성
   라. 그 밖에 의뢰자가 요청하는 사항
(2) 검증기관은 검증의뢰 접수일로부터 60일 이내에 검증결과를 통보하여야 하며, 필요시 협의를 통해 검증기간을 연장 또는 단축할 수 있다.
(3) 의뢰자는 재해취약성분석결과의 검증에 따른 수수료를 검증기관에게 지급해야 하며, 검증수수료의 대가 산정기준은 [별표5]에 따라 검증기관과 협의하여 정한다.

제3절 분석결과 확정

3-3-1. 재해취약성분석 결과의 등급조정 대상지 선정

도시종합재해취약성분석 결과 지역의 재해취약 특성과 분석결과가 불일치하는 지역에 한하여 등급조정 대상 집계구 또는 격자를 선정한다.

3-3-2. 재해취약성분석 결과의 등급조정

(1) 시행주체는 재해취약성분석 결과에 대한 현장조사 등을 바탕으로 지역 전문가(도시·방재·수자원·기상 등 관련 분야의 담당 공무원 2인 및 전문가 3인 등) 5인 이상의 의견을 수렴하여 도시종합재해취약성(안)의 등급을 상향하거나 하향 조정할 수 있다.
(2) 지역 전문가 의견은 개별적으로 수렴하도록 하고, 지역 전문가의 의견이 불일치할 경우 추가 현장조사 및 검토를 수행한다.
(3) 시행주체는 재해취약성분석 결과가 기초자료의 부정확 또는 분석과정의 오류 등으로 인하여 그 적정성에 문제가 있다고 판단되는 경우에는 사실 관계에 따라 그 결과를 조정할 수 있다.
(4) 시행주체는 필요한 경우 등급조정 전 검증기관에 등급조정 대상지 선정 타당성에 대한 의견을 미리 들을 수 있다.
(5) 재해취약성분석 결과의 등급조정 절차는 [별표 4]와 같다.

제4장 재해취약성분석 결과 활용 및 지원체계

제1절 재해취약성분석 결과의 활용

4-1-1. 재해취약성분석 결과의 제공

(1) 시행주체 외의 자가 법 제26조에 따라 도시·군관리계획의 입안을 제안하려는 경우 시행주체에게 입안 제안지역의 재해취약성분석 결과 확인을 요청할 수 있으며, 이 경우 [별표 6]에 따른 신청서류에 다음 각 목의 서류를 첨부하여야 한다.

　가. 사업계획서

　나. 편입 토지조서

　다. 입안 제안지역의 경계를 표시한 전산자료

(2) (1)에 따라 재해취약성분석 결과의 확인을 요청받은 시행주체는 [별표 7]의 서식에 따라 해당 입안 제안지역에 대한 재해취약성분석 확인서를 발급하여야 하며, 이 경우 재해취약성분석 확인서 내용 외에 집계구 및 격자별 분석값은 제공하지 아니한다.

(3) 시행주체는 재해취약성분석 확인서를 발급하는 경우 해당하는 입안 제안지역에 여건 변화가 발생하였는지 여부를 검토하여야 하며 확인서 발급 시 그 사항을 기술하여야 한다.

4-1-2. 재해취약성분석 결과의 활용방법

(1) 기본방향

　가. 재해취약성분석 결과 도시 종합 재해취약성 1등급 또는 2등급인 지역(이하 "재해취약지역"이라 한다)에 도시·군계획을 입안하는 경우 재해예방을 위한 계획 수립을 검토하여야 하며, 재해취약지역 중 대규모 재해발생지역이나 현재 도시민감도 1등급 또는 2등급인 지역은 재해 예방을 위한 계획 수립을 우선적으로 검토하여야 한다.

　나. 재해취약성분석 결과는 도시·군계획안을 작성하기 전에 재해 예방을 위한 계획에 반영될 수 있도록 활용하여야 한다.

　다. 지형 및 지역여건에 따라 분석결과가 다르기 때문에 시·군의 특성에 맞도록 분석결과의 활용을 달리할 수 있다.

　라. 재해취약성분석 결과를 활용하여 방재계획을 도시·군계획안(도시·군기본계획안 및 도시·군기본계획을 수립하지 아니하는 시·군의 경우 시·군의 장기발전구상이 포함된 도시·군관리계획안을 말한다)에 반영하기 위해서는 해당 방재계획에 대하여 재해취약성 분석 검증기관(국토연구원 등)의 자문을 거쳐야 한다.

(2) 일반적 활용사항

　가. 재해취약지역의 분석지표를 면밀히 확인하여 재해취약 위험요인을 도출하고, 대책 수립 시 위험요인을 고려하여 계획을 수립하여야 한다.

　나. 재해 예방을 위한 계획을 효율적으로 수립하기 위하여 도시의 토지이용, 기반시설, 건축물 등을 활용한 대책을 제시할 수 있으며, 재해예방을 위한 계획의 유형을 구분하여 대책의 세부내용을 정할 수 있다.

　다. 침수지역 등 재해취약지역의 공간적 범위가 구체적인 경우 분석 결과를 토지이용대책 마련에 적극적으로 활용할 수 있다.

　라. 재해취약지역 중 대규모 개발사업이 없는 기성 시가지의 경우 재해 예방에 대한 계획으로 방재지구 지정을 검토할 수 있다.

(3) 대규모 재해발생지역이나 재해취약지역에 재해취약 인구가 많거나 잠재취약 지역에 해당하여 심각한 피해가 발생할 우려가 있는 경우에는 다음의 재해 예방을 위한 계획을 수립할 수 있다.

　가. 시가화 유보 또는 개발 억제

　나. 보전용도의 용도지역 부여

　다. 방재지구 지정

　라. 도시·군계획시설 설치 지양 (방재기능을 수행하는 시설 제외)

　마. 건축물의 건축 제한

　바. 다른 법률에 따라 수립된 재해 관련계획의 반영

(4) 다른 법률에 따라 재해관련 지역·지구 등으로 지정되거나 계획이 수립된 경우

　가. 「자연재해대책법」 제16조제1항에 따른 자연재해저감종합계획(이하 "자연재해저감종합계획"이라 한다)을 면밀하게 분석하여 재해예방을 위한 계획을 수립한다.

　나. 기타 잠재취약지역으로서 「자연재해대책법」 제12조제1항에 따른 자연재해위험개선지구, 「산림보호법」 제2조제13항에 따른 산사태취약지역, 「급경사지 재해예방에 관한 법률」 제2조제2항에 따른 붕괴위험지역, 「연안관리법」 제2조제6의2항에 따른 연안침식관리구역을 참고하여 계획한다.

(5) 재해 예방과 관련하여 이 지침에서 정하지 아니하는 사항에 대하여는 각 호의 해당하는 수립기준을 적용한다.
    가. 도시·군기본계획의 경우 「도시·군기본계획수립지침」
    나. 도시·군관리계획의 경우 「도시·군관리계획수립지침」
    다. 지구단위계획의 경우 「지구단위계획수립지침」
    라. 방재지구 지정 및 방재지구에 대한 재해저감대책의 경우 국토교통부장관이 시달한 방재지구 수립기준 「방재지구 가이드라인」

4-1-3 도시복원력을 감안한 재해예방형 도시계획 수립

기후변화 및 도시화로 인한 자연재해로 부터 도시의 지속성을 강화하기 위해 재해예방형 도시계획을 수립할 경우에는 아래와 같은 피해저감형 토지이용과 시설물 입지·설치계획을 검토한다.

(1) 예방 및 대비단계에서의 도시복원력 강화를 위해 지역의 재해취약 특성을 고려한 재해저감형 토지이용계획을 수립
    가. 재해취약도가 높은 지역은 가급적 토지이용을 제한하고 재해취약도가 낮은 지역으로 개발을 유도하는 등 지역의 재해취약 특성을 고려한 재해예방형 토지이용계획을 수립
    나. 불가피하게 재해취약도가 높은 지역에 개발계획을 수립할 경우에는 충분한 재해예방대책을 마련
    다. 지역의 지형 등 자연적 재해저감 능력을 최대한 보전
    라. 기존 재해관련 지구·지역 등을 아우르는 광역적 방재지구 설정 및 도시계획적 측면에서 운영방안 검토
    마. 도시계획 수립시 지역의 재해취약특성을 고려하여 피해 저감을 위한 공원, 녹지 등 도시계획 측면의 완충공간 입지계획 고려
    바. 지역의 재해취약특성 및 시간대별 인구분포도 등을 고려하여 피해저감을 위한 시설물 입지·설치계획 검토 등

(2) 대응 및 복구단계에서의 도시복원력 강화를 위해 신속한 피해대응 및 복구활동 지원을 위한 방재 관련 도시계획 시설물의 적정 입지계획을 수립
    가. 도시계획 수립시 신속한 재해대응을 위하여 도로계획 등과 연계한 소방서, 경찰서, 관공서 등 방재 거점시설 입지계획 수립
    나. 지역의 재해취약지역 및 재해 취약시민 정보 등과 교통 및 피난동선 등을 고려한 대피시설물(이재민 임시주거시설 및 대피소 등) 입지선정 계획 수립
    다. 지역의 재해취약특성 및 도시특성을 고려하여 재해저감 대체 기반시설 입지계획 수립 및 우회도로 선정
    라. 신속한 재해복구를 위해 지역의 재해취약특성, 교통계획 등과 연계한 재해 복구장비, 관리시설, 구호물품 보관시설 등의 입지계획 수립
    마. 재해발생시 2차 피해 확산 방지를 위해 도로, 철도, 전기, 상하수도 등 주요 라인인프라 공공시설물의 설치계획 검토 등

제2절 재해취약성분석 정보관리 및 지원체계

4-2-1. 재해취약성분석 전산프로그램

(1) 국토교통부장관은 재해취약성분석의 객관성 및 전문성을 제고하기 위하여 검증기관 등 전문연구기관으로 하여금 재해취약성분석 수행을 위한 표준프로그램 및 사용자 설명서를 마련하여 시행주체에게 제공하게 할 수 있다.

(2) 국토교통부장관은 (1)에 따라 표준프로그램을 제공하는 기관(이하 "표준프로그램 제공기관"이라 한다)으로 하여금 표준프로그램 외의 전산프로그램이 재해취약성분석의 수행에 적합한지 여부를 인증하게 할 수 있으며, 재해취약성분석 전산 프로그램 인증에 필요한 절차, 방법, 기준 및 인증수수료 등에 관한 사항은 표준프로그램 제공기관이 국토교통부장관과 협의하여 정한다.

(3) 재해취약성분석은 (1)에 따라 개발된 프로그램 또는 인증 받은 프로그램을 사용하여 수행한다.

4-2-2. 재해취약성분석 결과정보의 관리 및 보안대책

(1) 재해취약성분석을 실시하여 도출된 결과물은 시행주체가 지정하는 전산장비를 통해 운영 및 관리하며, 그 결과를 활용할 수 있는 정보체계를 갖추어야 한다.

(2) 재해취약성분석 결과는 재해취약성분석 확인서를 발급하는 경우를 제외하고는 일반에 제공하지 아니한다.

(3) 시행주체는 전문용역기관을 통해 재해취약성분석을 시행하는 경우 해당 용역기관의 업무 수행에 따라 사용·가공 또는 생산하는 자료가 재해취약성분석 외의 목적으로 활용되지 아니하도록 관리하여야 한다.

(4) 이 지침에서 정한 사항 외에 공간정보 또는 공간정보데이터베이스의 보안

관리에 관한 사항은 「국가공간정보에 관한 법률」과 같은 법 시행령, 「국가
공간정보보안관리기본지침」, 관리기관의 장이 정한 보안관리규정, 기타 보안
업무 및 국가공간정보 관련 규정에 따른다.

4-2-3. 재해취약성분석 담당 공무원 및 기술자 교육

재해취약성분석 관련 업무에 종사하는 공무원 및 담당업무 수행자는 재해
취약성분석 제도의 이해 및 실무수행에 관한 교육을 이수 받아야 하며, 교
육을 받아야 하는 대상자는 다음과 같다. 다만 최근 3년 이내에 재해취약
성분석 제도의 이해 및 실무수행에 관한 교육을 이수한 경우에는 교육을
받은 것으로 본다.

(1) 지방자치단체의 재해취약성분석 관련 업무 담당 공무원

(2) 재해취약성분석 시행주체의 분석업무를 대행하는 재해취약성분석 전문용역
기관 담당자

4-2-4. 국토연구원의 역할

(1) 재해취약성분석과 관련하여 국토연구원은 다음 각 호의 업무를 수행한다.

가. 3-2-5.에 따른 재해취약성분석 결과의 검증

나. 분석결과에 따라 마련된 재해저감대책 등 재해예방형 도시계획에 대한
자문

다. 4-2-3.에 따른 재해취약성분석 관련 공무원 및 기술인의 교육ㆍ지원

라. 재해취약성분석 평가기준과 평가방법 발전을 위한 연구의 수행 등

(2) 국토교통부장관은 (1) 다호와 라호의 사항을 국토연구원에 의뢰하는 경우
소요되는 비용에 대하여 예산의 범위에서 지원을 할 수 있다.

(3) 국토연구원은 효율적인 업무수행을 위해 도시계획ㆍ방재ㆍ건축ㆍ환경ㆍ연안ㆍ수
문 등 관련 분야 전문가로 자문단을 구성하여 운영할 수 있다.

제5장 기타 사항

5-1. (재검토기한) 국토교통부장관은 「훈령ㆍ예규 등의 발령 및 관리에 관한 규정」
에 따라 이 훈령에 대하여 2024년 1월 1일을 기준으로 매 3년이 되는 시점
(매 3년째의 12월 31일까지를 말한다)마다 그 타당성을 검토하여 개선 등
의 조치를 하여야 한다.

부   칙 〈16ㆍ5ㆍ11〉

1. (시행일) 이 지침은 발령한 날부터 시행한다. 다만, 4-1-1.과 4-3-3.의 규정은
2017년 1월1일부터 시행한다.

2. (적용례)

(1) 이 지침은 시행일 이후 수립 또는 입안하는 도시ㆍ군 기본계획 및 도시ㆍ
군 관리계획 부터 적용한다.

(2) 재해취약성분석을 실시 중에 있는 경우에는 수립 또는 입안권자의 선택에
따라 기존 재해취약성분석 매뉴얼에 의한 방법과 이 지침에 의한 방법 중
선택하여 적용할 수 있다.

(3) 4-2-1.의 규정은 도시 종합재해취약성이 완료된 지자체에 한하여 적용한다.

제3조 (경과조치) 이 지침 이전 도시 기후변화 재해취약성분석 매뉴얼에 따라
재해취약성분석을 실시한 경우에는 이 지침에 따라 실시된 것으로 본다.

부   칙 〈17ㆍ5ㆍ26〉

이 훈령은 발령한 날부터 시행한다.

부   칙 〈18ㆍ1ㆍ2〉

제1조(시행일) 이 지침은 발령한 날부터 시행한다.

제2조(적용례) 이 지침의 개정규정은 시행일 이후 입안하는 도시ㆍ군관리계획부
터 적용한다.

부   칙 〈24ㆍ1ㆍ19〉

제1조(시행일) 이 훈령은 발령 후 6개월이 경과한 날부터 시행한다.

제2조(재해취약성 분석 방법에 관한 적용례) 2-1-2., 2-3-1., 3-2-1., 3-2-2.,
3-2-3., 3-2-5., 4-1-2.(1)가., 별표2, 별표3, 별표6 및 별표7의 개정규정은 시행일
이후 최초로 법 제20조에 따라 공청회를 열거나 법 제28조에 따라 주민의 의
견청취를 실시하는 도시ㆍ군계획부터 적용한다. 다만, 법 제20조제3항 및 제27
조제4항에 따라 재해취약성분석 면제사유에 해당하는 경우에는 재해취약성분
석을 하지 아니할 수 있다.

[별표 1] 재해취약성분석 제외대상 재해유형 결정

피해지점, 피해액, 인명피해(사망, 부상) 등 지방자치단체 피해현황 조사(최근 10년 이상) 및 특성분석, 연도별 추이분석 등을 통해 지방자치단체의 재해발생특성을 파악해야 한다. 재해피해액 등의 자료가 없는 재해에 대해서는 기상특보 발효 횟수, 운반 및 제한급수 등 간접지표자료를 활용하여 재해현황 조사 및 특성을 분석한다.

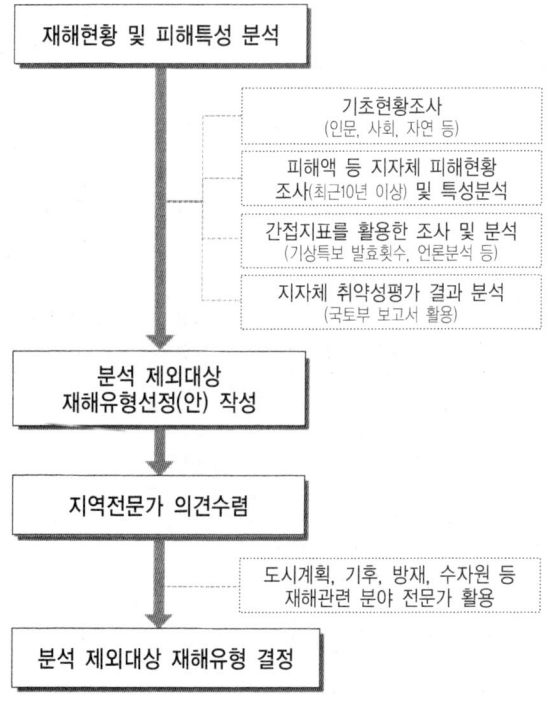

< 재해유형선정 작성 및 절차 >

[별표 2] 재해취약성 분석지표 조사방법

구분	지표	조사방법
현재 기후 노출	연평균 80mm/일 이상 강수일수	기상청 기상자료개방포털에서 관측소별 일강수자료를 이용하여 이전 10년 간의 연평균 80mm/일 이상 강우일수 자료 구축
	연평균 시간최다 강수량	기상청 기상자료개방포털에서 관측소별 강수량자료를 이용하여 이전 10년 간의 연평균 1시간최다강수량(극값) 자료 구축
	연평균 1일최다 강수량	기상청 기상자료개방포털에서 관측소별 강수량자료를 이용하여 이전 10년 간의 일 최다강수량(극값) 자료 구축
	연평균 5일최다 강수량	기상청 기상자료개방포털에서 관측소별 강수량자료를 이용하여 이전 10년 간의 연중 연속된 5일동안 기록된 최다강수량(극값) 자료 구축
	연평균 3시간 누적 강우량 90mm 이상 또는 12시간 180mm 이상 일수	기상청 기상자료개방포털에서 관측소별 시간강수자료를 이용하여 이전 10년 간의 연중 연속된 3시간 누적 강우량이 90mm 이상 또는 12시간 180mm 이상 강우일수 자료 구축
	연평균 일 최고 기온 33℃이상 일수	기상청 기상자료개방포털에서 관측소별 일최고기온 자료를 이용하여 연평균 일최고 기온 33℃ 이상 일수 자료 구축
	연평균 열대야 일수	기상청 기상자료개방포털에서 관측소별 일 최저기온 자료를 이용하여 연평균 일최저기온 25℃ 이상일수 자료 구축
	연평균 최심적설량	기상청 기상자료개방포털에서 관측소별 최심 적설자료를 이용하여 연평균 최심적설량(극값)자료 구축
	연평균 적설량	기상청 기상자료개방포털에서 관측소별 최심 신적설자료를 이용하여 연평균 적설량 자료 구축
	연평균 5cm이상 적설일수	기상청 기상자료개방포털에서 관측소별 최심 신적설 자료를 이용하여 연평균 신적설 5cm 이상 일수 자료 구축
	연평균 일 최고기온	기상청 기상자료개방포털에서 관측소별 일 최고기온 자료를 이용하여 연평균 일최고기온(극값) 자료 구축
	연평균 최대 무강수지속일수	기상청 기상자료개방포털에서 관측소별 일 강수량 자료를 이용하여 연평균 최대무강수지속일수 자료 구축

도시 기후변화 재해취약성분석 및 활용에 관한 지침 별표 412

구분	지표	조사방법
현재 기후 노출	연평균 일 최대풍속 14㎧ 이상 일수	기상청 기상자료개방포털에서 관측소별 최대풍속 자료를 이용하여 연평균 일최대풍속 14㎧ 이상 일수 자료 구축
	연평균 순간풍속 20㎧ 이상 일수	기상청 기상자료개방포털에서 관측소별 최대순간풍속 자료를 이용하여 연평균 순간풍속 20㎧ 이상 일수 자료 구축
	연평균 조위 상승률	국립해양조사원의 조위자료를 이용하여 관측소별 연평균 조위자료구축, 선형회귀분석의 최소제곱법을 이용하여 연평균 변동률(기울기)을 산정
	연평균 해수온 상승률	국립해양조사원의 수온자료를 이용하여 관측소별 연평균 해수온자료구축, 선형회귀분석의 최소제곱법을 이용하여 연평균 변동률(기울기)을 산정
현재 및 미래 도시 민감 도	최근 10년간 피해지역 면적	지자체의 재해에 의한 피해지역 자료를 이용하여 공간자료로 구축
	주요 하천변 저지대 면적	환경부 홍수위험지도 관리시스템 상 하천범람지도(국가하천, 지방하천, 특정하천치수계획) 100년 데이터를 공간자료로 구축
	상대적 저지대 면적	배수분구별 고도의 중위값을 바탕으로 격자별 상대적인 고도를 산정하여 도출(격자의 고도값이 중위값 이상일 때는 0을 부여)하고, 배수분구 단위로 0~1의 값으로 표준화하여 공간자료로 구축
	자연재해저감 종합계획의 위험지구 면적	지자체 자연재해저감 종합계획 상의 위험지구를 공간자료로 구축
	자연재해위험개선 지구 면적	자연재해대책법에 의한 자연재해위험개선지구를 공간자료로 구축
	방재지구 면적	지자체 방재지구 자료를 이용하여 공간자료로 구축
	산사태취약지역 면적	산림보호법에 의한 산사태취약지역을 공간자료로 구축
	주거불량지역 면적	관련 공무원 및 전문가가 노후단독주택이 밀집하여 있고 폭염에 취약한 지역을 설정하여 공간자료로 구축

구분	지표	조사방법
현재 및 미래 도시 민감 도	급경사지역 면적	등고자료를 GIS 경사도 분석을 통해 경사도 34° 이상 지역 추출
	상습설해지역 면적	자연재해대책법에 의한 상습설해지역을 공간자료로 구축
	자연재해위험 개선지구 면적	자연재해대책법에 의한 자연재해위험개선지구(고립위험지구)를 공간자료로 구축
	광역 및 지방상수도 미급수지역 면적	상수통계자료를 이용하여 광역 및 지방상수도 미급수지역 추출
	상습가뭄 재해지역 면적	자연재해대책법에 의한 상습가뭄재해지역을 공간자료로 구축
	해안변 500m 지역	공간분석을 통해 해안선에서 내륙으로 500m 경계 지역 추출
	자연재해저감 종합계획의 위험지구 면적	지자체 자연재해저감 종합계획 상의 위험지구(바람재해위험지구)를 공간자료로 구축
	해안변 10m(EL) 이하 저지대지역 면적	고도분석을 통하여 고도 10m 이하 지역 추출
	해일위험지구 면적	자연재해대책법에 의한 해일위험지구를 공간자료로 구축
	자연재해저감 종합계획의 위험지구 면적	지자체 자연재해저감 종합계획 상의 위험지구(해안재해위험지구)를 공간자료로 구축
	연안침식관리구역 면적	연안관리법에 의한 연안침식관리구역을 공간자료로 구축
	취약인구수	(폭우 현재 도시민감도) 국토지리정보원에서 제공하는 100m격자 단위 인구데이터를 이용하여 13세 이하 65세 이상 인구자료 구축 (폭우 외 재해 현재 도시민감도) 통계지리정보서비스의 집계구별 인구 자료를 이용하여 5세 미만 65세 이상 인구자료 구축 (폭우 미래 도시민감도) 국토지리정보원에서 제공하는 100m격자 단위 인구데이터를 이용하여 13세 이하 65세 이상 인구자료와 지역별 추계인구 변화율을 고려하여 자료 구축

구분	지표	조사방법
현재 및 미래 도시 민감도	인구밀도	※미래 취약인구수 산출방식 격자별 현재 65세 이상 고령 인구수+(격자별 현재 65세 이상 고령 인구수 × 시·군·구별 65세 이상 인구 증감률) + 격자별 현재 13세 이하 어린이 인구수+(격자별 현재 13세 이하 어린이 인구수 × 시·군·구별 13세 이하 인구 증감률) (현재 도시민감도) 국토지리정보원에서 제공하는 100m격자 단위 인구데이터를 이용하여 자료 구축 (미래 도시민감도) 국토지리정보원에서 제공하는 100m격자 단위 인구데이터와 지역별 인구성장률을 고려하여 자료 구축 ※미래 인구밀도 산출방식 격자별 인구밀도 값+(격자별 인구밀도 값 × 시·군·구별 인구성장률)
	독거노인 인구수	지자체 내 독거노인 공간자료 구축
	저소득층 인구수	지자체 내 기호연금수령자 공간자료 구축
	광역 및 지방상수도 미급수 인구수	상수통계자료의 광역 및 지방상수도 보급률을 이용하여 미급수 인구를 추계
	도로 면적	한국토지정보시스템 전산자료로 도시·군관리계획으로 결정된 시설 중 도로 자료 추출
	지하도로 면적	한국토지정보시스템 전산자료로 도시·군관리계획으로 결정된 시설 중 지하도로 자료 추출하고, 관련 공무원 및 전문가가 지하도로로 지정되지 않았으나 폭우에 취약한 지역을 설정하여 공간자료로 구축
	고가도로 및 입체교차로 면적	한국토지정보시스템 전산자료로 도시·군관리계획으로 결정된 시설 중 고가도로 및 입체교차로 자료 추출
	철도 면적	한국토지정보시스템 전산자료로 도시·군관리계획으로 결정된 시설 중 철도 자료 추출
	항만 면적	한국토지정보시스템 전산자료로 도시·군관리계획으로 결정된 시설 중 항만 자료 추출
	공항 면적	한국토지정보시스템 전산자료로 도시·군관리계획으로 결정된 시설 중 공항 자료 추출
	전기공급설비 면적	한국토지정보시스템 전산자료로 도시·군관리계획으로 결정된 시설 중 전기공급설비 자료 추출

구분	지표	조사방법
현재 및 미래 도시 민감도	수질오염방지시설 면적	한국토지정보시스템 전산자료로 도시·군관리계획으로 결정된 시설 중 수질오염방지시설 자료 추출
	시가화지역 면적	환경공간정보서비스 전산자료로 토지피복도 내 세분류 중 시가화건조지역 자료 추출
	노후단독주택 면적	(현재 도시민감도) 건축물대장 상 준공된 후 20년 이상의 단독주택 자료 추출 (미래 도시민감도) 건축물 대장 상 준공된 후 10년 이상의(기준시점부터 10년 경과 후 20년 이상인) 단독주택 자료 추출
	반지하주택 면적	건축물대장 상 단독 및 다세대 주택의 층수가 지하 1층인 주택 자료 추출
	단독주택 지붕구조	건축물대장 상 단독주택의 지붕구조가 콘크리트, 슬라브, 슬레이트 구조 자료 추출
	비닐하우스 면적	비닐하우스 현황자료와 토지피복도 상 시설재배지를 공간자료로 구축
	축사 면적	건축대장 상 축사 자료 또는 축사 사업장 소재지 추출
	노후단독주택 내 지붕구조	건축물대장 상 지붕구조가 판넬, 슬레이트, 경량철골구조이며 준공 후 20년 이상의 단독주택 자료 추출
	대형건축물 면적	특정관리대상시설 등 지정·지침에 의한 11층 이상~16층 미만 또는 연면적 5,000㎡~30,000㎡미만의 건축물 자료 추출
	대형광고물 면적	특정관리대상시설 등 지정·지침에 의한 건물옥상에 설치된 높이 4m, 폭 3m이상 옥상간판 자료 추출
미래 기후 노출	미래 연평균 80mm/일 이상 강수일수	기상청 기후정보포털의 최신 기후변화 시나리오의 남한상세자료, 기후요소, 강수량 일평균 자료를 가공하여 80mm/일 이상 일수의 10년 평균 자료구축
	미래 연중 강수일수로 나누어진 연 총강수량	기상청 기후정보포털의 최신 기후변화 시나리오의 남한상세자료, 극한기후지수, 강수강도 연평균 자료를 가공하여 연중 강수일수로 나누어진 연 총강수량의 10년 평균 자료구축
	미래 1일최다강수량	기상청 기후정보포털의 최신 기후변화 시나리오의 남한상세자료, 극한기후지수, 1일최다강수량 연평균 자료를 가공하여 연중 일 최다강수량의 10년 평균 자료구축

구분	지표	조사방법
미래 기후 노출	미래 5일최다강수량	기상청 기후정보포털의 최신 기후변화 시나리오의 남한상세자료, 극한기후지수, 5일최다강수량 연평균 자료를 가공하여 연중 연속된 5일동안 기록된 최다강수량의 10년 평균 자료구축
	미래 일강수량이 기준기간의 상위 99퍼센타일 보다 많은 날의 연중 일수	기상청 기후정보포털의 최신 기후변화 시나리오의 남한상세자료, 극한기후지수, 99퍼센타일강수일수 연평균 자료를 가공하여 일강수량이 기준기간의 상위 99퍼센타일 보다 많은 날의 10년 평균 자료구축
	미래 연평균 일 최고 기온 33℃ 일수	기상청 기후정보포털 기후변화 시나리오의 남한상세자료, RCP8.5, 제어적분 200년, 일평균 자료를 가공하여 일 최고 기온 33℃ 이상 일수의 30년 평균 자료구축
	미래 연평균 열대야 일수	기상청 기후정보포털 기후변화 시나리오의 남한상세자료, RCP8.5, 제어적분 200년, 일평균 자료를 가공하여 일 최저기온 25℃ 이상 일수의 30년 평균 자료 구축
	미래 연평균 적설량	기상청 기후정보포털 기후변화 시나리오의 행정구역별자료, RCP8.5, 제어적분 200년, 73개지점 일별자료를 가공하여 30년 적설량의 평균 자료 구축
	미래 연평균 일 최고기온 일수	기상청 기후정보포털 기후변화 시나리오의 남한상세자료, RCP8.5, 제어적분 200년, 일평균 자료를 가공하여 일 최고 기온의 30년 평균 자료 구축
	연평균 최대무강수지속일수	기상청 기후정보포털 기후변화 시나리오의 남한상세자료, RCP8.5, 제어적분 200년, 일평균 자료를 가공하여 최대무강수지속일수의 30년 평균 자료 구축
	미래 연평균 일 최대풍속 14㎧ 이상 일수	기상청 기후정보포털 기후변화 시나리오의 행정구역별자료, RCP8.5, 제어적분 200년, 73개지점 일별자료를 가공하여 일 최대풍속 14㎧ 이상 일수의 30년 평균 자료 구축
	미래 연평균 해수온 상승률	국립해양조사원에서 작성하여 해양수산부를 통해 지자체에 제공된 데이터 중 미래 연평균 해수온 상승률 데이터 추출 후 구축

[별표 3]   **재해취약성분석 분석방법**

재해취약성분석은 국토교통부에서 제공하는 가장 최신의 도시 기후변화 재해취약성분석 매뉴얼을 참고하여 수행한다.

(1) 분석자료를 공간정보로 변환하여 GIS 분석을 수행하며, 최종결과물은 격자형 Shape 파일을 이용하여 도면화함을 원칙으로 한다.

(2) 각 지표는 표준화하여 값을 산출하고 최종 결과는 등급으로 표현한다.

(3) 재해취약성분석 수행 시 다음의 사항을 유의한다.

가. 기상관측소는 유인관측소, 무인관측소 또는 격자기상기후 자료를 이용하며 해당 지방자치단체와 그 주변지역을 포함하도록 설정한다.

나. 기후노출은 주변 기상관측소의 30년(폭우는 10년) 기상자료를 이용하여 분석하며, 관측자료가 30년(폭우는 10년) 미만인 경우 보유하고 있는 최신년도까지의 자료를 활용하여 분석한다.

다. 잠재취약지역은 재해취약성분석에 반드시 포함하도록 하며, 자료가 없을 시 재해취약성분석 시행주체 및 검증기관과의 협의를 통하여 대체지표를 활용하여 분석한다.

라. 도시취약구성요소는 가장 최신년도의 자료를 사용하며 공간정보가 구축되어 있지 않는 분석지표의 경우 재해취약성분석 시행주체 및 검증기관과의 협의를 통하여 대체지표를 활용한다.

마. 미래 기후노출은 기상청에서 제공하는 국가 기후변화 표준 시나리오를 활용하여 분석한다.

바. 재해취약성 분석지표별 표준화 과정을 거치고, 재해취약성분석의 구조에 따라 현재 취약성, 미래 취약성, 종합 재해취약성 산정 시 각 데이터를 표준화하여 등급을 산출한다.

사. 폭우재해는 현재 취약성 점수와 미래 취약성 점수를 합산하여 도시 종합재해취약성 점수를 작성하고, 기타 재해는 현재 취약성분석 등급과 미래 취약성분석 등급을 중첩하여 도시종합재해취약성 등급 도출 시 높은 등급을 반영한다.

아. 폭우재해는 지역에 지목(하천)과 토지피복도(수역, 내륙수, 해양수)가 100% 포함되는 격자를 분석범위에서 제외한다.

[별표 4] 재해취약성분석 결과의 등급조정 방법

(1) 재해취약성분석 시행주체는 다음의 사항을 고려하여 지역의 여건에 따라 등급조정(안)의 적절성과 합리성을 검토한다.
    가. 법정 재해위험지역·지구와의 정합성 유지
    나. 주변 지역과의 등급 연속성 고려
    다. 재해피해이력, 복구대책 실시, 저감대책 마련 등 지역여건의 반영
(2) 지역 전문가(관련 공무원, 도시·방재·수자원 등의 관련 분야의 전문가)로부터 등급조정(안)에 대한 의견수렴을 개별적으로 진행한다. 단, 지역 전문가의 의견이 불일치할 경우 추가 현장조사 및 재검토를 수행한다.
(3) 현장조사와 지역전문가 의견수렴을 바탕으로 해당 지역의 등급조정을 완료한다.

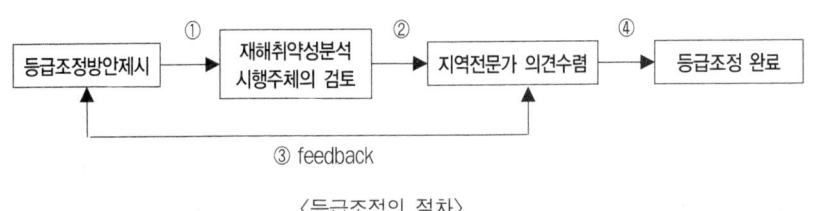

〈등급조정의 절차〉

[별표 5] 검증수수료의 대가 산정기준

「엔지니어링기술진흥법」 제31조1항에 따른 엔지니어링사업의 대가기준에 따라 실비정액가산방식을 준용하여 산출하되, 비목별 세부산정방식은 다음 각 목에서 정하는 바에 따른다.

(1) 직접인건비
    가. 한국엔지니어링진흥협회에서 매년 공표하는 엔지니어링 기술자 노임단가 중 건설부문 기준을 적용하여 계산한다.
    나. 1개 재해분석을 대상으로 한 검증 소요작업량은 다음 표의 대상면적 등급별 소요작업량 기준을 따른다. 단, 대상면적의 구간 사이에 해당하는 면적의 소요작업량은 직선보간법을 사용하여 산정한다.

대상면적(km^2)	고급 기술자 소요작업량(인·일/건)	초급 기술자 소요작업량(인·일/건)	면적보정계수
100km^2	11	27	0.699
300km^2	14	33	0.871
600km^2	16	38	1
900km^2	18	41	1.084
1,000km^2	18	42	1.108

자료 : 국토계획표준품셈(2015) p.332~335

주1) 등급별 기술자 투입인원은 국토계획표준품셈(2015) p.335의 "3.도시기후변화취약성분석 ②현재기후노출분석, ③도시민감도분석, ④현재 취약성분석"과 "4.공간분석 및 현장조사 ⑤미래기후노출 분석, ⑥미래도시민감도 분석, ⑦미래취약성 분석, ⑧종합재해취약성분석"의 원단위를 합산하였음

주2) 기술사·특급기술자는 고급기술자로, 중급기술자·보조원은 초급기술자로 재분류 하였음

    다. 1개 재해 이상의 재해분석에 대한 재해취약성분석 검증 소요작업량은 다음표의 재해개수 보정계수를 적용하여 산출한다.

구분	재해개수					
	1개	2개	3개	4개	5개	6개
보정계수	1.00	1.06	1.11	1.17	1.23	1.28

자료 : 국토계획표준품셈(2015) p.334

주) 면적 600㎢, 1개 재해분석을 기준으로 소요인력을 산출 후 면적보정계수를 달리 적용하여 산출함

  라. 등급별 기술자 투입인력 중 상위 기술자가 없는 경우에는 차하위 기술자로 대체하여 투입할 수 있다.

(2) 제경비 : 직접인건비의 50퍼센트로 계산한다.

(3) 기술료 : 직접인건비와 제경비를 합한 금액의 20퍼센트로 계산한다.

(4) 최종수수료 산정시 만원 미만은 절사한다.

[별표 6] 재해취약성분석 확인 신청서

재해취약성분석 확인 신청서

※ 색상이 어두운 란은 신청인이 작성하지 않습니다.

접수번호		접수 일자	
신청인	성명(법인인 경우는 대표자 성명)	생년월일	
	주소	(전화번호:)	
	법인명	법인등록번호	
	소재지	(전화번호:)	

신청내용	
제안유형	[ ] 도시·군계획시설 [ ] 지구단위계획 [ ] 도시및주거환경정비법에 따른 정비구역 지정 [ ] 도시개발법에 따른 도시개발구역의 지정
사업명칭	
제안목적	
구역위치	
구역면적	㎡ 사업기간 ~

「국토의 계획 및 이용에 관한 법률」 제26조제1항에 따라 도시·군관리계획의 입안을 제안하기 위하여 「도시 기후변화 재해취약성분석 및 활용에 관한 지침」 4-1-1에 따라 해당 입안 제안지역의 재해취약성분석 결과의 확인을 요청합니다.

년   월   일

신청인   (서명 또는 인)

특별시장·광역시장·특별자치도지사·특별자치시장·시장·군수 귀하

첨부서류	1. 사업계획서(시행자, 사업기간, 토지매입·사업시행·재원조달계획 등 포함) 1부. 2. 편입토지조서 3. 입안 제안지역 전산자료 1식.

유의사항
1. 입안 제안지역 전산자료는 국토이용정보통합 플랫폼 전산자료와 동일한 좌표계로 작성된 폴리곤 형태의 SHAPE파일로 제출하여야 합니다. 2. 신청인이 제출하는 입안 제안지역 전산자료의 작성방법 및 정확도에 따라 재해취약성분석 결과가 다르게 나타날 수 있으며, 이에 따른 책임은 신청인에게 있습니다. 3. 재해취약성분석 결과는 도시·군관리계획의 입안을 위한 기초조사로 활용되나, 재해취약성분석 결과만으로 도시·군관리계획 입안 여부가 결정되는 것이 아님을 유념하여 주시기 바랍니다.

210mm×297mm[백상지 80g/㎡ 또는 중질지 80g/㎡]

[별표 7] 재해취약성분석 확인서

재해취약성분석 확인서

제안유형	[ ] 도시·군계획시설 [ ] 지구단위계획		
사업명칭		구역면적	㎡
구역위치			
입안 제안지역 분석등급	[ ] 폭우재해	□ Ⅰ등급 □ Ⅱ등급 □ Ⅲ등급 □ Ⅳ등급	
	[ ] 폭염재해	□ Ⅰ등급 □ Ⅱ등급 □ Ⅲ등급 □ Ⅳ등급	
	[ ] 폭설재해	□ Ⅰ등급 □ Ⅱ등급 □ Ⅲ등급 □ Ⅳ등급	
	[ ] 가뭄재해	□ Ⅰ등급 □ Ⅱ등급 □ Ⅲ등급 □ Ⅳ등급	
	[ ] 강풍재해	□ Ⅰ등급 □ Ⅱ등급 □ Ⅲ등급 □ Ⅳ등급	
	[ ] 해수면상승재해	□ Ⅰ등급 □ Ⅱ등급 □ Ⅲ등급 □ Ⅳ등급	
기타사항			

구분	부문	등급(표준화점수)	해당면적(㎡)
[ ] 재해	현재 기후노출	Ⅰ등급	
		Ⅱ등급	
		Ⅲ등급	
		Ⅳ등급	
	현재 도시민감도	Ⅰ등급	
		Ⅱ등급	
		Ⅲ등급	
		Ⅳ등급	
	미래 기후노출	Ⅰ등급	
		Ⅱ등급	
		Ⅲ등급	
		Ⅳ등급	
	미래 도시민감도	Ⅰ등급	
		Ⅱ등급	
		Ⅲ등급	
		Ⅳ등급	
	도시종합재해취약성	Ⅰ등급	
		Ⅱ등급	
		Ⅲ등급	
		Ⅳ등급	

[ ] 도면							
구분		지표	표준화 점수①	등급	표준화 점수②	등급	표준화 점수③	등급

구분		지표	표준화점수①	등급	표준화점수②	등급	표준화점수③	등급
세부결과	폭우	현재 기후노출	연평균 80mm/일 이상 강수일수					
			연평균 시간최다강수량					
			연평균 1일최다강수량					
			연평균 5일최다강수량					
			연평균 3시간 누적 강우량 90mm 이상 또는 12시간 180mm 이상 일수					
		현재 도시민감도	상대적 저지대 면적					
			최근 10년간 피해지역 면적					
			주요 하천변저지대 면적					
			자연재해위험개선지구, 자연재해 종합계획 위험지구 및 방재지구 면적					
			산사태 취약지역 면적					
			65세 이상 및 13세 이하 인구수					
			인구밀도					
			지하도로 면적					
			시가화지역 면적					
			노후단독주택 및 반지하주택 면적					
		미래 기후노출	미래 연평균 80mm/일 이상 강수일수					
			미래 연중 강수일수로 나누어진 연 총강수량					
			미래 1일최다강수량					
			미래 5일최다강수량					
			미래 일강수량이 기준기간의 상위 99퍼센타일 보다 많은 날의 연중 일수					
		미래 도시민감도	현재 도시민감도에 미래전망 반영					

도시 기후변화 재해취약성분석 및 활용에 관한 지침 별표 418

		지표	표준화점수	등급	비고
세부결과	폭염	현재 기후 노출	연평균 일 최고 기온 33℃			
			연평균 열대야 일수			
		잠재 취약 지역	주거불량지역			
		취약 인구	65세 이상 및 5세 미만 인구수			
			독거노인			
			저소득층			
		기반 시설	도로			
		건축물	단독주택 지붕구조			
		미래 기후 노출	미래 연평균 일 최고 기온 33℃			
			미래 연평균 열대야 일수			
		미래 도시 민감	최근 10년간 시가화지역			
			최근 10년간 인구증가수			
			도시개발사업진행 및 예정지구			
	폭설	현재 기후 노출	연평균 최심적설량			
			연평균 적설량			
			연평균 5cm이상 적설일수			
		잠재 취약 지역	최근 10년간 피해지역			
			상습설해지역			
			자연재해위험개선지구			
		취약 인구	65세 이상 및 5세 미만 인구수			
		기반 시설	도로			
			철도			
			공항			
		건축물	노후단독건축물내 지붕구조			
			비닐하우스			
			축사			
		미래 기후 노출	미래 연평균 적설량			
		미래 도시 민감	최근 10년간 시가화지역			
			최근 10년간 인구증가수			
			도시개발사업진행 및 예정지구			

		지표	표준화점수	등급	비고
세부결과	가뭄	현재 기후 노출	연평균 일 최고기온			
			연평균 최대무강수지속일수			
		잠재 취약 지역	최근 10년간 피해지역			
			방재지구			
			광역 및 지방상수도 미급수지역			
			상습가뭄재해지역			
		취약 인구	광역 및 지방상수도 미급수 인구			
		미래 기후 노출	미래 연평균 일 최고기온			
			미래 연평균 최대무강수지속 일수			
		미래 도시 민감	최근 10년간 시가화지역			
			최근 10년간 인구증가수			
			도시개발사업진행 및 예정지구			
	강풍	현재 기후 노출	연평균 일 최대풍속 14㎧ 이상 일수			
			연평균 순간풍속 20㎧ 이상 일수			
		잠재 취약 지역	최근 10년간 피해지역			
			풍수해저감종합계획의 위험지구			
		취약 인구	65세 이상 및 5세 미만 인구수			
		기반 시설	항만			
			공항			
			전기공급설비			
			방송통신시설			
		건축물	대형건축물			
			대형광고물			
		미래 기후 노출	미래 연평균 일 최대풍속 14㎧ 이상 일수			
		미래 도시 민감	최근 10년간 시가화지역			
			최근 10년간 인구증가수			
			도시개발사업진행 및 예정지구			

		지표	표준화점수	등급	비고
세부결과	해수면상승	현재기후노출	연평균 조위상승률			
			연평균 해수온 상승률			
		잠재취약지역	해안변 500m 지역			
			해안변 10m(EL) 이하 저지대 지역			
			해일위험지구			
			연안침식관리구역			
		취약인구	65세 이상 및 5세 미만 인구수			
		기반시설	도로			
			항만			
			수질오염방지시설			
		건축물	단독주택			
			반지하주택			
		미래기후노출	미래 연평균 해수온 상승률			
		미래도시민감도	최근 10년간 시가화지역			
			최근 10년간 인구증가수			
			도시개발사업진행 및 예정지구			

주 : 입안 제안지역의 분석등급은 재해취약성분석 결과의 등급을 모두 표시하여 중복표시 가능
본 재해취약성 등급은 해당 시·군 내의 재해취약요소 등을 고려한 상대적 등급으로서 다른 시·군간에 상호 비교대상으로 활용될 수 없음.

210mm×297mm[백상지 80g/㎡ 또는 중질지 80g/㎡]

탄소중립도시 지정 등에 관한 고시

탄소중립도시 지정 등에 관한 고시

[제명 개정 2025·1·21]

제정 환 경 부 고시 제2025-21호 2025·1·21
제정 국토교통부 고시 제2025-47호 2025·1·21

제1조(목적) 이 고시는 「기후위기 대응을 위한 탄소중립·녹색성장 기본법」 제29조 및 같은 법 시행령 제28조에서 위임한 탄소중립도시의 지정 등에 관한 세부적인 기준 및 절차를 정함을 목적으로 한다.

제2조(지정 요건 및 기준) ① 지방자치단체의 장은 「기후위기 대응을 위한 탄소중립·녹색성장 기본법」(이하 "법"이라 한다.) 제29조제2항에 따라 탄소중립도시 지정을 요청할 수 있으며, 이 경우 다음 각호의 요건을 모두 충족하여야 한다.
  1. 법 제29조제2항에 따른 탄소중립 관련 사업의 시행을 추진할 것
  2. 제1호에 따른 탄소중립 관련 사업의 시행을 위한 전담조직이 구성되어 있을 것
② 탄소중립도시 지정을 위한 세부 기준은 별표 1과 같다.

제3조(지정 절차) ① 「기후위기 대응을 위한 탄소중립·녹색성장 기본법」 시행령(이하 "영"이라 한다) 제28조제3항에 따라 탄소중립도시의 지정을 요청하려는 지방자치단체의 장은 별지 제1호 서식을 작성하여 환경부장관과 국토교통부장관에게 각각 제출하여야 한다.
② 환경부장관과 국토교통부장관은 필요시 탄소중립도시 지정을 요청한 지방자치단체를 대상으로 현장조사 또는 면담조사를 실시할 수 있다.
③ 환경부장관과 국토교통부장관은 탄소중립도시를 지정하려는 경우 제5조의 평가위원회의 심의를 거쳐야 한다.
④ 환경부장관과 국토교통부장관은 제3항에 따른 평가위원회의 심의 결과에 따라 탄소중립도시를 지정한 경우 영 제28조제4항에 따른 절차를 이행하여야 한다.

제4조(지정의 취소) ① 환경부장관과 국토교통부장관은 법 제29조제6항 및 영 제28조제9항에 따라 다음 각호의 어느 하나에 해당하는 경우 탄소중립도시 지정을 취소할 수 있다.
  1. 특별한 사유 없이 법 제29조제2항에 따른 사업이 지연되거나 추진되지 않을 경우
  2. 국가 탄소중립 녹색성장 기본계획, 탄소중립 시·도계획 및 탄소중립 시·군·구계획과 추진 사업이 연계되지 않을 경우
  3. 사업계획이 실현되지 않거나 온실가스 중장기 감축목표 등의 달성에 기여하지 못할 경우
② 환경부장관과 국토교통부장관은 탄소중립도시 지정을 취소하고자 하는 경우에는 영 제28조제10항에 따라 해당 지방자치단체의 장의 의견을 들어야 하고 제5조에 따른 평가위원회의 심의를 거쳐야 한다.
③ 환경부장관과 국토교통부장관은 제2항에 따른 평가위원회의 심의 결과에 따라 탄소중립도시 지정을 취소하려는 경우 영 제28조제11항에 따른 절차를 이행하여야 한다.

제5조(평가위원회 구성 및 운영) ① 환경부장관과 국토교통부장관은 탄소중립도시에 관한 다음 각호의 심의 또는 자문을 위하여 평가위원회를 공동으로 구성·운영하여야 한다.
  1. 탄소중립도시 지정에 관한 심의
  2. 탄소중립도시 지정취소에 관한 심의
  3. 탄소중립도시 조성 사업추진과 관련하여 전문적인 의견이 필요한 사항에 대한 자문
  4. 그 밖에 위원장, 환경부장관 또는 국토교통부장관이 필요하다고 인정하여 심의 또는 자문을 요청하는 사항
② 평가위원회는 위원장 1명을 포함하여 10명 이하로 구성한다.
③ 평가위원회는 위원장은 제1호의 민간위원 중에서 호선하며 위원은 다음 각 호의 자가 된다.
  1. 민간위원: 탄소중립 이행을 위한 학식과 경험이 풍부한 사람 중에서 환경부장관 및 국토교통부장관이 위촉하는 사람
  2. 정부위원: 탄소중립도시 조성과 관계된 환경부와 국토교통부의 과장급 공무원
④ 위원이 다음 각호의 어느 하나에 해당하는 경우에는 위원회의 심의 과정에서 제척하여야 한다.
  1. 위원 또는 그 배우자나 배우자이었던 사람이 해당 안건의 당사자인 경우

2. 위원이 해당 안건에 대하여 자문, 연구, 용역(하도급을 포함한다)을 한 경우

⑤ 위원장은 심의 안건의 내용이 경미하거나 기타 부득이한 경우에는 서면으로 심의할 수 있다.

⑥ 평가위원회의 회의는 재적 위원 과반수 출석으로 개의하고, 출석위원 과반수 찬성으로 의결한다.

⑦ 제1항부터 제6항까지에서 규정한 사항 외에 평가위원회의 구성·운영에 필요한 세부 사항은 평가위원회의 의결을 거쳐 평가위원회의 위원장이 정한다.

제6조(사후관리) ① 환경부장관과 국토교통부장관은 탄소중립도시로 지정된 지방자치단체에 대하여 탄소중립도시 조성 사업계획의 이행 상황을 점검할 수 있으며, 지정한 날부터 2년마다 그 타당성을 재검토할 수 있다.

② 환경부장관과 국토교통부장관은 제1항에 따른 이행 상황 점검 결과 및 타당성 재검토 결과에 따라 사업 등의 개선이 필요하다고 인정되는 경우에는 해당 지방자치단체에 그 개선을 요청할 수 있다.

③ 제2항에 따른 개선 요청을 받은 지방자치단체의 장은 특별한 사유가 없으면 요청에 따라야 한다.

제7조(세부 사항) 이 고시에서 정한 사항 외에 탄소중립도시 지정 및 지정취소, 평가위원회의 구성·운영 기준 등에 관한 세부 사항은 환경부장관 및 국토교통부장관이 공동으로 정할 수 있다.

제8조(재검토 기한) 환경부장관과 국토교통부장관은 이 고시에 대하여 「훈령·예규 등의 발령 및 관리에 관한 규정」에 따라 2025년 7월 1일 기준으로 매 3년이 되는 시점(매 3년째의 6월 30일까지를 말한다)마다 그 타당성을 검토하여 개선 등의 조치를 하여야 한다.

부   칙 〈제2025-21호, 25·1·21〉

제1조(시행일) 이 고시는 발령한 날로부터 시행한다.

[별표 1]

탄소중립도시 지정 세부 기준

지정 기준	세부 기준	평가 내용
1. 법 제29조제2항 각호의 사업 시행을 추진할 것	적정성	• 사업목표(온실가스 감축 등)의 적정성 • 평가 및 환류 계획 등 성과관리 방안
	구체성	• 사업 목표 달성을 위한 사업계획의 구체성 • 재원조달방안(민간투자 활성화 포함)의 구체성
2. 국가 탄소중립 녹색성장 기본계획, 탄소중립 시·도계획 및 탄소중립 시·군·구계획과 추진 사업과의 연계성이 확보될 것	연계성	• 국가·지역의 상위계획 등 관련 계획과의 연계성 • 탄소중립 혁신기술 적용 등 국가 기술 발전 기여도
	참여도	• 지역사회 참여 유도방안
3. 사업계획이 구체적이고 실현가능하며, 온실가스 중장기 감축 목표 등의 달성에 기여할 수 있을 것	현실성	• 기간 내 목표 달성 등 실현가능성
	효과성	• 온실가스 감축효과 및 투자 대비 효율성
	지속 가능성	• 전담조직의 구성 및 운영, 지속가능한 재정 운영 계획 등

[별지 제1호서식]

탄소중립도시 지정요청서

(앞 쪽)

접수번호	접수일자	처리기간

신청 기관	지방자치단체명	사업자(법인)등록번호
	시·도지사 또는 시·군·구청장	전화번호
	주소	

추진 계획 요약	

「기후위기 대응을 위한 탄소중립·녹색성장 기본법」 제29조 및 같은 법 시행령 제28조에 따라 위와 같이 탄소중립도시 지정을 요청합니다.

년   월   일

시·도지사 또는 시·군·구청장   (서명 또는 인)

환경부장관 및 국토교통부 장관   귀하

첨부서류	「기후위기 대응을 위한 탄소중립·녹색성장 기본법」 시행령 제28조제3항 각 호를 포함하는 사업계획서

210mm×297mm[백상지 80g/㎡(재활용품)]

```
┌─────┐
│판 권│
│소 유│
└─────┘
```

도시개발법령집

2016년	11월	5일	인　　쇄
2016년	11월	7일	발　　행
2017년	8월	7일	2판 발행
2018년	3월	27일	3판 발행
2020년	3월	13일	4판 발행
2021년	3월	17일	5판 발행
2022년	1월	17일	6판 발행
2022년	6월	23일	7판 발행
2023년	8월	3일	8판 발행
2024년	6월	7일	9판 발행
2025년	2월	11일	10판 발행

편 저 자　편 집 부 편
발 행 인　황　증　진
발 행 처　노 해 출 판 사
　　　　　서울 중구 퇴계로49길 25
전　　화　(02)2274-4999
F A X　(02)2265-6774
등 록 일　1988. 2. 15
등록번호　제 2 - 486 호

값 25,000원

ISBN 978-89-6342-211-4　93360

이 책은 저작권법에 의해 보호를 받는 저작물이므로 무단복제를 금합니다.